人工智能技术丛书

深度学习实战
基于TensorFlow 2.X的计算机视觉开发应用

邱宇航●编著

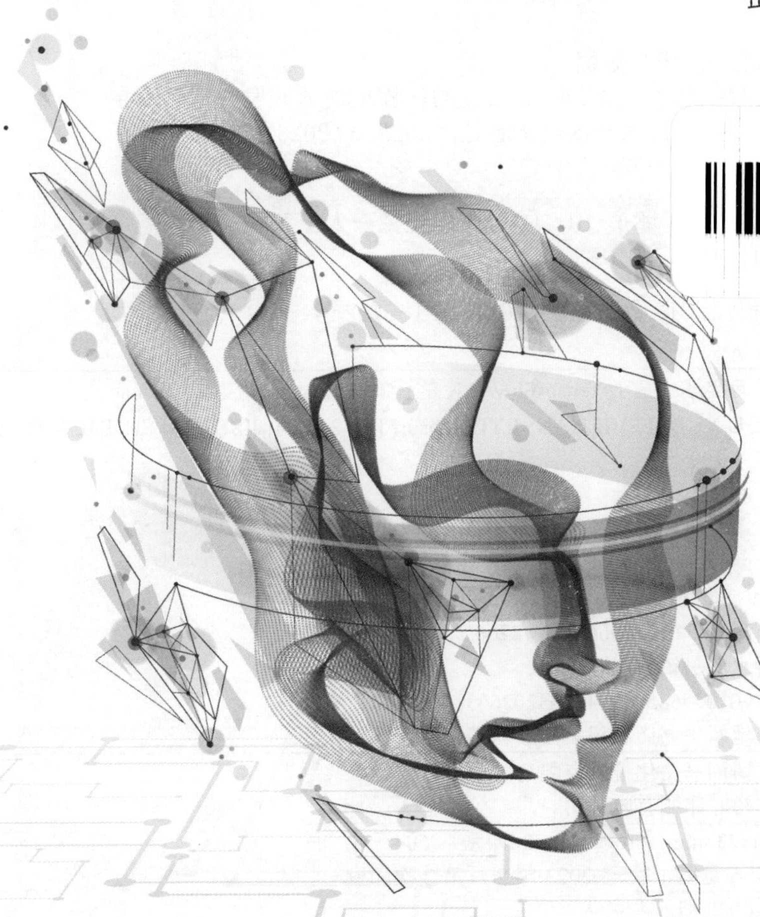

中国水利水电出版社
www.waterpub.com.cn
·北京·

内容提要

《深度学习实战：基于 TensorFlow 2.X 的计算机视觉开发应用》从环境的搭建和 TensorFlow 2.X 的基础语法讲起，逐步深入到计算机视觉领域的算法模型理论与实战应用，并重点讲解了如何使用 TensorFlow 2.X 框架实现各类经典的深度学习模型，让读者可以系统地学习 TensorFlow 2.X 在计算机视觉领域的相关知识和实战应用。

全书共 13 章，涵盖的主要内容有 Anaconda 和 Jupyter Notebook 开发环境配置、神经网络模型和用 Python 从零实现神经网络、TensorFlow 2.X 的基础语法、图像分类的算法模型理论和实战、迁移学习技术实战、目标检测的算法模型理论和实战、自编码器的算法模型理论和实战、生成式对抗网络的算法模型理论和实战、基于深度学习的指纹识别技术实战、基于 Linux 平台下的深度学习模型网页部署、基于 exe 程序的深度学习识别系统以及自动机器学习的理论与实战等。

《深度学习实战：基于 TensorFlow 2.X 的计算机视觉开发应用》内容通俗易懂、案例丰富、实用性强，特别适合机器学习、深度学习和计算机视觉领域的入门读者阅读，也适合 Python 程序员等其他编程爱好者阅读。另外，本书也可作为相关院校或培训机构的教材使用。

图书在版编目（CIP）数据

深度学习实战：基于TensorFlow 2.X的计算机视觉开发应用/ 邱宇航编著. -- 北京 : 中国水利水电出版社, 2022.6（2023.2重印）

ISBN 978-7-5170-9867-6

Ⅰ. ①深… Ⅱ. ①邱… Ⅲ. ①计算机视觉—人工智能—算法 Ⅳ. ①TP302.7②TP18

中国版本图书馆 CIP 数据核字(2021)第 166712 号

书　名	深度学习实战：基于 TensorFlow 2.X 的计算机视觉开发应用 SHENDU XUEXI SHIZHAN: JIYU TensorFlow 2.X DE JISUANJI SHIJUE KAIFA YINGYONG
作　者	邱宇航　编著
出版发行	中国水利水电出版社 （北京市海淀区玉渊潭南路 1 号 D 座　100038） 网址：www.waterpub.com.cn E-mail：zhiboshangshu@163.com 电话：（010）62572966-2205/2266/2201（营销中心）
经　售	北京科水图书销售有限公司 电话：（010）68545874、63202643 全国各地新华书店和相关出版物销售网点
排　版	北京智博尚书文化传媒有限公司
印　刷	河北文福旺印刷有限公司
规　格	190mm×235mm　16开本　20印张　504千字
版　次	2022 年 6 月第 1 版　2023 年 2 月第 2 次印刷
印　数	3001—6000 册
定　价	79.80 元

前 言

发展前景

近年来，人工智能技术的发展十分迅速，其中深度学习作为人工智能技术里最为关键的一个研究领域，备受关注。它的概念起源于对人工神经网络的研究，目的是可以构建出一个能够模拟人脑学习过程的神经网络模型。目前，该技术在计算机视觉、自然语言处理和语音识别等多个领域里有着广泛的应用，并仍然在迅速地发展着。

由于深度学习技术的火爆，许多知名的科技公司（如国外的 Google、Facebook 和国内的百度、阿里巴巴等）都积极地投入到深度学习领域进行研发。例如，Google 公司在 2014 年收购了在 AI 界崭露头角的 DeepMind 公司，并在 2016 年以 DeepMind 公司开发的人工智能围棋程序战胜了当时的世界围棋冠军，掀起了国际上关于人工智能技术的一波热潮。

在深度学习领域中，目前研究最多的便是计算机视觉领域，它的出现有其必然性和重要性。在日常生活中，图像和视频几乎无处不在，作为高科技时代的“必需品”，它很自然地被许多研究学者关注。而计算机视觉领域便是一门让机器如何学会去“看”的学科，通过模拟人眼视觉系统的工作机制，让机器可以对侦测到的目标完成一系列的操作。尤其在近几年，凭借着卷积神经网络强大的特征提取能力，它在图像识别、目标检测、语义分割和图像生成等任务上都展现出了非凡的效果。

TensorFlow 最初由 Google 公司的 Google Brain 团队开发，其功能强大、执行效率高，所有的深度学习开发者都可以免费使用。在较早的时期里，Google 公司已经对它们的产品引进了相关的深度学习或机器学习技术，如 Gmail 的垃圾邮件过滤、Google 翻译以及语音识别助手等，而这些产品展现出来的优越性能则让许多技术人员成了 Google 公司的粉丝，自 TensorFlow 推出之时它便已经有了许多忠实的用户。

由于旧版的 TensorFlow 1.X 版本深度学习框架涉及许多底层的开发和设计，因此学习门槛较高，对于从未接触深度学习或机器学习的初学者来讲，很难去接受基于“计算图”为基础的程序设计模式，在实际模型的搭建过程中很容易遭受挫折和失败。为了降低用户的使用门槛及简化模型的开发过程，在 2019 年，Google 公司推出了一个全新的 TensorFlow 版本，即 TensorFlow 2.X 系列，该系列摒弃了 TensorFlow 1.X 版本里许多重复的功能设计，使其在使用上更加方便快捷，对初学者来说会更加友好。

使用体会

TensorFlow 2.X 系列与原先的 TensorFlow 1.X 版本比较起来，可谓精简了许多。从代码运行模式上来看，它不再像 TensorFlow 1.X 一样，在设计模型时需要先创建计算图，然后才能运行得到结果。新版的 TensorFlow 2.X 与另一个火热的深度学习框架 PyTorch 类似，以支持动态图优先运行的模式为主，即“所见即所得”，方便了许多开发者的使用。

而从 API 和代码模块上来说，新版的 TensorFlow 2.X 摒弃了其他冗余的 API，以 Keras 作为默认的唯一高级 API 以供用户使用，这也就说明了以往使用基于 Keras 深度学习框架的用户也可以迁移至 TensorFlow 2.X 框架里来，并结合利用 Keras 和 TensorFlow 2.X 的不同优点，进一步高效率地来开发搭建各类深度学习模型。因而，利用 TensorFlow 2.X 深度学习框架进行计算机视觉的项目实战是不二之选。

本书特色

本书具有如下特色。

（1）较为系统地阐述了计算机视觉领域里部分经典技术的发展历程和算法设计原理，为实战项目奠定了理论背景。

（2）在每章节里均给出了较为完整的项目实现代码或相关截图，并配上了一定的注释讲解，可以辅助读者快速地掌握深度学习模型的搭建及实现过程。

（3）为了帮助读者简要地了解相关技术和模型的实现原理，本书提供了许多示意图以供参考。

（4）由于 GPU 硬件设备的昂贵，本书考虑到了初学者可能会存在当前的硬件设备不足以训练大参数的神经网络模型的问题，因此给出的实战案例大多都是基于简易的数据集，可在 CPU 上直接运行。

（5）针对一般教材较少涉及的深度学习模型部署部分，本书在最后一章里给出了较为详细的实现过程，可以引导读者如何对一个训练好的模型进行落地应用，以此来实现理论和技术上的双向结合。

本书内容

本书一共分为两部分。

第一部分为基础篇，包括第 1～3 章。主要介绍了人工智能的相关背景知识、开发环境的配置、基于纯 Python 的神经网络实现以及 TensorFlow 2.X 的语法讲解。这部分可以帮助初学者掌握一些基础的软件使用以及语法知识，为之后的项目实战奠定一定的基础。

第二部分为实战篇，包括第 4～13 章。该部分的各章节都有相关的实践案例，为读者规划了从理论到实践的学习路线，其中主要包括了图像分类、迁移学习、目标检测、自编码器、生成式对抗网络的理论和实现，以及指纹识别技术和基于 Linux 平台下的深度学习模型的网页部署实现。这部分可以帮助初学者掌握计算机视觉领域里一些经典模型算法的原理以及实现的过程，为日后涉足计算机视觉领域的研究积累一定的理论和实战背景。

读者对象

- 想学习并初步涉足计算机视觉领域的人员。
- 掌握 Python 基础，并想进一步掌握 TensorFlow 2.X 框架的人员。
- 想了解神经网络模型如何生产部署的人员。

- 各类人工智能培训班的学员。
- 其他对人工智能技术有兴趣爱好的各类人员。

资源下载

本书提供实例的源码，读者使用手机微信扫一扫下面的二维码，或者在微信公众号中搜索“人人都是程序猿”，关注后输入 JY06460 至公众号后台，即可获取本书的资源下载链接。将该链接复制到计算机浏览器的地址栏中（一定要复制到计算机浏览器的地址栏中），根据提示进行下载。

读者可加入本书的读者交流圈，与其他读者学习交流，或查看本书的相关资讯。

人人都是程序猿　　　　读者交流圈

作者简介

邱宇航，澳大利亚八大名校蒙纳士大学博士，研究人工智能工业应用、深度学习及计算机视觉；曾任职于中国科学院苏州医工所；本科期间获得过专业毕业论文优秀奖，担任过学科竞赛队伍带头人并参与省级以上竞赛 20 余项，获国家级奖项 10 余项，省级奖项若干项，并作为全国 50 强选手入选百度青年人工智能创客训练营。迄今，在计算机人工智能相关研究领域发表多篇论文，包含 Q1、Q2 等业内知名期刊 SCI 论文和会议论文，申请获批多项专利和软件著作权，担任如 *Concurrency and Computation: Practice and Experience* 等在内的 SCI 期刊审稿人。

致谢

本书能够顺利出版，是作者、编辑和所有审校人员共同努力的结果，在此表示深深的感谢。同时，祝福所有读者在通往优秀工程师的道路上一帆风顺。

目 录

第 1 章 绪　　论

人工智能本质上就是设计算法使机器可以不断地进行学习，并让它最后的行为看起来就像是人所表现出的智能行为一样。近几年来，许多科技公司和研究机构争先恐后地在人工智能领域投入了大量的精力，人工智能领域也因此得到了迅速的发展。目前，人工智能技术的研发已成了社会乃至国际上的重要竞争之一，国内许多公司也纷纷设立了人工智能的岗位招募该方面的人才以此来引进相关的技术。

然而，作为一门包含了不同领域知识的交叉学科，想学好它必然不是一件容易的事。在介绍人工智能领域的相关知识之前，对它的发展历史和结构有所了解是必要的。本章首先会介绍人工智能领域下的相关分支及一些重要技术的发展历史，之后会讲解如何安装 TensorFlow 2.X 的开发环境以便于后续学习的使用。

本章主要涉及的知识点如下。

- 人工智能发展历史：了解人工智能发展历史中的“三起两落”。
- 深度学习发展历史：了解深度学习相关技术的发展时间线。
- 深度学习应用领域：了解深度学习下的相关应用领域。
- 计算机视觉：了解计算机视觉中的四大领域内容。
- 深度学习框架：了解深度学习的常用框架及其特点。
- 配置开发环境：掌握如何配置 TensorFlow 2.X 的开发环境 Anaconda。
- Jupyter Notebook：掌握 Jupyter Notebook 的基础使用及常用快捷键。

1.1　人工智能简介

本节首先介绍人工智能的发展历史，通过这些历史事件及时间点，可以清楚地知道人工智能在发展的旅途上遭遇了哪些“滑铁卢”及其后来兴起的原因。之后会介绍人工智能技术下的领域分支以及深度学习的概念和它的应用领域。

1.1.1　人工智能发展历史

人工智能的历史最早可以追溯到 20 世纪中叶。1950 年，被誉为计算机科学之父的艾伦·图灵在他发表的论文《计算机器与智能》中开宗明义地提出了一个观点：“机器会思考吗？”借由这个问题的提出，图灵在文中随后预言了创造出具有真正智能的机器的可能性。然而，“智能”一词在当时难以定义，因此聪明的图灵则提出了一个著名的实验——图灵测试，用来判断一个机器是否具有智能性。

图灵测试描述的是测试者（一个人）和被测试者（一台机器）在相互隔开且无法接触的情况下，通过一些装置（如键盘）进行对话。经过多次测试后，如果测试者中有 30%的人无法判断被测试者是人还是机器，那么则表示这台机器通过了测试并具有了一定的智能性，其测试过程如图 1.1 所示。

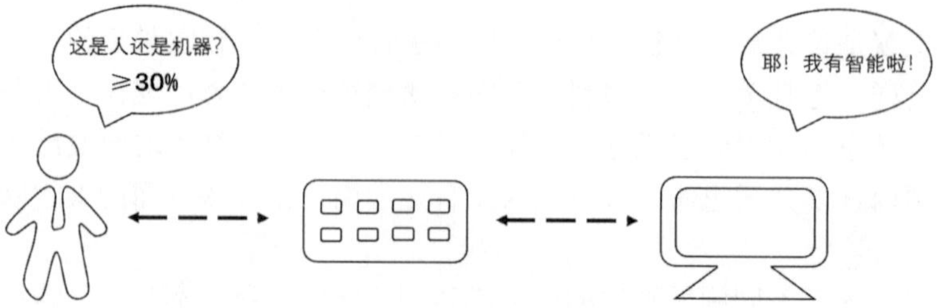

图 1.1　图灵测试

如果说人工智能的诞生需要条件，一是计算机，二是图灵测试，那么第三个就是著名的达特茅斯会议。在图灵提出“图灵测试”后的不久，1956 年一群科学家聚集在美国的达特茅斯学院针对“机器的智能”这一话题开展了长达两个月的会议。虽然在这场会议中，科学家们并没有达成共识，但是这个会议却正式地确立了人工智能这个领域并创造了“人工智能”这一词语。

在 1956 年的达特茅斯会议之后，人工智能迎来了第一次热潮。在接下来长达十余年的时间里，计算机被广泛地应用于数学和自然语言领域中并用来解决代数几何和英语问题，这让许多学者看到了机器走向智能化的巨大可能性。然而之后许多研究人员发现自己高估了科学技术的发展速度，而过于乐观的承诺无法兑现时，往往会引起广泛的质疑。1973 年著名的数学家 Lighthill 向英国政府提交了一份关于人工智能的报告，在报告里他严厉地批评了当时人工智能的研究成果并指出其中的许多目标根本无法实现。在 Lighthill 的批评和国会的压力之下，美国和英国政府于当年停止了对人工智能相关研究项目的拨款。由于研发经费的短缺和科学界的质疑，人工智能在 20 世纪 70 年代陷入了第一次寒冬。

1980 年，卡内基梅隆大学采用人工智能程序设计出了一套名为 XCON 的专家系统，该系统是一套具有完备专业知识和经验的计算机智能系统。在当时，这套系统被很好地应用于工业实践，许多公司通过它节省了不少的经费。据统计，在这个时期，仅专家系统产业的价值就高达 5 亿美元。因为它，人工智能也正式地进入了第二次的复兴之旅。

然而好景不长，这个轰动一时的专家系统仅仅维持了七年就结束了。1987 年，人工智能的硬件需求突然下跌，许多研究学者发现，虽然专家系统很有用，但它的应用领域过于狭隘且维护成本过高。同期，美国苹果和 IBM 公司生产的台式机性能不断提升，风头顿时盖过了当时的专家系统。从此，专家系统风光不再，人工智能的研究也再次遭遇了困难，陷入了第二次寒冬。

到了 20 世纪 90 年代，人工智能技术尤其是神经网络技术发展迅速。1997 年，美国 IBM 公司制造的名为“深蓝”的国际象棋机器人战胜了国际象棋世界冠军 Garry Kasparov，这一事件让人工智能技术再度进入了公众们的视线。2006 年，深度学习之父 Geoffrey Hinton 提出了多层神经网络的深度学习算法，这个突破性的技术让人们看到了人工智能赶超人类的希望。2016 年，美国谷歌公司的 AlphaGo 程序击败了世界顶级围棋棋手李世石并震惊了全世界，人工智能迎来了第三次热潮。

在人工智能历史的演变过程中，发生的重要事件远远超过前面所述，如图 1.2 所示是一份更为细致的人工智能历史发展路线的时间轴。

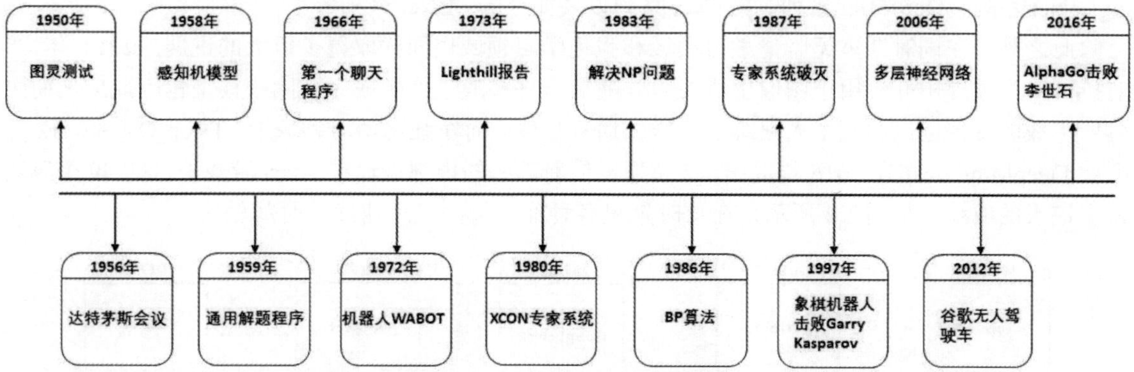

图 1.2　人工智能发展时间轴

1.1.2　深度学习发展历史

在 20 世纪人工智能兴起的一段时间里，许多学者对人类本身具有的图像识别和语音识别功能进行了研究。人类的眼睛和耳朵是如何从各种繁多的图像及声音中识别出正确的结果，成为研究学者们所重点关注的问题。为了解决这些无法通过既定规则而模拟的问题，一门名为“机器学习”的研究学科诞生了。顾名思义，机器学习是研究如何使用机器来模拟人类学习活动的一门学科，它可以自动学习数据中的规律并对此进行判断。在目前的生活中，各个领域都有着机器学习的应用，如股市分析、医学诊断和检测信用卡欺诈等。

在机器学习的众多研究领域中，有一个名为“深度学习”的研究方向发展尤为迅速。2006 年，Geoffrey Hinton 等人第一次在 *Science* 上提出了“深度学习”的概念，他们发现，通过逐层训练的方式可以更好地训练多层神经网络，并在文中将深层神经网络命名为深度学习。一般来讲，深度学习就是神经网络中的一种，特指基于深层神经网络实现的模型或算法，人工智能、机器学习和深度学习的关系如图 1.3 所示。

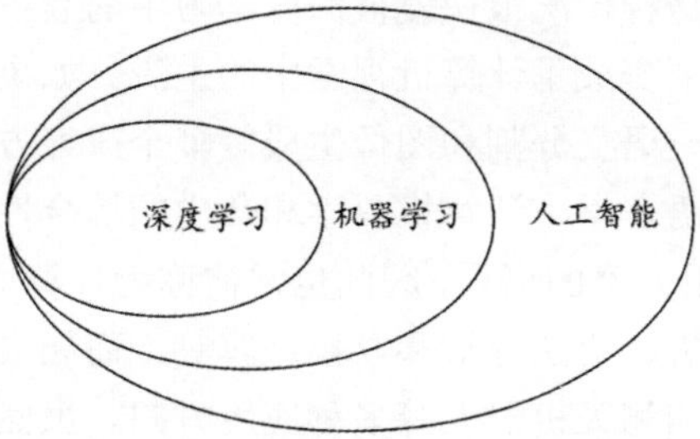

图 1.3　人工智能、机器学习和深度学习的关系

自 2006 年深度学习的概念被确立之后，许多优秀的深层神经网络模型被陆续提出。其中以“卷积神经网络”为代表的网络模型在 2012 年迎来了历史性的突破，一个名为 AlexNet 的 8 层深度学习神经网络模型被提出，并在 ILSVRC-2012 的图像识别比赛中以高识别率斩获了第一名。自此之后，卷积神经网络系列的模型呈现爆炸式的发展，各种各样的算法模型被相继发表，其中著名的有 VGG 系列、GoogLeNet 系列、DenseNet 系列、ResNet 系列以及如今的 SENet 系列等。

除此之外，在同时期里无监督学习领域和强化学习领域也同样取得了巨大的进展。2014 年，“生成对抗网络”被提出并应用于图像生成技术。随后，许多改进的生成对抗网络模型也因此应运而生，并且所生成的图像已经达到了人眼难以分辨的逼真程度。而在强化学习领域中，Deep-Q-Network 算法模型被 DeepMind 公司在 2016 年提出，该模型凭借着巧妙的内部设计在 Atari 游戏平台的 49 个游戏上取得了惊人的成绩。如图 1.4 所示是在该时期里各种经典模型发展路线的时间轴。

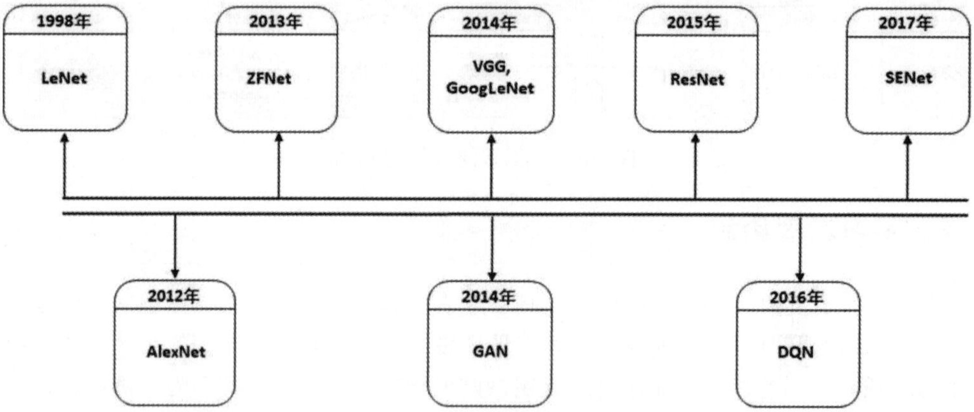

图 1.4　深度学习经典模型发展时间轴

1.1.3　深度学习应用领域

那么目前这么火热的深度学习技术可以被应用在哪些领域呢？这是一个被很多人关心的问题。按照目前的主流应用领域来分类，可以分为计算机视觉、自然语言处理、语音处理和强化学习四大模块。

计算机视觉又称为机器视觉。顾名思义，它是一门“教”会机器如何去“看”的学科。早期时，在计算机视觉领域中对图像进行特征提取都是通过一些传统的特征提取算法进行的，如方向梯度直方图和尺度不变特征变换等。但是这种情况很快就被深度学习中的卷积神经网络所取代。目前，基于卷积神经网络模型的特征提取已逐渐变成了计算机视觉中的主流。如果再将计算机视觉领域细分的话，还可以分为图像识别、目标检测、语义分割和图像生成等多个研究方向。

自然语言处理是一门融合了语言学、计算机科学和数学的综合性科学。简单来说，它研究的是如何利用计算机去理解、处理并运用人类的语言，因此也常被称为计算语言学。如果从研究的角度来看，自然语言处理可以被分为语义分析、语法分析和篇幅理解等。而如果从应用角度来看，它又可以分为机器翻译、信息检索、文本转换和聊天机器人等多种应用方向。虽然目前在自然语言处理的领域中，还面临着一些难以解决的困难案例，如语言文化和歧义消除等，但不可否认的是，它确实是一个在人工智能领域中很具有前景的研究方向之一。

语音处理是研究语音发生过程、语音识别和语音合成等技术的总称。在语音处理中，深度学习模型的应用主要在语音识别部分。例如，目前苹果的 Siri 智能语音助手系统便是一个典型的应用。虽然目前语音处理技术在人工智能领域中的发展并没有其他技术迅速，但仍然有许多学者正在使用深度学习技术去开发更准确的声学模型，以此来提高语音处理的准确率。

强化学习又称为再励学习和评价学习，它强调的是机器以“试错”的方式来进行学习，通过与环境进行交互获得奖项的指导行为来控制模型的优化。目前在强化学习中，DQN 神经网络模型应用广泛，并且性能优于早期提出的强化学习算法。

1.1.4 计算机视觉简介

如前所述，在深度学习中，计算机视觉是一个占比相对较大的领域模块，而在本书中，也是以计算机视觉中的项目为主来进行实战案例的讲解。接下来为大家介绍一些计算机视觉领域中的主流应用。

- **图像分类**：图像分类是计算机视觉中最基础的一个任务，它的目标是将不同的图像以最小的误差划分到不同的类别中。从最开始比较简单的 MNIST 手写数字图像数据集到后来的 CIFAR-100 数据集及 ImageNet 数据集，图像分类模型伴随着数据集大小的递增，一步步成长到了今天，其分类能力已超越人类的水平。目前经典的分类网络模型有 VGG 系列和 ResNet 系列等。
- **语义分割**：语义分割是近年来计算机视觉中较为火热的领域之一，简单来说就是对图像中的每个像素进行分类。例如，在无人车驾驶领域中，无人车会将侦测到的图像内容划分为道路、行人和建筑物等。除此之外，语义分割技术在医学影像上的应用也十分广泛，常用于肿瘤分割和血管分割等任务。目前经典的语义分割模型有 FCN、U-Net 和 SegNet 系列等。
- **目标检测**：目标检测是一种用于识别图像中目标位置的技术。通常来说，检测出的目标位置会被一个边界框框出表示。如果图像中只有单个目标，则该任务称为目标定位；如果图像中有多个目标，则该任务称为目标检测。常用的目标检测算法有 YOLO 系列、MASK R-CNN 和 Fast R-CNN 等。
- **图像生成**：图像生成是一门通过学习原有图像的分布而产生逼真图像的技术。目前常用的图像生成模型有 VAE 和 GAN 系列的模型，其中 GAN 系列模型运用的情况相对较多。常见的改进模型有 DCGAN、WGAN 和 LSGAN 等。

除了上述的四个应用领域，计算机视觉应用还包括了图像去噪、图像还原和风格迁移等多种模型算法。在后续的实战章节中，会一一搭建出这些模型并应用在一些图像数据集的分析中。

1.2 深度学习框架

在了解了深度学习的发展历史及分支之后，需要对目前深度学习中一些常用的主流框架进行介绍。通过对它们的了解及使用，可以快速地搭建出项目里所需要的神经网络模型并进行应用。

1.2.1 主流框架

深度学习研究的热潮持续高涨，而各种开源的深度学习框架也层出不穷。Google、Facebook 和 Microsoft 等各大科技巨头公司也纷纷加入了这场深度学习框架研发大战。那么，对于许多初入深度学习领域的朋友来说，如何选择适合自己的框架学习是一个很重要的问题。下面针对目前的一些主流框架来进行介绍和分析。

- **Theano**：Theano 是深度学习中最早出现的框架之一。由于其支持自动的函数梯度相关运算，且带有 Python 接口，因此从它刚诞生起便迅速地流行起来。但因为 Theano 是一个定位于底层运算的计算库且不支持多 GPU 和水平扩展，所以它并不适合用于深度学习的训练任务中，因此目前使用它进行深度学习开发的人越来越少。
- **Caffe**：Caffe 和 Theano 一样，同样是一个出现在早期的深度学习框架。但该框架初期主要针对计算机视觉领域，尤其是卷积神经网络的使用，因此对其他的神经网络模型并不友好。虽然 Caffe 在灵活性上稍差，但在工业生产方面却是无可争议的领导者，目前 Caffe 已推出 Caffe 2 版本并已融入了 PyTorch 中。
- **Keras**：Keras 是一个开发效率非常高的高层框架。它可以工作在 Theano 和 TensorFlow 之上，使用者可以通过它快速地搭建模型并验证自己的想法。但是由于没有底层的实现，因此运行效率和灵活性不高。在目前新发布的 TensorFlow 2.X 中，它已经被当作唯一的高级 API 来使用，使用者可以通过 tf.keras 进行调用。
- **PyTorch**：PyTorch 是目前较为火热的深度学习框架之一。凭借命令式的编程模式和精良的接口设计，让它在学术界获得了广泛好评。在早期的时候，PyTorch 在工业部署上的能力存在着一定的缺陷，但因为后来和 Caffe2 进行了合并，因此这方面的不足得到了一定程度上的弥补。总体来说，PyTorch 是一个非常优秀的深度学习框架，许多深度学习初学者也经常会因为“到底是使用 PyTorch 还是 TensorFlow”这个问题而纠结。
- **TensorFlow**：TensorFlow 是由 Google 公司研发出来的人工智能学习系统。因为该框架发布的时间早且 Google 本身在业界的影响力大，因此这个框架一发布便很快地成为了最流行的深度学习框架之一。然而，因为先前一代的 TensorFlow 1.X 版本上手难度较大且许多功能设计冗余，使得许多人都望而生畏。2019 年，Google 正式发布了 TensorFlow 2.0 版本，之后逐渐更新并出现了 2.1、2.2 和 2.3 版本等，它们被统称为 2.X 系列版本。其和 PyTorch 一样，优先支持动态图的运行模式，并且改进了原先版本的很多缺点，使得使用者可以快速地上手使用。目前，TensorFlow 2.X 已经在业界内得到了广泛的认可。

由于篇幅有限，这里只介绍了 5 种常用的主流深度学习框架。另外还有如 MXNet、DSSTNE 和百度的 PaddlePaddle 等框架也同样受到了业界的欢迎，有兴趣的读者可自行了解。

1.2.2 TensorFlow 和 PyTorch

根据目前的情况，最主流且使用者最多的框架当数 TensorFlow 和 PyTorch 这两个框架。那么到底是选择最新版的 TensorFlow 2.X 还是 PyTorch 呢？笔者认为这两者各有千秋，读者可根据自身需求进行选择使用。从工业部署能力上来说，TensorFlow 2.X 可以通过 TensorFlow Serving 和一些支持的第三方库快速实现各平台生产上的部署，实际落地方便。而从使用简易度上来说，PyTorch 代码简单、调试容易且拥有较好的网上社区环境，适合学术研究者快速地建立模型和验证想法。本书选择以 TensorFlow 2.X 为主要框架来实现各种经典的深度学习模型和算法的实战。

1.2.3 TensorFlow 1.X 和 TensorFlow 2.X

新版的 TensorFlow 2.X 版本和原来的版本相比，有了哪些变化呢？这里简单列举几点进行比较。

- **代码运行模式**：从代码运行模式上来说，新版的 TensorFlow 2.X 支持动态图优先模式，在计算的同时可以同步获得数值的结果，开发效率高。而原先的 TensorFlow 1.X 版本主要支持静态图模式，使用者需要先创建计算图，然后再运行才能得到结果，这种方式的开发效率明显比前者低，上手难度比前者大。虽然动态图模式的开发效率更高，但是它的运行效率却不如静态图模式。
- **API**：从 API 管理方面来说，TensorFlow 2.X 将 Keras 作为默认的、唯一的高级 API 来使用，并舍弃了许多其他 API。与 TensorFlow 1.X 相比，该变动简化了用户的使用，很多冗余的 API 被官方摒弃，变得更加直观和方便。
- **代码升级**：在 TensorFlow 2.X 版本中，很多原有版本的代码功能被封装成了函数，使得用户可以直接进行调用。另外，一些数据读入等操作在新版本里也有了一定的变化，如原来的 1.X 版本需要定义一个 iterator 将数据读入，而使用 2.X 版本则可以直接调用 tf.dataset 完成相同的工作。

以上简单列举了 TensorFlow 2.X 版本与原版本三点主要的区别，当然新版本的功能远远不止这些，例如，官方还新增了一些分布式策略的工具、方式等，这里不再一一赘述，后续章节如有遇到会再次提及。

1.3 Anaconda 开发环境配置

领略了新版 TensorFlow 2.X 的强大特性之后，下一步便是试着在本地安装并使用它。本节首先介绍什么是 Anaconda 及如何在本地安装 Anaconda，其次介绍 TensorFlow 2.X 的安装及 Anaconda 中一个强大的工具——Jupyter Notebook 的使用。本节内容是后面案例实战的基础，请读者务必认真阅读并成功搭建环境。

1.3.1 Anaconda 简介

Anaconda 是一个可用于计算的 Python 发行版，它不仅包含了 Python、IPython、CPython 和 Conda 等 180 个依赖项，同时还支持 Linux、MacOS 和 Windows 三大系统平台，通过它，Python 开发者可以方便地在多平台里管理各种所需的第三方库。

在这里可以举一个更加形象的例子：假设要在一张纸上画一幅画，那么就需要铅笔、橡皮、彩色笔等工具。通常情况下，如果桌面没有整理好，那么我们可能就得手忙脚乱地翻找它们。而 Anaconda 在这里起到的作用是什么呢？它相当于让我们省去了翻找东西的过程，即“所想即所得”。它就像是一个文具盒，把这些工具都提前收好，当我们需要使用它们的时候，打开文具盒就可以找到了，这就是 Anaconda 中强大的包管理功能。此外，Anaconda 还提供了环境管理的功能，它允许用户可以在其中配置虚拟环境，使得不同版本的 Python 或第三方库之间不会有任何冲突，用户可以根据自己的需求在这些版本里切换使用。

1.3.2 安装 Anaconda

在安装 Anaconda 之前，首先需要登录到 Anaconda 的官方网址（https://www.anaconda.com/distribution/#download-section）下载对应平台的安装包。打开网址后，将网页下滑会看到两个不同 Python 版本对应的 Anaconda 下载界面，如图 1.5 所示。

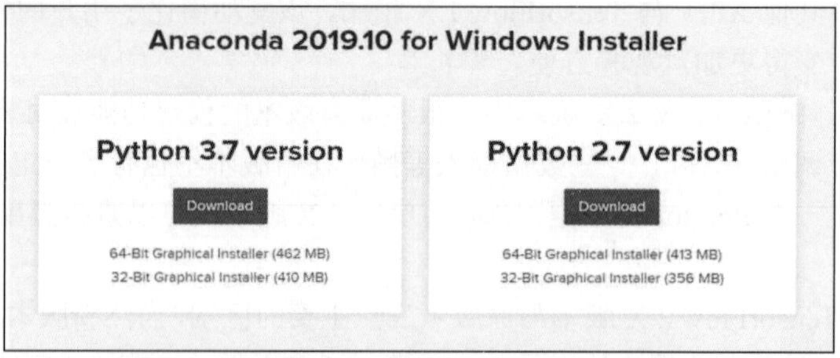

图 1.5　Anaconda 2019.10 版本下载界面

单击选择 Windows 64 位的 Python 3.7 版本的安装包，即图 1.5 中的 64-Bit Graphical Installer 进行下载。下载完成后，打开安装包进入程序安装部分并单击页面中的 Next 按钮，如图 1.6 所示。

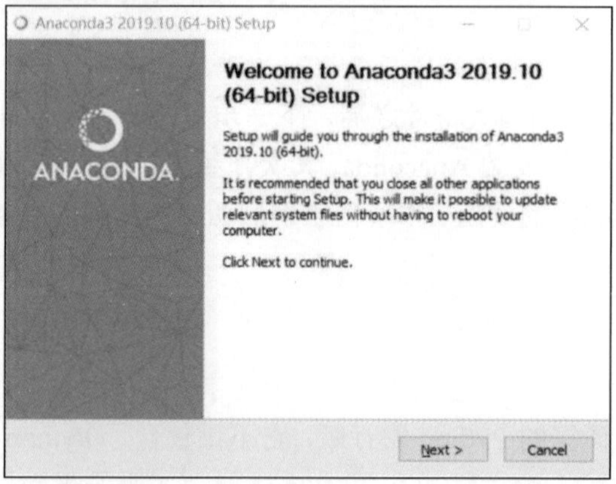

图 1.6　Anaconda 安装界面（1）

接着会看到一些英文协议，阅读之后直接单击 I Agree 按钮，如图 1.7 所示。

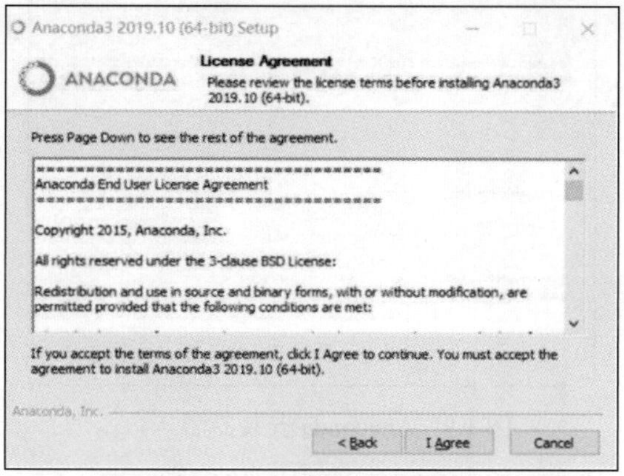

图 1.7　Anaconda 安装界面（2）

在下个界面里选中 Just Me (recommended)单选按钮并单击 Next 按钮，如图 1.8 所示。

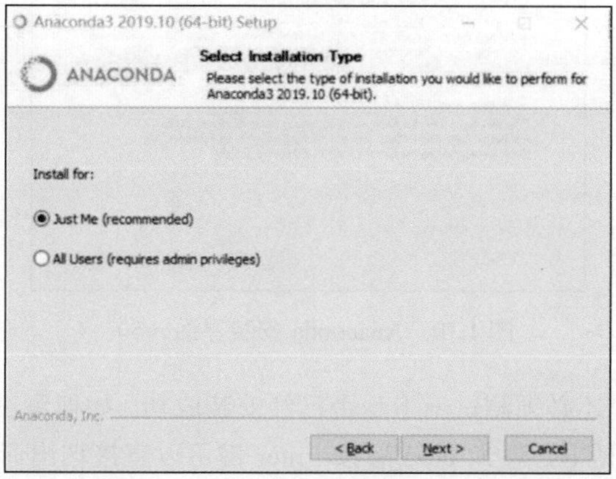

图 1.8　Anaconda 安装界面（3）

接着选择软件的安装位置，并将它放在 Anaconda（如果没有提示，则需要自行创建）文件夹下，然后单击 Next 按钮，如图 1.9 所示。

最后勾选页面中出现的两个复选框，单击 Install 按钮开始安装，如图 1.10 所示。这里说明一下，勾选第一个复选框的作用是将 Anaconda 加入当前计算机系统的环境变量中；勾选第二个复选框的作用则是让安装的 Anaconda 能在任意代码编辑器下都可以被识别并当成默认环境来使用。如果不勾选这两个复选框，后面则要进行更加麻烦的配置。

安装的过程大约会持续 5～10 分钟，具体的速度主要根据计算机实际的性能而定，用户只需要耐心等待，安装成功之后直接退出即可。

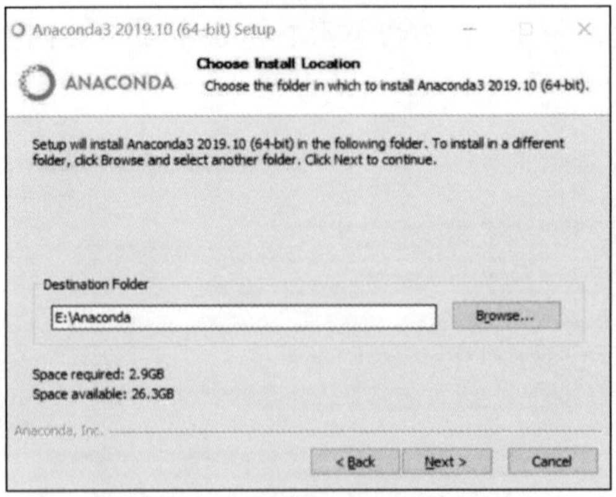

图 1.9　Anaconda 安装界面（4）

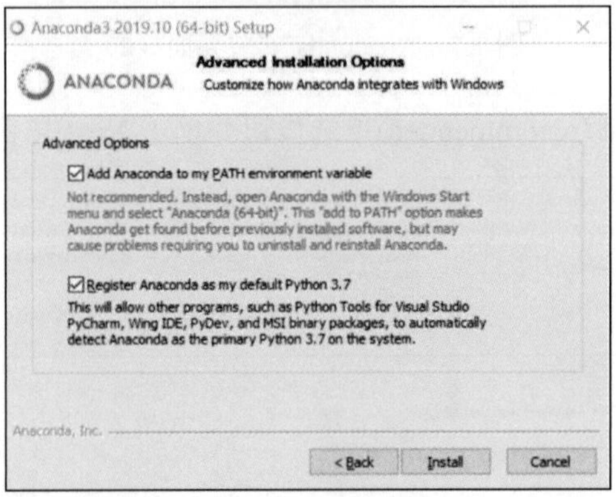

图 1.10　Anaconda 安装界面（5）

安装好 Anaconda 之后，还必须测试一下是否已经安装成功。如何测试呢？可以通过按 Windows + R 组合键调出运行程序的对话框，输入 cmd 后按 Enter 键可以直接调出命令提示符程序。之后在命令提示符程序中输入 conda info 指令，该指令用于显示目前安装的 Anaconda 一些相关的配置信息，如果能正常显示出来，则证明安装成功，如图 1.11 所示。

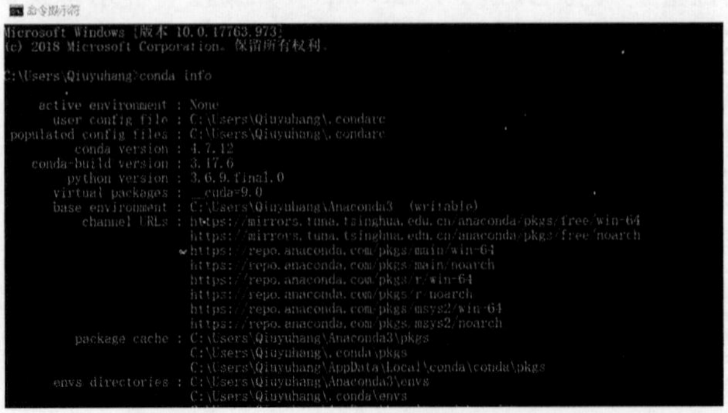

图 1.11　Anaconda 测试界面

1.3.3 Anaconda 常用操作指令

Anaconda 的环境安装测试成功之后，需要再学习一些常用的 conda 指令，熟练地使用这些指令是后续对 Python 各种包和环境进行管理的基础。下面列举了这些常用指令的调用代码和解释。

- **conda list**：查看已安装包的名称。
- **conda-version**：查看当前 conda 版本。
- **conda install package_name**：安装第三方包。package_name 为要安装的包的名字。
- **conda uninstall package_name**：卸载第三方包。package_name 为要卸载的包的名字。
- **conda update conda**：检查并更新当前 conda。
- **conda create -n env_name python=x.x**：创建 Python 虚拟环境。其中，env_name 为要创建的虚拟环境的名称，x.x 为 Python 的版本号。
- **activate env_name**：激活已创建的虚拟环境。env_name 为要激活的虚拟环境的名称。
- **conda deactivate**：退出当前的虚拟环境。
- **conda remove -n env_name-all**：删除已创建的虚拟环境。env_name 为要删除的虚拟环境的名称。
- **conda env list**：查看当前已存在的虚拟环境列表。
- **conda-h**：查询 conda 指令。

安装和卸载第三方包还可以使用 Python 官方认可的包管理器 pip 的 pip install package_name 和 pip uninstall package_name 两个指令来进行，实际上这两个指令更为常用。

1.3.4 安装 TensorFlow 2.X

根据前面所讲的 Python 第三方包安装指令，可以对 TensorFlow 2.X 进行安装。TensorFlow 2.X 有 CPU 和 GPU 两种版本，如果本地配置了英伟达显卡，可以选择安装性能更高的 GPU 版本；如果没有，则安装性能一般的 CPU 版本。在本书中，因为大部分实战内容更注重模型的算法和实现，同时考虑到大部分读者和用户可能没有配置合适的显卡，所以训练数据采用的基本是经典的入门数据集，对内存的要求不高，因此选择安装 CPU 版本的 TensorFlow 2.X 便足够使用。

利用 1.3.3 小节提到的 pip 指令安装 TensorFlow 2.X。由于在国内使用 pip 指令时会经常出现下载速度缓慢或掉线的情况，因此需要配置国内的 pip 指令的镜像源后再进行下载。此处只需要在 pip install package_name 指令中附上源地址即可。例如，使用清华镜像源对 TensorFlow 2.X 进行下载：

```
pip install -i https://pypi.tuna.tsinghua.edu.cn/simple TensorFlow
```

等待若干分钟后安装即可完成，安装界面如图 1.12 所示。

如果使用清华镜像源后没有安装成功，则可以再试试国内的其他几种镜像源，源地址如下。

（1）阿里云：http://mirrors.aliyun.com/pypi/simple/。

（2）豆瓣：http://pypi.douban.com/simple/。

（3）中国科学技术大学：http://pypi.mirrors.ustc.edu.cn/simple/。

图 1.12　TensorFlow 2.X 安装界面

1.4 Jupyter Notebook 配置

如果说每个数据科学家都应该使用或必须使用一种工具，毫无疑问，它就是 Jupyter Notebook。它凭借着强大而便捷的功能一度得到了广大 Python 开发者的支持和喜爱。本节首先会介绍什么是 Jupyter Notebook 以及如何打开使用它，之后会简单介绍一些 Jupyter Notebook 的常用快捷键，以便日常使用。

1.4.1 Jupyter Notebook 简介

Jupyter Notebook 是一个 Web 交互式应用程序，它支持实时运行代码、可视化以及如 Markdown 等多种正常代码编辑器所不具备的功能，主要用于数据分析、机器学习和统计建模等。简单来说，Jupyter Notebook 可以通过网页的形式打开，并且可以直接在网页中编写和运行代码，运行的结果会直接在该行代码的代码块下方显示，在该页面中，还可以用 Markdown 语法添加补充代码的说明文档。

在没有 Jupyter Notebook 之前，在代码编辑器里编写代码通常需要写完一大段之后再接着编译运行，如果中间发生了错误，还要定位找到对应错误的代码块并修改之后再全部重新运行，过程较为烦琐。而使用 Jupyter Notebook 可以逐个代码块地运行代码并得到它们的实时运行结果，如果遇到错误，它会直接提示该代码块发生了错误，这里只需要对它进行修改即可。相比之下，这种方式比前者简单实用了许多，这也是 Jupyter Notebook 的强大之处。

1.4.2 打开并使用 Jupyter Notebook

现在尝试如何在 Windows 平台下打开并使用 Jupyter Notebook，主要有两种打开方式。第一种是通过系统开始菜单栏打开。通常情况下，当 Anaconda 安装成功之后，用户便可以在系统的开始菜单栏中找到 Jupyter Notebook，单击它，系统会自动弹出一个网页，即 Jupyter Notebook。打开过程如图 1.13 和图 1.14 所示。

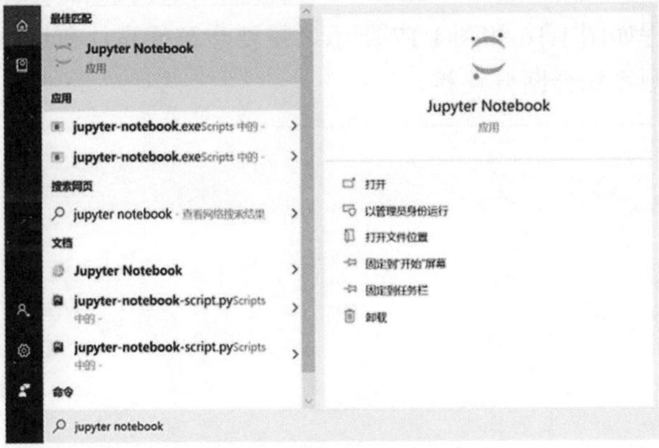

图 1.13　在菜单栏中打开 Jupyter Notebook（1）

图 1.14　在菜单栏中打开 Jupyter Notebook（2）

另一种打开方式是在命令提示符中直接启动 Jupyter Notebook。成功打开命令提示符后，输入 Jupyter Notebook 并按 Enter 键，如果有网页弹出，则表示启动成功。打开过程如图 1.15 所示。

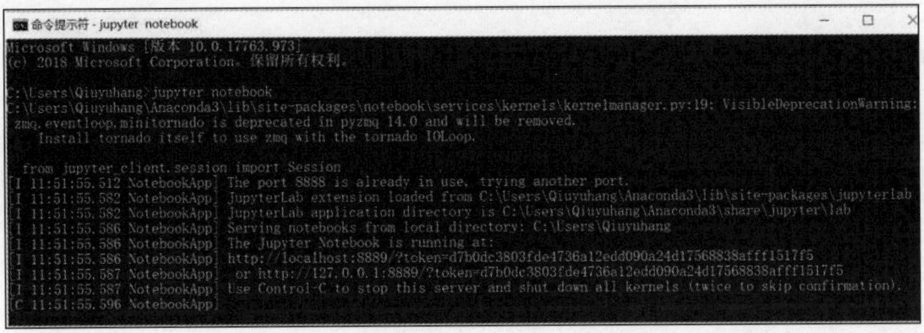

图 1.15　在命令提示符中打开 Jupyter Notebook

打开 Jupyter Notebook 界面后，需要测试一下是否可以成功在其中运行 Python 代码。首先单击界面右上方的 New 按钮，然后选择 Notebook 下的 Python 3，弹出一个新的页面，在其中一个单元格中输入打印 Python 版本的代码，并按 Shift + Enter 组合键运行该行代码，如果结果被正确地打印出来，则证明测试成功，测试过程如图 1.16 和图 1.17 所示。需要注意的是，在运行 Jupyter Notebook 时不要关闭弹出的终端窗口，否则系统会断开连接。

图 1.16　Jupyter Notebook 测试（1）

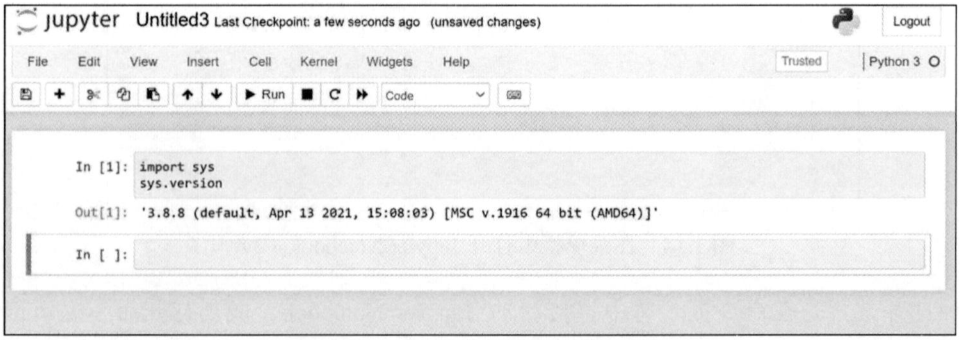

图 1.17　Jupyter Notebook 测试（2）

1.4.3　Jupyter Notebook 常用快捷键

在 Jupyter Notebook 中有编辑模式和命令模式两种，熟悉它们之间的转换和一些常用快捷键的使用，可以更好地管理代码文档并提高代码的开发效率。下面列举了一些在编辑模式和命令模式下常用的快捷键。

命令模式（按 Esc 键进入，呈蓝色方格形式）。

- M：切换至 Markdown 模式。
- Y：切换至代码模式。

- DD：删除所选单元格。
- Z：恢复所删单元格。
- C：复制所选中单元格的内容。
- V：复制单元格的内容至下一单元格。
- 1～6：设置 1～6 级标题。
- A：在当前单元格上方创建一个单元格。
- B：在当前单元格下方创建一个单元格。

编辑模式（按 Enter 键进入，呈绿色方格形式）。

- Ctrl+Enter：运行本单元格并选中下一单元。
- Ctrl+A：全选代码。
- Ctrl+Z：恢复所删除的代码。
- Shift+Tab：代码提示。
- Tab：代码补全或缩进。

此外 Jupyter Notebook 中还有许多常用的操作，如系统重启和重新连接等，这里不再赘述，读者可以自己进行尝试。如果书中后续有遇到，会特别提及。

第 2 章　神经网络基础

神经网络是目前人工智能领域中最为核心的算法之一，从全连接层网络到火热的卷积神经网络，其优秀的非线性提取能力被用于解决许多领域中的难题。以神经网络为代表形成的研究领域被称为深度学习，目前其仍然在快速地发展着。

虽然如今有许多的深度学习框架可以被用于方便地搭建神经网络，如 TensorFlow 2.X、PyTorch 和 PaddlePaddle 等，但这些框架的也会让许多初学者忽略了其算法原理和本质。因此在使用这些便捷的深度学习框架之前，必须先从底层原理上对基础的神经网络算法进行理解和实现，以此来加深认识。本章首先会介绍基本的神经元模型、激活函数、神经网络模型以及模型优化算法，之后会讲解如何利用 Python 语言根据这些底层理论知识搭建出一个从零开始的完整的神经网络模型。

本章主要涉及的知识点如下。

- 神经网络模型：理解神经元和多层神经网络模型的结构。
- 偏置值：理解偏置值的作用。
- 激活函数：掌握 ReLu 和 Sigmoid 等激活函数的数学关系式和函数图像，了解不同激活函数的优缺点。
- 前向传播及反向传播：理解前向传播和反向传播的过程，并可以对反向传播的数学式进行手动推导。
- 梯度下降法：理解梯度下降法的工作原理。
- MNIST 数据集：了解 MNIST 数据集的构成，并掌握如何对其进行读取和导入。
- 搭建神经网络模型：掌握如何利用 Python 从零搭建一个神经网络模型。

2.1　神经网络模型理论基础

神经网络模型凭借着其强大的学习能力和非线性问题的处理能力，近年来在人工智能领域里又掀起了一番热潮。本节首先会介绍神经网络模型的由来并对激活函数作进一步的解释，其次会讲解模型中的前向传播和反向传播过程，最后会对一种经典的损失函数优化算法——梯度下降法进行介绍。

2.1.1　神经元模型（M-P 模型）

在讲解神经网络之前，不得不先介绍经典的神经元模型。“神经元”一词最早被用于描述人脑中用来传输信号的物质，这些神经元数量庞大并且相互连接，在人脑中形成了一个巨大的神经网络，而人脑和身体及外界的信息传输便依靠于此。

神经元结构如图 2.1 所示，人脑的神经元通过树突接收到传入的信号，通过轴突传递信息。当神经元获得的输入信号强度大于某一个阈值时，便会产生电脉冲，这个电脉冲通过突触将电脉冲信号传递给其他神经元。而借由着这个最基本的人脑神经元模型的启发，后续一些研究学者相继提出了感知机和多层感知机模型，为当代的深度学习奠定了基石。

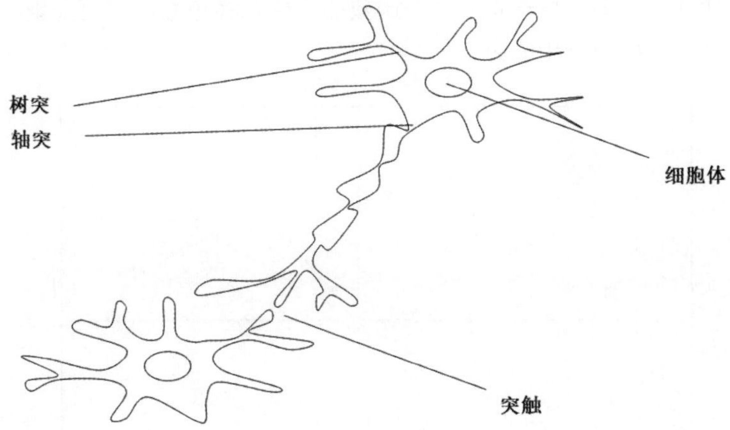

图 2.1　神经元模型

生物学上的神经元结构过于复杂，可以先将它抽象成一个简单的数学模型，之后再对它进行分析，神经元的数学模型如图 2.2 所示。

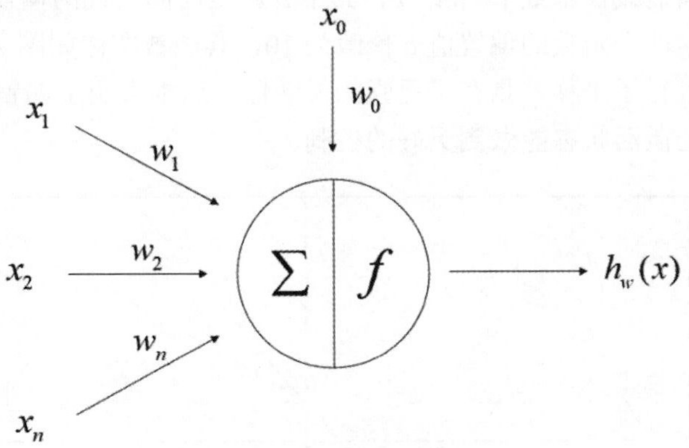

图 2.2　神经元数学模型

根据图中的数学模型，神经元的最后输出可以被表示为

$$h_w(x) = f\left(\sum_{i=1}^{n} w_i x_i + w_0\right) = f\left(\sum_{i=0}^{n} w_i x_i\right) \tag{2-1}$$

其中，x 代表神经元的输入；w 代表权重。x_0 表示值为 1 的模型偏置项，对应偏置参数为 w_0，通常在

神经网络中它也会被表示成 b。另外，Σ 为神经元所有的输入和，而 f 则是激活函数。只有当神经元的全部输入经过激活函数并大于一个阈值时，该信号才会成功地被传递。

接下来对偏置值作进一步解释，为什么会需要它的存在？首先，假设一个 $y=wx$ 的线性函数，并画出权重 w 等于 1 和 2 时的函数图像，如图 2.3 所示。从图中可以看到，无论权重 w 的值为多少，该函数必经过（0,0）点，如果换一个说法，即这个函数被（0,0）这个点束缚住了，无论如何都逃脱不了。如果作为一个强大的线性分类器，自然希望这个函数的变化越多越好，尽可能地包含各种情况，显然图中所示的函数并不具备很好的泛化能力。

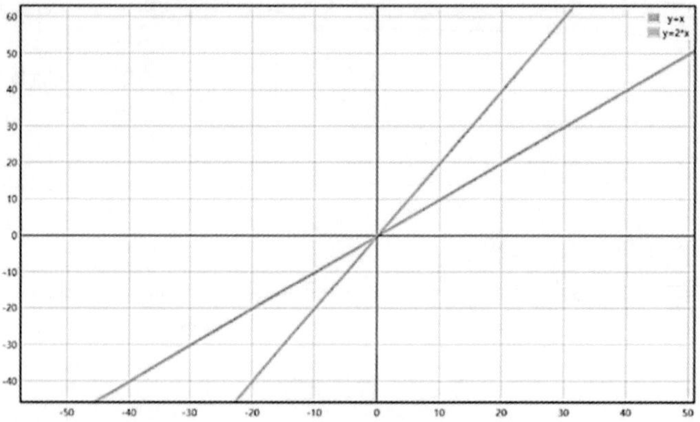

图 2.3　w 值为 1 和 2 时的线性函数

现在再来假设一个新的线性函数 $y=wx+b$，其中 b 就是前面所说的偏置值。在权重 w 的值保持 1 和 2 不变的情况下，将这两个函数的偏置值 b 修改为 10，其函数图像如图 2.4 所示。可以看到，添加了偏置值后，函数图像进行了平移，具有了更强的灵活性。这也表明了偏置值可以使神经元模型的拟合能力更强，对神经元的激活状态能做到更好的控制。

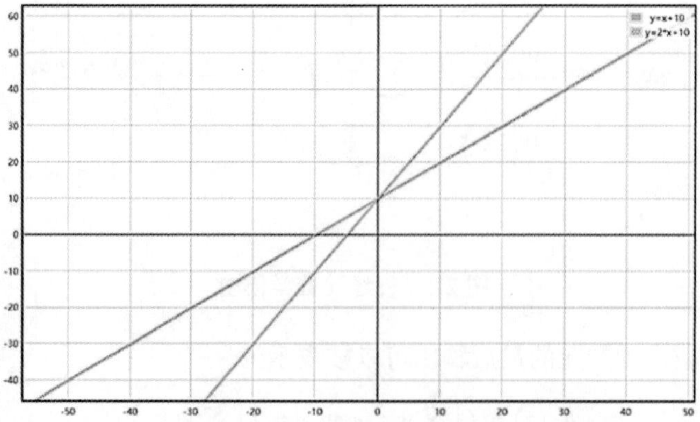

图 2.4　w 值为 1 和 2，b 值为 10 时的线性函数

2.1.2　激活函数

2.1.1 小节介绍了偏置值的作用，下面介绍激活函数。对于激活函数，目前有 Sigmoid、Tanh、ReLu、Leaky Relu 和 Elu 等数学函数，其中 Sigmoid、Tanh 和 ReLu 三个函数最为常用，这里对这三个常用的激活函数进行介绍。

首先是 Sigmoid 函数，它是一种常用的非线性激活函数，数学形式为

$$\text{Sigmoid}(x)=\frac{1}{1+\mathrm{e}^{-x}} \tag{2-2}$$

其函数图像如图 2.5 所示。

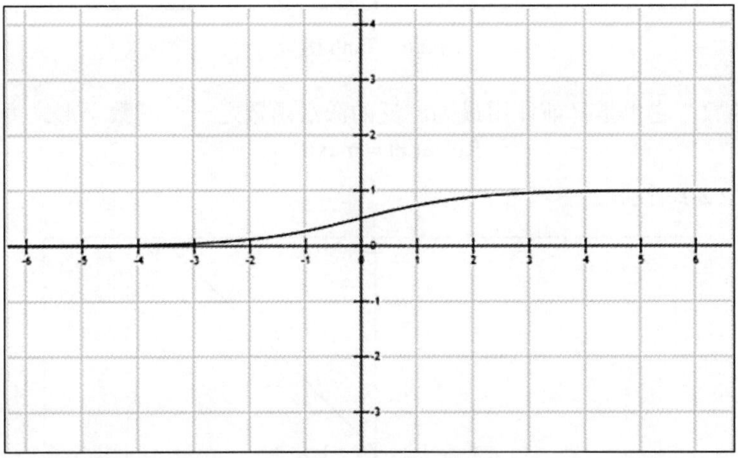

图 2.5　Sigmoid 函数

其取值范围为（0,1），左端趋近于 0，而右端则趋近于 1。Sigmoid 函数适合用于二分类任务，通常在数据特征相差不大时表现出较好的效果。它在较早时期里被广泛使用，但近年来却慢慢地淡出了人们的视野，主要的原因在于 Sigmoid 函数本身带有一些致命的缺陷。一方面是会产生梯度消失的问题，随着神经网络的层数不断增加，经过 Sigmoid 函数处理后的函数梯度会在不断传递的过程中越变越小，甚至最后接近或等于 0，导致梯度消失，使模型训练不再收敛。另一方面是 Sigmoid 函数的输出并非是 0 均值的，这会使模型产生收敛速度慢的问题。

接着来看一下 Tanh 函数，它的本质其实就是 Sigmoid 函数向下平移和收缩后的结果，其数学形式为

$$\text{Tanh}(x)=\frac{\mathrm{e}^{x}-\mathrm{e}^{-x}}{\mathrm{e}^{x}+\mathrm{e}^{-x}} \tag{2-3}$$

其函数图像如图 2.6 所示。

其输出的取值范围为(−1,1)。Tanh 函数也可以理解为是 Sigmoid 函数的一个改进形式，它可以解决 Sigmoid 函数的输出是非 0 均值的问题，提高模型的收敛速度，但它还是无法解决 Sigmoid 函数带来的梯度消失问题。

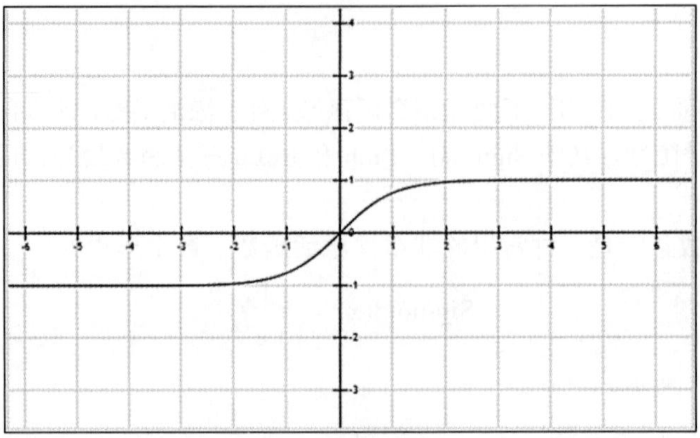

图 2.6　Tanh 函数

最后是 ReLu 函数，它也是目前使用最为广泛的激活函数之一，其数学形式为

$$\text{ReLu}(x) = \max(0, x) \tag{2-4}$$

其函数图像如图 2.7 所示。

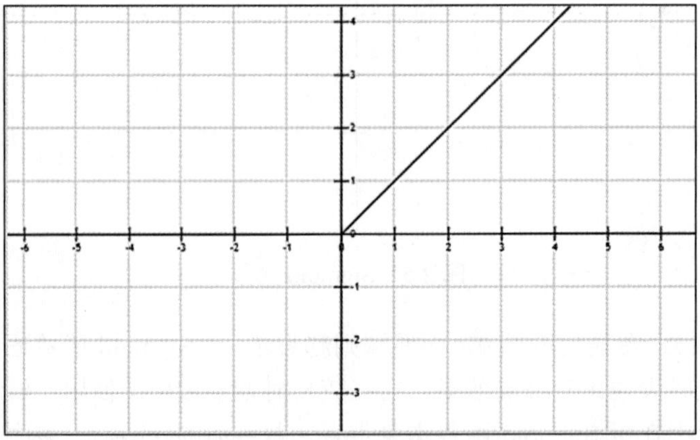

图 2.7　ReLu 函数

与 Sigmoid 函数和 Tanh 函数不同，ReLu 是一个分段线性函数，其导数在正半轴时为 1，在负半轴时为 0。ReLu 函数的存在可以很好地解决 Sigmoid 函数和 Tanh 函数所带来的梯度消失问题，并且由于在函数计算时只需要对是否大于 0 进行判断，因此也拥有较快的计算和收敛速度。虽然 ReLu 函数解决了梯度消失这个重要的问题，但是该函数同样也存在着一些缺陷。例如，函数输出值为非 0 均值且非线性弱，这就需要另外修改模型来进行弥补。但总体来说，ReLu 函数的性能优于 Sigmoid 函数和 Tanh 函数。

2.1.3　神经网络的前向传播

之前描述的神经元模型的层数只有一层，是神经网络中最简单的形式。而随着硬件设施（显卡等）、大数据及新算法模型的不断诞生，使多层神经网络的实现在今天变成了可能。多层神经网络也常被称为多层感知机，其模型示意图如图 2.8 所示。

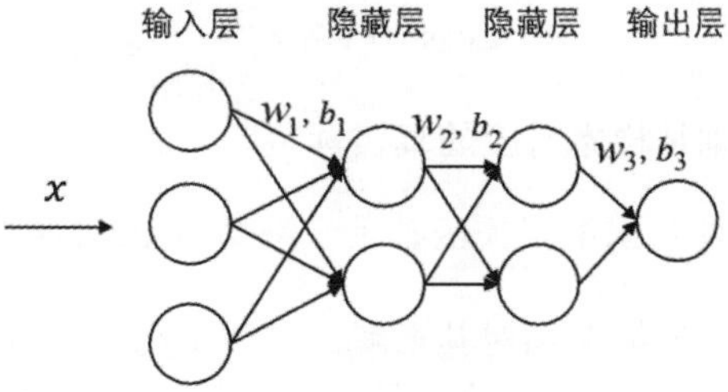

图 2.8 多层神经网络

从图 2.8 中可以看到，神经网络是由多个层的多个神经元相互连接而形成的。其中，第一层被称为输入层，最后一层被称为输出层，而介于输入层和输出层之间的所有层次都被称为隐藏层。

图中的 w 表示当前神经元与被连接神经元之间的权重，而 b 则表示偏置，这个与先前在神经元模型处描述的相同。当输入层接收到输入时，会将它进行逐层处理和传递直到最后输出为止。因为后一层的输入为前一层的输出，因此这样的神经网络也常被称为“前馈神经网络”，传递信息的过程被称为“前向传播算法”。用数学表达式描述它们之间的传递关系可以表示为

$$\left.\begin{aligned} h_1 &= f(w_1 x + b_1) \\ h_2 &= f(w_2 h_1 + b_2) \\ y &= w_3 h_2 + b_3 \end{aligned}\right\} \tag{2-5}$$

其中，h_1 代表第一个隐藏层的输出；h_2 代表第二个隐藏层的输出；y 代表最后一层的输出；f 为每一层的激活函数。

2.1.4 神经网络的反向传播

前向传播算法仅仅展示了神经网络如何处理一个输入数据并得到它的输出，却没有涉及网络权重的更新过程。为了让神经网络模型对一个数据集的输入具有预测能力，需要对神经网络进行训练并对参数进行更新，即调整 w 和 b，而这个更新的过程便涉及了反向传播算法。

为了简化后续的推导运算，这里以单层神经网络为例进行讲解，其输入、输出公式表示为

$$\left.\begin{aligned} h &= wx + b \\ y &= f(h) \end{aligned}\right\} \tag{2-6}$$

其中，各符号含义与式（2-5）中符号含义相同。

在有监督的学习任务中，所训练的数据往往带有一个真实标签值 y'，它与模型输出之间的差被称为损失值，而拟合这个损失值的关系式则被称为损失函数。损失函数的值越大，代表模型性能越差，优化的时间、次数就会越多；损失函数的值越小，则代表模型的性能越好，已经学习到了输入数据之

间的更多分布和特征。因此在正常情况下，训练时希望模型的损失越小越好，以经典的均方差损失函数为例，公式如下：

$$\text{Loss}=(y-y')^2 \tag{2-7}$$

其中，y 是模型的预测输出；y'则是样本对应的真实标签。

得到 Loss 值之后，下一步便是求解损失函数关于参数 w 的偏导数 $\frac{\partial \text{Loss}}{\partial w}$，即求得参数 w 的改变能给 Loss 带来多大的变化。为了能够顺利对其求解，需要引用高等数学里常用的链式法则：

$$\frac{\partial \text{Loss}}{\partial w}=\frac{\partial \text{Loss}}{\partial y}\frac{\partial y}{\partial h}\frac{\partial h}{\partial w} \tag{2-8}$$

利用求导法则，参照式（2-6）和式（2-7），对式（2-8）进行展开计算，得到对 w 参数的偏导结果为

$$\frac{\partial \text{Loss}}{\partial w}=\frac{\partial \text{Loss}}{\partial y}\frac{\partial y}{\partial h}\frac{\partial h}{\partial w}=2(y-y')f'(h)x \tag{2-9}$$

同理，也可以对参数 b 进行求偏导：

$$\frac{\partial \text{Loss}}{\partial b}=\frac{\partial \text{Loss}}{\partial y}\frac{\partial y}{\partial h}\frac{\partial h}{\partial b}=2(y-y')f'(h) \tag{2-10}$$

求偏导的过程即是反向传播算法，而求得的偏导值通常也被称为梯度，原参数 w 和 b 即可以通过这些梯度进行迭代更新，其优化表达式为

$$w_{\text{new}}=w_{\text{old}}-\alpha\frac{\partial \text{Loss}}{\partial w_{\text{old}}} \tag{2-11}$$

$$b_{\text{new}}=b_{\text{old}}-\alpha\frac{\partial \text{Loss}}{\partial b_{\text{old}}} \tag{2-12}$$

其中，α 代表了学习率。该方法也常常被称为梯度下降法，在 2.1.5 小节里会进一步介绍。

2.1.5 梯度下降法

本小节针对 2.1.4 小节的式（2-11）和式（2-12）作进一步说明。如前所述，神经网络的训练过程本质上是不断调整参数 w 和 b 的过程。在训练时，模型会试图寻找一组最合适的参数 w 和 b，以产生一个最优或次优的输出。那么训练时模型是如何寻找这些最优的参数的呢？

模型的优化及参数的调整主要是围绕损失函数来进行的。损失函数的组成形式通常是一个多元方程式，而优化的目标便是去求解出最合适的参数以使这个损失函数的值达到最小。如果要求出一个二元方程的极小值，可以通过导数求导来完成，这是不是就意味着直接简单地对损失函数求偏导，便可以得到它的极小值点了？显然不是，因为通常情况下，模型的损失函数都是比较复杂的，往往会是一个多元方程，在未知的参量较多的情况下无法直接对它进行求导。所以这时候就需要另辟蹊径，采用其他方法对损失函数进行优化，其中在众多优化方法中最广为人知的方法便是经典的梯度下降法。

梯度下降法又常被称为最速下降法，是一种常见的求解无约束优化问题的方法，可以用一个人下山的例子来直观形象地描述梯度下降法的工作流程，其示意图如图 2.9 所示。

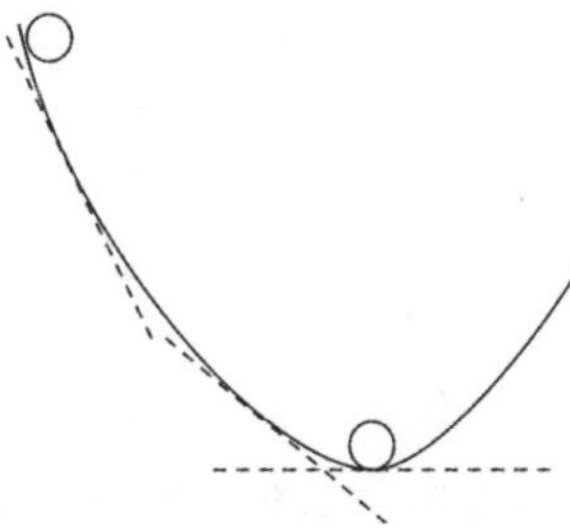

图 2.9　梯度下降法（1）

在图 2.9 中，左边的小球代表一个人，他的初始位置是在山顶，现在他想要最快速地到达中间山底的位置，要如何走呢？很明显，他需要考虑两点很重要的因素，那就是下山的方向和下山的步伐，越近的路径花费的时间越少，而迈的步伐越大，花费的时间也会越少。

现在先来解决第一个问题，如何找到最快的下山方向？根据基础数学理论可以了解到，梯度的方向实际上就是函数值增加或减小最快的方向，而这个方向也是熟悉的切线方向，如图中的虚线所示。因此只要当下山的这个人每走一步就对当前的位置求一个偏导，所找到的切线方向便是他下山最快的方向。

再来解决第二个问题，需要迈多大的步伐？是不是迈的步伐越大越好呢？显然不是。如图 2.10 所示，可以看到，如果下山的人所迈的步伐太大，在临近终点的时候，他很可能会直接跨越到另一条路径上去，而直接与山底的终点失之交臂。因此并不一定是迈的步伐越大越好，在实际的问题中往往需要选取合适的值进行算法的优化，而这个步伐的大小和下山的方向映射到深度学习的问题中，就是 2.1.4 小节曾提到过的学习率和参数的偏导。当设定好合适的学习率之后，算法会不断地选择最快的方向进行优化，直到最后找到梯度等于 0 的位置才停止，也就是图 2.10 中山底的位置。

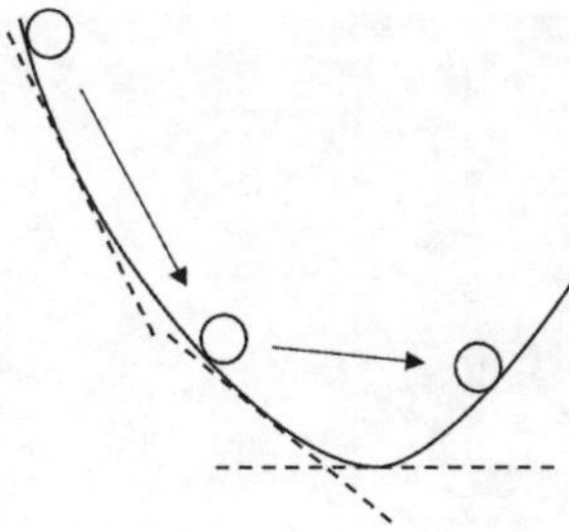

图 2.10　梯度下降法（2）

虽然梯度下降法优化的速度很快，但是它也有一个缺陷，那就是很容易陷入次优解或是局部最优解。如图 2.11 所示，可以很清楚地看到右侧的山底是最低的，代表着最优解，然而由于下山的人是从左侧开始出发的，他就很容易地直接陷入左侧的山底（次优解）而保持不动，直接错失了最好的终点位置。

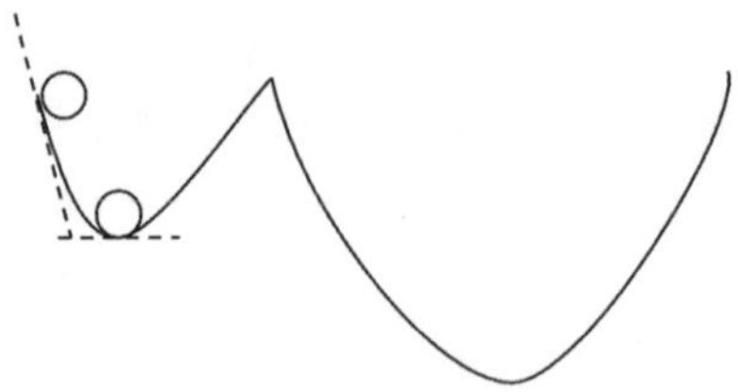

图 2.11 梯度下降法（3）

虽然梯度下降法并不总能寻找到函数的最优解，但不可否认的是它仍然是一个实用并且快速的优化算法，在 TensorFlow 2.X 中，可以直接在优化器里对它进行调用，而无须自己编写这个算法。

2.2 用 Python 从零实现神经网络

神经网络参数的优化过程本质上依靠的是矩阵间的运算，目前 MATLAB 语言或 Python 语言的 Numpy 库等都可以支持搭建以矩阵计算为基础的神经网络模型。在本节中，主要讲解如何利用 Python 的 Numpy 库从零搭建出一个单层神经网络并应用于手写数字识别任务中。

2.2.1 MNIST 数据集

MNIST 数据集是机器学习领域中经典的一个数据集。该数据集包含 60000 张和 10000 张分别用于训练及测试的 0～9 的灰度手写数字图像。这些图像经过了尺寸标准化并都位于图像中心，大小都固定为 28×28 像素，其示意图如图 2.12 所示。可以看到，MNIST 数据集的图像内容相对简单并且图像不大，因此非常适合作为模型的入门数据集来使用。本小节将利用 Python 语言实现一个能够识别该手写数据集的单层神经网络。

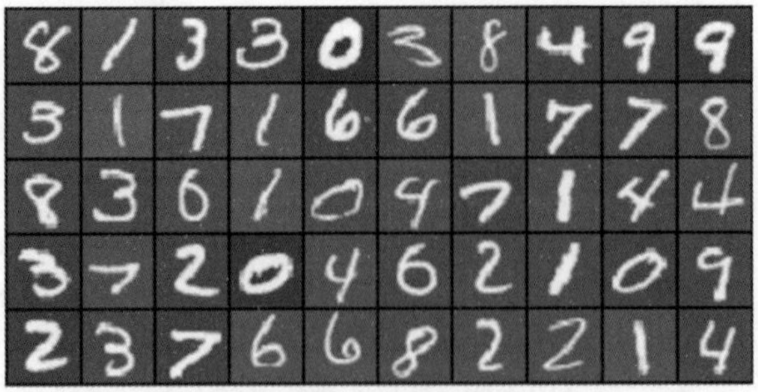

图 2.12 MNIST 数据集样例

2.2.2 MNIST 数据集的下载及读取

由于在本小节的实战案例中未使用任何第三方数据加载工具，因此这里需要自行下载原始的

MNIST 数据集。

进入网址 http://yann.lecun.com/exdb/mnist/，可以看到如图 2.13 所示的界面，分别单击四个数据集即可下载。其中，前两个数据集代表训练数据和训练标签，后两个数据集则代表测试数据和测试标签。

图 2.13 MNIST 数据集下载界面

打开 Jupyter Notebook，在当前目录下创建一个名为 mnist_dataset 的文件夹，将刚才下载得到的数据集压缩包放至其中。之后，在命令行中导入相关的第三方库，代码如下。

```
import numpy as np                                #用于矩阵运算
import gzip                                       #用于解压
import matplotlib.pyplot as plt                   #用于画图
```

定义 MNIST 数据集的加载函数，代码如下。

```
def load_img(file_name):                          #数据加载函数
    file_path = dataset_dir + "/" + file_name     #定义数据集路径
    with gzip.open(file_path, 'rb') as f:         #rb 代表读取二进制内容
            data = np.frombuffer(f.read(), np.uint8, offset=16)
    data = data.reshape(-1, 784)           #将 28*28 的图像尺寸转换成 784 以便神经网络输入
    return data
```

定义 MNIST 标签加载函数，代码如下。

```
def load_label(file_name):                        #标签加载函数
    file_path = dataset_dir + "/" + file_name
    with gzip.open(file_path, 'rb') as f:
        labels = np.frombuffer(f.read(), np.uint8, offset=8)
    return labels
```

由于在该神经网络中，输出层为 10 个神经元，对应了数字 0～9。因此需要定义 one-hot 编码转换函数将原始标签进行转换，如 0 转换成了[1,0,0,0,0,0,0,0,0,0]，而 1 则转换成了[0,1,0,0,0,0,0,0,0,0]等。最后模型的输出也是类似这样的形式，预测图片的值就是数组里概率最大的位置。定义 one-hot 编码转换函数，代码如下。

```
def change_one_hot_label(x):                        #标签 one-hot 编码转换
    z = np.zeros((x.size, 10))                      #创建数组长度为 10 的全 0 标签
    for idx, row in enumerate(z):
        row[x[idx]] = 1                             #one-hot 编码创建
    return z
```

定义路径并调用函数对训练集和测试集数据进行读取，代码如下。

```
dataset_dir = "mnist_dataset"
train_image = "train-images-idx3-ubyte.gz"
train_label = "train-labels-idx1-ubyte.gz"
test_image = "t10k-images-idx3-ubyte.gz"
test_label = "t10k-labels-idx1-ubyte.gz"
train_image = load_img(train_image)                 #读取训练集数据
train_label = load_label(train_label)               #读取训练集标签
test_image = load_img(test_image)                   #读取测试集数据
test_label = load_label(test_label)                 #读取测试集标签
```

对读取到的图像数据进行精度上的转换，并对其进行归一化，使像素值映射到区间[0,1]，代码如下。

```
train_image = train_image.astype(np.float32)/255.0   #图像归一化处理
test_image = test_image.astype(np.float32)/255.0
```

调用 one-hot 编码转换函数对数据集标签进行转换，代码如下。

```
train_label = change_one_hot_label(train_label)  #标签 one-hot 编码转换
test_label = change_one_hot_label(test_label)
```

2.2.3 单层神经网络搭建

在本实战案例中，采用 Sigmoid 函数作为激活函数。首先定义 Sigmoid 函数以及它的导数函数的数学式（用于反向传播过程），代码如下。

```
def sigmoid(x):          #激活函数
    return 1 / (1 + np.exp(-x))

def deriv_sigmoid(x):    #激活函数导数，用于在反向传播过程中求偏导
    f = sigmoid(x)
    return f * (1 - f)
```

由于搭建的是单层神经网络，因此只需定义一组训练参数 w 和 b，其中 784 为模型的输入，10 为输出的神经元个数，代码如下。

```
w1 = np.random.normal(0.0, pow(784, -0.5), (784, 10))    #输入 784，输出 10
b1 = np.zeros((10,1))+0.0001                             #偏置，初始化为 0.0001
```

定义学习率和训练次数，代码如下。

```
lr = 0.001                                          #学习率
epoch = 100                                         #训练次数
```

定义数组和变量，用于存放损失值和记录停止时的训练次数，代码如下。

```
total_loss = []                                      #存放损失值，便于画图
stop_epoch = 0                                       #记录训练停止时的训练次数
```

对模型进行训练并输出每次训练的准确率，代码如下。

```
for i in range(epoch):                               #模型训练
    accurate_number = 0                              #记录在一次训练中有多少张图片被正确预测
    #读取单张图像数据及其对应的标签
    for single_train_image,single_train_label in zip(train_image,train_label):
        epoch_loss = 0
        #将(784,)增添维度至(784,1)以满足矩阵运算需求
        single_train_image = np.expand_dims(single_train_image, axis=1)
        single_train_label = np.expand_dims(single_train_label, axis=1)
        out1 = np.dot(w1.T,single_train_image)+b1 #前向传播 y=wx+b
        out1_ = sigmoid(out1)                        #激活函数输出
        loss = (single_train_label-out1_)**2         #均方差损失函数
        epoch_loss += loss.mean()                    #记录 loss 值
        grad_y = single_train_label-out1_            #对应∂y/∂loss 项，常数项可被省略
        #对应∂loss/∂w 的计算公式
        grad_w1 = np.dot(single_train_image,(grad_y*deriv_sigmoid(out1)).T)
        grad_b1 = (grad_y * deriv_sigmoid(out1))     #对应∂loss/∂b 的计算公式
        w1 += lr * grad_w1                           #w 参数更新
        b1 += lr * grad_b1                           #b 参数更新
        if np.argmax(out1_) == np.argmax(single_train_label): #判断预测和标签是否一致
            accurate_number+=1
    train_accuracy = accurate_number/len(train_image)        #计算训练一次的准确率
    print("train accuracy is:%f"%train_accuracy)
    total_loss.append(epoch_loss/len(train_image)) #记录每次训练的平均损失率
    stop_epoch+=1
    if train_accuracy > 0.90:                        #当准确率大于 0.90 时，训练终止
        break
```

输出的结果为：

```
...
train accuracy is:0.896467
train accuracy is:0.897633
train accuracy is:0.898600
train accuracy is:0.899533
train accuracy is:0.900450
```

绘出损失曲线图，代码如下。

```
plt.plot([i for i in range(stop_epoch)],total_loss)    #横轴为训练次数，纵轴为损失值
plt.show()
```

输出的结果如图 2.14 所示。

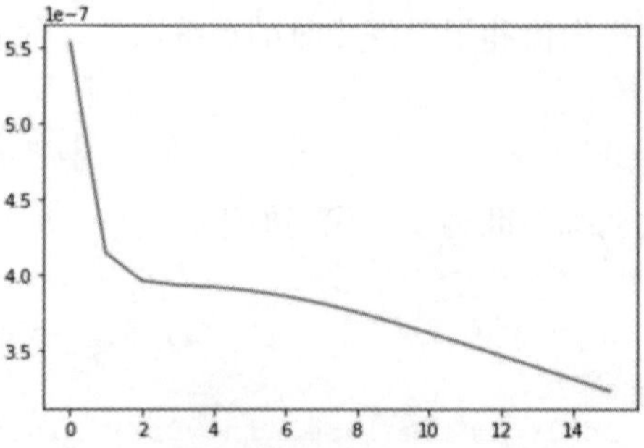

图 2.14　损失函数曲线图

计算对测试集预测的准确率，代码如下。

```
#对测试集进行测试
out = np.dot(test_image,w1)                                    #前向传播
out = sigmoid(out)
accuracy = 0
for i in range(len(out)):
    if np.argmax(out[i]) == np.argmax(test_label[i]):          #判断预测和标签是否一致
        accuracy +=1

accuracy = accuracy/len(test_label)                            #计算准确率
print(accuracy)
```

输出的结果为：

```
0.894
```

随机选取其中一张图片进行显示，代码如下。

```
#显示标签和预测值
plt.title("label:%d,predicted:%d"%(np.argmax(test_label[1]),np.argmax(out[1])))
plt.imshow(test_image[1].reshape(28,28))                #转换成二维，方便图像显示
plt.show()
```

输出的结果如图 2.15 所示。

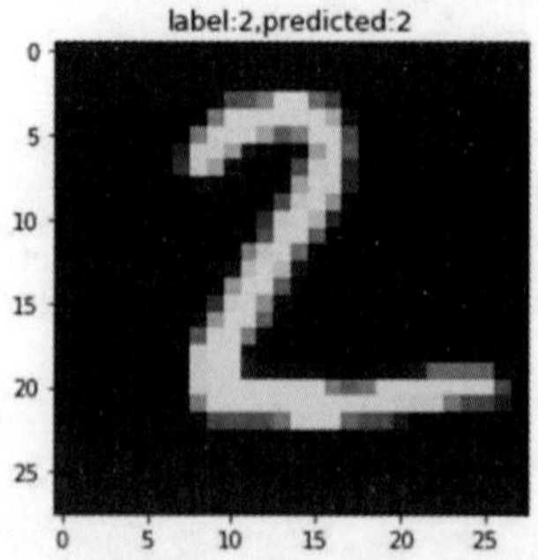

图 2.15　可视化单张手写图片的预测

第 3 章 TensorFlow 2.X 理论基础

TensorFlow 2.X 版本自上线以来，凭借着简易、清晰和扩展性强三大特点，迅速地受到了广大研究者们的欢迎。在新版本中，开发者不仅可以通过 Keras 和动态图优先模式快速搭建神经网络模型，而且还能在任意平台上实现模型的稳健部署，实现学术和工业的双向结合。

虽然 TensorFlow 2.X 与先前的 TensorFlow 1.X 版本相比简易了许多，但其依旧是一个内容繁多的深度学习框架体系，只有掌握了它的基础理论和使用方法，才方便对后续的模型进行搭建和开发。在本章中，首先会介绍各种张量的定义和对它们的常用操作，之后会讲解 TensorFlow 2.X 中的梯度自动求导机制并演示如何通过 TensorFlow 2.X 实现一些基本的神经网络。

本章主要涉及的知识点如下。

- 张量定义、运算及操作：掌握不同类型张量的定义、创建、常见运算和操作。
- 张量梯度自动求导：了解 Variable 张量定义及 tf.function 机制，掌握如何实现张量的梯度自动求导。
- 神经网络搭建：掌握如何利用 TensorFlow 2.X 实现基本的分类和回归神经网络。
- 模型训练优化技巧：掌握 Dropout 和 EarlyStopping 模型防过拟合技术。
- 模型保存与加载：掌握保存和加载训练模型的两种常用方式。

3.1 张量类型及基本运算

TensorFlow 是一个以张量（Tensor）为基础并对它进行各种运算的深度学习框架，因此了解张量的定义以及它的常用运算操作是入门 TensorFlow 2.X 第一步需要做的事情。本节首先介绍了在 TensorFlow 2.X 中张量的定义以及它的一些基本运算和变化，之后会对 TensorFlow 2.X 版本中出现的一些新特性，如不规则张量（Ragged Tensor）等作一些说明。

3.1.1 张量类型

在 TensorFlow 2.X 里，标量、向量、矩阵以及 n 维以上的数组都统称为张量，它们之间不作特别的区分，具体的定义如下。

- 标量：只有大小，没有方向的单个实数。维度为 0，称为 0 维张量，如 1.0、2.0 等。
- 向量：有大小和方向的一组实数集合。维度为 1，称为一维张量，如[1.0，2.0，3.0]等。
- 矩阵：按照长方阵列排列的实数集合。维度为 2，称为二维张量，如[[1.0]、[2.0]]等。

● *n* 维数组：具有 *n* 个维度的实数集合，称为 *n* 维张量。

那么在什么情况下会使用到 *n* 维张量呢？例如，在图像处理中，就会经常遇到 *n* 值为 4 的四维张量，在 MNIST 数据集处理中就存在着如[60000，28，28，1]这样的图像格式，它的每一维分别代表的是图像的批大小、长度的像素值、宽度的像素值和颜色的通道数。

3.1.2 创建张量

在 TensorFlow 2.X 中存在着多种创建张量的方法，首先介绍第一种创建方法 tf.constant()。tf.constant()在 TensorFlow 2.X 中尤为常用，它的目的是创建一个不可变的常数张量，官方提供的函数原型如下。

```
tf.constant(value, dtype=None, shape=None, name='Const')
```

其中，value 代表所需要创建张量的值；dtype 代表所创建张量的数值类型，常见的有 tf.int32、tf.float32 和 tf.string 等；shape 代表所创建张量的形状大小；而最后一个参数 name 则代表张量的名称。在该函数中，value 为必输入值，而 dtype、shape 和 name 是可选输入值，如果没有指定后三者的参数，那么系统会自动判定并决定它们的类型。

这里对上述提到的标量、向量和矩阵等张量分别进行创建。首先需要导入 TensorFlow 2.X，代码如下。

```
import TensorFlow as tf
```

之后对不同数据类型的标量进行创建，代码如下。

```
scalar_int = tf.constant(2)                  #创建整型标量张量
scalar_float = tf.constant(3.14)             #创建浮点型标量张量
scalar_string = tf.constant('hello')         #创建字符串型标量张量
print(scalar_int)
print(scalar_float)
print(scalar_string)
```

输出的结果为：

```
tf.Tensor(2, shape=(), dtype=int32)
tf.Tensor(3.14, shape=(), dtype=float32)
tf.Tensor(b'hello', shape=(), dtype=string)
```

从结果中可以看出，创建的标量因为维度是 0，所以 shape 值都为空，而如果没有指定 dtype，那么默认整型和浮点型创建的都是 int32 和 float32 的类型。

接下来再创建向量，代码如下。

```
vector_int = tf.constant([2])                          #创建整型向量张量
vector_float = tf.constant([3.0,4.0])                  #创建浮点型向量张量
vector_string = tf.constant(['hello','world'])         #创建字符串型向量张量
print(vector_int)
print(vector_float)
print(vector_string)
```

输出的结果为：

```
tf.Tensor([2], shape=(1,), dtype=int32)
tf.Tensor([3.0 4.0], shape=(2,), dtype=float32)
tf.Tensor([b'hello' b'world'], shape=(2,), dtype=string)
```

向量的创建必须为其加上[]，将它作为列表传入函数。与标量不同的是，向量的输出结果已经带上了维度，而维度中数值的大小则是先前输入序列中的数量。同时这里特别要注意带有[]的单个实数，它代表的是向量而不是标量。

使用同样的方法，还可以定义一个矩阵，代码如下。

```
matrix_int = tf.constant([[1],[2]])                    #创建整型矩阵张量
matrix_float = tf.constant([[3.0],[4.0]])              #创建浮点型矩阵张量
matrix_string = tf.constant([['hello'],['world']])     #创建字符串型矩阵张量
print(matrix_int)
print(matrix_float)
print(matrix_string)
```

输出的结果为：

```
tf.Tensor(
[[1]
 [2]], shape=(2, 1), dtype=int32)
tf.Tensor(
[[3.]
 [4.]], shape=(2, 1), dtype=float32)
tf.Tensor(
[[b'hello']
 [b'world']], shape=(2, 1), dtype=string)
```

因为矩阵本身的维度为 2，因此输出的 shape 也具有两个维度，第一个代表行，第二个则代表列。

如果想对输入的张量进行类型的判别，可以使用 tf.rank()函数。

```
scalar_int = tf.constant(1)
vector_int = tf.constant([1,2])
matrix_int = tf.constant([[1],[2],[3]])
print(tf.rank(scalar_int))
print(tf.rank(vector_int))
print(tf.rank(matrix_int))
```

输出的结果为：

```
tf.Tensor(0, shape=(), dtype=int32)
tf.Tensor(1, shape=(), dtype=int32)
tf.Tensor(2, shape=(), dtype=int32)
```

结果中，0、1 和 2 分别代表了这个张量类型为标量、向量和矩阵。

除了 tf.constant()函数可以创建张量，还有一些如 tf.Variable()、tf.conver_to_tensor()等函数都可以对张量进行创建。本小节暂不介绍 Variable 张量，在本章后面的自定义梯度求导内容处遇到会再进行

介绍，现在先来看看 tf.conver_to_tensor()的使用方法。

tf.conver_to_tensor()函数可以将一些其他数据格式（如列表、numpy 数组等数据形式）转换成张量的形式，使其能在 TensorFlow 2.X 中进行运算。

```
import numpy as np
list = [1,2,3]
array = np.array([1.0,2.0,3.0])
print(tf.convert_to_tensor(list))                 #将列表转换为 tensor
print(tf.convert_to_tensor(array))                #将 numpy 数组转换为 tensor
```

输出的结果为：

```
tf.Tensor([1 2 3], shape=(3,), dtype=int32)
tf.Tensor([1. 2. 3.], shape=(3,), dtype=float64)
```

可以看到，对应的列表和 numpy 数组被成功地转换为 tensor 的形式。除此之外，还可以指定转换时的类型，代码如下。

```
list = [1,2,3]
array = np.array([1.0,2.0,3.0])
print(tf.convert_to_tensor(list,dtype=tf.int64))
print(tf.convert_to_tensor(array,dtype=tf.float64))
```

输出的结果为：

```
tf.Tensor([1 2 3], shape=(3,), dtype=int64)
tf.Tensor([1. 2. 3.], shape=(3,), dtype=float64)
```

原先的 int32 和 float32 数据类型被成功地转换为 int64 和 float64 的数据类型。

3.1.3 创建特殊张量

虽然可以通过 tf.constant()等函数直接创建张量，但在某些情况下有些任务即便是通过这些函数也无法完成。如果要创建一个行列长度都为 30 并且值为全 0 的矩阵，要如何进行创建？如果通过手动输入未免过于麻烦了，其需要人为地进行计数，十分耗时。在 TensorFlow 2.X 中，官方提供了 tf.zeros()、tf.ones()、tf.fill()、tf.random.normal()和 tf.random.uniform()等函数来完成这个功能，接下来逐一对这些函数进行介绍。

tf.zeros()和 tf.ones()两个函数可以直接创建指定大小的全 0 和全 1 矩阵，在一些参数初始化时，会经常用到它们，代码如下。

```
print(tf.zeros((3,3)))                 #创建 3×3 的全 0 矩阵
print(tf.ones((3,3)))                  #创建 3×3 的全 1 矩阵
```

输出的结果为：

```
tf.Tensor(
[[0. 0. 0.]
 [0. 0. 0.]
```

```
 [0. 0. 0.]], shape=(3, 3), dtype=float32)
tf.Tensor(
[[1. 1. 1.]
 [1. 1. 1.]
 [1. 1. 1.]], shape=(3, 3), dtype=float32)
```

这里默认的都是 float32 类型，可以在函数后添加 dtype 参数，将输出修改为所需要的数值类型，代码如下。

```
print(tf.zeros((3,3),dtype=tf.int32))
print(tf.ones((3,3),dtype=tf.int64))
```

输出的结果为：

```
tf.Tensor(
[[0 0 0]
 [0 0 0]
 [0 0 0]], shape=(3, 3), dtype=int32)
tf.Tensor(
[[1 1 1]
 [1 1 1]
 [1 1 1]], shape=(3, 3), dtype=int64)
```

除了可以生成指定大小的全 0 和全 1 的张量外，还可以通过 tf.fill()函数创建指定大小的自定义数值张量。例如，创建一个行列长度都为 3 且值为 5 的张量，代码如下。

```
print(tf.fill((3,3),value=5))          #创建 3×3 且值全为 5 的张量
```

输出的结果为：

```
tf.Tensor(
[[5 5 5]
 [5 5 5]
 [5 5 5]], shape=(3, 3), dtype=int32)
```

这里要注意的是，tf.fill()函数没有 dtype 参数，系统只能通过 value 参数的格式来直接判断并设置它的数值类型。

最后介绍 tf.random.normal()和 tf.random.uniform()两个函数的使用方法。通过这两个函数可以创建出带有正态分布和均匀分布的张量。这两种特殊分布的张量在后续搭建神经网络初始化神经元参数时非常有用，它们有利于网络的训练并可以提高模型训练的结果。

对于 tf.random.normal()函数，官方提供的函数原型如下。

```
tf.random.normal(shape, mean=0.0, stddev=1.0, dtype=tf.dtypes.float32, seed=None, name=None)
```

其中，mean 参数代表正态分布的均值；stddev 参数代表正态分布的方差；seed 参数代表随机种子值。例如，创建一个行列大小为 3、均值为 2 且方差为 4 的张量，代码如下。

```
print(tf.random.normal((3,3),2,4))          #创建正态分布张量
```

输出的结果为：

```
tf.Tensor(
[[ 1.6823058   0.08306932  3.1598942 ]
 [ 7.6403027   3.9574323   0.39713144]
 [ 3.7613866  -0.85690665  3.2830436 ]], shape=(3, 3), dtype=float32)
```

通过 tf.random.uniform()函数，可以创建出一个在指定区间内均匀分布的张量。官方提供的函数原型为：

```
tf.random.uniform(shape,minval=0,maxval=None,dtype=tf.dtypes.float32,seed=None,name=None)
```

其中，minval 为所选区间的下限值；maxval 为所选区间的上限值。例如，创建一个区间为[0,10]、行列大小为 3 的张量，代码如下。

```
print(tf.random.uniform((3,3),0,10))    #创建均匀分布张量
```

输出的结果为：

```
tf.Tensor(
[[9.77242   2.5214899 2.6100647]
 [7.024308  4.8727465 9.201173 ]
 [7.338376  1.6939533 3.5569143]], shape=(3, 3), dtype=float32)
```

除了 tf.random.normal()和 tf.random.uniform()两个函数外，还有一些函数如泊松分布的 tf.random.poisson()函数和伽马分布的 tf.random.gamma()函数也属于分布函数，但通常情况下它们使用的次数较少，这里就不再特别提及。

3.1.4　张量的数学运算

介绍了张量的类型和创建方法之后，再了解一下张量的一些常见数学运算。在 TensorFlow 2.X 中，有一个专门用于处理数学运算的 tf.math 库，其中包含了各种常见的数学运算或函数。通过它，可以快速地对所创建的张量进行各种数学计算。

数学里最基本的简单运算就是加、减、乘、除，在 TensorFlow 2.X 中分别提供了 tf.add()、tf.subtract()、tf.multiply()和 tf.divide()函数来实现这些功能，代码如下。

```
print(tf.add(2,3))              #加法
print(tf.subtract(2,3))         #减法
print(tf.multiply(2,3))         #乘法
print(tf.divide(2,3))           #除法
```

输出的结果为：

```
tf.Tensor(5, shape=(), dtype=int32)
tf.Tensor(-1, shape=(), dtype=int32)
tf.Tensor(6, shape=(), dtype=int32)
tf.Tensor(0.6666666666666666, shape=(), dtype=float64)
```

但是这样的运算方法过于烦琐，因此可以使用+、-、*和/这些符号直接实现这些功能，代码如下。

```
a = tf.constant(2)
```

```
b = tf.constant(3)
print(a+b)          #加法
print(a-b)          #减法
print(a*b)          #乘法
print(a/b)          #除法
```

输出的结果为：

```
tf.Tensor(5, shape=(), dtype=int32)
tf.Tensor(-1, shape=(), dtype=int32)
tf.Tensor(6, shape=(), dtype=int32)
tf.Tensor(0.6666666666666666, shape=(), dtype=float64)
```

除此之外，常见的数学运算还有求绝对值、求乘方以及开平方等，可以分别通过 tf.abs()、tf.pow()和 tf.sqrt()函数来实现。在使用 tf.sqrt()时，需要将输入的张量转换为浮点数和复数的形式才可以使用，否则系统会报错。强制转换一个张量的数值类型可以使用 tf.cast()函数来实现，只要对它传入原数值和转换的目标数值类型即可完成转换。现在来实现一下上述的运算功能，代码如下。

```
print(tf.abs(-2))                           #求绝对值
print(tf.pow(2,2))                          #求次方
float_number = tf.cast(4,tf.float32)        #强制转换类型
print(tf.sqrt(float_number))                #开平方
```

输出的结果为：

```
tf.Tensor(2, shape=(), dtype=int32)
tf.Tensor(4, shape=(), dtype=int32)
tf.Tensor(2.0, shape=(), dtype=float32)
```

在神经网络的训练过程中包含了大量的矩阵运算，其中最常见的便是矩阵相乘操作。与上述的标量、张量不同，矩阵间的相乘无法使用“*”或 tf.multiply()完成，需要用到一个新的函数 tf.matmul()来实现这个功能，代码如下。

```
a = tf.random.normal([5,6])             #创建 5×6 正态分布张量
b = tf.random.normal([6,5])             #创建 6×5 正态分布张量
print(tf.matmul(a,b))                   #矩阵相乘
```

输出的结果为：

```
tf.Tensor(
[[ 2.6699877  -1.4457527   3.526948   -7.1724834   8.251319  ]
 [-1.0480627   0.8255386  -1.6718189   0.8773548  -1.1120656 ]
 [-0.8474385   1.519674    1.1604369   4.058243   -4.797663  ]
 [-0.48080125 -0.12384464 -0.3015798   0.8409043  -0.03378852]
 [-3.66402     3.5236638   6.3296647  -2.1212823  -2.419815  ]], shape=(5, 5), dtype=float32)
```

为了简化矩阵的相乘，和之前的“*”一样，还可以通过“@”符号来完成这个功能，代码如下。

```
print(a@b)    #矩阵相乘
```

输出的结果为：

```
tf.Tensor(
[[ 2.6699877  -1.4457527   3.526948   -7.1724834   8.251319  ]
 [-1.0480627   0.8255386  -1.6718189   0.8773548  -1.1120656 ]
 [-0.8474385   1.519674    1.1604369   4.058243   -4.797663  ]
 [-0.48080125 -0.12384464 -0.3015798   0.8409043  -0.03378852]
 [-3.66402    3.5236638   6.3296647  -2.1212823  -2.419815  ]], shape=(5, 5), dtype=float32)
```

需要注意的是，在矩阵相乘的过程中，需要满足矩阵的相乘规则，第一个矩阵的列长度必须和第二个矩阵的行长度相等，否则系统会报错。

3.1.5 张量切片和索引

在 Python 列表或 Numpy 数组中，可以对指定的位置进行索引从而得到所需要的值，同时也可以从数组中提取出一段连续的值，这样的操作被称为切片。在 TensorFlow 2.X 中，同样支持对张量进行索引和切片操作，现在先随机创建一个均匀分布的张量，代码如下。

```
a = tf.random.uniform((5,5),2,10)
print(a)
```

输出的结果为：

```
tf.Tensor(
[[2.1140547 5.219945  7.488329  2.9396658  3.27812 ]
[2.5038881 3.2103128 3.2800922 2.0162659  8.353845 ]
[5.873563  7.114767  3.4113655 3.2154255  3.505746 ]
[9.594122  3.678399  7.054345  7.49035   6.062278 ]
[2.7596312 2.7983122 9.176808  4.8242474 8.97175  ]], shape=(5, 5), dtype=float32)
```

对其中第二行的值进行索引，代码如下。

```
print(a[1])   #索引第二行
```

输出的结果为：

```
tf.Tensor([2.5038881 3.2103128 3.2800922 2.0162659 8.353845 ], shape=(5,), dtype=float32)
```

之后再对其中第三行第三列位置的值进行索引，代码如下。

```
print(a[2][2])   #索引第三行第三列的值
```

输出的结果为：

```
tf.Tensor(3.4113655, shape=(), dtype=float32)
```

可以看到，通过索引能快速地从多维张量中提取到所需要的值。但是，如果这时候想要提取第三行前两列的值，仅仅通过索引是没有办法完成的，这时就需要用到上面所提到的切片操作。切片操作的基本表达式如下。

```
Tensor[start_index:end_index:step]
```

其中，start_index 代表起始索引的位置；end_index 代表终止索引的位置；step 为索引的步长，当

step 省略时，值默认为 1。现在来试着提取之前所创建张量里第三行的前两列的值，代码如下。

```
print(a[2,0:2])    #索引第三行前两列的值
```

输出的结果为：

```
tf.Tensor([5.873563 7.114767], shape=(2,), dtype=float32)
```

此外，start_index 和 end_index 值还可以省略，直接输入“:”即可，当输入“:”时，表示张量从最开始位置读取到最后一个位置。例如，提取所创建张量中的最后一列元素，代码如下。

```
print(a[:,-1])    #索引最后一列的值
```

输出的结果为：

```
tf.Tensor([3.27812  8.353845 3.505746 6.062278 8.97175 ], shape=(5,), dtype=float32)
```

针对张量的切片操作还有许多的变化，这里展示的仅仅是基本的使用，若是想灵活掌握各种切片操作，平日里还需要多加练习。

3.1.6 张量维度变换

本小节会介绍张量的另一个常用操作：维度变换。维度变换包含了维度的转换、维度的增添删减、交换复制以及各种的维度操作等。这里重点讲解其中的维度转换、增添删减及交换，在平时的模型搭建过程中，会常用到它们。

首先来看看维度的转换。简单来说，就是将原有数据的维度转换成目标维度的一种操作，在 TensorFlow 2.X 中可以通过 tf.reshape()函数来完成它。首先创建一个行长度为 3、列长度为 4 的张量，代码如下。

```
a = tf.random.normal((3,4))
print(a)
```

输出的结果为：

```
tf.Tensor(
[[-0.41773728  0.05663771  0.0255248  -0.67196804]
 [ 0.7785056   0.12561142 -0.34614602  1.1836691 ]
 [-0.34495783 -0.6808659   0.00358932 -0.18084231]], shape=(3, 4), dtype=float32)
```

试着用 tf.reshape()函数将该张量转换为行长度为 2、列长度为 6 的新张量，代码如下。

```
print(tf.reshape(a,(2,6)))        #维度转换
```

输出的结果为：

```
tf.Tensor(
[[-0.41773728  0.05663771  0.0255248  -0.67196804  0.7785056   0.12561142]
 [-0.34614602  1.1836691  -0.34495783 -0.6808659   0.00358932 -0.18084231]], shape=(2,
6), dtype=float32)
```

可以发现，维度被成功地转换了过来。再试试将它转换成其他维度，代码如下。

```
print(tf.reshape(a,(2,2)))
```

输出的结果为：

```
InvalidArgumentError: Input to reshape is a tensor with 12 values, but the requested
shape has 4
[Op:Reshape]
```

可以发现，系统输出了报错信息。其主要原因是张量维度的改变，本质上是对张量中所有的元素进行一定规则的重新排列，因此在转换时，必须保证转换后张量中元素的总个数要等于先前未转换的张量中元素的总个数，只有在这种情况下，维度才能被正确转换。因此上述例子会出现错误是因为转换的维度 4(2*2)与原维度 12(2*6)不一致。

此外，为了计算方便，对一些更高维度且不好计算的张量进行维度转换时，可以直接将其中一个维度填为-1，之后系统会自动运算出这个值并进行填补。例如，可以改变之前的代码并重新运行一下上述的例子，代码如下。

```
print(tf.reshape(a,(2,-1)))
```

输出的结果为：

```
tf.Tensor(
[[-0.41773728  0.05663771  0.0255248  -0.67196804  0.7785056   0.12561142]
 [-0.34614602  1.1836691  -0.34495783 -0.6808659   0.00358932 -0.18084231]], shape=(2,
6), dtype=float32)
```

除了维度转换外，维度的增添删减同样是一个经常会用到的操作。在 TensorFlow 2.X 中，模型训练的图像格式通常要求为四维图像，分别是批的大小、图长、图宽及通道数。例如，现在准备传入一张像素大小为(28, 28)的灰度图像到模型中，需要对它前后分别增加一个值为 1 的维度使其变成(1, 28, 28, 1)的形式。可以通过 tf.expand_dims()函数来完成这个任务，代码如下。

```
a = tf.random.normal((28,28))
a = tf.expand_dims(a,axis=0)   #增添第一维
a = tf.expand_dims(a,axis=3)   #增添第四维
print(a)
```

输出的结果为：

```
...
   [-7.42097124e-02]
   [-3.58637534e-02]
   [ 7.87238955e-01]
   [-4.81572330e-01]
   [-2.04534626e+00]
   [-7.13691950e-01]
   [ 8.12777460e-01]]]], shape=(1, 28, 28, 1), dtype=float32)
```

其中，tf.expand_dims()的 axis 参数代表原张量准备增添的维度位置；0 和 3 分别代表第一维和第四维。

增添完维度之后，还可以使用 tf.squeeze()函数对张量的维度进行删除。例如，现在想删除以下张量的第一个和最后一个维度，代码如下。

```
a = tf.random.normal((1,28,28,1))
a = tf.squeeze(a,axis=0)     #删除第一个维度
a = tf.squeeze(a,axis=2)     #删除最后一个维度
print(a)
```

输出的结果为：

```
...
 -0.40703982  0.62722117  0.23014186  2.402038    0.21769458  0.69658065
 -1.7869849   1.6856939   0.7451036   0.6154771   1.1163362   0.8998456
 -1.5684031  -0.7247867  -0.06690918 -0.11719718]], shape=(28, 28), dtype=float32)
```

其中，tf.squeeze()的 axis 参数代表原张量准备删减的维度位置。需要注意的是，在这个例子中，当执行完第一次的维度删减之后，原张量的维度就变成了三维，因此第二次维度删减的 axis 值应该是 2，而不是 3。

接下来介绍张量的维度交换操作。在一些其他编程语言或图像数据库中，有时会看到类似批大小、图像通道数、长、宽的图像格式，这与 TensorFlow 2.X 里所要求的图像存储格式（批大小、长、宽、图像通道数）不同。因此，必须将该类图像的维度调整为能在 TensorFlow 2.X 中可以使用的格式。例如，现在想将这类图像的第二个维度交换到最后一维，可以通过 tf.transpose()函数来完成，代码如下。

```
a = tf.random.normal((1,1,28,28))
a = tf.transpose(a,[0,2,3,1])    #维度交换
print(a)
```

输出的结果为：

```
...
  [ 5.6266433e-01]
  [-1.1155448e+00]
  [ 3.6519459e-01]
  [ 1.7393321e+00]
  [-1.4985163e+00]
  [ 1.6250528e+00]]]], shape=(1, 28, 28, 1), dtype=float32)
```

其中，tf.transpose()函数的后一个参数代表交换目标维度的顺序。

3.1.7 字符串张量

在 3.1.2 小节中介绍了通过 tf.constant()函数可以创建字符串张量。而在 TensorFlow 2.X 中，官方也提供了一类专门用于处理字符串张量的 API，即 tf.strings，它包括了一些日常需要使用的字符串处理操作，如字符串拼接、分割和大小写字母转换等。本小节就来讲解如何在 TensorFlow 2.X 中实现它们。

首先介绍 tf.strings.as_tring()函数的用法，与在张量运算中介绍的 tf.cast()函数一样，它们都可以对张量的类型进行转换。不同的是，tf.cast()函数只能将张量转换成整型、浮点型和复数型的张量，但无

法将它们转换为字符串张量的形式。而 tf.strings.as_tring()函数正好弥补了这个缺点，它的作用是可以将任意的非字符串张量转变成字符串张量，以便实际应用。接下来，分别创建一个浮点型和整型张量并使用该函数对它们进行转换，代码如下。

```
a = tf.constant(6)
b = tf.constant(6.0)
print(tf.strings.as_string(a))                #整型张量转换为字符串
print(tf.strings.as_string(b))                #浮点型张量转换为字符串
```

输出的结果为：

```
tf.Tensor(b'6', shape=(), dtype=string)
tf.Tensor(b'6.000000', shape=(), dtype=string)
```

可以看到，虽然张量的类型被强制转换成了字符串张量类型，但格式上也受到了一定的影响。这里的浮点型张量被转换成字符串张量之后，输出中多了几个 0，这显然是数字的精度出现了问题。如果要控制输出结果的精度位数，只需在 tf.strings.as_string()函数中设置 precision 参数即可。其中，precision 的值便代表了该张量保留小数位数的长度值。在设置完之后，重新运行一下，代码如下。

```
b = tf.constant(6.0)
print(tf.strings.as_string(b,precision=1))    #设置小数精度为 1
```

输出的结果为：

```
tf.Tensor(b'6.0', shape=(), dtype=string)
```

在某些序列信息（如语音或文本）输出的任务中，有可能需要对输出的字符串进行字符分隔，将原先的一段话或一个词分隔成一个个字符进行输出。这样的功能可以通过 tf.strings.bytes_split()函数来进行实现，代码如下。

```
a = tf.constant(['hello'])
print(tf.strings.bytes_split(a))      #字符串分割
```

输出的结果为：

```
<tf.RaggedTensor [[b'h', b'e', b'l', b'l', b'o']]>
```

如果想将这些分隔开的不同字符再重新进行拼接，可以使用 tf.strings.join()函数，代码如下。

```
a = tf.constant(['h','e','l','l','o'])
print(tf.strings.join(a))             #字符拼接
```

输出的结果为：

```
tf.Tensor(b'hello', shape=(), dtype=string)
```

最后介绍字符串张量中的大小写转换操作。说起这个大家应该也并不陌生，在日常上网的过程中，经常会碰到一些网站或软件的验证码问题，只有正确地输入了图中的字符，才可以通过验证并进入这个网站。如果碰到的是大写英文字符的验证码，往往只要输入它的小写形式便可成功地通过验证，而这背后应用的便是字符的大小写转换操作。

在 TensorFlow 2.X 里，如果想将大写英文字符转换成小写的形式，可以通过 tf.strings.lower()函数来完成，代码如下。

```
a = tf.constant("ABCD")
print(tf.strings.lower(a))        #小写转换
```

输出的结果为：

```
tf.Tensor(b'abcd', shape=(), dtype=string)
```

如果想将小写英文字符转换成大写的形式，可以通过 tf.strings.upper()函数来完成，代码如下。

```
a = tf.constant("abcd")
print(tf.strings.upper(a))        #大写转换
```

输出的结果为：

```
tf.Tensor(b'ABCD', shape=(), dtype=string)
```

除了上述几个字符串的常用操作外，TensorFlow 2.X 官方还提供了字符串的编码、解码和正则表达式匹配等操作，但由于它们一般较少被使用，这里也就不再进行解释。有兴趣的读者可自行去官方网站的函数文档中查阅了解。

3.1.8 Ragged 张量

Ragged 张量是 TensorFlow 2.X 中新加入的一个特性，所谓的 Ragged 代表的便是“不规则”。什么情况下会遇到不规则张量？例如，在语音识别任务中，由于每个人说话语句的长度不同，输入神经网络的语音信号也是长短不一的，这种数据信息在 TensorFlow 2.X 里就被称为不规则张量。

对于这样的 Ragged 张量，原先的处理方法是为这些输入设定一个固定的长度，对于过长的输入数据，将其截断；而对于过短的输入数据，则用特殊的数值将其补齐。然而这样的做法难免会破坏原有数据的格式，使数据的特征受到影响，降低了最后模型的精度。但在最新的 TensorFlow 2.X 版本中，该缺陷得以解决，解决方法就是使用 Ragged 张量。

在 TensorFlow 2.X 中，官方提供了 100 多种与 Ragged 张量相关的数学操作，足够满足日常的实际使用。现在，先来看看如何创建一个 Ragged 张量。创建它的过程其实很简单，只要在原先的 tf.constant()前加上 ragged 字符并进行调用即可，代码如下。

```
a = tf.ragged.constant([[1,2,3],[],[4,5,6]])            #创建整型 Ragged 张量
b = tf.ragged.constant([['hello'],[],['world']])        #创建字符串型 Ragged 张量
print(a)
print(b)
```

输出的结果为：

```
<tf.RaggedTensor [[1, 2, 3], [], [4, 5, 6]]>
<tf.RaggedTensor [[b'hello'], [], [b'world']]>
```

可以看出，Ragged 张量创建成功，系统并没有报错。如果是直接用 tf.constant()函数进行创建，则会创建失败。

另外，需要注意的是，无论是普通张量还是 Ragged 张量，其创建的内部值都必须要求是同类型数据，不支持多类型的混合。多类型混合的代码如下。

```
c = tf.ragged.constant([[1,2,3],[],['hello']])
```

输出的结果为：

```
ValueError: Can't convert Python sequence with mixed types to Tensor.
```

可以看到，系统提示出错，表示不支持混合类型的张量。

如果想取出其中的某个数据，可以直接用索引的方式得到，代码如下。

```
print(a[0])
print(b[2])
```

输出的结果为：

```
tf.Tensor([1 2 3], shape=(3,), dtype=int32)
tf.Tensor([b'world'], shape=(1,), dtype=string)
```

其他的基本数学运算，如加、减、乘、除等在 Ragged 张量上也同样适用，代码如下。

```
a = tf.ragged.constant([[1,2,3],[],[4,5,6]])
print(a+2)
print(a-2)
print(a*2)
print(a/2)
```

输出的结果为：

```
<tf.RaggedTensor [[3, 4, 5], [], [6, 7, 8]]>
<tf.RaggedTensor [[-1, 0, 1], [], [2, 3, 4]]>
<tf.RaggedTensor [[2, 4, 6], [], [8, 10, 12]]>
<tf.RaggedTensor [[0.5, 1.0, 1.5], [], [2.0, 2.5, 3.0]]>
```

此外，如果想对 Ragged 张量做一些特定的数学变换，可以使用 tf.ragged.map_flat_values()函数，代码如下。

```
a = tf.ragged.constant([[1,2,3],[],[4,5,6]])
rule = lambda x: x * 3 + 1
print(tf.ragged.map_flat_values(rule,a))   #函数映射变换
```

输出的结果为：

```
<tf.RaggedTensor [[4, 7, 10], [], [13, 16, 19]]>
```

tf.ragged.map_flat_values()函数的第一个参数代表规定的数学运算规则，而后一个参数则代表需要运算的 Ragged 张量。

3.2 张量梯度自动求导

在神经网络的训练过程中，需要一直优化神经元的权重参数以得到一个最优的网络模型，而这些参数调整的本质就是不断地对数值进行求导并更新。在本节中，首先会介绍 Variable 张量的定义以及如何在 TensorFlow 2.X 中对梯度进行求导。之后会演示如何通过 tf.function()函数将 TensorFlow 2.X 的动态图优先模式转化为静态图模式，以此来加快代码的执行效率。

3.2.1 Variable 张量

在 3.1 节中，曾介绍过常量张量的创建及其相关运算操作。但如果仅仅创建常量类型的张量并不能满足日常的使用。在神经网络中，有时候某些张量的值需要不断地改变并保存变化记录，如神经元的权重 w 和偏置 b 等。对于这类需要计算梯度信息的张量，官方提供了一个专门的张量类型进行处理，称为 Variable 张量，在实际的梯度求导过程中，系统会自动跟踪这种 Variable 类型的张量并进行计算。

Variable 张量也被称为变量张量，其官方提供的函数原型如下。

```
tf.Variable(
    initial_value=None, trainable=None, validate_shape=True, caching_device=None,
    name=None, variable_def=None, dtype=None, import_scope=None, constraint=None,
    synchronization=tf.VariableSynchronization.AUTO,
    aggregation=tf.compat.v1.VariableAggregation.NONE, shape=None
)
```

其中，initial_value 代表张量的初始值，在创建 Variable 张量时，该参数为必需参数。和 tf.constant()一样，它支持创建标量、向量和矩阵形式的张量，代码如下。

```
a = tf.Variable(2)          #创建标量张量
b = tf.Variable([2])        #创建向量张量
c = tf.Variable([[2]])      #创建矩阵张量
print(a)
print(b)
print(c)
```

输出的结果为：

```
<tf.Variable 'Variable:0' shape=() dtype=int32, numpy=2>
<tf.Variable 'Variable:0' shape=(1,) dtype=int32, numpy=array([2])>
<tf.Variable 'Variable:0' shape=(1, 1) dtype=int32, numpy=array([[2]])>
```

trainable 参数代表该张量是否可以被后续的优化算法求导和优化，默认情况下它的值为 True。因为在模型的训练过程中，有一些参数的值实际上是不需要进行变动的，如训练次数、训练步长和学习率等，这些参数大多在模型训练之前便已经确定好，后续不再进行改动。对于这类的参数张量，如果不想让它们参与计算，则可以通过设置参数 trainable=False 来达到目的。例如，将一个张量设置为不可训练并查看它的状态，代码如下。

```
a = tf.Variable(2)
b = tf.Variable(3,trainable=False)
print(a.trainable)        #查看张量状态
print(b.trainable)
```

输出的结果为：

```
True
False
```

需要注意的是，Variable 张量在创建时便已经固定好了它的数据类型和形状大小，只有 value 值可以被修改。如果想给已经创建好的 Variable 张量赋予一个新值，可以通过 assgin()函数来完成，代码如下。

```
a = tf.Variable(2)
print(a.assign(3))         #赋予一个整型值
```

输出的结果为：

```
<tf.Variable 'UnreadVariable' shape=() dtype=int32, numpy=3>
```

如果对它赋予其他数据类型的值，则会因为数值类型的不正确而报错，代码如下。

```
a = tf.Variable(2)
print(a.assign('3'))      #赋予一个字符串值
```

输出的结果为：

```
TypeError: Cannot convert '3' to EagerTensor of dtype int32
```

3.2.2 梯度自动求导

梯度求导机制在 TensorFlow 2.X 中十分重要，通过它在训练模型时无须手动求导便可以求出计算式的导数，经常被应用于神经网络的训练中。例如，计算 $y = x * x * x$ 在 $x = 3.0$ 处的梯度导数为

$$y' = 3 * x * x = 3 * 3 * 3 = 27 \tag{3-1}$$

而在 TensorFlow 2.X 中，可以使用 tf.GradientTape()求导机制来实现它，代码如下。

```
x = tf.constant(3.0)
with tf.GradientTape() as tape:      #梯度求导
   tape.watch(x)                     #常量张量跟踪
   y = x*x*x
dy_dx = tape.gradient(y,x)
print(dy_dx)
```

输出的结果为：

```
tf.Tensor(27.0, shape=(), dtype=float32)
```

由于代码中使用了 tf.constant()函数来创建张量，因此在求导时，需要加上 tape.watch()函数对将要求导的常量张量进行跟踪。如果创建的是 3.2.1 小节中所提到的 Variable 张量，则可以省去该步骤，求

导时系统会自动对 Variable 张量进行跟踪，代码如下。

```
x = tf.Variable(3.0)
with tf.GradientTape() as tape:
    y = x*x*x
dy_dx = tape.gradient(y,x)
print(dy_dx)
```

输出的结果为：

```
tf.Tensor(27.0, shape=(), dtype=float32)
```

但在实际训练时，并非所有的张量都需要进行跟踪计算，如训练次数、学习率参数等。对于这些张量只要将它们的 trainable 参数设置为 False 即可，代码如下。

```
x = tf.Variable(3.0,trainable=False)
with tf.GradientTape() as tape:
    y = x*x*x
dy_dx = tape.gradient(y,x)
print(dy_dx)
```

输出的结果为：

```
None
```

从结果可以看出，设置完成之后系统内部就不会对该类型张量进行跟踪计算。

此外，还可以对指定的运算式进行二次求导，如果按正常的实现流程，其代码如下。

```
x = tf.Variable(3.0,trainable=False)
with tf.GradientTape() as tape:
    y = x*x*x
dy_dx = tape.gradient(y,x)
d2y_d2x = tape.gradient(dy_dx,x)
print(d2y_d2x)
```

输出的结果为：

```
A non-persistent GradientTape can only be used tocompute one set of gradients (or
jacobians)
```

结果发现在求导时系统报错，这是什么原因呢？正常情况下，tf.GradientTape()函数一旦被调用后，就会立刻释放所占用的内存资源，也就是说系统默认它只能被使用一次，再次调用就无法再进行计算了。在这种情况下要如何进行二次求导呢？既然 tf.GradientTape()只能被使用一次，能想到的最直接的方法就是在 tf.GradientTape()前再添加一个 tf.GradientTape()，代码如下。

```
x = tf.Variable(3.0)
with tf.GradientTape() as tape:   #二次梯度求导
    with tf.GradientTape() as tape2:
        y = x*x*x
    dy_dx = tape2.gradient(y,x)
d2y_d2x = tape.gradient(dy_dx,x)
```

```
print(dy_dx)
print(d2y_d2x)
```

输出的结果为：

```
tf.Tensor(27.0, shape=(), dtype=float32)
tf.Tensor(18.0, shape=(), dtype=float32)
```

另外，如果要在梯度带中进行多个运算式的梯度求导，可以通过在 tf.GradientTape()中添加一个 persistent 参数并将它的值设为 True 来实现，这样梯度求导后的记录不会马上被删除，而是会保留下来。但是在所有的梯度求导结束之后，必须将它删除并释放资源，代码如下。

```
x = tf.Variable(2.0)
with tf.GradientTape(persistent=True) as tape:   #多运算式梯度求导
    y = x*x*x
    z = x*x
dy_dx = tape.gradient(y,x)
dz_dx = tape.gradient(z,x)
print(dy_dx)
print(dz_dx)
del tape                                          #删除梯度带，释放资源
```

输出的结果为：

```
tf.Tensor(12.0, shape=(), dtype=float32)
tf.Tensor(4.0, shape=(), dtype=float32)
```

如果想将 tf.GradientTape()中的所有 Variable 变量的自动跟踪功能取消，可以通过在其中添加 watch_accessed_variables 参数并将其设为 False 来实现，这样系统就不会对 Variable 变量自动跟踪，代码如下。

```
x = tf.Variable(2.0)
k = tf.Variable(3.0)
with tf.GradientTape(persistent=True,watch_accessed_variables=False) as tape:
    tape.watch(x)
    y = x*x*x
    z = k*k
dy_dx = tape.gradient(y,x)
dz_dx = tape.gradient(z,x)
print(dy_dx)
print(dz_dx)
del tape
```

输出的结果为：

```
tf.Tensor(12.0, shape=(), dtype=float32)
None
```

可以看到，和 tf.constant()所创建的张量一样，在这种情况下，只有被 watch()函数监控的 Variable 张量才会被跟踪计算。

3.2.3 tf.function

根据前面的介绍，大家都知道 TensorFlow 2.X 的代码默认情况下是以动态图的方式优先进行运行的，虽然这种方式方便了用户的使用，但同时也会降低代码的运行效率及稳定性。主要的原因是很多计算图的优化方法只能应用在 TensorFlow 1.X 中的数据流图上，并不适用于 TensorFlow 2.X 的动态图模式里。那么有没有办法可以将二者进行结合，让开发的代码不仅灵活且具有较快的运行效率呢？答案是有的。只要将以动态图方式编辑的代码以静态图的方式运行即可，这样就可以提高代码的运行效率，省下时间成本。而要将动态图的代码在 TensorFlow 2.X 里转换成静态图的形式，便要依靠 tf.function 技术来实现。

在 TensorFlow 2.X 中，如果想要构建一个计算图，只需要在编写的 Python 函数前加上一行@tf.function 命令即可，之后系统就会自动调用一个名为 AutoGraph 的工具并将指定的 Python 代码转换成可执行的图进行表示。例如，创建一个带有@tf.function 装饰器的 Python 函数并判断它是否为一个静态流图，代码如下。

```
@tf.function                                                    #将 Python 函数转为静态图执行
def add(x):
    return x + 1
isinstance(add.get_concrete_function(1).graph, tf.Graph)        #判断是否为图
```

输出的结果为：

```
True
```

如果将前面的@tf.function 去掉，代码修改为：

```
def add(x):
    return x + 1
isinstance(add.get_concrete_function(1).graph, tf.Graph)
```

输出的结果为：

```
'function' object has no attribute 'get_concrete_function'
```

这时系统就会报错，提示无法调用 tf.function 中指定的静态图属性。

在 tf.function 中同样支持 Python 的一些常用语句操作，如 for 循环和 if 条件判断语句等，系统会默认将它们转化为 TensorFlow 1.X 中静态图的对应流程语句，代码如下。

```
@tf.function
def f(x):
    if x > 0:
        return x
    else:
        return -x
f(tf.constant(-2))
```

输出的结果为：

```
<tf.Tensor: shape=(), dtype=int32, numpy=2>
```

然而并非所有的 Python 功能和函数都可以被成功地转换为静态图的形式，如其中最常见的列表功能和 print 函数，代码如下。

```
array = []
@tf.function
def f(x):
    for i in range(len(x)):
        array.append(x[i])
    print(array)
f(tf.constant([1, 2, 3]))
```

输出的结果为：

```
[<tf.Tensor 'strided_slice:0' shape=() dtype=int32>, <tf.Tensor 'strided_slice_1:0'
shape=() dtype=int32>, <tf.Tensor 'strided_slice_2:0' shape=() dtype=int32>]
```

可以看到，得到的结果并非数组中的每个元素值，这主要是由于两者对应的函数的不兼容性。为了解决这个问题，需要将创建的列表和 print 函数修改为在 TensorFlow 2.X 中对应的形式，代码如下。

```
@tf.function
def f(x):
    array = tf.TensorArray(dtype=tf.int32, size=0, dynamic_size=True)
    for i in range(len(x)):
        array = array.write(i,x[i])
    tf.print(array.stack())
f(tf.constant([1, 2, 3]))
```

输出的结果为：

```
[1 2 3]
```

此外，官方提供的 tf.function 还具有多态性，可以处理不同类型的输入数据，代码如下。

```
@tf.function
def f(x):
    print(x)
    return x + x
print(f(tf.constant(2)))
print(f(tf.constant(2.0)))
print(f(tf.constant('2.0')))
```

输出的结果为：

```
Tensor("x:0", shape=(), dtype=int32)
tf.Tensor(4, shape=(), dtype=int32)
Tensor("x:0", shape=(), dtype=float32)
tf.Tensor(4.0, shape=(), dtype=float32)
Tensor("x:0", shape=(), dtype=string)
```

```
tf.Tensor(b'2.02.0', shape=(), dtype=string)
```

但是需要注意的是，如果多次传入 Python 列表或标量形式的参数，那么默认情况下每次参数的传入都会导致 tf.function 新建一个静态图，代码如下。

```
@tf.function
def f(x):
    return x + x
f1 = f.get_concrete_function(1)          #得到当前变量函数返回的类型
f2 = f.get_concrete_function(2)
print(f1 is f2)                          #判断二者类型是否相同
```

输出的结果为：

```
False
```

如果要让 tf.function 传入的参数都在同一个静态图中进行运算，只要将所传的参数都修改为张量的形式即可，代码如下。

```
@tf.function
def f(x):
    return x + x
f1 = f.get_concrete_function(tf.constant(1))
f2 = f.get_concrete_function(tf.constant(2))
print(f1 is f2)
```

输出的结果为：

```
True
```

3.3　神经网络模型实战

分类和回归是机器学习领域里的两大经典问题，在早期时，许多经典算法被应用于相关的研究中，如线性回归、支持向量机和贝叶斯算法等。而如今多层神经网络的出现，更是给这些问题带来了更有效的解决方法。有了前面两节内容的铺垫，本节内容主要集中讲解如何使用 TensorFlow 2.X 搭建出两个分别用于分类和回归的简单神经网络模型。

3.3.1　搭建分类神经网络

通过第 2 章的内容，可以明白神经网络的基本结构。掌握了如何利用 Python 从零实现一个神经网络之后，现在可以使用 TensorFlow 2.X 框架更方便快速地搭建一个用于分类任务的神经网络。在本次实战案例中，会使用 pandas 和 numpy 库创建一些虚拟数据以供后续的模型训练，首先需要导入相关的第三方库，代码如下。

```
import pandas as pd
```

```
import numpy as np
import TensorFlow as tf
from TensorFlow import keras
```

然后手动创建一个虚拟数据集，该数据集只是为了演示模型训练过程，不一定要符合现实生活中描述的情况，代码如下。

```
np.random.seed(43)                    #定义随机数生成种子
df = pd.DataFrame({                   #创建 DataFrame 格式的数据
    'color':['black']*5+['white']*5,
    'age':np.random.rand(10)*10,
    'weight':np.random.rand(10)*100,
    'type':['cat']*5+['dog']*5
})
```

查看所创建的数据集，代码如下。

```
print(df[0:10])
```

输出的结果为：

```
color     age      weight    type
0  black  1.150546  39.495002  cat
1  black  6.090665  80.204712  cat
2  black  1.333910  25.442113  cat
3  black  2.405896   5.688494  cat
4  black  3.271391  86.664864  cat
5  white  8.591375  22.102900  dog
6  white  6.660902  40.498945  dog
7  white  5.411622  31.609647  dog
8  white  0.290138   7.666270  dog
9  white  7.337483  84.322469  dog
```

其中，color、age 和 weight 代表了数据的特征，而 type 则代表了数据的标签，从内容中很明显地可以看出这是一个简单的猫狗分类数据集。

由于在神经网络中，所有的数据都是以数字形式进行存储的，因此要先对 color 特征和 type 标签的值进行 one-hot 编码，代码如下。

```
df['color'] = pd.get_dummies(df['color'])    #利用 pandas 调用 one-hot 编码函数
df['type'] = pd.get_dummies(df['type'])
print(df[0:10])
```

输出的结果为：

```
color   age      weight  type
0  0  1.150546  39.495002  0
1  0  6.090665  80.204712  0
2  0  1.333910  25.442113  0
3  0  2.405896   5.688494  0
4  0  3.271391  86.664864  0
```

```
5  1  8.591375  22.102900  1
6  1  6.660902  40.498945  1
7  1  5.411622  31.609647  1
8  1  0.290138   7.666270  1
9  1  7.337483  84.322469  1
```

其中，原有 color 特征的 black 和 white 被分别转换成了 0 和 1，而 type 标签的 cat 和 dog 也被转换成了 0 和 1。

之后，分别制作训练所需的 x 特征数据和 y 标签，代码如下。

```
x = df[['color','age','weight']].values       #训练数据
y = df[['type']].values                       #训练标签
```

准备好数据后，可以正式地开始搭建神经网络模型。在 TensorFlow 2.X 的高级 API Keras 中，官方提供了一种搭建模型的简便方式，即 Sequential。如其字面意思一样，Sequential 可译为顺序模型，它可以通过不断地堆叠层来构造出一个完整的神经网络，代码如下。

```
model = keras.Sequential()                    #创建 Sequential 模型
#输入层
model.add(keras.layers.Dense(50,input_dim = x.shape[1],activation='relu'))
model.add(keras.layers.Dense(25,activation='relu'))                  #隐藏层
model.add(keras.layers.Dense(y.shape[1],activation='sigmoid'))    #输出层
```

其中，Dense 层代表的是全连接层，即相邻层之间的神经元权重全部都有相互连接。50 和 25 代表了每层的神经元个数，而除了输出层采用 Sigmoid 函数作为二分类的输出之外，其他层的激活函数都采用 ReLu 函数。

搭建好模型之后，可以调用 summary()函数查看模型概况，代码如下。

```
model.summary()   #查看模型概况
```

输出的结果为：

```
Model: "sequential"
_________________________________________________________________
Layer (type)                 Output Shape              Param #
=================================================================
dense (Dense)                (None, 50)                200
_________________________________________________________________
dense_1 (Dense)              (None, 25)                1275
_________________________________________________________________
dense_2 (Dense)              (None, 1)                 26
=================================================================
Total params: 1,501
Trainable params: 1,501
Non-trainable params: 0
_________________________________________________________________
```

此外，Sequential 还可以通过内嵌的方式进行模型的搭建，代码如下。

```
model = keras.Sequential([
    keras.layers.Dense(50,input_dim = x.shape[1],activation='relu'),
    keras.layers.Dense(25,activation='relu'),
    keras.layers.Dense(y.shape[1],activation='sigmoid')
])
```

查看模型的结构，代码如下。

```
model.summary()
```

输出的结果为：

```
Model: "sequential"
_________________________________________________________________
Layer (type)                 Output Shape              Param #
=================================================================
dense (Dense)                 (None, 50)               200
_________________________________________________________________
dense_1 (Dense)               (None, 25)               1275
_________________________________________________________________
dense_2 (Dense)               (None, 1)                26
=================================================================
Total params: 1,501
Trainable params: 1,501
Non-trainable params: 0
_________________________________________________________________
```

可以看到这两种模型搭建方法的结果是相同的，因此大家可以任选一种自己喜欢的方式来搭建模型。

接下来使用 compile()函数来配置模型所需的损失函数和优化器，由于本实战案例完成的是一个二分类任务，因此选用 binary_crossentroy，即二元交叉熵作为模型的损失函数，优化器算法选用的是先前所提到过的梯度下降法，代码如下。

```
model.compile(loss='binary_crossentropy',optimizer='SGD')    #配置训练参数
```

完成所有的数据准备和参数配置之后，下面开始来训练神经网络模型，训练的次数定为 500 次，代码如下。

```
model.fit(x,y,epochs=500)    #模型训练
```

输出的结果为：

```
...
Epoch 495/500
10/10 [==============================] - 0s 499us/sample - loss: 0.3957
Epoch 496/500
10/10 [==============================] - 0s 399us/sample - loss: 0.4153
Epoch 497/500
10/10 [==============================] - 0s 299us/sample - loss: 0.3956
Epoch 498/500
```

```
10/10 [==============================] - 0s 798us/sample - loss: 0.4143
Epoch 499/500
10/10 [==============================] - 0s 698us/sample - loss: 0.3953
Epoch 500/500
10/10 [==============================] - 0s 997us/sample - loss: 0.4151
```

可以看到，以 SGD（梯度下降）算法为核心的优化器效果并不是很好，即便在训练了 500 次之后，loss 值仍然难以收敛。这时，可以采用另一种比 SGD 优化器效果更好的 Adam 优化器，无论是性能还是效率，它都更胜一筹，代码如下。

```
model.compile(loss='binary_crossentropy',optimizer='Adam')
```

将优化器修改为 Adam 优化器后，对模型重新训练 500 次，代码如下。

```
model.fit(x,y,epochs=500)
```

输出的结果为：

```
...
Epoch 495/500
1/1 [==============================] - 0s 4ms/step - loss: 0.0245
Epoch 496/500
1/1 [==============================] - 0s 6ms/step - loss: 0.0243
Epoch 497/500
1/1 [==============================] - 0s 6ms/step - loss: 0.0242
Epoch 498/500
1/1 [==============================] - 0s 5ms/step - loss: 0.0240
Epoch 499/500
1/1 [==============================] - 0s 4ms/step - loss: 0.0238
Epoch 500/500
1/1 [==============================] - 0s 5ms/step - loss: 0.0236
```

很明显，模型的 loss 值迅速收敛了，表明此时的模型已经具备了较好的预测能力。

现在，随机创建一个待预测的数据，代码如下。

```
x_test = pd.DataFrame({                          #单个测试数据
    'color':['black'],
    'age':np.random.rand(1)*10,
    'weight':np.random.rand(1)*100,
})
x_test['color'] = pd.get_dummies(['color']) #对 color 属性进行 one-hot 编码
print(x_test)
```

输出的结果为：

```
  color   age    weight
0  1    0.825  89.709858
```

使用 predict()函数对数据进行预测，代码如下。

```
model.predict(x_test.values)   #模型预测
```

输出的结果为：

```
array([[0.9986272]], dtype=float32)
```

可以看到输出的最终结果接近于 1，也就是对应的 dog 类别。

3.3.2 搭建回归神经网络

与分类神经网络输出的结果不同，回归神经网络预测的是一个连续值，而非离散值，如经典的房价预测和股市预测便是这类回归问题。首先，与 3.3.1 小节一样，用 pandas 创建一个虚拟数据集以供后续的模型训练使用，不同的是，数据集的标签值 y 被修改成了一组连续值，代码如下。

```
df = pd.DataFrame({
    'color':['black']*5+['white']*5,
    'age':np.random.rand(10)*10,
    'weight':np.random.rand(10)*100,
    'sleep_time':np.random.rand(10)*24,
})
```

在这个数据集中，所需要预测的是动物的睡觉时间，先来查看一下数据集中的内容，代码如下。

```
print(df[0:10])
```

输出的结果为：

```
  color    age      weight     sleep_time
0 black 1.150546 39.495002  20.374540
1 black 6.090665 80.204712  23.315162
2 black 1.333910 25.442113   9.249046
3 black 2.405896  5.688494  22.907715
4 black 3.271391 86.664864  10.698201
5 white 8.591375 22.102900  16.073392
6 white 6.660902 40.498945   1.980001
7 white 5.411622 31.609647  21.530366
8 white 0.290138  7.666270   7.152084
9 white 7.337483 84.322469   6.295316
```

由于标签值 y 被修改成了连续值，因此只要对 color 属性进行 one-hot 编码即可，代码如下。

```
df['color'] = pd.get_dummies(df['color'])
```

然后制作训练数据 x 和标签 y，代码如下。

```
x = df[['color','age','weight']].values       #训练数据
y = df[['sleep_time']].values                 #训练标签
```

现在来搭建模型。由于神经网络的最后输出是单个预测值，因此需要将最后一层的神经元个数改为 1，并将激活函数去掉，代码如下。

```
model = keras.Sequential()
model.add(keras.layers.Dense(50,input_dim = x.shape[1],activation='relu'))
model.add(keras.layers.Dense(25,activation='relu'))
model.add(keras.layers.Dense(1))
```

查看模型的结构，代码如下。

```
model.summary()
```

输出的结果为：

```
Model: "sequential_3"
_________________________________________________________________
Layer (type)                 Output Shape              Param #
=================================================================
dense_12 (Dense)              (None, 50)                200
_________________________________________________________________
dense_13 (Dense)              (None, 25)                1275
_________________________________________________________________
dense_14 (Dense)              (None, 1)                 26
=================================================================
Total params: 1,501
Trainable params: 1,501
Non-trainable params: 0
_________________________________________________________________
```

对模型的优化器和损失函数进行配置，使用 mean_squared_error 均方差损失函数和 Adam 优化器，代码如下。

```
model.compile(loss='mean_squared_error',optimizer='Adam')
```

开始对模型进行训练，次数设置为 500 次，代码如下。

```
model.fit(x,y,epochs=500)
```

输出的结果为：

```
...
Epoch 496/500
10/10 [==============================] - 0s 499us/sample - loss: 49.5155
Epoch 497/500
10/10 [==============================] - 0s 598us/sample - loss: 49.3291
Epoch 498/500
10/10 [==============================] - 0s 600us/sample - loss: 49.2230
Epoch 499/500
10/10 [==============================] - 0s 499us/sample - loss: 49.0710
Epoch 500/500
10/10 [==============================] - 0s 698us/sample - loss: 48.7856
```

训练好之后，同样创建一个测试数据进行测试，代码如下。

```
x_test =  pd.DataFrame({
    'color':['black'],
    'age':np.random.rand(1)*10,
    'weight':np.random.rand(1)*100,
})
x_test['color'] = pd.get_dummies(['color'])
```

```
model.predict(x_test.values)    #模型预测
```

输出的结果为：

```
array([[13.8747425]], dtype=float32)
```

3.3.3 自定义层搭建神经网络

先前已通过 Sequential 堆叠层的方式分别搭建了一个简易的分类神经网络和回归神经网络，这种搭建方法通常被称为函数式 API 搭建方法。而在 TensorFlow 2.X 中，还存在着另一种可以通过子类 API 进行模型搭建的方法，这种搭建方法与函数式 API 搭建法相比更为复杂，通常只有用户在自定义层时才会用到。在这种情况下，涉及的神经网络结构会更为复杂，而函数式 API 已经不能够满足使用的需要，因此子类式 API 搭建方法就变成了首选。

接下来使用子类式 API 的搭建方法来实现一个分类神经网络。和先前的案例一样，首先导入一些相关的第三方库，代码如下。

```
import pandas as pd
import numpy as np
import TensorFlow as tf
from TensorFlow import keras
```

创建数据并进行预处理，这里的数据创建方法与先前的案例相同，代码如下。

```
np.random.seed(43)
df = pd.DataFrame({                                #虚拟数据集
    'color':['black']*5+['white']*5,
    'age':np.random.rand(10)*10,
    'weight':np.random.rand(10)*100,
    'type':['cat']*5+['dog']*5
})
df['color'] = pd.get_dummies(df['color'])          #对 color 属性进行 one-hot 编码
df['type'] = pd.get_dummies(df['type'])            #对 type 属性进行 one-hot 编码
x = df[['color','age','weight']].values            #训练数据
y = df[['type']].values                            #训练标签
```

使用子类式 API 的方式自定义神经网络，代码如下。

```
class myModel(keras.Model):                        #子类式 API 定义神经网络
    def __init__(self,x,y):
        super(myModel,self).__init__()
        self.d1 = keras.layers.Dense(50,input_dim = x.shape[1],activation='relu')
            #输入层
        self.d2 = keras.layers.Dense(25,activation='relu')                   #隐藏层
        self.d3 = keras.layers.Dense(y.shape[1],activation='sigmoid')  #输出层
    def call(self,x):                                                        #前向传播
        x = self.d1(x)
        x = self.d2(x)
        output = self.d3(x)
```

```
        return output
```

其中，__init__函数（在实际输入时是两个短下划线“_”）用于定义一些会使用到的层，而 call 函数则定义了神经网络的前向传播过程，最后再将输出进行返回。

对搭建的网络进行创建，代码如下。

```
model = myModel(x,y)
```

配置训练参数，代码如下。

```
model.compile(loss='binary_crossentropy',optimizer='Adam')
```

对模型进行训练，代码如下。

```
model.fit(x,y,epochs=500)
```

输出的结果为：

```
...
Epoch 496/500
10/10 [==============================] - 0s 794us/sample - loss: 0.0022
Epoch 497/500
10/10 [==============================] - 0s 446us/sample - loss: 0.0022
Epoch 498/500
10/10 [==============================] - 0s 745us/sample - loss: 0.0022
Epoch 499/500
10/10 [==============================] - 0s 595us/sample - loss: 0.0022
Epoch 500/500
10/10 [==============================] - 0s 496us/sample - loss: 0.0022
```

对模型进行预测，代码如下。

```
x_test =  pd.DataFrame({          #单个测试数据
    'color':['black'],
    'age':np.random.rand(1)*10,
    'weight':np.random.rand(1)*100,
})
x_test['color'] = pd.get_dummies(['color'])
model.predict(x_test.values)     #模型预测
```

输出的结果为：

```
array([[1.]], dtype=float32)
```

3.4　模型训练技巧及保存加载

在模型的训练过程中，往往存在着一些可以改善模型训练结果的技巧或方法。在本节中，首先会介绍如何在神经网络中加入 Dropout 层来减缓或消除模型的过拟合现象；其次会介绍 TensorFlow 2.X

中常用的 EarlyStopping 方法并将其用于提前结束模型的训练；最后会介绍如何保存并加载搭建的神经网络模型。

3.4.1 Dropout 层

在训练神经网络时通常希望可以获得一个泛化能力最强的模型，但是正常情况下网络往往会发生过拟合现象，其在训练集上表现越来越好，而在测试集上却表现得越来越差，其示意图如图 3.1 所示。

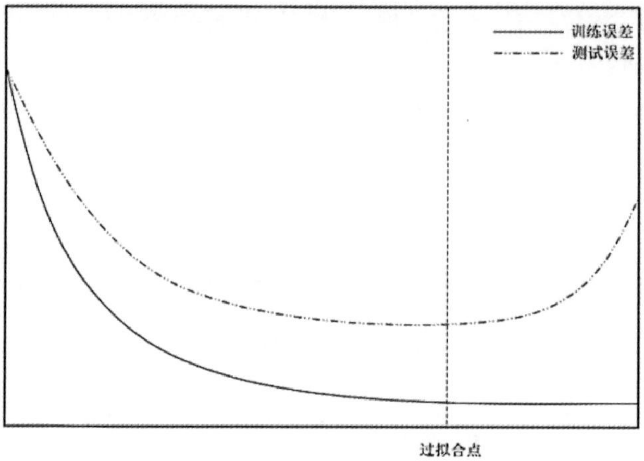

图 3.1 模型过拟合时的误差曲线

从图 3.1 中可以发现，当测试误差线超过过拟合点时，测试集的误差会不断增大，模型训练产生过拟合现象，网络性能下降。主要的原因是网络的参数量过多，使模型变得只注重学习训练数据集的数据模式，而忽略了自身的泛化能力，这种现象可以利用 Dropout 技术进行缓解。

Dropout 技术是指在深度神经网络的训练过程中，将一些神经元按照一定的概率对其进行临时丢弃，而这些被丢弃的神经元在实际训练的过程中则不参与训练，以此来达到减少网络参数量的目的。其示意图如图 3.2 所示，其中标有⊗的神经元代表被舍弃的神经元，不具有网络权重。

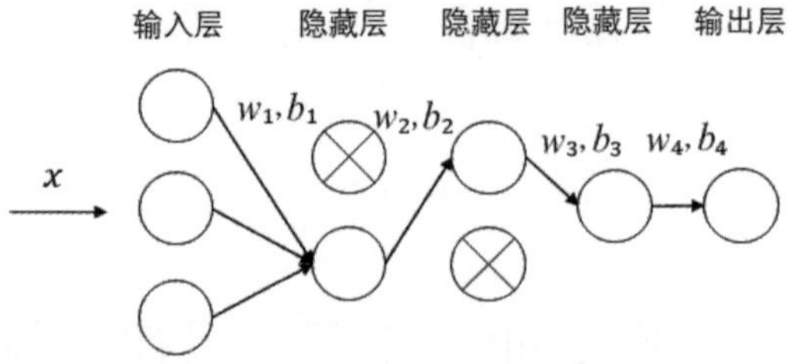

图 3.2 添加 Dropout 层的神经网络

在先前搭建的分类神经网络中加入 Dropout 层，其代码可被修改为：

```
model = keras.Sequential()
model.add(keras.layers.Dense(50,input_dim = x.shape[1],activation='relu')) #输入层
```

```
model.add(keras.layers.Dropout(0.2))                                  #20%的神经元失活
model.add(keras.layers.Dense(25,activation='relu'))                   #隐藏层
model.add(keras.layers.Dense(y.shape[1],activation='sigmoid'))        #输出层
```

其中，Dropout 层的值代表神经元失活的比例。而对于其他部分如模型的训练和预测，步骤则与先前相同，这里不再赘述。

3.4.2 EarlyStopping

EarlyStopping 也被称为早停法，它通常被视为是一种可以避免网络发生过拟合的正则化方法。原理其实很简单，就是在网络模型发生过拟合前将它停止，将模型的权重参数值维持到当前最好的状态，这样就可以避免过拟合现象的发生。以图 3.1 为例，模型训练停止的时刻即为图中标识出的过拟合点对应的时刻。

在 TensorFlow 2.X 中，可以通过回调函数 callbacks 直接调用出 EarlyStopping 方法来实现，现在来手动试验一下。

首先，手动创建 20 个数据并选用其中 15 个数据为训练集，5 个数据为验证集，代码如下。

```
np.random.seed(43)
df = pd.DataFrame({
    'color':['black']*10+['white']*10,
    'age':np.random.rand(20)*10,
    'weight':np.random.rand(20)*100,
    'type':['cat']*10+['dog']*10
})
df['color'] = pd.get_dummies(df['color'])
df['type'] = pd.get_dummies(df['type'])
x = df[['color','age','weight']].values        #训练数据
y = df[['type']].values                         #训练标签
x_train = x[:15]                                #前 15 个数据为训练集
y_train = y[:15]
x_valid = x[15:]                                #后 5 个数据为验证集
y_valid = y[15:]
```

创建一个带有 Dropout 层的模型结构，代码如下。

```
model = keras.Sequential()
model.add(keras.layers.Dense(50,input_dim = x.shape[1],activation='relu'))   #输入层
model.add(keras.layers.Dropout(0.2))                                  #Dropout 层
model.add(keras.layers.Dense(25,activation='relu'))                   #隐藏层
model.add(keras.layers.Dense(y.shape[1],activation='sigmoid'))        #输出层
```

对模型训练的相关参数进行配置，代码如下。

```
model.compile(loss='binary_crossentropy',optimizer='Adam')
```

调用回调函数 callbacks 中的 EarlyStopping 函数，其中，monitor 代表监督的对象，这里选择监督验证集损失率的变化情况，而 patience 代表当训练结果连续恶化几次之后停止模型的训练，这里设置

值为 4，表示当验证集的损失率连续上升恶化 4 次时，训练终止。代码设置如下。

```
callback = tf.keras.callbacks.EarlyStopping(monitor='val_loss', patience=4)   #设置早停法参数
```

最后开始训练模型，并将验证集参数和回调函数参数添加至其中，代码如下。

```
model.fit(x_train,y_train,epochs=500,validation_data=(x_valid,y_valid),callbacks=[callback])
```

输出的结果为：

```
Train on 15 samples, validate on 5 samples
Epoch 1/500
15/15 [==============================] - 0s 2ms/sample - loss: 0.1943 - val_loss: 0.8929
Epoch 2/500
15/15 [==============================] - 0s 1ms/sample - loss: 0.2582 - val_loss: 0.8562
Epoch 3/500
15/15 [==============================] - 0s 1ms/sample - loss: 0.2296 - val_loss: 0.8017
Epoch 4/500
15/15 [==============================] - 0s 1ms/sample - loss: 0.2816 - val_loss: 0.7668
Epoch 5/500
15/15 [==============================] - 0s 1ms/sample - loss: 0.3822 - val_loss: 0.7265
Epoch 6/500
15/15 [==============================] - 0s 1ms/sample - loss: 0.2308 - val_loss: 0.7132
Epoch 7/500
15/15 [==============================] - 0s 1ms/sample - loss: 0.3009 - val_loss: 0.7282
Epoch 8/500
15/15 [==============================] - 0s 2ms/sample - loss: 0.2904 - val_loss: 0.7480
Epoch 9/500
15/15 [==============================] - 0s 1ms/sample - loss: 0.2368 - val_loss: 0.7565
Epoch 10/500
15/15 [==============================] - 0s 1ms/sample - loss: 0.1563 - val_loss: 0.7712
```

通过以上结果能看出，模型训练到第 10 次时，训练就已经被终止了。查看最后 4 次的验证损失值，可以发现其值在不断增加，过拟合程度不断加深，因此触发了 EarlyStopping 机制导致训练结束。

3.4.3 模型的保存与加载

对所创建的模型进行保存和加载尤为重要。例如，当用户准备长时间地训练一个模型时，如果想中断退出，这时候就可以对模型进行保存，等到下一次重新再加载训练即可；而如果不对它进行保存，那么先前的训练时间则全部作废，下一次就需要从头训练。而另一方面，模型也只有被保存之后才能分享给他人或者部署在服务器上，因此掌握模型加载和保存的方法是必要的。

对于模型的加载和保存主要有两种方式，一种是通过回调函数 callbacks 的 checkpoint 来实现；另一种则是通过转换成 h5 文件来实现。沿用先前创建的数据，通过 checkpoint 的方式对模型进行加载和保存，首先对模型的创建进行函数封装，方便调用和创建，代码如下。

```
def my_model():      #定义模型
    model = keras.Sequential()
    model.add(keras.layers.Dense(50,input_dim = x.shape[1],activation='relu'))
```

```
    model.add(keras.layers.Dropout(0.2))
    model.add(keras.layers.Dense(25,activation='relu'))
    model.add(keras.layers.Dense(y.shape[1],activation='sigmoid'))
    model.compile(loss='binary_crossentropy',optimizer='adam')
    return model

model = my_model()        #模型创建
```

定义模型的保存路径，这里需要导入 os 第三方库，代码如下。

```
import os
checkpoint_path = "training_model/cp.ckpt"    #模型保存路径
checkpoint_dir = os.path.dirname(checkpoint_path)
```

利用回调函数调用 checkpoint 并设置相关参数，其中，filepath 代表模型的保存路径，save_best_only 代表在训练过程中是否要保存最好的模型参数，而 save_weights_only 则代表是否只保存模型的权重参数，如果设置为 False，则表示对整个模型都进行保存，代码如下。

```
callback = tf.keras.callbacks.ModelCheckpoint(filepath=checkpoint_path,save_best_only
=True,sa
ve_weights_only=True, verbose=1)   #回调函数
```

现在开始训练模型并将设置好的回调函数加入其中，代码如下。

```
model.fit(x_train,y_train,epochs=500,validation_data=(x_valid,y_valid),callbacks=[callback])
```

输出的结果为：

```
...
Epoch 00497: val_loss did not improve from 0.23953
15/15 [==============================] - 0s 2ms/sample - loss: 0.0541 - val_loss: 0.2708
Epoch 498/500

Epoch 00498: val_loss did not improve from 0.23953
15/15 [==============================] - 0s 2ms/sample - loss: 0.0393 - val_loss: 0.2796
Epoch 499/500

Epoch 00499: val_loss did not improve from 0.23953
15/15 [==============================] - 0s 2ms/sample - loss: 0.0404 - val_loss: 0.2871
Epoch 500/500

Epoch 00500: val_loss did not improve from 0.23953
15/15 [==============================] - 0s 3ms/sample - loss: 0.0697 - val_loss: 0.2925
```

在训练的过程中，系统已经自动将模型的权重文件进行保存。可以测试对比未训练模型和加载权重后的模型之间预测效果的区别，代码如下。

```
x_test = pd.DataFrame({                                  #单个测试数据
    'color':['black'],
    'age':np.random.rand(1)*10,
```

```
    'weight':np.random.rand(1)*100,
})
x_test['color'] = pd.get_dummies(['color'])
model = my_model()                                  #模型创建
print(model.predict(x_test.values))                 #未训练模型预测
model.load_weights(checkpoint_path)                 #加载先前保存的模型
print(model.predict(x_test.values))                 #加载的模型预测
```

输出的结果为：

```
[[0.0170701]]
[[0.9991493]]
```

而另一种保存加载模型的方式则是通过 h5 文件进行的。例如，对先前所创建的模型进行保存和加载，代码如下。

```
model_path = "training_model/my_model.h5"           #定义模型保存路径
model.save(model_path)                              #保存模型
model = tf.keras.models.load_model(model_path)      #加载先前保存的模型
```

如果只想保存和加载模型的权重，则可以将代码修改为：

```
model_path = "training_model/my_model.h5"
model.save_weights(model_path)                      #只保存模型的权重
model = my_model()
model.load_weights(model_path)                      #加载模型的权重
```

第 4 章　图 像 分 类

图像分类是计算机视觉领域中最为基础的任务之一，其主要任务是将输入的单张图像进行识别并正确地给出它所属的分类。对于人类来说，判断一张图像是什么类别是件很容易的事情，对于机器来说却十分困难。机器必须将每张图像转化为像素值进行分析并从中找出它们之间的特征和联系，最后综合在一起才能得出一个正确的分类结果。

对于原始的图像分类任务，普通的图像识别算法并不能得到很好的结果，直到卷积神经网络的出现，图像分类才在计算机视觉领域中再迎突破。目前，主流的图像处理任务几乎都与卷积神经网络有关，而这也是日后入门计算机视觉领域的基础。在本章中，首先会介绍卷积神经网络的概念及其发展史；其次会讲解如何使用 TensorFlow 2.X 完成一个简单的图像分类任务；最后会详细介绍各类经典的卷积神经网络结构及其实现代码。

本章主要涉及的知识点如下。

- 卷积神经网络发展史：了解卷积神经网络的发展历史及常见的几种卷积神经网络。
- 卷积神经网络原理：理解卷积神经网络中的卷积算法过程及局部感知、权值共享和池化三大特性。
- CIFAR-10 数据集：了解 CIFAR-10 数据集的构成并掌握如何使用 TensorFlow 2.X 对它进行加载及预处理。
- 经典卷积神经网络：理解 LeNet、AlexNet、VGGNet、GoogLeNet 和 ResNet 等经典卷积神经网络的模型结构和主要思想，掌握如何使用 TensorFlow 2.X 对它们进行搭建并将其应用于图像分类任务中。

4.1　卷积神经网络

卷积神经网络是目前深度学习中非常具有代表性的神经网络之一，它的提出使计算机视觉领域在近年来取得了突破性的进展。在本节中，首先会对卷积神经网络的发展历史进行一定的介绍，之后会进一步地解释它的模型结构以及实现的原理，最后会讲解如何在 TensorFlow 2.X 中使用卷积神经网络来提取图像的特征。

4.1.1　卷积神经网络的发展历史

提到卷积神经网络，最早的相关研究可以追溯到 1968 年。当时，两位名为 David Hunter Hubel 和

Torsten Wiesel 的神经科学家对猫的视觉系统进行了研究，经过长期的实验，他们发现生物的视觉系统具有一些明显的特点。例如，生物在接收图像时视觉神经元通常不会对整个图像作出反应，只会抓取感兴趣的区域，而过滤掉其他的部分；生物的神经元在接收视觉信息时，往往是逐级进行处理的，先由简单细胞对图像的点、线等简单结构进行分析，之后再由复杂的细胞对图像更复杂的特征进行分析和进一步处理。这些重要的研究发现不仅让这两位科学家获得了当时的诺贝尔生理学或医学奖，同时也给后续卷积神经网络的发展奠定了一定的理论基础。

到了 1980 年，一位名为 Kunihiko Fukishima 的日本科学家提出了一个包含卷积层和池化层的神经网络结构，这个网络结构被许多人认为是当前卷积神经网络的雏形。在这项研究工作中，他创造性地将人类视觉系统的许多工作原理及知识引入到了当时的神经网络结构中，实现了网络的平移不变性、稀疏交互以及逐步卷积等多种图像操作，而这些研究结果恰好也是当前卷积神经网络的关键所在。

1998 年，在以往基于卷积神经网络的研究基础上，被誉为当代深度学习三大巨头的 Yann LeCun 正式提出了一个名为 LeNet-5 的卷积神经网络模型，并将反向传播算法应用于卷积神经网络的训练，在图像识别的任务上取得了非常卓越的成效。由此正式确立了卷积神经网络的基本架构，为后续的各种卷积神经网络奠定了深厚的理论基础。

在之后长达十余年的时间里，卷积神经网络的发展陷入了低谷期，一方面的原因是当时的硬件资源无法满足由神经网络庞大计算量所带来的消耗，而另一方面的原因则是当时的支持向量机等机器学习模型性能更为优越和突出，使许多研究学者纷纷放弃了神经网络，转而投入支持向量机等算法的研究中。直到 2012 年，伴随着 GPU 等计算硬件和神经网络模型的更深入研究，一个名为 AlexNet 的卷积神经网络横空出世，并且在 ImageNet 的图像识别大赛中以 15%的错误率夺魁，自此卷积神经网络的发展速度开始迅速攀升。2014 年，牛津大学一个研究组提出了 VGGNet 系列的卷积神经网络，其研究发现，在图像处理中使用较小的卷积和增加网络的深度都能有效地提升模型性能。同年，谷歌提出了一个基于 Inception 模块的 GoogLeNet 的卷积神经网络，其中 Inception 模块不仅可以很好地控制计算量的参数，也具有非常好的计算性能，目前已经衍生出了许多版本。2016 年，卷积神经网络发展再迎突破，一个名为 ResNet 的神经网络被提出，它独有的残差网络结构不仅可以使模型的层数达到上百层，而且可以很好地解决模型退化、梯度消失爆炸等问题。时至今日，卷积神经网络模型仍然在不断地发展。

4.1.2 卷积神经网络的原理

普通的神经网络在训练图像时，通常会因为全连接层的权重参数过多而导致模型收敛和训练困难。借由生物视觉系统的启发，卷积神经网络凭借着局部感知、权值共享和下采样三大特性在图像处理任务中脱颖而出，与普通神经网络的全连接层相比，卷积神经网络不仅减少了大量的训练参数，同时也实现了特征的不变性，使模型能够适应不同尺度的数据并具有更好的效果。

首先来了解一下卷积神经网络的局部感知特性。通常人或者其他生物在接收不同的图像信息时，神经系统会对它们做出不同程度的吸收和反应，即它们获得外界的认知是从局部到全局来进行的。如果从图像像素的空间联系来看，图像像素通常与距离较近像素的联系更为紧密，而与距离较远的像素联系较弱。因此，从这些分析中可以推断出神经网络的神经元在处理图像信息时并不需要对图像的全局信息进行感知，只需要先对图像的局部信息进行感知，之后在更高层将这些局部感知的信息进行结合便可以得到完整的全局图像信息。局部感知连接与全连接层连接比较的示意图如图 4.1 和图 4.2 所示。

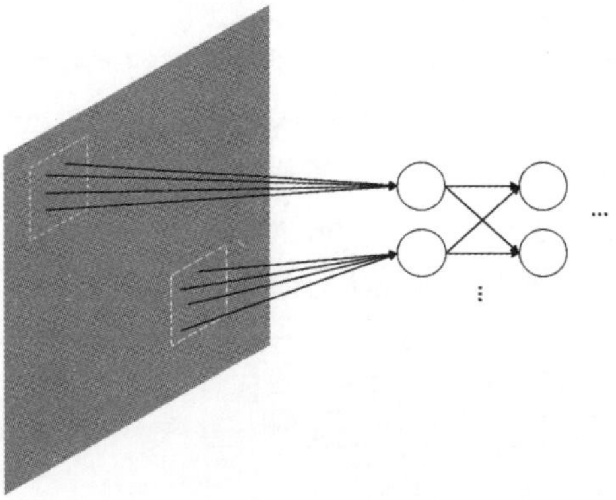

图 4.1　局部感知连接方式

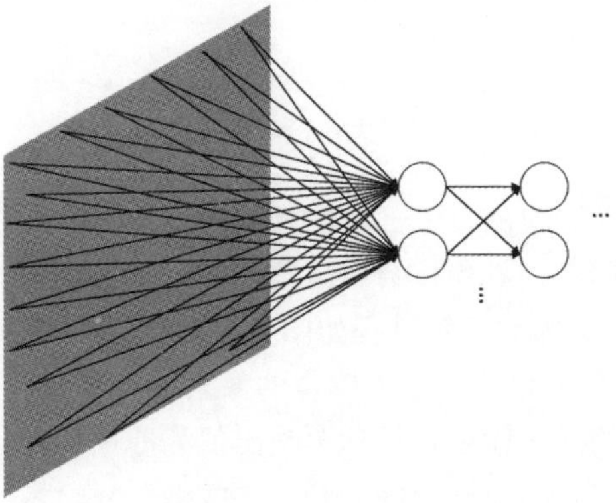

图 4.2　全连接层连接方式

从图 4.1 和图 4.2 中可以直观地看出，卷积神经网络局部感知的权重连接数和普通神经网络的全连接层的权重连接数相比要少很多。为了更直观地了解，再举个例子作进一步说明。假设输入的图像为 100×100 像素，第一层神经网络的神经元个数为 1000 个，如果通过全连接层的方式进行连接，则网络模型的第一层权重参数数量一共会有 10^7（100×100×1000）个参数；如果通过局部感知的连接方式，假设连接到局部区域的图像大小为 10×10 像素，那么权重参数数量则会减少到 10^5（10×10×1000）个参数，与前者相比，在该例中这种连接方式足以让权重参数数量减少两个数量级。

但是通过局部感知连接方式减少的参数数量还是比较有限，因此这里还可以引进权值共享的思想来对参数数量进行进一步的减少。怎么理解权值共享呢？回到刚才提到的例子，第一层神经网络的 1000 个神经元分别与大小为 10×10 像素的局部区域进行连接，而连接的总参数数量 10^5 主要是由这 1000 个神经元不同的权重参数构成。而权值共享最重要的思想便是把“不同”修改为“相同”，如果这 1000 个神经元都采用相同的权重参数进行连接，那么所需要保存的权重参数数目就变成了 100 个（10

×10），参数数量进一步减少，这就是所谓的权值共享机制。

如果替换成卷积神经网络卷积核，则代表用相同的卷积核去扫描这张图像，在图像的不同位置，卷积核参数都是相等的。而这种做法考虑到图像中不同部分的统计特性实际上是一样的，因此对于图像上的所有位置都可以使用相同的方式进行特征的学习。

介绍了局部感知和权值共享之后，还需要对卷积神经网络中的“卷积”部分进行一定的了解。通俗地讲，卷积就是一种操作运算，如果放在信号处理上来考虑，那就是一维卷积，而如果放在图像上来考虑，那就是二维卷积。而在卷积处理的过程中，最关键的部分就是卷积核，它实际上是一组由不同参数所构成的矩阵，如图 4.3 所示就是一个 3×3 矩阵大小的卷积核。而不同参数的卷积核往往也具有不同的功能，有的卷积核可以用来对图像进行锐化，而有的则可以用于图像的边缘检测等。

-1	-1	-1
-1	9	-1
-1	-1	-1

图 4.3　3×3 大小的卷积核

在进行图像的卷积运算时，输入图像的每一部分区域的像素值都会与指定的卷积核像素值进行加权平均，然后进行输出。在这个过程中，卷积核会不断地进行移动扫描，直到扫描处理完输入图像的最后一部分像素才会结束。图像卷积具体的运算过程如图 4.4 所示，其中左侧灰色的方格代表卷积核，大小为 2×2 像素，卷积核下方的白色方格代表输入图像的像素值，大小为 3×3 像素，而右侧 2×2 大小的白色方格则是经过卷积处理后的图像输出，每一个输出值为原图像像素值和卷积核数值相乘后的相加总和。例如，图中的输出值 16 是由 $2\times9+2\times(-1)+(-1)\times(-1)+1\times(-1)=16$ 所得到的。

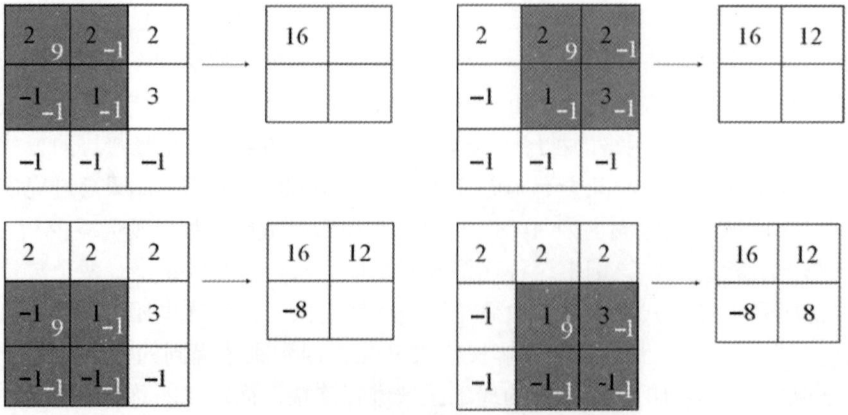

图 4.4　图像卷积运算过程

在图像卷积的运算过程中，还有两个参数也需要关注，即图像的填充大小和卷积核运算的步长。通常来说，经过卷积过程之后，输出的图像尺寸都会比原图像的尺寸小。但在实际模型开发时，有时候为了模型训练方便，会希望卷积后的图像尺寸保持不变，为了达到这样的目的，通常会选择在原图像卷积之前进行一定的无干扰填充，即用 0 填补这些增加的空间以起到增大图像尺寸的效果。其示意图如图 4.5 所示，左侧代表的是输入图像（外围填充 0）和对应的卷积核，而右侧则是通过所有卷积处理后得到的输出图像，可以看到，完成对图像填充 0 之后，输出图像的尺寸（3×3）和原图像的尺寸（3×3）相同。

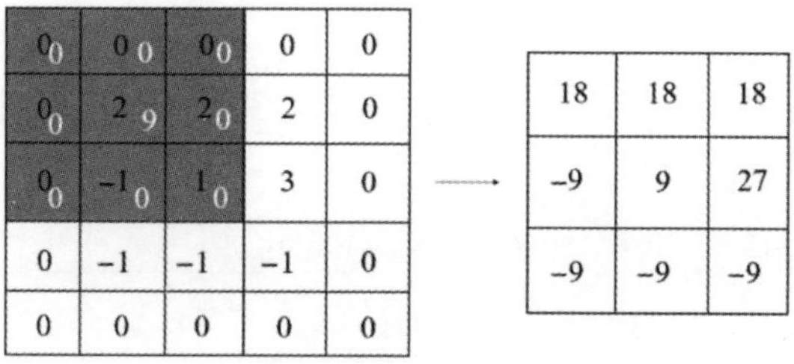

图 4.5　填充后的图像卷积结果

而卷积的步长是指卷积核在图像上扫描运动时每步移动的距离，如图 4.6 和图 4.7 所示，图 4.6 代表步长值为 1 时卷积核的移动情况，而图 4.7 则代表步长值为 2 时卷积核的移动情况。其中左侧卷积核展示的是上一步卷积核所在的位置，而右侧卷积核展示的则是当前卷积核所在的位置。对于信息密度较大且重要的输入，通常会选用较小的步长以防止丢失有用的信息；而对于信息密度较小的输入，则可以选用较大的步长。此外，步长的大小同样也会影响输出图像的尺寸，图 4.6 所示卷积后的图像尺寸输出结果为 3×3 像素，而图 4.7 所示卷积后的图像尺寸输出结果则是 2×2 像素。

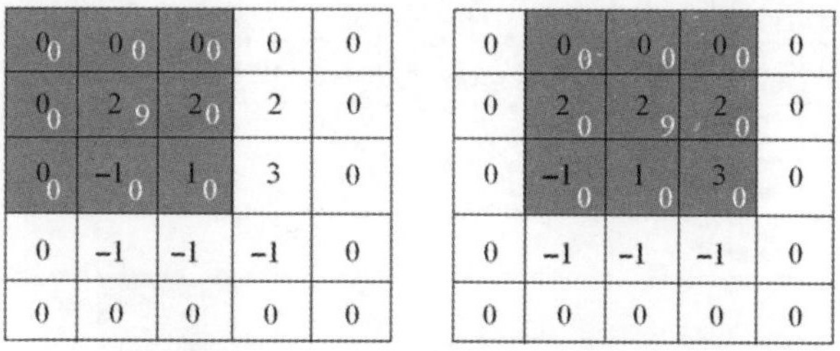

图 4.6　步长为 1 的卷积核移动

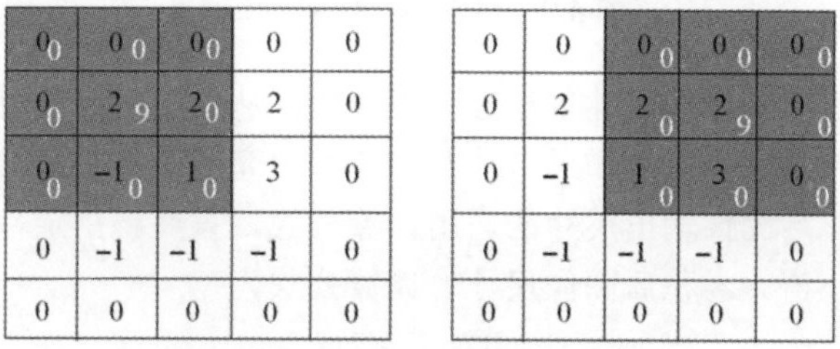

图 4.7　步长为 2 的卷积核移动

接下来再来看一下卷积神经网络中的池化层部分。除了之前提到的卷积、步长和权值共享等方式可以减少模型的训练参数外，池化操作同样也可以实现这个功能。在卷积神经网络中，池化的主要作用是对卷积后的图像特征图进行压缩，以此来摒弃一些不重要的特征，达到简化卷积神经网络计算复杂度的目的。最常见的池化操作主要是平均池化和最大池化两种，平均池化指的是计算图像局部区域时以它的平均值作为该区域池化后的值，而最大池化则指的是计算图像局部区域时以它的最大值作为该区域池化后的值，具体的池化运算过程如图 4.8 和图 4.9 所示。其中，左侧灰色方格的部分代表池化窗口，底下的白色方格部分代表图像的特征图，而右侧部分则代表池化后的输出结果。

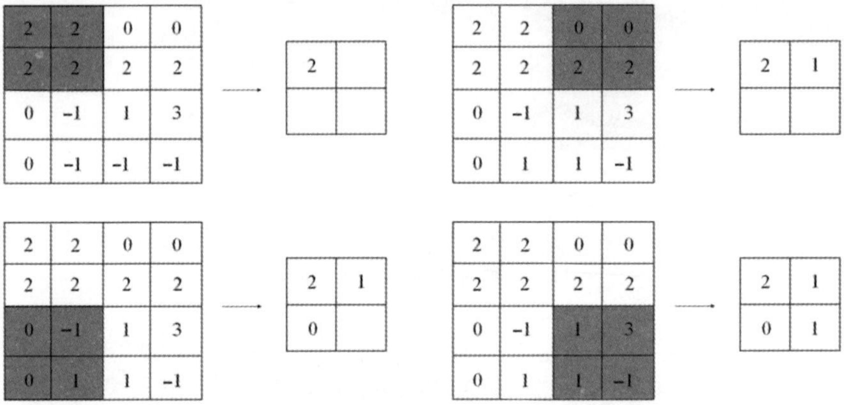

图 4.8　平均池化运算过程

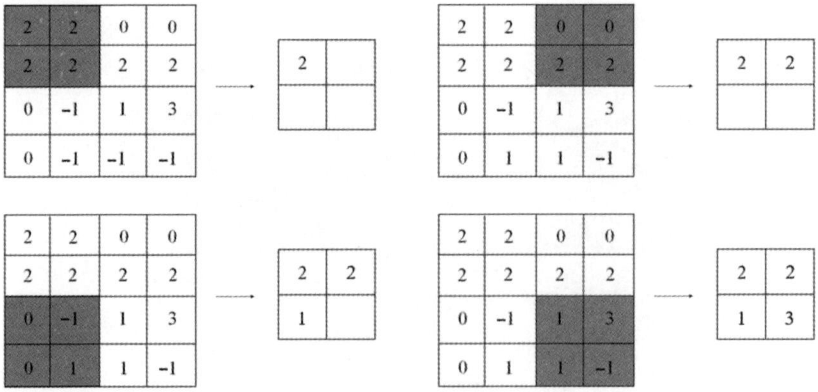

图 4.9　最大池化运算过程

最后对卷积和池化后输出图像的尺寸来作进一步介绍。从前面的描述可知，无论是卷积还是池化都会影响模型输出的图像尺寸大小，而如果再涉及步长和填充等操作，那结果就更为复杂了。因此，在这里特地给出卷积和池化后图像输出尺寸的通用计算公式，只要将指定参数代入进行计算，便可直接得到输出图像尺寸的大小值。卷积后图像尺寸的计算公式为

$$W'=\frac{W-F+2P}{S}+1 \tag{4-1}$$

$$H' = \frac{H - F + 2P}{S} + 1 \tag{4-2}$$

其中，W'为输出图像的宽；H'为输出图像的高；W 为原图像的宽；H 为原图像的长；F、S 和 P 分别为图像卷积核的尺寸、步长和填充的数量。

例如，现在想对一张 4×4 像素大小的图像进行卷积操作，卷积核尺寸、步长和填充值分别为 3×3、1 和 1，那么它输出的高和宽的尺寸则为

$$W' = \frac{4 - 3 + 2}{1} + 1 = 3 + 1 = 4 \tag{4-3}$$

$$H' = \frac{4 - 3 + 2}{1} + 1 = 3 + 1 = 4 \tag{4-4}$$

同样，对于池化处理后的图像尺寸也有以下公式：

$$W' = \frac{W - F}{S} + 1 \tag{4-5}$$

$$H' = \frac{H - F}{S} + 1 \tag{4-6}$$

其中的参数与上述卷积过程中描述的参数意义相同。例如，现在对一张 4×4 像素大小的图像进行池化操作，池化窗口尺寸、步长分别为 2×2 和 2，那么输出图像的高和宽尺寸则为

$$W' = \frac{4 - 2}{2} + 1 = 1 + 1 = 2 \tag{4-7}$$

$$H' = \frac{4 - 2}{2} + 1 = 1 + 1 = 2 \tag{4-8}$$

需要注意的是，在计算输出图像尺寸的过程中经常会出现非整数的结果，这时候需要对它们进行取整处理，通常的规则是对卷积处理后的图像采用向下取整的方式，而对经过池化处理后的图像则采用向上取整的方式。

4.1.3　TensorFlow 2.X 实现卷积神经网络

对卷积神经网络的发展历史和工作原理有了一定的了解之后，可以通过 TensorFlow 2.X 来对它进行代码上的简单实现。在 TensorFlow 2.X 中，卷积操作可以通过一个名为 tf.nn.conv2d()的函数来完成，以下是官方提供的函数原型：

```
tf.nn.conv2d(input,filter,strides,padding,use_cudnn_on_gpu=True,data_format='NHWC',
dilations=[1,1,1,1],name=None)
```

其中，input、filter、strides 和 padding 这 4 个参数分别代表输入图像、滤波器、步长大小和图像的填充方式。对于 input 参数，官方规定的输入数据需要是一个四维的张量，其组成形式为（批大小，图像高度，图像宽度，图像输入通道数）；而 filter 和 strides 参数，输入的形式分别为（卷积核高度，卷积核宽度，图像输入通道数，输出通道数）和（1，卷积核高度方向移动步长，卷积核宽度方向移动步

长，1）；padding 参数可选择 SAME 或 VALID，输入 SAME 时代表系统会进行自动补 0，输出图像的尺寸会和输入图像的尺寸相同，输入 VALID 时则代表系统不会自动进行补 0 操作。

现在来对卷积操作进行实现。首先在 Jupyter Notebook 里导入相关的第三方库，代码如下。

```
import TensorFlow as tf
```

构建两个虚拟数据并用于模型图像的卷积计算，其中 x 代表图像，w 代表卷积核，代码如下。

```
x = tf.random.normal([1,4,4,1]) #构建批大小、图像尺寸、输入通道数分别为 1、4×4 和 1 的图像
w = tf.random.normal([4,4,1,3]) #构建卷积核大小、输入及输出通道数分别为 4×4、1 和 3 的卷积核
out = tf.nn.conv2d(x,w,strides=(1,1,1,1),padding='SAME')      #步长为 1，自动进行补 0
print(out)
```

输出的结果为：

```
tf.Tensor(
...
[[ 1.7637717   2.1479235  -0.6354573 ]
   [ 3.1765528  -2.2851665  -1.6765234 ]
   [-0.25374985  0.72199184  2.1245625 ]
   [-4.7184567  -0.05031227  1.8540356 ]]
  [[-1.7036309   0.74417466 -4.372949  ]
   [-2.2750869  -2.9644067  -4.7285748 ]
   [ 1.067195   -1.47686     2.0703638 ]
   [ 0.30270436 -0.65377027  2.420564  ]]]], shape=(1, 4, 4, 3), dtype=float32)
```

最后图像输出的尺寸为 4×4 像素大小，如果用上述的卷积尺寸公式代入计算验证，得到的结果也会是相同的。

同样也可以利用 TensorFlow 2.X 提供的 tf.nn.max_pool()函数和 tf.nn.avg_pool()函数对图像分别进行最大池化和平均池化操作。以最大池化为例，官方提供的函数原型如下。

```
tf.nn.max_pool(value,ksize,strides,padding,data_format='NHWC',name=None)
```

其中，value、ksize、strides 和 padding 参数分别代表了输入图像、池化核尺寸、步长和填充方法，对于 ksize 参数的输入格式为（1，池化核高度，池化核宽度，1），而其他参数的格式则与前面所描述的卷积函数相同，这里不再赘述。接下来对池化操作进行实现，代码如下。

```
x = tf.random.normal([1,4,4,1])
out = tf.nn.max_pool(x,ksize=[1,2,2,1],strides=2,padding='VALID')   #步长为 2，不进行补 0
print(out)
```

输出的结果为：

```
tf.Tensor(
[[[[0.90795237]
   [1.3576565 ]]
   [[0.70143235]
   [0.7190977 ]]]], shape=(1, 2, 2, 1), dtype=float32)
```

可以看到，在经过池化操作之后，原来尺寸为 4×4 像素大小的输入图像被压缩至 2×2 的像素大小。

虽然 tf.nn.conv2d()函数、tf.nn.max_pool()函数和 tf.nn.avg_pool()函数可以对图像数据进行卷积和池化操作，但由于每次都需要人为地定义 w 等参数，未免过于麻烦。因此，如果从模型层的方面来考虑，其实可以通过另一种更快捷高效的方式来完成这些操作，即使用 tf.keras.layers.Conv2D()卷积层类、tf.keras.layers.MaxPooling2D() 和 tf.keras.layers.AveragePooling2D() 池化层类。与 tf.nn.conv2d() 和 tf.nn.max_pool()等函数不同，卷积层类和池化层类并非函数而是类别，在调用它们时无须自定义权值、张量等参数，系统会自动进行创建，因此在使用上会更加简便，但在灵活性上与函数操作相比自然会有所降低。

利用卷积层类和池化层类来实现图像卷积和池化的代码如下。

```
x = tf.random.normal([1,4,4,1])    #构造图像结构
#调用卷积层类
layer = tf.keras.layers.Conv2D(filters=3,kernel_size=4,strides=1,padding='SAME')
out = layer(x)
print(out.shape)
#调用最大池化层类
layer = tf.keras.layers.MaxPooling2D(pool_size=2,strides=2,padding='SAME')
out = layer(x)
print(out.shape)
#调用平均池化层类
layer = tf.keras.layers.AveragePooling2D(pool_size=2,strides=2,padding='SAME')
print(out.shape)
```

输出的结果为：

```
(1, 4, 4, 3)
(1, 2, 2, 1)
(1, 2, 2, 1)
```

4.2 CIFAR-10 数据集分类实战

对于深度学习模型的训练，除了关键的模型结构和优化算法之外，还有输入的数据集。对图像数据来说，掌握如何对其读取并进行一定的预处理是至关重要的。在本节中，首先会对图像领域中经典的 CIFAR-10 数据集作简单的介绍，之后会讲解如何对读取到的图像进行预处理操作并利用 TensorFlow 2.X 搭建出简单的卷积神经网络去完成图像分类任务。

4.2.1 CIFAR-10 数据集简介

CIFAR-10 数据集是一个彩色图像数据集，作为一个小型数据集，目前它已经在计算机视觉领域中被当作经典的入门数据集并被广泛使用。CIFAR-10 数据集一共包含了 10 个类别的 RGB 图像，它们分别是飞机、汽车、马、鸟、卡车、船、狗、蛙、鹿和猫，每个类别共有 6000 张图像，总计 60000 张图像，其中 50000 张用于图像训练，而 10000 张则用于图像测试，每张图像的尺寸都是 32×32 像素。

在使用 TensorFlow 2.X 读取数据集之前，首先导入相关的第三方库，其中 matplotlib.pyplot 库主要用于查看并显示图像，代码如下。

```
import TensorFlow as tf
from TensorFlow import keras
import matplotlib.pyplot as plt
import pandas as pd
```

在 TensorFlow 2.X 中，CIFAR-10 数据集可以通过以下代码进行直接加载。

```
#分别读入 CIFAR-10 数据集的训练集数据和测试集数据
(x_train_image,y_train_label),(x_test_image,y_test_label) = tf.keras.datasets. cifar10.load_data()
print(x_train_image.shape)        #输出训练集数据大小
print(y_train_label.shape)        #输出训练集数据标签大小
print(x_test_image.shape)         #输出测试集数据大小
print(y_test_label.shape)         #输出测试集数据标签大小
```

输出的结果为：

```
(50000, 32, 32, 3)
(50000, 1)
(10000, 32, 32, 3)
(10000, 1)
```

其中，（50000,32,32,3）表示图像数量为 50000 张，单张的图像是尺寸为 32×32 像素大小且通道数为 3 的 RGB 彩色图像。而（50000,1）则代表这 50000 张图像相对应的标签，每个标签用单个数字（0～9）来表示它们的类别。其余的测试集结果的描述与训练集相同，这里不再赘述。

此外，可以定义一个函数用于显示数据集的图像内容，代码如下。

```
def plot_image(images,labels,prediction,index,nums=10):
    fig = plt.gcf()
    fig.set_size_inches(14,14)                        #设置图表大小
    for i in range(0,nums):
        ax = plt.subplot(5,5,1+i)                     #子图生成
        ax.imshow(images[index])                      #设置 index 便于索引所要查询的图像
        title = 'label:' + str(labels[index][0])      #定义 title 便于图像与结果对应
        if(len(prediction)>0):                        #如果有预测图像，则显示预测结果
            title += 'prediction:'+ str(prediction[index])
        ax.set_title(title,fontsize=13)               #设置图像 title
        ax.set_xticks([])                             #无 x 刻度
        ax.set_yticks([])                             #无 y 刻度
        index+=1

plot_image(x_train_image,y_train_label,[],0,10)
```

输出的结果如图 4.10 所示。

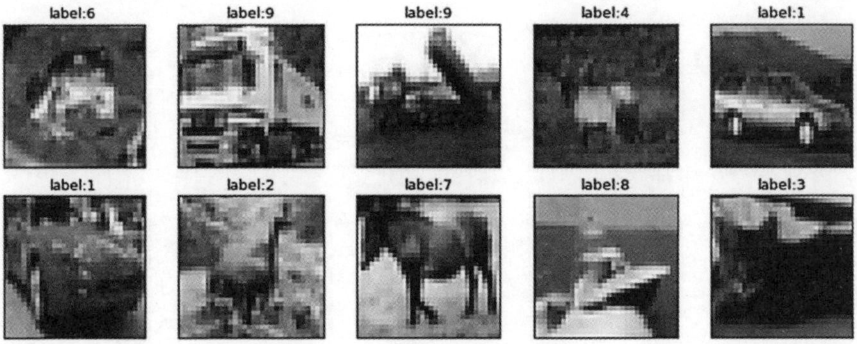

图 4.10　CIFAR-10 数据集

4.2.2　数据预处理

在成功导入数据集之后，需要对它进行一些预处理。在该数据集中主要对它进行图像类型转换、归一化以及 one-hot 编码操作，代码如下。

```
x_train_normalize = x_train_image.astype('float32')/255               #训练集归一化
x_test_normalize = x_test_image.astype('float32')/255                 #测试集归一化
y_train_OneHot = tf.keras.utils.to_categorical(y_train_label)         #one-hot 编码
y_test_OneHot = tf.keras.utils.to_categorical(y_test_label)
```

数据的预处理在第 2 章已经讲解过，这里针对前两项数据的预处理方式再进行一定的补充说明。首先是图像的数据为什么要转换成 float32 类型？这样做主要是用来减少训练时模型参数的数量。对于计算机来说，float32 代表在内存中数据占用了 32 个比特数，转换成字节则是 4 个字节。如果使用 float64 这种更高精位的数据类型来表示 CIFAR-10 数据集，读取时会占用更多的字节，即内存大约为 1.4GB，而如果采用 float32 来表示，读取时占用内存约为 0.7GB，相比之下空间资源节省了许多。当然也可以将数据类型转换成 float16 的形式，但在这种情况下，图像的数据精度就会受到比较大的影响，容易导致模型训练时性能的下降，所以通常较少采用 float16 的形式。float32 刚好是二者权衡之后比较合适的一个选择。

接着是图像的归一化操作，从代码中可以看到在图像类型转换之后又除以了一个 255，这就代表了图像的归一化处理过程。通常来说，图像的归一化操作必不可少，一方面它可以将原本图像中 0～255 的像素值压缩至 0～1，使图像表示的位数减少，从而降低图像数据占用的内存空间；另一方面则是它可以将不同量纲的数据都压缩至同一范围，极大地降低了因量纲数值差异大而引起的数据波动，使数据可以均衡化。可以打印出读取数据中某一部分的归一化结果，代码如下。

```
print(x_train_image[0][0][0])
print(x_train_normalize[0][0][0])
```

输出的结果为：

```
[59 62 63]
[0.23137255 0.24313726 0.24705882]
```

4.2.3 模型搭建、训练测试及预测

导入并预处理好数据集之后，下一步便是卷积神经网络模型的搭建，这里将 4.1 节所提到的卷积层和池化层加入模型中，代码如下。

```
model = tf.keras.models.Sequential()                              #模型创建
model.add(keras.layers.Conv2D(filters=32,kernel_size=(3,3),padding='same',
input_shape=(32,32,3),activation='relu'))                         #卷积层
model.add(keras.layers.MaxPooling2D(pool_size=(2,2)))             #最大池化层
model.add(keras.layers.Flatten())        #将卷积输出打平成一维，方便与全连接层连接
model.add(keras.layers.Dense(1500,activation='relu'))             #全连接层
model.add(keras.layers.Dropout(0.3))                              #Dropout 层，30%神经元失活
model.add(keras.layers.Dense(10,activation='softmax'))            #输出 10 类别
```

打印模型的结构概要，代码如下。

```
model.summary()
```

输出的结果为：

```
Model: "sequential_2"
_________________________________________________________________
Layer (type)                 Output Shape              Param #
=================================================================
conv2d_2 (Conv2D)            (None, 32, 32, 32)        896
_________________________________________________________________
max_pooling2d_1 (MaxPooling2 (None, 16, 16, 32)        0
_________________________________________________________________
flatten_1 (Flatten)          (None, 8192)              0
_________________________________________________________________
dense_2 (Dense)              (None, 1500)              12289500
_________________________________________________________________
dropout_1 (Dropout)          (None, 1500)              0
_________________________________________________________________
dense_3 (Dense)              (None, 10)                15010
=================================================================
Total params: 12,305,406
Trainable params: 12,305,406
Non-trainable params: 0
_________________________________________________________________
```

配置相关模型训练参数，由于是多分类任务，因此采用 categorical_crossentropy()函数来作为损失函数，代码如下。

```
model.compile(loss='categorical_crossentropy',optimizer='adam',metrics=['accuracy'])
```

接下来对模型进行训练，其中训练集部分 80%的数据用于训练模型，而另外 20%的数据则用于训练时的验证，代码如下。

```
model_train=model.fit(x=x_train_normalize,y=y_train_OneHot,validation_split=0.2,
epochs=10,batch_size=300,verbose=1)
```

输出的结果为：

```
...
Epoch 5/10
134/134 [==============================] - 55s 414ms/step - loss: 1.0184 - accuracy:
0.6438 - val_loss: 1.0740 - val_accuracy: 0.6251
Epoch 6/10
134/134 [==============================] - 57s 423ms/step - loss: 0.9365 - accuracy:
0.6719 - val_loss: 1.0352 - val_accuracy: 0.6379
Epoch 7/10
134/134 [==============================] - 62s 463ms/step - loss: 0.8623 - accuracy:
0.6999 - val_loss: 1.0152 - val_accuracy: 0.6464
Epoch 8/10
134/134 [==============================] - 61s 454ms/step - loss: 0.7994 - accuracy:
0.7190 - val_loss: 0.9816 - val_accuracy: 0.6618
Epoch 9/10
134/134 [==============================] - 58s 434ms/step - loss: 0.7339 - accuracy:
0.7478 - val_loss: 0.9744 - val_accuracy: 0.6627
Epoch 10/10
134/134 [==============================] - 56s 420ms/step - loss: 0.6710 - accuracy:
0.7704 - val_loss: 0.9696 - val_accuracy: 0.6647
```

训练了 10 次之后，模型在训练集上的准确率可以达到 77%左右，而在验证集上的准确率只有 66%左右。这个结果说明在训练过程中，模型产生过轻微的过拟合现象。在模型训练好之后可以对其训练记录进行查看，代码如下。

```
print(model_train.history)
```

输出的结果为：

```
{'loss': [1.7629663944244385, 1.3015307188034058, 1.1836479902267456, 1.0945473909378052,
1.010267972946167, 0.9366542100906372, 0.8662251830101013, 0.8023340106010437,
0.7416624426841736, 0.6735734939575195], 'accuracy': [0.3894999921321869,
0.5385500192642212, 0.5828750133514404, 0.6143500208854675, 0.6449249982833862,
0.6714500188827515, 0.6963000297546387, 0.718500018119812, 0.7441250085830688,
0.7678999900817871], 'val_loss': [1.3819479942321777, 1.2422758340835571,
1.176004409790039, 1.123958945274353, 1.0740489959716797, 1.0352375507354736,
1.0152490139007568, 0.9816201329231262, 0.9743973612785339, 0.9696152210235596],
'val_accuracy': [0.5157999992370605, 0.5659000277519226, 0.5958999991416931,
0.6061999797821045, 0.6251000165939331, 0.6378999948501587, 0.646399974822998,
0.6618000268936157, 0.6626999974250793, 0.6646999716758728]}
```

通过这些数据并不能直观地看出差别，因此可以通过自定义函数进行图表显示，代码如下。

```
def train_history(model_train,train,val):             #训练集和验证集的准确率和损失变化曲线
    plt.plot(model_train.history[train])
    plt.plot(model_train.history[val])
```

```
    plt.title('Train History')
    plt.xlabel('epoch')                                          #训练次数
    plt.ylabel(train)
    plt.legend(['train','validation'],loc='upper left')   #图例
```

显示训练集准确率和验证集准确率的比较，代码如下。

```
train_history(model_train,'accuracy','val_accuracy')
```

输出的结果如图 4.11 所示。

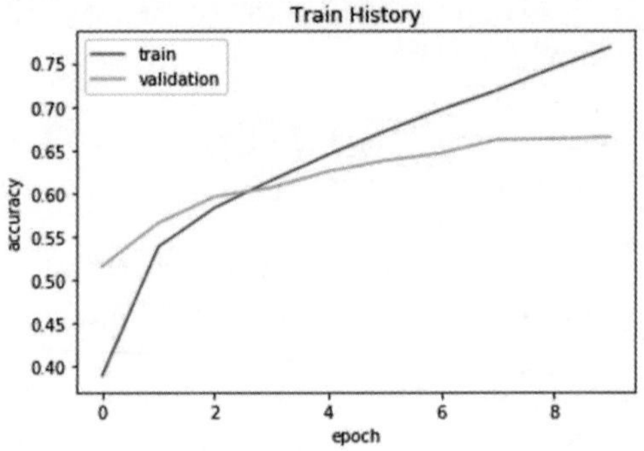

图 4.11　训练集和验证集准确率曲线

显示训练集损失率和验证集损失率的比较，代码如下。

```
train_history(model_train,'loss','val_loss')
```

输出的结果如图 4.12 所示。

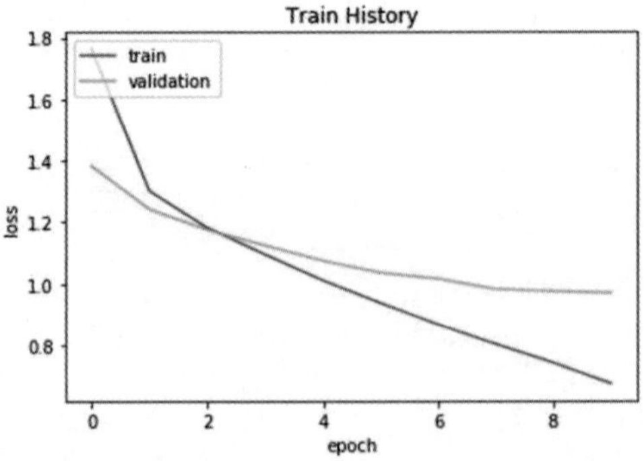

图 4.12　训练集和验证集损失率曲线

接着对模型的测试集进行测试，代码如下。

```
scores = model.evaluate(x_test_normalize,y_test_OneHot,verbose=2)      #测试集测试
```

输出的结果为：

```
10000/1 - 7s - loss: 0.9668 - accuracy: 0.6673
```

对测试集进行具体的类别预测，代码如下。

```
prediction = model.predict_classes(x_test_normalize)          #类别预测
print(prediction)
```

输出的结果为：

```
[3 8 8 ... 5 1 7]
```

结果中的数字代表每张图像预测出的类别，此外，还可以调用先前创建的数据查看函数来查看对应图像的预测结果，代码如下。

```
plot_image_labels_prediction(x_test_image,y_test_label,prediction,0,10)
```

输出的结果如图 4.13 所示。

图 4.13　可视化测试集预测结果

可以发现在显示的预测结果中，第 5 张图像的预测发生了错误。而如果想要查看每张图像被预测成不同类别的概率，只要将 model.predict_classes()修改成 model.predict()即可，代码如下。

```
prediction_probability = model.predict(x_test_normalize)    #概率预测
print(prediction_probability[0])
```

输出的结果为：

```
[6.7727049e-03 5.7688070e-04 1.4737741e-02 7.3272806e-01 2.1863099e-02
 1.9450101e-01 2.3909786e-03 6.7202677e-03 1.8998398e-02 7.1084872e-04]
```

也可以利用字典更具体地显示每张图像预测的类别和概率，代码如下。

```
#数字与对应的类别
label_dict={0:'airplane',1:'automobile',2:'bird',3:'cat',4:'deer',5:'dog',6:'frog',7:
'horse',8:'ship',9:'truck'}
def predicted_probability(x,y,prediction,prediction_probability,i):
    #显示图像不同类别的预测概率
    plt.figure(figsize=(2,2))
    plt.imshow(x[i])
    plt.show()
    print("label:",label_dict[y[i][0]],'predict:',label_dict[prediction[i]])
    #预测结果和真实标签
```

```
    for j in range(10):                                        #输出 10 个类别概率
        print(label_dict[j]+'Probability:%1.9f'%(prediction_probability[i][j]))

predicted_probability(x_test_image,y_test_label,prediction,prediction_probability,0)
```

输出的结果如图 4.14 所示。

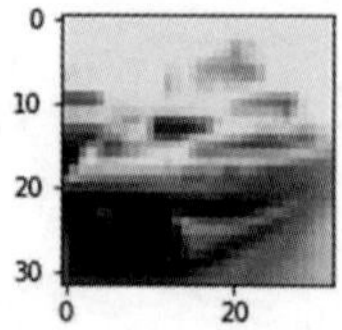

图 4.14　待预测图像

```
label: ship  predict: ship
airplaneProbability:0.007692812
automobileProbability:0.265026927
birdProbability:0.000001395
catProbability:0.000000042
deerProbability:0.000000091
dogProbability:0.000000001
frogProbability:0.000000036
horseProbability:0.000000006
shipProbability:0.723444760
truckProbability:0.003833983
```

此外，如果想要查看整个数据集的预测结果和真实标签之间的差异，可以通过混淆矩阵来实现。在人工智能领域中，混淆矩阵常作为一种图像精度比较的可视化工具来展示最后的模型预测结果。运用第 3 章讲解的 pandas 库可以快速地实现这个功能，代码如下。

```
#混淆矩阵
pd.crosstab(y_test_label.reshape(-1),prediction,rownames=['label'],colnames=['prediction'])
```

输出的结果如图 4.15 所示。

prediction	0	1	2	3	4	5	6	7	8	9
label										
0	719	23	54	15	20	14	8	21	98	28
1	21	808	14	12	4	6	5	7	43	80
2	74	10	546	45	108	80	58	47	23	9
3	15	12	90	440	110	197	66	40	20	10
4	25	5	112	40	652	30	36	83	13	4
5	12	2	87	135	74	595	22	60	10	3
6	9	9	73	69	91	38	683	16	9	3
7	13	6	39	37	70	59	3	764	3	6
8	64	49	13	10	6	11	10	9	807	21
9	43	146	13	11	11	18	12	34	53	659

图 4.15　混淆矩阵结果

其中对角线部分代表成功被预测的部分，而其余方格则是被预测错误的部分，如第二行第一列代表 label 为 1 的值被错误预测成 0 的共有 21 个。通过混淆矩阵可以很直观地看出预测结果和真实标签之间的差异，观察这些特征有助于之后模型的改进和调整。

4.3 多种经典卷积神经网络实战

在卷积神经网络的发展过程中涌现出许多性能优越的卷积神经网络模型，有些模型即便是到了今天依旧经常被用来处理各种复杂的图像任务。在本节里，主要讲解如何通过 TensorFlow 2.X 搭建 LeNet、AlexNet、VGGNet、GoogLeNet 和 ResNet 这五种经典的卷积神经网络并将它们应用于分类任务中，以此来比较不同网络之间性能的差异。

4.3.1 LeNet 实战

LeNet-5 卷积神经网络于 1998 年被 Yann LeCun 等人提出。当时该网络主要被用于手写数字及机器字符的识别任务中，其在 MNIST 数据集上可以达到 99.2%的识别率，常被当作卷积神经网络用于图像识别的开山之作。虽然目前 LeNet-5 卷积神经网络的结构已经很少被使用，但它的出现无疑是给后续的卷积神经网络奠定了很好的理论基础，因此作为计算机视觉的入门，有必要对它的结构和设计思想有所了解。

LeNet-5 卷积神经网络的结构如图 4.16 所示，从图中可以看出，如果不算上输入层，LeNet-5 一共具有 7 层网络结构，顺序分别是卷积层→池化层→卷积层→池化层→全连接层→全连接层→输出层，其中池化层部分无权重参数。虽然两层的卷积层和全连接层与现在的上百层卷积神经网络相比相差甚远，但在当时硬件计算力有限的条件下，这样的模型在某些领域的应用中已经能够达到很不错的效果。

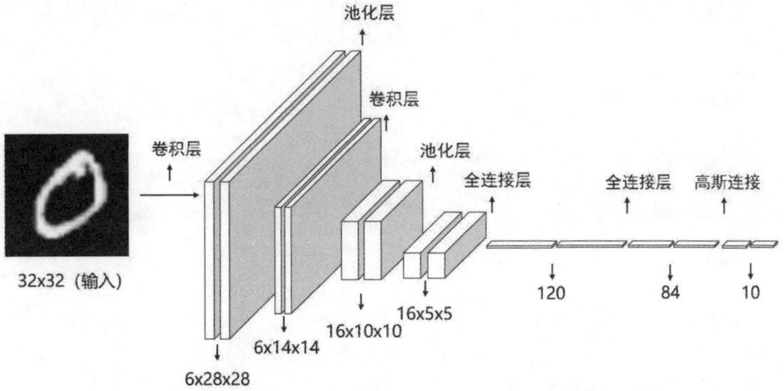

图 4.16 LeNet-5 卷积神经网络

可以利用 TensorFlow 2.X 轻松地搭建出 LeNet-5 卷积神经网络的结构并将其应用于 4.2 节所提到的 CIFAR-10 分类数据集上。对于数据和数据集的处理和 4.2 节相同，这里不再赘述，可以直接导入并进行预处理，代码如下。

```
import TensorFlow as tf
from TensorFlow import keras
import matplotlib.pyplot as plt

#数据集加载
(x_train_image,y_train_label),(x_test_image,y_test_label) = tf.keras.datasets.
cifar10.load_data()
x_train_normalize = x_train_image.astype('float32')/255          #归一化
x_test_normalize = x_test_image.astype('float32')/255
y_train_OneHot = tf.keras.utils.to_categorical(y_train_label)    #onehot 编码
y_test_OneHot = tf.keras.utils.to_categorical(y_test_label)
```

开始搭建 LeNet-5 卷积神经网络，图中的下采样部分利用最大池化层实现，并在池化层之后统一添加 ReLu 激活函数，代码如下。

```
model = tf.keras.models.Sequential()   #模型创建
model.add(keras.layers.Conv2D(filters=6,kernel_size=3,strides=1,input_shape=(32,
32,3)))
model.add(keras.layers.MaxPooling2D(pool_size=2,strides=2))
model.add(keras.layers.ReLU())
model.add(keras.layers.Conv2D(filters=16,kernel_size=3,strides=1))
model.add(keras.layers.MaxPooling2D(pool_size=2,strides=2))
model.add(keras.layers.ReLU())
model.add(keras.layers.Flatten())
model.add(keras.layers.Dense(120,activation='relu'))
model.add(keras.layers.Dense(84,activation='relu'))
model.add(keras.layers.Dense(10,activation='softmax'))
```

查看模型结构，代码如下。

```
model.summary()
```

输出的结果为：

```
Model: "sequential_6"
_________________________________________________________________
Layer (type)                 Output Shape              Param #
=================================================================
conv2d_9 (Conv2D)            (None, 30, 30, 6)         168
_________________________________________________________________
max_pooling2d_9 (MaxPooling2)  (None, 15, 15, 6)          0
_________________________________________________________________
re_lu_8 (ReLU)               (None, 15, 15, 6)         0
_________________________________________________________________
conv2d_10 (Conv2D)           (None, 13, 13, 16)        880
_________________________________________________________________
max_pooling2d_10 (MaxPooling)  (None, 6, 6, 16)          0
_________________________________________________________________
```

```
re_lu_9 (ReLU)              (None, 6, 6, 16)          0
_________________________________________________________________
flatten_4 (Flatten)            (None, 576)              0
_________________________________________________________________
dense_10 (Dense)            (None, 120)              69240
_________________________________________________________________
dense_11 (Dense)            (None, 84)               10164
_________________________________________________________________
dense_12 (Dense)            (None, 10)                850
=================================================================
Total params: 81,302
Trainable params: 81,302
Non-trainable params: 0
_________________________________________________________________
```

将搭建的 LeNet-5 模型结构与图 4.16 进行对比，发现其结构基本相同。不同之处主要在于在当前结构上，模型加入了 ReLu 等激活函数，这有助于提高后续模型训练测试时的性能。现在对模型进行相关参数的配置并开始训练，作为范例，只对模型进行训练 10 次，代码如下。

```
model.compile(loss='categorical_crossentropy',optimizer='adam',metrics=['accuracy'])
model_train=model.fit(x=x_train_normalize,y=y_train_OneHot,validation_split=0.2,
epochs=10,batch_size=300,verbose=1)
```

输出的结果为：

```
...
Epoch 5/10
134/134 [==============================] - 12s 90ms/step - loss: 1.3214 - accuracy:
0.5286 - val_loss: 1.3151 - val_accuracy: 0.5366
Epoch 6/10
134/134 [==============================] - 13s 98ms/step - loss: 1.2648 - accuracy:
0.5560 - val_loss: 1.2926 - val_accuracy: 0.5422
Epoch 7/10
134/134 [==============================] - 13s 94ms/step - loss: 1.2408 - accuracy:
0.5617 - val_loss: 1.2748 - val_accuracy: 0.5551
Epoch 8/10
134/134 [==============================] - 12s 92ms/step - loss: 1.1996 - accuracy:
0.5760 - val_loss: 1.2569 - val_accuracy: 0.5603
Epoch 9/10
134/134 [==============================] - 12s 87ms/step - loss: 1.1728 - accuracy:
0.5840 - val_loss: 1.2467 - val_accuracy: 0.5644
Epoch 10/10
134/134 [==============================] - 12s 89ms/step - loss: 1.1550 - accuracy:
0.5926 - val_loss: 1.2133 - val_accuracy: 0.5752
```

经过 10 次的训练之后，模型识别的准确率大概在 50%～60%。现在可以利用 4.2 节所创建的 train_history()函数查看模型训练过程中损失率的变化，代码如下。

```
train_history(model_train,'loss','val_loss')
```

输出的结果如图 4.17 所示。

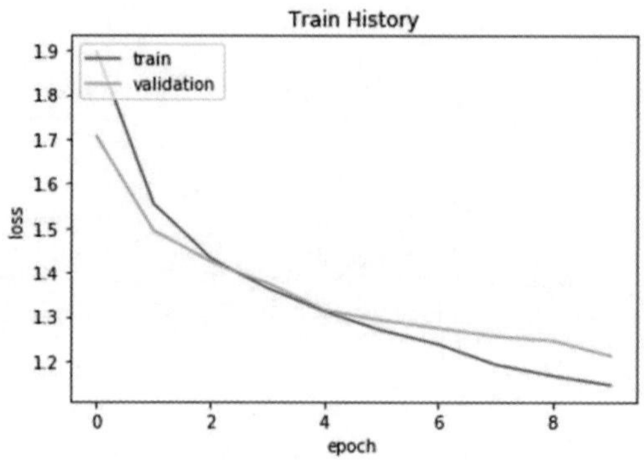

图 4.17　LeNet-5 训练损失率变化

最后再对测试集进行测试，代码如下。

```
scores = model.evaluate(x_test_normalize,y_test_OneHot,verbose=2)
```

输出的结果为：

```
313/313 - 2s - loss: 1.2109 - accuracy: 0.5771
```

4.3.2　AlexNet 实战

AlexNet 卷积神经网络于 2012 年被 Geoffrey Hinton 和他的学生提出。在诞生之际，该模型被成功地应用在了 ImageNet 数据集上并获得了 2012 年的 ImageNet 数据集识别竞赛冠军。与 LeNet-5 结构相比，AlexNet 在模型深度上进行了加深，除去无参数的池化层部分，一共可以达到 8 层的模型深度结构，前 5 层为卷积层，而后 3 层则为全连接层，其示意图如图 4.18 所示。

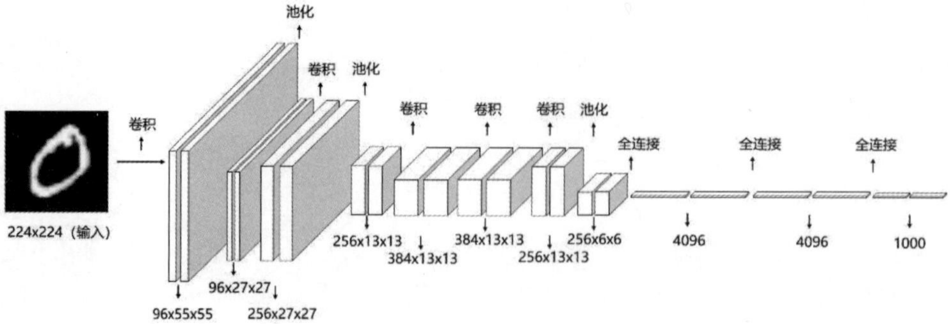

图 4.18　AlexNet 卷积神经网络

与之前的卷积神经网络相比，AlexNet 模型包含了几个较新的技术点。一方面作者将 ReLu 函数作为卷积神经网络的激活函数，解决了原本由 Sigmoid 函数可能导致的网络梯度弥散问题；另一方面，作者在最后的全连接层处引入了第 3 章提到过的 Dropout 技术以防止模型产生过拟合现象。此外，在

AlexNet 的池化层中作者也统一采用了最大池化的方式，与传统的卷积神经网络采用平均池化的方式不同。

在代码实现部分，与先前的模型搭建方法一样，首先导入第三方库、CIFAR-10 数据集并进行预处理，代码如下。

```
import TensorFlow as tf
from TensorFlow import keras
import matplotlib.pyplot as plt

(x_train_image,y_train_label),(x_test_image,y_test_label) = tf.keras.datasets.cifar10.load_data()
x_train_normalize = x_train_image.astype('float32')/255
x_test_normalize = x_test_image.astype('float32')/255
y_train_OneHot = tf.keras.utils.to_categorical(y_train_label)
y_test_OneHot = tf.keras.utils.to_categorical(y_test_label)
```

搭建 AlexNet 卷积神经网络，为了能够将模型适用在 CIFAR-10 分类数据集上，因此将图 4.18 中最后一层的值替换为 10，代码如下。

```
model = tf.keras.models.Sequential()
model.add(keras.layers.Conv2D(filters=96,kernel_size=11,strides=4,input_shape=(32,32,
3),padding='same',activation='relu'))
model.add(keras.layers.BatchNormalization())
model.add(keras.layers.MaxPooling2D(pool_size=3,strides=2,padding='same'))
model.add(keras.layers.Conv2D(filters=256,kernel_size=5,strides=1,padding='same',
activation='relu'))
model.add(keras.layers.BatchNormalization())
model.add(keras.layers.MaxPooling2D(pool_size=3,strides=2,padding='same'))
model.add(keras.layers.Conv2D(filters=384,kernel_size=3,strides=1,padding='same',
activation='relu'))
model.add(keras.layers.Conv2D(filters=384,kernel_size=3,strides=1,padding='same',
activation='relu'))
model.add(keras.layers.Conv2D(filters=256,kernel_size=3,strides=1,padding='same',
activation='relu'))
model.add(keras.layers.MaxPooling2D(pool_size=3,strides=2,padding='same'))
model.add(keras.layers.Flatten())
model.add(keras.layers.Dense(4096,activation='relu'))
model.add(keras.layers.Dropout(0.5))
model.add(keras.layers.Dense(4096,activation='relu'))
model.add(keras.layers.Dropout(0.5))
model.add(keras.layers.Dense(10,activation='softmax'))    #修正的输出
```

对模型进行参数配置并开始训练，代码如下。

```
model.compile(loss='categorical_crossentropy',optimizer='adam',metrics=['accuracy'])
model_train=model.fit(x=x_train_normalize,y=y_train_OneHot,validation_split=0.2,
epochs=10, batch_size=300,verbose=1)
```

输出的结果为：

```
...
Epoch 5/10
134/134 [==============================] - 5s 36ms/step - loss: 1.1139 - accuracy:
0.6062 - val_loss: 1.5576 - val_accuracy: 0.4730
Epoch 6/10
134/134 [==============================] - 5s 36ms/step - loss: 1.0238 - accuracy:
0.6384 - val_loss: 1.2660 - val_accuracy: 0.5648
Epoch 7/10
134/134 [==============================] - 5s 36ms/step - loss: 0.9394 - accuracy:
0.6724 - val_loss: 1.3304 - val_accuracy: 0.5707
Epoch 8/10
134/134 [==============================] - 5s 36ms/step - loss: 0.8674 - accuracy:
0.6987 - val_loss: 1.1827 - val_accuracy: 0.6003
Epoch 9/10
134/134 [==============================] - 5s 36ms/step - loss: 0.7952 - accuracy:
0.7245 - val_loss: 1.2878 - val_accuracy: 0.5891
Epoch 10/10
134/134 [==============================] - 5s 36ms/step - loss: 0.7076 - accuracy:
0.7547 - val_loss: 1.4664 - val_accuracy: 0.5657
```

调用之前创建的 train_history()函数查看模型训练过程中损失率的变化，代码如下。

```
train_history(model_train,'loss','val_loss')
```

输出的结果如图 4.19 所示。

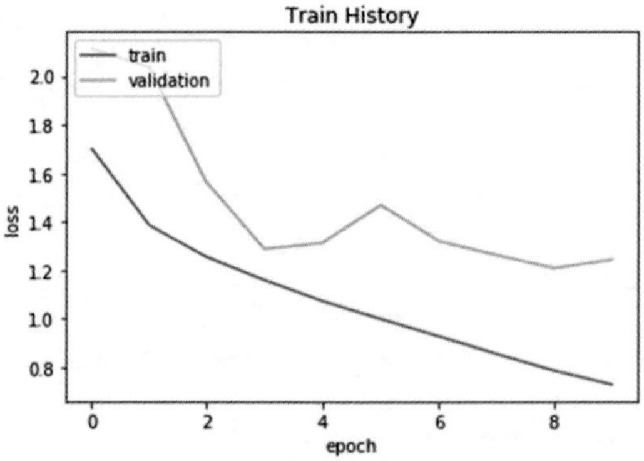

图 4.19　AlexNet 训练损失率变化

最后对模型进行测试，代码如下。

```
scores = model.evaluate(x_test_normalize,y_test_OneHot,verbose=2)
```

输出的结果为：

```
313/313 - 1s - loss: 1.4989 - accuracy: 0.5621
```

4.3.3　VGGNet 实战

VGGNet 卷积神经网络是由牛津大学计算机实验室和谷歌团队联合开发出的一个深度卷积神经网络。这个网络有 VGG-11、VGG-13、VGG-16 和 VGG-19 等多种系列，它探索了卷积神经网络的深度和模型性能之间的关系，并在当时成功地构建出了可高达 19 层的卷积神经网络模型。该研究中最主要的贡献便是该网络模型证明了卷积神经网络的深度对模型性能的提高起着关键性的作用。

VGGNet 卷积神经网络相比之前的网络模型同样有着一些技术创新点，一方面是将卷积神经网络模型的深度首次提高到了高达 19 层的深度，并在实验结果中证明了神经网络模型深度的重要性；而另一方面则是引用了 3×3 和 1×1 大小的卷积核，并证明了这些指定大小的卷积核在实际训练中可以带来不少好处。此外，相比 AlexNet 的 3×3 大小的池化核，VGGNet 选择了更小的 2×2 的池化核，而这些操作有助于增大特征图的宽度，使得模型能够学习到更多有用的特征参数。

如图 4.20 所示为 VGG 系列模型的部分配置图，包含 VGG-11、VGG-13 和 VGG-16。其中每列分别代表着不同的模型结构，从上至下每行则代表当前该模型下的具体层配置。

VGGNet 配置		
VGG-11	VGG-13	VGG-16
输入层（224×224 RGB图像）		
Conv3-64	Conv3-64 Conv3-64	Conv3-64 Conv3-64
maxpool		
Conv3-128	Conv3-128 Conv3-128	Conv3-128 Conv3-128
maxpool		
Conv3-256 Conv3-256	Conv3-256 Conv3-256	Conv3-256 Conv3-256 Conv3-256
maxpool		
Conv3-512 Conv3-512	Conv3-512 Conv3-512	Conv3-512 Conv3-512 Conv3-512
maxpool		
Conv3-512 Conv3-512	Conv3-512 Conv3-512	Conv3-512 Conv3-512 Conv3-512
maxpool		
FC-4096		
FC-4096		
FC-1000（softmax）		

图 4.20　VGGNet 卷积神经网络

以 VGGNet-11 为例，通过 TensorFlow 2.X 对它进行搭建。首先导入第三方库和 CIFAR-10 数据集并进行预处理，代码如下。

```
import TensorFlow as tf
```

```
from TensorFlow import keras
import matplotlib.pyplot as plt
(x_train_image,y_train_label),(x_test_image,y_test_label) =
tf.keras.datasets.cifar10.load_data()
x_train_normalize = x_train_image.astype('float32')/255
x_test_normalize = x_test_image.astype('float32')/255
y_train_OneHot = tf.keras.utils.to_categorical(y_train_label)
y_test_OneHot = tf.keras.utils.to_categorical(y_test_label)
```

搭建 VGGNet-11 卷积神经网络，并将图 4.20 中最后一层的 1000 改为 10，以适应于 CIFAR-10 数据集，代码如下。

```
model = tf.keras.models.Sequential()
model.add(keras.layers.Conv2D(filters=64,kernel_size=3,strides=1,input_shape=(32,32,
3),padding='same',activation='relu'))
model.add(keras.layers.MaxPooling2D(pool_size=2,strides=2,padding='same'))
model.add(keras.layers.Conv2D(filters=128,kernel_size=3,strides=1,padding='same',
activation='relu'))
model.add(keras.layers.MaxPooling2D(pool_size=2,strides=2,padding='same'))
model.add(keras.layers.Conv2D(filters=256,kernel_size=3,strides=1,padding='same',
activation='relu'))
model.add(keras.layers.Conv2D(filters=256,kernel_size=3,strides=1,padding='same',
activation='relu'))
model.add(keras.layers.MaxPooling2D(pool_size=2,strides=2,padding='same'))
model.add(keras.layers.Conv2D(filters=512,kernel_size=3,strides=1,padding='same',
activation='relu'))
model.add(keras.layers.Conv2D(filters=512,kernel_size=3,strides=1,padding='same',
activation='relu'))
model.add(keras.layers.MaxPooling2D(pool_size=2,strides=2,padding='same'))
model.add(keras.layers.Conv2D(filters=512,kernel_size=3,strides=1,padding='same',
activation='relu'))
model.add(keras.layers.Conv2D(filters=512,kernel_size=3,strides=1,padding='same',
activation='relu'))
model.add(keras.layers.MaxPooling2D(pool_size=2,strides=2,padding='same'))
model.add(keras.layers.Flatten())
model.add(keras.layers.Dense(4096,activation='relu'))
model.add(keras.layers.Dropout(0.5))
model.add(keras.layers.Dense(4096,activation='relu'))
model.add(keras.layers.Dropout(0.5))
model.add(keras.layers.Dense(10,activation='softmax'))
```

对模型进行参数配置并开始训练，代码如下。

```
model.compile(loss='categorical_crossentropy',optimizer='adam',metrics=['accuracy'])
model_train =model.fit(x=x_train_normalize,y=y_train_OneHot,validation_split=0.2,
epochs=10,batch_size=300,verbose=1)
```

输出的结果为：

```
...
Epoch 5/10
134/134 [==============================] - 10s 75ms/step - loss: 0.9827 - accuracy: 0.6475 - val_loss: 1.0872 - val_accuracy: 0.6198
Epoch 6/10
134/134 [==============================] - 10s 75ms/step - loss: 0.8524 - accuracy: 0.6994 - val_loss: 0.9315 - val_accuracy: 0.6834
Epoch 7/10
134/134 [==============================] - 10s 75ms/step - loss: 0.7360 - accuracy: 0.7412 - val_loss: 0.8834 - val_accuracy: 0.6924
Epoch 8/10
134/134 [==============================] - 10s 75ms/step - loss: 0.6329 - accuracy: 0.7793 - val_loss: 0.9029 - val_accuracy: 0.7103
Epoch 9/10
134/134 [==============================] - 10s 75ms/step - loss: 0.5692 - accuracy: 0.8029 - val_loss: 0.9221 - val_accuracy: 0.7033
Epoch 10/10
134/134 [==============================] - 10s 75ms/step - loss: 0.4908 - accuracy: 0.8320 - val_loss: 0.8516 - val_accuracy: 0.7289
```

调用 train_history()函数查看模型训练过程中损失率的变化，代码如下。

```
train_history(model_train,'loss','val_loss')
```

输出的结果如图 4.21 所示。

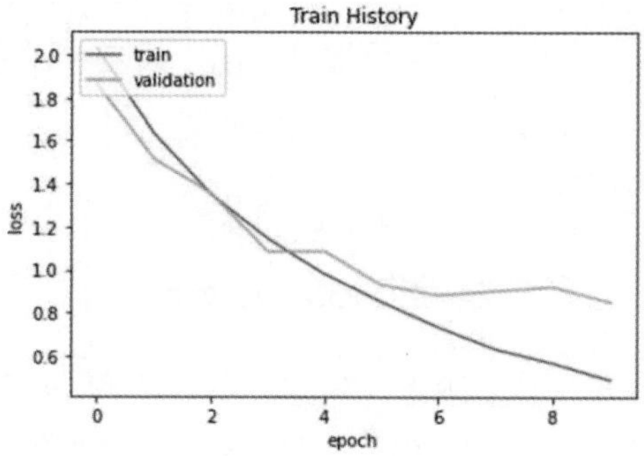

图 4.21　VGGNet 训练损失率变化

最后对模型进行测试，代码如下。

```
scores = model.evaluate(x_test_normalize,y_test_OneHot,verbose=2)
```

输出的结果为：

```
313/313 - 2s - loss: 0.8709 - accuracy: 0.7192
```

由于 VGGNet 网络的参数数量非常多，通常需要更长的训练时间，而本书主要演示模型的搭建过程和搭建思想，因此为了节约训练时间，仅对模型设置了 10 次训练。如果想要使用 VGGNet 等网络模型来处理图像任务，可以直接通过加载官方预训练过的 VGGNet 模型来完成。因为预训练模型通常已经在大型的数据集上经过了长时间的训练，也具有较好的网络权重，直接使用可以节省大量的模型训练时间，这一点在后续章节中也会提到。

4.3.4 GoogLeNet 实战

GoogLeNet 与 VGGNet 在 2014 年被同时提出，在当年的 ImageNet 图像分类挑战赛中，GoogLeNet 斩获了比赛的第一名，而 VGGNet 则获得了比赛的第二名。与 VGGNet 相比，GoogLeNet 同样是一个深层的卷积神经网络，不同的是虽然 GoogLeNet 的网络深度很深，但它的参数数量却并不多，而这主要得益于其中的 Inception 结构。

GoogLeNet 的提出者发现虽然网络的深度可以提高模型训练和测试时的性能，但同样也会带来许多问题。例如，一方面由于网络深度的增加，模型的参数也会急速增加，而这很容易会使模型产生过拟合的问题，并且过多的参数也会带来极大的计算复杂度；另一方面，网络深度的增加会产生梯度爆炸或梯度弥散问题，使模型在实际的训练及优化过程中无法进行收敛。因此为了能够在提高网络深度和计算性能的同时不产生上述的问题，GoogLeNet 的提出者设计了一个名为 Inception 结构的网络模块，其示意图如图 4.22 所示。

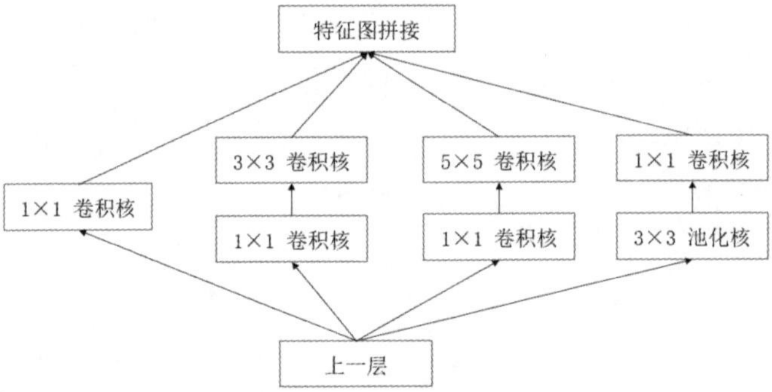

图 4.22　Inception 模块

Inception 模块目前已经衍生出了许多版本，有 v1、v2、v3 和 v4 等，图 4.22 展示的便是最基本的 Inception v1 版本的模块。其中不同尺寸的卷积核，如 3×3 和 5×5 等，主要的作用是提高神经网络的宽度，以便于模型可以提取到更多的图像特征。但是这样的做法会产生大量的模型参数，尤其是像 5×5 这样的卷积核会让模型的参数量急速上升。因此，为了避免出现特征图厚度大、参数量多的情况，GoogLeNet 的提出者在每个卷积核之前添了一个 1×1 的卷积核对图像进行处理，以此来减少模型训练的参数量。那么为什么 1×1 的卷积核可以起到这样的作用呢？举个例子，假设现在有一张大小为 256×256×128 像素的特征图输入，在不外加 1×1 卷积核的情况下，经过 128 个通道的 5×5 卷积核的卷积层会产生 128（输入通道）×5×5×128（输出通道）=409600 个参数量，而如果外加了 1×1 的卷积核，则经过 32 个通道的 1×1 卷积核和 128 个通道的 5×5 卷积核会产生 128（输入通道）×1×1×32（输出通道）+32（输入通道）×5×5×128（输出通道）=106496 个参数量，相比之下，后者的参数量不足前者的 1/3。

对于整个 GoogLeNet 模型的搭建和具体的网络参数如图 4.23 所示。

层类型	核大小/步长	输出大小
conv	7×7/2	112×112×64
maxpool	3×3/2	56×56×64
conv	3×3/1	56×56×192
maxpool	3×3/2	28×28×192
inception(3a)		28×28×256
inception(3b)		28×28×480
maxpool	3×3/2	14×14×480
inception(4a)		14×14×512
inception(4b)		14×14×512
inception(4c)		14×14×512
inception(4d)		14×14×528
inception(4e)		14×14×832
maxpool	3×3/2	7×7×832
inception(5a)		7×7×832
inception(5b)		7×7×1024
avgpool	7×7/1	1×1×1024
dropout(40%)		1×1×1024
linear		1×1×1000
softmax		1×1×1000

图 4.23　GoogLeNet 卷积神经网络

现在根据图 4.22 和图 4.23 来搭建 GoogLeNet 模型，首先导入相关第三方库和数据集并对其进行预处理，代码如下。

```
import TensorFlow as tf
from TensorFlow import keras
import matplotlib.pyplot as plt
(x_train_image,y_train_label),(x_test_image,y_test_label) = tf.keras.datasets.cifar10
.load_data()
x_train_normalize = x_train_image.astype('float32')/255
x_test_normalize = x_test_image.astype('float32')/255
y_train_OneHot = tf.keras.utils.to_categorical(y_train_label)
y_test_OneHot = tf.keras.utils.to_categorical(y_test_label)
```

由于要对 Inception 模块和一些网络层进行封装，因此在每层模型代码之后使用逐层传入的方式来传递参数会更加方便，首先将卷积层和批归一化层封装成类，代码如下。

```
def Conv2d_BN(x,filter,kernel_size,strides=(1,1)):
    x = keras.layers.Conv2D(filter,kernel_size,padding='same',strides=strides, activation =
'relu')(x)
    x = keras.layers.BatchNormalization(axis=3)(x)    #批归一化
    return x
```

然后根据图 4.22 创建出 Inception 结构，代码如下。

```
def Inception(x,filter):
    #1×1 卷积核支路
    branch1x1 = Conv2d_BN(x,filter,(1,1),strides=(1,1))
    #1×1 卷积核和 3×3 卷积核支路
    branch1x1 = Conv2d_BN(x,filter,(1,1), strides=(1,1))
    branch3x3 = Conv2d_BN(branch1x1,filter,(3,3), strides=(1,1))
    #1×1 卷积核和 5×5 卷积核支路
    branch1x1 = Conv2d_BN(x,filter,(1,1),strides=(1,1))
    branch5x5 = Conv2d_BN(branch1x1,filter,(1,1),strides=(1,1))
    #3×3 池化核和 1×1 卷积核支路
    branch3x3_pooling=keras.layers.MaxPooling2D(pool_size=(3,3),strides=(1,1),
    padding ='same')(x)
    branch1x1_pooling = Conv2d_BN(branch3x3_pooling,filter,(1,1),strides=(1,1))
    #特征图输出拼接
    x = keras.layers.concatenate([branch1x1,branch3x3,branch5x5,branch1x1_pooling], axis=3)
    return x
```

keras.layers.concatenate 层的主要作用是将 Inception 模块中四条支路的输出进行拼接，其中，axis 参数代表输出拼接所处的维度，如这里的输出格式为（批大小，图像长，图像宽，输出通道数），所有的特征输出都堆叠在“输出通道数”上，因此选择 axis 等于 3。之后参照图 4.23 的模型配置结构来搭建 GoogLeNet 网络，这里选择通过定义输入层并进行逐层传递的形式来创建模型，代码如下。

```
input = keras.layers.Input(shape=(32,32,3))
x = Conv2d_BN(input,64,(7,7),strides=(2,2))
x = keras.layers.MaxPooling2D(pool_size=(3,3),strides=(2,2),padding='same')(x)
x = Conv2d_BN(x,192,(3,3),strides=(1,1))
x = keras.layers.MaxPooling2D(pool_size=(3,3),strides=(2,2),padding='same')(x)
x = Inception(x,64)
x = Inception(x,120)
x = keras.layers.MaxPooling2D(pool_size=(3,3),strides=(2,2),padding='same')(x)
x = Inception(x,128)
x = Inception(x,128)
x = Inception(x,128)
x = Inception(x,132)
x = Inception(x,208)
x = keras.layers.MaxPooling2D(pool_size=(3,3),strides=(2,2),padding='same')(x)
x = Inception(x,208)
x = Inception(x,256)
x = keras.layers.AveragePooling2D(pool_size=(7,7),strides=(1,1),padding='same')(x)
x = keras.layers.Dropout(0.4)(x)
x = keras.layers.Dense(1000,activation='relu')(x)
x = keras.layers.Dense(10,activation='softmax')(x)    #将 1000 个输出神经元修改为 10
x = tf.squeeze(x,axis=1)
x = tf.squeeze(x,axis=1)
```

创建模型、设置模型参数并对模型进行训练，代码如下。

```
model = keras.models.Model(input,x,name='inception')
model.compile(loss='categorical_crossentropy',optimizer='adam',metrics=['accuracy'])
```

```
model_train   =   model.fit(x=x_train_normalize,y=y_train_OneHot,validation_split=0.2,
epochs=10,batch_size=300,verbose=1)
```

输出的结果为：

```
...
Epoch 5/10
134/134 [==============================] - 8s 61ms/step - loss: 1.3103 - accuracy:
0.5345 - val_loss: 2.4367 - val_accuracy: 0.3578
Epoch 6/10
134/134 [==============================] - 8s 61ms/step - loss: 1.2327 - accuracy:
0.5647 - val_loss: 2.0328 - val_accuracy: 0.3732
Epoch 7/10
134/134 [==============================] - 8s 61ms/step - loss: 1.1777 - accuracy:
0.5860 - val_loss: 1.6155 - val_accuracy: 0.4394
Epoch 8/10
134/134 [==============================] - 8s 62ms/step - loss: 1.0442 - accuracy:
0.6281 - val_loss: 1.3726 - val_accuracy: 0.5402
Epoch 9/10
134/134 [==============================] - 8s 62ms/step - loss: 0.9266 - accuracy:
0.6715 - val_loss: 1.5051 - val_accuracy: 0.5174
Epoch 10/10
134/134 [==============================] - 8s 61ms/step - loss: 0.8560 - accuracy:
0.6967 - val_loss: 1.4448 - val_accuracy: 0.5254
```

调用 train_history()函数来查看模型训练过程中的损失率，代码如下。

```
train_history(model_train,'loss','val_loss')
```

输出的结果如图 4.24 所示。

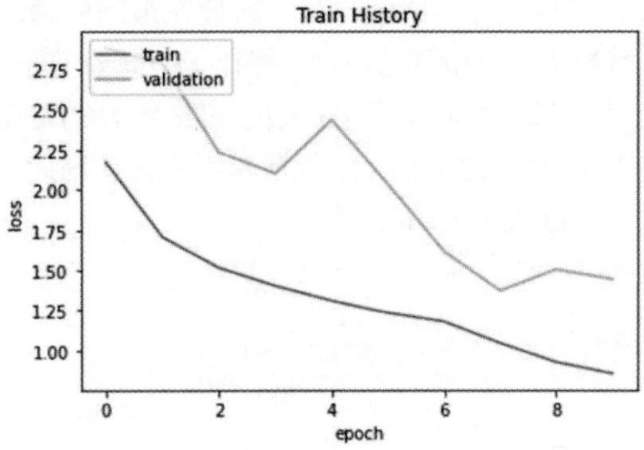

图 4.24　GoogLeNet 训练损失率变化

最后对模型进行测试，代码如下。

```
scores = model.evaluate(x_test_normalize,y_test_OneHot,verbose=2)
```

输出的结果为：

```
313/313 - 2s - loss: 1.4627 - accuracy: 0.5239
```

4.3.5 ResNet 实战

ResNet 分类神经网络于 2015 年被一位华人科学家提出，目前已经成为运用最为广泛的提取特征的卷积神经网络之一。与最早的 LeNet、GoogLeNet 和 VGGNet 等卷积神经网络相比，ResNet 凭借着它独有的残差学习网络结构在其中脱颖而出。

神经网络模型的训练过程实际上是在寻找一个输入 x 和输出 $H(x)$恒等映射的过程。在早期的时候，VGGNet 等卷积神经网络就是通过直接学习 x 和 $H(x)$之间的映射进行网络训练的。然而，这样的训练方式后来被越来越多的人发现了其中的缺点，那就是随着网络层数和深度的不断增加，网络性能在不断地退化，其效果甚至比不上层数较少的模型，其示意图如图 4.25 所示。而导致这个现象的原因则是梯度消失和梯度爆炸的问题。

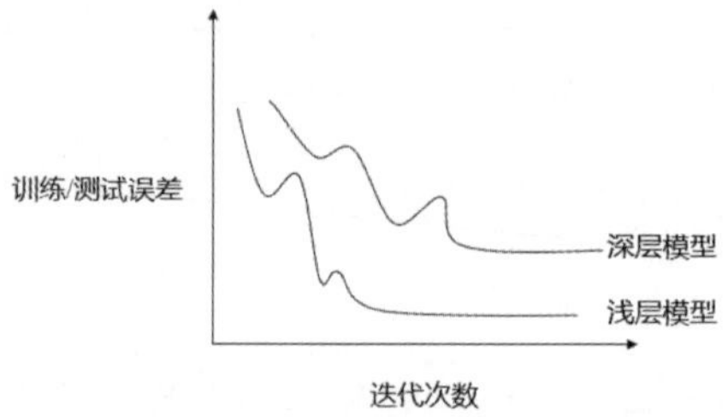

图 4.25　深层网络训练及测试结果对比

在 ResNet 中，作者提出了一个残差网络的概念，以此来解决网络越深但性能越差的问题，其示意图如图 4.26 所示。其中，x 代表网络的输入，$F(x)$代表层的输出，而网络的最终输出则被设置为二者之和，即 $H(x)=x+F(x)$，这代表网络进行训练学习时，即便在最差的情况下也可以保证原来输入图像特征的不丢失。之后将公式改写为 $F(x)=H(x)-x$，如果想让 x 的映射等于 $H(x)$，只要令 $F(x)=0$ 即可，而 $F(x)$因此也被称为残差。可以看到，如果让模型直接学习 x 到 $H(x)$是比较困难的，但是通过残差转换后，只要拟合 $F(x)=0$，便能完成模型的优化，过程简单了许多。因此，无论是从优化的速度还是性能来看，ResNet 的残差网络结构明显更胜一筹。

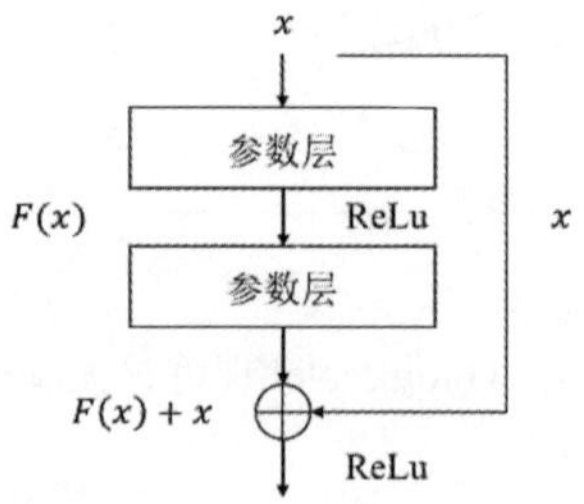

图 4.26　残差网络结构

ResNet 卷积神经网络结构配置如图 4.27 所示，这里一共展示了 18、34 和 50 层三种 ResNet 卷积神经网络模型。

18层	34层	50层	输出尺寸
7×7,64,stride 2			112×112
3×3 maxpool,stride 2			56×56
$\begin{bmatrix}3\times3, & 64\\3\times3, & 64\end{bmatrix}\times2$	$\begin{bmatrix}3\times3, & 64\\3\times3, & 64\end{bmatrix}\times3$	$\begin{bmatrix}1\times1 & 64\\3\times3 & 64\\1\ \ 1 & 256\end{bmatrix}\times3$	
$\begin{bmatrix}3\times3, & 128\\3\times3, & 128\end{bmatrix}\times2$	$\begin{bmatrix}3\times3, & 128\\3\times3, & 128\end{bmatrix}\times4$	$\begin{bmatrix}1\times1 & 128\\3\times3 & 128\\1\ \ 1 & 512\end{bmatrix}\times4$	28×28
$\begin{bmatrix}3\times3, & 256\\3\times3, & 256\end{bmatrix}\times2$	$\begin{bmatrix}3\times3, & 256\\3\times3, & 256\end{bmatrix}\times6$	$\begin{bmatrix}1\times1 & 256\\3\times3 & 256\\1\ \ 1 & 1024\end{bmatrix}\times6$	14×14
$\begin{bmatrix}3\times3, & 512\\3\times3, & 512\end{bmatrix}\times2$	$\begin{bmatrix}3\times3, & 512\\3\times3, & 512\end{bmatrix}\times3$	$\begin{bmatrix}1\times1 & 512\\3\times3 & 512\\1\ \ 1 & 2048\end{bmatrix}\times3$	7×7
avgpool,1000-d fc, softmax			1×1

图 4.27　ResNet 卷积神经网络结构

根据图 4.27 所示的配置来搭建一个 ResNet-34 的神经网络模型并将其应用于 CIFAR-10 数据集的分类实战案例上。首先导入相关第三方库和数据集并进行预处理，代码如下。

```
import TensorFlow as tf
from TensorFlow import keras
import matplotlib.pyplot as plt
(x_train_image,y_train_label),(x_test_image,y_test_label) = tf.keras.datasets.cifar10.
load_data()
x_train_normalize = x_train_image.astype('float32')/255
x_test_normalize = x_test_image.astype('float32')/255
y_train_OneHot = tf.keras.utils.to_categorical(y_train_label)
y_test_OneHot = tf.keras.utils.to_categorical(y_test_label)
```

根据图 4.26 搭建残差网络模块，并封装成类，代码如下。

```
def identity_block(x,filters):
    x_input = x
    x = keras.layers.Conv2D(filters = filters, kernel_size = (3,3), strides = (1,1),
    padding = 'same')(x)
    x = keras.layers.BatchNormalization(axis = 3)(x)
    x = keras.layers.ReLU()(x)
    x = keras.layers.Conv2D(filters = filters, kernel_size = (3,3), strides = (1,1),
    padding = 'same')(x)
    x = keras.layers.BatchNormalization(axis = 3)(x)
    x = keras.layers.Add()([x, x_input])      #与输入进行连接
    x = keras.layers.ReLU()(x)
    return x
```

由于在 ResNet 残差网络结构中执行 $H(x) = x+ F(x)$时，通常输入的 x 和卷积后的 $F(x)$的通道尺寸并不相等，无法直接进行相加，因此在某些情况下需要对这些参数进行处理。常见的一种方法是在 x 与 $F(x)$相加之前将它与 1×1 大小的卷积核进行卷积操作并把它的输出通道数设置成与 $F(x)$相同，代码部分与上述的残差网络模块几乎相同，只是在最后的部分多了一个与 1×1 大小的卷积核进行卷积

的过程，代码如下。

```
def convolutional_block(x,filters):
    x_input = x
    x = keras.layers.Conv2D(filters = filters, kernel_size = (3,3), strides = (1,1),
    padding = 'same')(x)
    x = keras.layers.BatchNormalization(axis = 3)(x)
    x = keras.layers.ReLU()(x)
    x = keras.layers.Conv2D(filters = filters, kernel_size = (3,3), strides = (1,1),
    padding = 'same')(x)
    x = keras.layers.BatchNormalization(axis = 3)(x)
    x_input = keras.layers.Conv2D(filters, kernel_size=(1,1), strides = (1,1))(x_input)
    x_input = keras.layers.BatchNormalization(axis = 3)(x_input)
    x = keras.layers.Add()([x, x_input])
    x = keras.layers.ReLU()(x)
    return x
```

参照图 4.27 中的配置搭建 ResNet-34 模型，代码如下。

```
input = keras.layers.Input(shape=(32,32,3))
x = keras.layers.Conv2D(64, (7, 7), strides = (2,2),padding='same')(input)
x = keras.layers.BatchNormalization(axis = 3)(x)
x = keras.layers.ReLU()(x)
x = keras.layers.MaxPooling2D((3, 3), strides = (2,2))(x)
x = convolutional_block(x,64)
x = identity_block(x,64)
x = identity_block(x,64)
x = convolutional_block(x,128)
x = identity_block(x,128)
x = identity_block(x,128)
x = identity_block(x,128)
x = convolutional_block(x,256)
x = identity_block(x,256)
x = identity_block(x,256)
x = identity_block(x,256)
x = identity_block(x,256)
x = identity_block(x,256)
x = convolutional_block(x,512)
x = identity_block(x,512)
x = identity_block(x,512)
x = keras.layers.MaxPooling2D(pool_size=(2,2),strides=(2,2),padding='same')(x)
x = keras.layers.Flatten()(x)
x = keras.layers.Dense(10,activation='softmax')(x)
```

创建模型、设置模型参数并对模型进行训练，代码如下。

```
model = keras.models.Model(input,x)
model.compile(loss='categorical_crossentropy',optimizer='adam',metrics=['accuracy'])
model_train = model.fit(x=x_train_normalize,y=y_train_OneHot,validation_split=0.2,epochs=10,
```

```
batch_size=300,verbose=1)
```

输出的结果为：

```
...
Epoch 5/10
134/134 [==============================] - 36s 267ms/step - loss: 1.3760 - accuracy:
0.5360 - val_loss: 4.4106 - val_accuracy: 0.4955
Epoch 6/10
134/134 [==============================] - 36s 267ms/step - loss: 1.2871 - accuracy:
0.5738 - val_loss: 9.2787 - val_accuracy: 0.4207
Epoch 7/10
134/134 [==============================] - 36s 267ms/step - loss: 1.1836 - accuracy:
0.6119 - val_loss: 8.6415 - val_accuracy: 0.2051
Epoch 8/10
134/134 [==============================] - 36s 267ms/step - loss: 1.0600 - accuracy:
0.6471 - val_loss: 2.3188 - val_accuracy: 0.3150
Epoch 9/10
134/134 [==============================] - 36s 268ms/step - loss: 1.0664 - accuracy:
0.6502 - val_loss: 961.3069 - val_accuracy: 0.1078
Epoch 10/10
134/134 [==============================] - 36s 267ms/step - loss: 1.1322 - accuracy:
0.6237 - val_loss: 1.4973 - val_accuracy: 0.5179
```

调用 train_history()函数来查看模型训练过程中的损失率变化，代码如下。

```
train_history(model_train,'loss','val_loss')
```

输出的结果如图 4.28 所示。

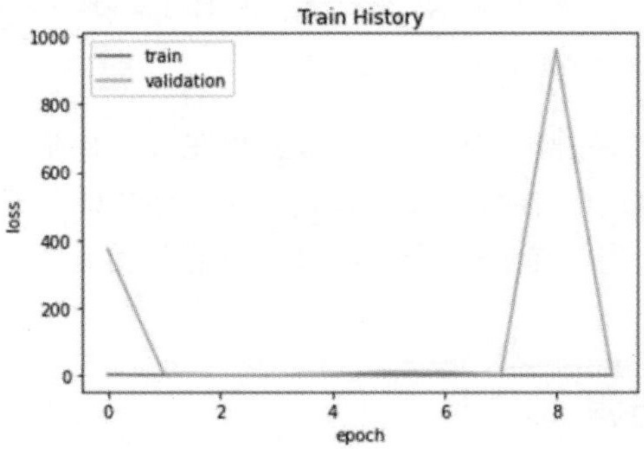

图 4.28　ResNet 训练损失率变化

最后对模型进行测试，代码如下。

```
scores = model.evaluate(x_test_normalize,y_test_OneHot,verbose=2)
```

输出的结果为：

```
313/313 - 5s - loss: 1.4745 - accuracy: 0.5184
```

第 5 章 迁 移 学 习

随着人工智能领域的蓬勃发展，越来越多的工业应用场景对深度学习和机器学习算法产生了需求，而其中有监督学习任务所占比重最大，如被应用于无人车驾驶的语义分割和医学分析上的自动诊断疾病都属于该范畴。

事实上，要让监督学习任务表现出较好的性能效果往往需要大量的标注数据，而这并不容易获取到。标注数据本身是一件十分枯燥无味的事，还会耗费大量的时间和人力成本，效率低下。为了解决这个问题，迁移学习技术逐渐受到了研究学者们的关注，大量的实验证明，可以给有少量标签的模型训练带来较好的效果。在本章中，首先会介绍迁移学习的发展背景、分类和数学模型，之后会讲解如何使用 TensorFlow 2.X 结合迁移学习技术完成猫狗图像分类任务。

本章主要涉及的知识点如下。

- 迁移学习的背景：了解迁移学习的发展路程以及分类。
- 迁移学习数学模型：理解迁移学习的数学模型定义。
- fine-tuning：了解 fine-tuning 技术在不同情况下的策略方法。
- 迁移学习模型训练：掌握如何利用 TensorFlow 2.X 完成一个基于迁移学习技术的模型训练。

5.1 迁移学习的背景

随着各种神经网络模型的不断出现，迁移学习技术也在人工智能领域里迎来了进一步的突破。通过迁移学习，可以将已有模型的学习参数以某种方式来进行移植或分享至现有的新模型中，从而加快并优化模型的学习效率。在本节中，首先会介绍迁移学习的发展历程，之后会讲解迁移学习的具体概念、分类以及它的数学模型定义。

5.1.1 迁移学习的发展历程

迁移学习并不是近年来新兴起的技术，在 20 世纪 90 年代时便有许多科学家对其进行研究，只不过由于近期它在深度学习神经网络上的出色表现，才使得它再度出现在了人们的视野中。

自 20 世纪 90 年代初开始，迁移学习便以不同的形式和名字受到了许多人的关注，如知识迁移、多任务学习和学会学习等，但这些名词在定义上并不完全统一。2005 年，美国相关技术部门正式给出迁移学习的相关定义，即利用事先学习的知识和技能来识别新任务的学习能力。这与多任务学习有所区别，多任务学习强调同时学习多个任务并共享参数，而迁移学习则强调不同学习任务之间性能的迁移，即如何更好地把一个任务的参数共享到另一个新任务上。通常来说，在两个任务之间，共享的信息越多、相似度越高，则迁移学习的效果越好；相反地，如果两个任务相似度不高，效果就会越差，甚至有可能会产生“负迁移”的现象。

目前迁移学习技术仍然是一个火热的研究方向，尤其在深度学习神经网络模型兴起之后，它的作用则更能体现出来，对于处理一些数据集较少且容易产生过拟合的模型，迁移学习技术则可以更好地改善并提高这种模型的性能。

近年来，迁移学习的研究主要集中在算法和应用场景方面，如对不同任务领域间的相似性度量方法的研究、迁移学习应用的适用性研究以及迁移学习性能的提高研究等。而其中主要围绕三大问题入手，即迁移什么、何时迁移以及如何迁移。迁移什么是指在迁移学习的过程中有哪些知识可以迁移并用于新领域的知识学习；何时迁移是指迁移学习的时机，即在学习的过程中何时将已掌握的知识进行迁移；如何迁移是指迁移的方式或方法，在找到可以迁移的知识后，应该通过什么样的方式将这部分知识进行迁移。

人工智能领域里著名的吴恩达教授曾在 2016 年的 NIPS 会议上说过“迁移学习将会是继监督学习之后的下一个机器学习商业成功的驱动力”。可以看出迁移学习具有非常强大的应用前景，也相信随着相关领域的研究人员的不断深入探索，迁移学习在未来一定可以再起波澜。

5.1.2　迁移学习分类

迁移学习本质上就是运用原有的知识来学习新的知识，放在神经网络中来说，就是将预训练好的模型参数迁移到新的模型中，而这个迁移效果的好坏主要取决于两个任务之间的相似性有多高。在迁移学习中有两个比较重要的概念，即域和任务。

域可以被理解成某个特定的领域，如在训练网络时，对人物图像进行分类和对动物图像进行分类就是两个不同的域。而任务则是指不同的处理任务，如对图像进行分类和对图像进行目标检测便是两个不同的任务。另外，域和任务在迁移学习中又被分成了源域和目标域以及源任务和目标任务，迁移学习要做的就是怎么将源域中解决源任务的知识迁移到目标域中并解决目标任务或提升它的性能。其示意图如图 5.1 所示。

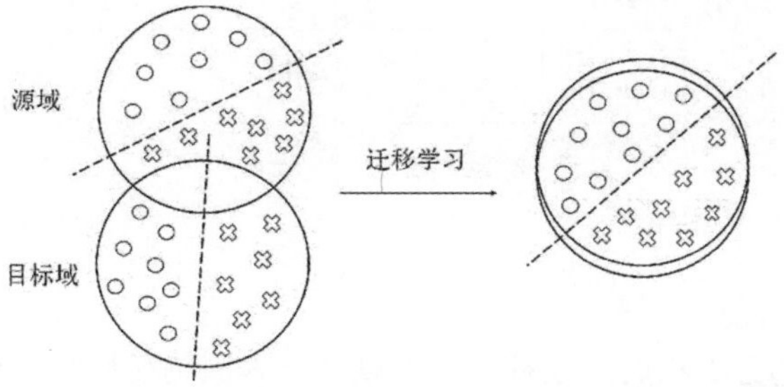

图 5.1　迁移学习示意图

迁移学习技术的知识体系复杂，内容繁多，不同的研究学者对它的领域分类或划分有着不同的观念和看法，但总体可以从三个方面入手，主要是基于学习方式的分类、基于迁移场景的分类和基于特征空间的分类，其示意图如图 5.2 所示。下面具体介绍这三种分类情况。

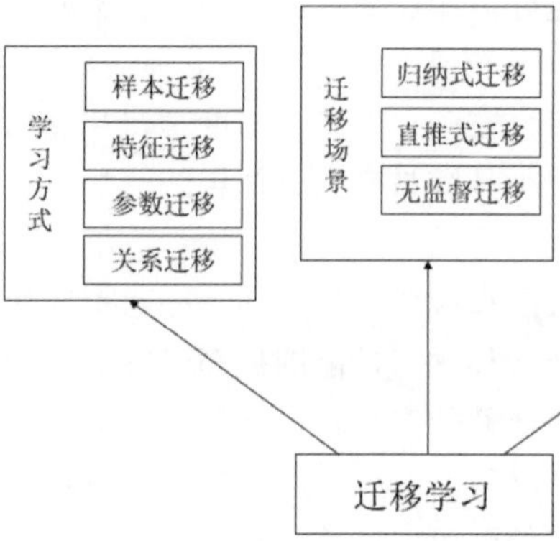

图 5.2　迁移学习分类划分

基于学习方式的分类主要分为四部分，分别是基于样本的迁移、基于特征的迁移、基于参数的迁移和基于关系的迁移。基于样本的迁移是指将源域中的一部分数据或样本以加权的形式进行迁移，如与目标域相似性高的源域样本分配较高的权重；基于特征的迁移是指找出源域和目标域中共同或相似的特征表示，并利用这一部分特征进行迁移学习；基于参数的迁移是指将源域的一些参数共享至目标域中，通常在神经网络中的迁移学习采用的便是这种形式；基于关系的迁移是指寻找域中样本间存在的某种关系，如逻辑关系等，从而将其进行迁移。

基于迁移场景的分类主要可以分为归纳式迁移、直推式迁移和无监督式迁移。归纳式迁移的源域和目标域相同或相关，而源任务和目标任务却不同，但它们具有一定的相关性，如可以用来做分类回归任务；直推式迁移的源域和目标域不同但是相关，而源任务和目标任务则相同，如不同渠道收集的相关数据集都用来做同一个分类任务；无监督式迁移的源域和目标域或源任务和目标任务都不相同，但是都相关，常用于做聚类降维等。根据它们之间的关系，可整理出如图 5.3 所示的表格。

	分类方式	源域及目标域	源任务及目标任务	应用方法
根据场景分类划分的迁移学习方法	归纳式迁移学习	相同或相关	相关	分类回归
	直推式迁移学习	相关	相同	分类回归
	无监督式迁移学习	相关	相关	聚类降维

图 5.3　场景下的迁移学习划分

最后从基于特征空间的分类来看，迁移学习可以被分为同构迁移学习和异构迁移学习。同构迁移是指源域中的特征维度相同但分布不同，而异构迁移则是指源域的特征维度不同或特征内容不同。例如，从文字到图像或从图像到声音等就是异构迁移学习需要分析的问题，而异构迁移学习的难度通常比同构迁移学习的难度大。

5.1.3 迁移学习数学模型定义

进一步给出迁移学习的数学符号以及模型的定义。首先域主要由两个部分组成：特征空间 X 和特征空间的边缘分布概率 $P(x)$。特征空间是指所有特征向量输入的组合，即每一个输入特征向量 $x = \{x_1, x_2, x_3, \cdots, x_n\}$都属于特征空间 X，因此域的形式可以用 $D=\{X, P(x)\}$来表示。而对于任务来说，如果在机器学习中，主要涉及的便是预测任务，在有监督学习的情况下，预测任务得出的值通常会与真实标签 $y = \{y_1, y_2, y_3, \cdots, y_n\}$进行比较，并根据它们之间的损失值进行优化，相对地，任务的形式主要由标签空间 Y 和 $P(Y \mid X)$组成，即 $T = \{Y, P(Y \mid X)\}$，其中 $P(Y \mid X)$代表基于 X 预测出 Y 的概率。

有了域和任务的数学定义后，源域便可以表示成 $D_s=\{(x_{s1}, y_{s1}), (x_{s2}, y_{s2}), \cdots, (x_{s3}, y_{s3})\}$，而目标域则为 $D_t=\{(x_{t1}, y_{t1}), (x_{t2}, y_{t2}), \cdots, (x_{t3}, y_{t3})\}$。通常情况下，目标域的样本数量小于等于源域的样本数量。而迁移学习所做的便是利用源域 D_s 和源任务 T_s 的知识来提高目标域 D_t 和目标任务 T_t 的预测能力。D_s 和 D_t 或 T_s 和 T_t 可以是相同的也可以是不同的。在深度学习中，通常会采用迁移学习的方式对医学数据集进行训练，因为医学数据集通常较少，如果没有进行迁移学习，则很容易产生过拟合现象；而如果采用经过 ImageNet 数据集训练的预训练模型来训练处理医学数据集的新模型，经相关研究论文证明，模型往往会表现出更好的效果，这种便是 D_s 和 D_t 分布不相同情况下的迁移学习。

5.2 基于猫狗分类的迁移学习实战

与其说迁移学习是一种方法，不如说它是一种思想。目前在深度学习的神经网络中，通常会引入迁移学习技术将预训练好的模型权重参数迁移至新的模型中，从而提高模型的准确率并降低训练的开发时间。根据迁移学习的相关知识可知，迁移学习领域具有庞大的知识体系，其分类和内容繁多。但对于计算机视觉实战的入门来说，目前只需要掌握如何在神经网络模型中应用迁移技术即可。因此在本节中，首先会介绍如何在神经网络中使用迁移学习技术，即俗称的 fine-tuning，之后会介绍如何利用 fine-tunning 的思想在 TensorFlow 2.X 框架上完成基于 MobileNet 模型的迁移学习任务。

5.2.1 预训练模型

预训练模型通常是指一些已经在大数据集（如 ImageNet 等）上经过长期训练的模型。通常这些预训练模型具有良好的模型权重参数，因此在一些新模型进行迁移学习时它们常被作为基础底层模型用于训练。在 TensorFlow 2.X 中，官方已经提供了大量的预训练模型供开发者使用，常见的一些模型名称种类如图 5.4 所示。这些模型可以通过函数 tf.keras.applications 直接调用。

模型系列	模型名称
DenseNet	DenseNet121
DenseNet	DenseNet169
DenseNet	DenseNet201
Inception	Inception_ResNet_V2
Inception	Inception_V3
MobileNet	MobileNet
MobileNet	MobileNetV2
NASNet	NASNetLarge
NASNet	NASNetMobile
ResNet	ResNet50
ResNet	ResNet50V2
ResNet	ResNet101
ResNet	ResNet101V2
ResNet	ResNet152
ResNet	ResNet152V2
VGG	VGG16
VGG	VGG19

图 5.4　TensorFlow 2.X 官方提供的预训练模型

5.2.2　fine-tuning

fine-tuning 又常被称为微调技术，它并不是一种算法，而是在神经网络模型迁移学习时使用的一种常用技巧。举个例子来简单描述 fine-tuning 的过程，假设神经网络拟合一个简单的线性关系式 $Y = W\times X$，当输入 $X = 5$ 且输出 $Y = 10$ 时，该关系式可被改写为 $10 = W\times 5$，其中，W 指在神经网络训练过程中需要不断调整的参数。

假设经过一次训练之后 W 参数值为 1，那么 Y 的输出值就变成了 5，与理想值的输出则相差 5；如果 W 在下次训练时参数值被调整为 1.5，那么 Y 的输出值就变成了 7.5，与理想值的相差会减少到 2.5。假如将 $W = 1.5$ 的模型保存下来并用于迁移学习中，这样的模型就变成了先前所提到的预训练模型。fine-tuning 所做的事情是什么呢？就是在这个预训练模型的基础上，将新模型的输出与理想的相差值再进一步地优化和减少，由于之前预训练模型已经将与输出的损失差控制到了一个较好的程度，那么现在只要在这个模型上以更小的学习速率慢慢地调整 W 参数即可。通过 fine-tuning，在模型开发时不仅可以减少大量的计算资源和计算时间，而且可以提高模型的准确率，因此 fine-tuning 技术在神经网络的迁移学习中十分实用。

在什么情况下可以使用 fine-tuning 技术？通常来说有三种情况，第一种是当计算资源少的情况，这个计算资源一般是指 GPU 的内存资源，在实际训练时，模型层数过多或者数据集过于庞大都会产生大量的模型参数，这些模型参数会占用大量的 GPU 内存资源，从而使模型无法正常进行训练，因此这种情况下可以使用预训练模型和 fine-tuning 技术进行处理。第二种情况是当预训练模型时训练的数据集与新模型所准备训练的数据集相似，但新模型的数据过少。对于这类情况，由于数据集相似性的存在，因此两个模型之间的参数特征会比较相像，这时候采用 fine-tuning 技术可以避免或缓和新模型出现过拟合的现象。而第三种是由于训练次数不够或其他原因而导致新模型准确率不高的情况，这种情况下也可以采用 fine-tuning 技术并利用预训练模型中较好的模型参数来提高当前模型的准确率。

fine-tuning 技术的基本流程就是加载预训练的模型并对新模型进行重新训练，虽然这个过程看似简单，但在使用时仍然需要注意一些问题。第一点就是在使用预训练模型的时候通常要更换掉预训练模型的最后一层，因为这些模型在数据集上执行的任务可能会与当前执行的任务不同。例如，原预训练模型可能执行的是 1000 分类的任务，而目前在新数据集上执行的却是 10 分类的任务，在这种情况下就需要将原模型的最后一层进行替换，以此来满足目前任务的需求。而第二点是在使用 fine-tuning 时要以更小的学习速率来对模型进行训练，因为这时候预训练模型已经具备了较好的权重参数，如果采用较大的学习速率很容易让模型在进一步优化的过程中错过了全局或局部最优值，从而导致优化失败。

根据新模型的数据集大小以及和预训练模型采用数据集的相似度的不同，整理了一张简要的 fine-tuning 策略表，在实际使用的过程中可以参照对比，其示意图如图 5.5 所示。

数据集规模	与预训练数据集相似度	fine-tuning方法
小	高	只重训练后几层或最后一层
小	低	冻结前n层，重训练剩余层
大	低	从头开始训练
大	高	保持模型不变或修改最后一层

图 5.5 不同数据情况下的 fine-tuning 策略

5.2.3 猫狗分类数据集

在本次实战案例中，采用猫狗分类数据集作为模型训练的数据，与在第 3 章神经网络虚构的猫狗分类数据不同，这里加载的是由 TensorFlow 2.X 官方内置的猫狗图像数据集，其数据更真实并且更具有实际意义。

在加载 CIFAR-10 数据集时，采用的是 keras 自带的数据集处理 API，实际上 TensorFlow 2.X 自身也有一个专门加载数据集的库，即 tfds，通过它可以实现一些常用数据集的加载以及数据的预处理操作。由于本小节所采用的猫狗分类数据集无法通过 keras 的数据集 API 获取到，但其可以通过 tfds 进行加载，因此在本小节中会演示如何通过 tfds 加载数据集并对其进行数据的预处理。

tfds 并不能直接从 TensorFlow 2.X 中进行调用，而是需要另外进行下载，只要在 Anaconda prompt 中输入以下指令即可。

```
pip install -i https://pypi.tuna.tsinghua.edu.cn/simple TensorFlow-datasets
```

下载完成之后，在 Jupyter Notebook 里导入训练时所需要使用的第三方相关库，代码如下。

```
import TensorFlow as tf
from TensorFlow import keras
import matplotlib.pyplot as plt
import TensorFlow_datasets as tfds
```

使用 tfds.load 函数加载猫狗分类数据集，代码如下。

```
#猫狗数据集加载
(train, valid, test), info = tfds.load('cats_vs_dogs',split=['train[:70%]', 'train[70%:90%]',
'train[90%:]'], with_info=True, as_supervised=True)
```

其中，split 参数用于划分数据集，这里训练集、测试集、验证集的分割比例设为 7:2:1，with_info 参数设为 True，即返回数据集的相关信息并将其值存于 info 变量中。打印 info 变量的值，代码如下。

```
print(info)   #查看数据集信息
```

输出的结果为：

```
tfds.core.DatasetInfo(
    name='cats_vs_dogs',
    version=2.0.1,
    description='A large set of images of cats and dogs.There are 1738 corrupted images
that are dropped.',
    urls=['https://www.microsoft.com/en-us/download/details.aspx?id=54765'],
    features=FeaturesDict({
        'image': Image(shape=(None, None, 3), dtype=tf.uint8),
        'image/filename': Text(shape=(), dtype=tf.string, encoder=None),
        'label': ClassLabel(shape=(), dtype=tf.int64, num_classes=2)
    },
    total_num_examples=23262,
...
```

可以看出在输出的结果中包含了大量的数据集信息，其中包括数据集名称、版本、描述及下载地址等，在后续的代码处理中会对这里面的相关信息进行引用。

接下来通过 matplotlib 库查看一张图像，读取 tfds 数据集的图像可以通过 take()函数实现，代码如下。

```
label_name = info.features['label'].int2str #数字转字符串
for image, label in train.take(1):           #显示 1 张图像
    plt.figure()
    plt.imshow(image)
    plt.title(label_name(label))
```

输出的结果如图 5.6 所示。

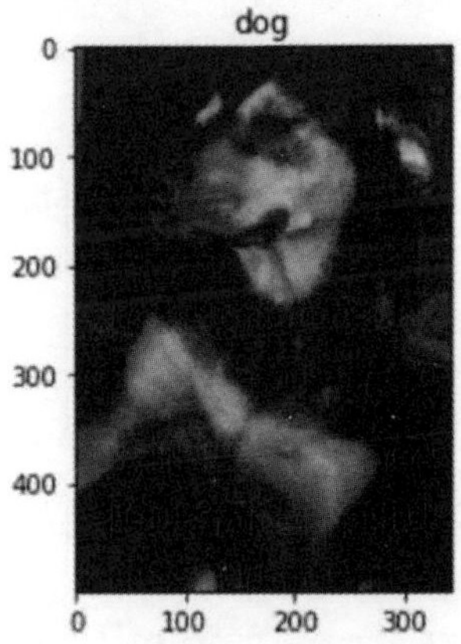

图 5.6　猫狗数据集样例图像

5.2.4　基于未训练网络的分类

本次实战案例中选择 MobileNet 神经网络作为预训练模型，它是一个轻量型的模型，参数少且速度快。为了能更好地突出已训练好的预训练模型参数和迁移学习技术带给模型性能上的提高，本小节主要以未训练的 MobileNet 网络模型对数据进行训练，并将最后训练结果与 5.2.5 小节已训练好的 MobileNet 网络的结果相比，以此来查看二者在性能上的差异。

在对模型进行训练之前，首先要对图像进行预处理，分别执行类型转换、归一化和修改尺寸操作，并将它们封装成一个函数，代码如下。

```
img_size = 128
def preprocessing(image,label):
    image = tf.cast(image,tf.float32)                        #将图像转为 float32 格式
    image = image/255.0                                      #图像归一化
    image = tf.image.resize(image,(img_size,img_size))       #修改图像尺寸
    return image,label
```

使用 map()函数将前面编写的数据集预处理规则映射至当前数据集中，代码如下。

```
train = train.map(preprocessing)                             #将预处理函数映射到数据中
valid = valid.map(preprocessing)
test = test.map(preprocessing)
```

将数据集进行批处理，代码如下。

```
batch_size = 32
train_batches = train.batch(batch_size)
valid_batches = valid.batch(batch_size)
test_batches = test.batch(batch_size)
```

之后随机输入一张图像查看处理后的结果，代码如下。

```
for image,label in train_batches.take(1):
    print(image.shape)
```

输出的结果为：

```
(32, 128, 128, 3)
```

对于 MobileNet 网络，可以通过 TensorFlow 2.X 官方提供的模型接口直接进行调用，无须手动搭建，代码如下。

```
#加载 MobileNet 网络
base_model=tf.keras.applications.MobileNet(input_shape=(128,128,3),include_top=False,
weights=None)
```

将 include_top 设置为 False 的意义是导入没有包含全连接层的 MobileNet 预训练模型，如果当前数据集的处理任务与预训练模型的处理任务相同，则可以将 include_top 设置为 True 并直接使用；weights=None 表示不加载已训练好的网络权重，即该模型没有被训练过。

创建池化层和最后一层输出层，代码如下。

```
global_average_layer = tf.keras.layers.GlobalAveragePooling2D()
prediction_layer = tf.keras.layers.Dense(1)
```

将池化层和输出层与预训练模型进行拼接，代码如下。

```
model = tf.keras.Sequential([
    base_model,
    global_average_layer,
    prediction_layer
])
```

查看模型概要，代码如下。

```
model.summary()
```

输出的结果为：

```
Model: "sequential_12"
_________________________________________________________________
Layer (type)                 Output Shape              Param #
=================================================================
mobilenet_1.00_128 (Function (None, 4, 4, 1024)        3228864
_________________________________________________________________
global_average_pooling2d_12  (None, 1024)              0
_________________________________________________________________
dense_12 (Dense)             (None, 1)                 1025
=================================================================
Total params: 3,229,889
Trainable params: 3,208,001
Non-trainable params: 21,888
_________________________________________________________________
```

可以看到，由于要对模型从头开始训练，因此训练参数量会较大。

配置模型的相关训练参数。这里采用 Adam 优化器对模型进行优化，由于是二分类任务，因此在损失函数上选用二元交叉熵，代码如下。

```
model.compile(optimizer=tf.keras.optimizers.Adam(),loss='binary_crossentropy',
metrics=['accuracy'])
```

开始对模型进行训练，训练次数为 10 次，代码如下。

```
model_train = model.fit(train_batches,epochs=10,validation_data=valid_batches)
```

输出的结果为：

```
...
Epoch 5/10
509/509 [==============================] - 900s 2s/step - loss: 6.7934 - accuracy:
0.5504 - val_loss: 6.4502 - val_accuracy: 0.5452
Epoch 6/10
509/509 [==============================] - 883s 2s/step - loss: 7.2290 - accuracy:
0.5164 - val_loss: 7.4566 - val_accuracy: 0.5059
Epoch 7/10
509/509 [==============================] - 932s 2s/step - loss: 7.4411 - accuracy:
0.5071 - val_loss: 8.2999 - val_accuracy: 0.4522
Epoch 8/10
509/509 [==============================] - 881s 2s/step - loss: 7.9572 - accuracy:
0.4759 - val_loss: 7.9300 - val_accuracy: 0.4720
Epoch 9/10
509/509 [==============================] - 942s 2s/step - loss: 7.6819 - accuracy:
0.4993 - val_loss: 7.5815 - val_accuracy: 0.5085
Epoch 10/10
509/509 [==============================] - 915s 2s/step - loss: 7.7751 - accuracy:
0.4959 - val_loss: 7.5815 - val_accuracy: 0.5085
```

创建第 4 章使用过的 train_history()函数，并查看模型训练的损失率变化曲线，代码如下。

```
def train_history(model_train,train,val):    #查看训练集和验证集训练时的准确率和损失变化
    plt.plot(model_train.history[train])
    plt.plot(model_train.history[val])
    plt.title('Train History')
    plt.xlabel('epoch')
    plt.ylabel(train)
    plt.legend(['train','validation'],loc='upper left')   #图例
train_history(model_train,'loss','val_loss')
```

输出的结果如图 5.7 所示。

最后对模型进行测试，代码如下。

```
scores = model.evaluate(test_batches)
```

输出的结果为：

```
73/73 [==============================] - 6s 74ms/step - loss: 1.1335 - accuracy: 0.5778
```

从训练结果和测试结果中可以看出，对模型从头进行训练的效果并不好，损失值收敛很慢并且准

确率较低，loss 值多次回升。

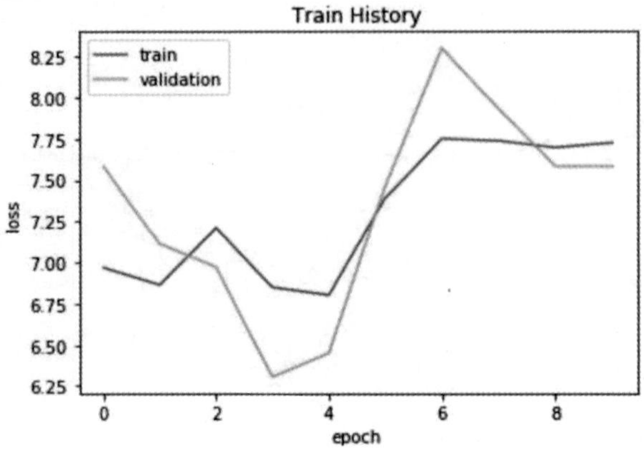

图 5.7　MobileNet 训练损失率变化曲线（1）

5.2.5　基于已训练网络的迁移学习分类

为了能更好地展示迁移学习过程中 fine-tuning 的使用方法，依次采用两种方式对迁移学习实例进行演示，它们分别是只对网络的最后一层进行重新训练并修改最后一层的输出和对网络的后几层进行重新训练并修改最后一层的输出。

首先是第一种 fine-tuning 的使用方法，加载 MobileNet 预训练模型，代码如下。

```
#导入 MobileNet 预训练模型
base_model=tf.keras.applications.MobileNet(input_shape=(128,128,3),include_top=False,
weights='imagenet')
```

weights='imagenet'表示加载在 ImageNet 数据集上训练的模型权重。现在对预训练模型的所有权重进行冻结，代码如下。

```
base_model.trainable = False   #冻结网络权重
```

创建池化层和最后一层输出层，代码如下。

```
global_average_layer = tf.keras.layers.GlobalAveragePooling2D()
prediction_layer = tf.keras.layers.Dense(1)
```

将池化层和输出层与预训练模型进行拼接，代码如下。

```
model = tf.keras.Sequential([
    base_model,
    global_average_layer,
    prediction_layer
])
```

查看模型概要，代码如下。

```
model.summary()
```

输出的结果为：

```
Model: "sequential_14"
_________________________________________________________________
Layer (type)                 Output Shape              Param #
=================================================================
mobilenet_1.00_128 (Function (None, 4, 4, 1024)        3228864
_________________________________________________________________
global_average_pooling2d_13  (None, 1024)              0
_________________________________________________________________
dense_13 (Dense)             (None, 1)                 1025
=================================================================
Total params: 3,229,889
Trainable params: 1,025
Non-trainable params: 3,228,864
_________________________________________________________________
```

由于对预训练的所有模型参数进行了冻结，因此这里能训练的参数数量大幅度减少，仅有一层全连接层的参数。

对模型进行相关参数的配置，代码如下。

```
model.compile(optimizer=tf.keras.optimizers.Adam(),loss='binary_crossentropy',
metrics=['accuracy'])
```

开始对模型进行训练，训练次数为 10 次，代码如下。

```
model_train = model.fit(train_batches,epochs=10,validation_data=valid_batches)
```

输出的结果为：

```
...
Epoch 5/10
509/509 [==============================] - 219s 430ms/step - loss: 0.4519 - accuracy:
0.9575 - val_loss: 0.5133 - val_accuracy: 0.9542
Epoch 6/10
509/509 [==============================] - 217s 427ms/step - loss: 0.4695 - accuracy:
0.9568 - val_loss: 0.4416 - val_accuracy: 0.9559
Epoch 7/10
509/509 [==============================] - 222s 437ms/step - loss: 0.4409 - accuracy:
0.9616 - val_loss: 0.4737 - val_accuracy: 0.9602
Epoch 8/10
509/509 [==============================] - 219s 430ms/step - loss: 0.4102 - accuracy:
0.9669 - val_loss: 0.4745 - val_accuracy: 0.9613
Epoch 9/10
509/509 [==============================] - 229s 449ms/step - loss: 1.0661 - accuracy:
0.9227 - val_loss: 3.4565 - val_accuracy: 0.7595
Epoch 10/10
509/509 [==============================] - 223s 439ms/step - loss: 1.9216 - accuracy:
0.8617 - val_loss: 0.6830 - val_accuracy: 0.9486
```

调用 train_history()函数查看模型训练曲线，代码如下。

```
train_history(model_train,'loss','val_loss')
```

输出的结果如图 5.8 所示。

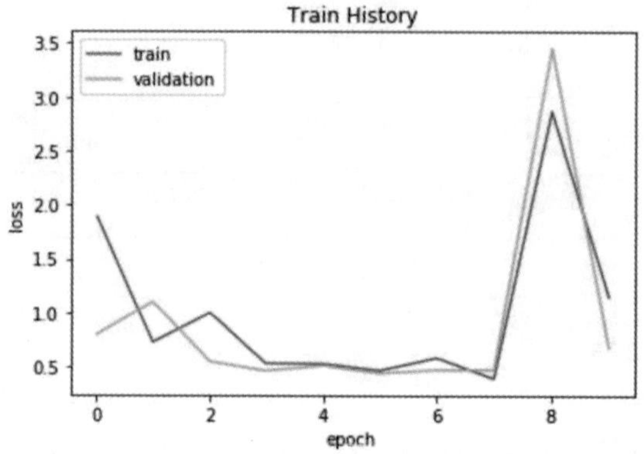

图 5.8 MobileNet 训练损失率变化曲线（2）

最后对模型进行测试，代码如下。

```
scores = model.evaluate(test_batches)
```

输出的结果为：

```
73/73 [==============================] - 24s 328ms/step - loss: 0.6352 - accuracy: 0.9497
```

结果显示，最后的测试结果比第 5.2.4 小节的测试结果高出了近 40%。从训练速度来看，由于参数数量的减少，模型的收敛速度也会更快，减少了训练时间，由此可见迁移学习技术对模型性能的提升有着重要的意义。

接下来是第二种 fine-tuning 的使用方法，因为需要对模型从头开始训练，所以重新对 MobileNet 模型进行导入，代码如下。

```
base_model=tf.keras.applications.MobileNet(input_shape=(128,128,3),include_top=False,
weights='imagenet')
```

将 MobileNet 模型的前 10 层的参数设置为不可训练，而后几层默认为可训练，代码如下。

```
for layer in base_model.layers[:10]:   #冻结网络权重
    layer.trainble = False
```

添加池化层及输出层，代码如下。

```
global_average_layer = tf.keras.layers.GlobalAveragePooling2D()
prediction_layer = tf.keras.layers.Dense(1)
```

将池化层和输出层与预训练模型进行拼接，代码如下。

```
model = tf.keras.Sequential([
    base_model,
```

```
    global_average_layer,
    prediction_layer
])
```

查看模型概要，代码如下。

```
model.summary()
```

输出的结果为：

```
Model: "sequential_16"
_________________________________________________________________
Layer (type)                 Output Shape              Param #
=================================================================
mobilenet_1.00_128 (Function (None, 4, 4, 1024)        3228864
_________________________________________________________________
global_average_pooling2d_15  (None, 1024)              0
_________________________________________________________________
dense_15 (Dense)             (None, 1)                 1025
=================================================================
Total params: 3,229,889
Trainable params: 3,208,001
Non-trainable params: 21,888
_________________________________________________________________
```

配置模型的相关参数，代码如下。

```
model.compile(optimizer=tf.keras.optimizers.Adam(),loss='binary_crossentropy',
metrics=['accuracy'])
```

对模型开始进行训练，代码如下。

```
model_train = model.fit(train_batches,epochs=10,validation_data=valid_batches)
```

输出的结果为：

```
...
Epoch 5/10
509/509 [==============================] - 941s 2s/step - loss: 1.8975 - accuracy:
0.6092 - val_loss: 1.9673 - val_accuracy: 0.6209
Epoch 6/10
509/509 [==============================] - 926s 2s/step - loss: 1.7327 - accuracy:
0.6304 - val_loss: 2.5284 - val_accuracy: 0.5972
Epoch 7/10
509/509 [==============================] - 935s 2s/step - loss: 1.6593 - accuracy:
0.6256 - val_loss: 1.1555 - val_accuracy: 0.6731
Epoch 8/10
509/509 [==============================] - 886s 2s/step - loss: 1.2938 - accuracy:
0.6799 - val_loss: 1.0738 - val_accuracy: 0.7058
Epoch 9/10
509/509 [==============================] - 905s 2s/step - loss: 1.1288 - accuracy:
0.6988 - val_loss: 0.8357 - val_accuracy: 0.6357
Epoch 10/10
```

```
509/509 [==============================] - 917s 2s/step - loss: 0.9044 - accuracy: 0.7117 - val_loss: 0.8798 - val_accuracy: 0.6213
```

调用 train_history()函数查看模型训练曲线，代码如下。

```
train_history(model_train,'loss','val_loss')
```

输出的结果如图 5.9 所示。

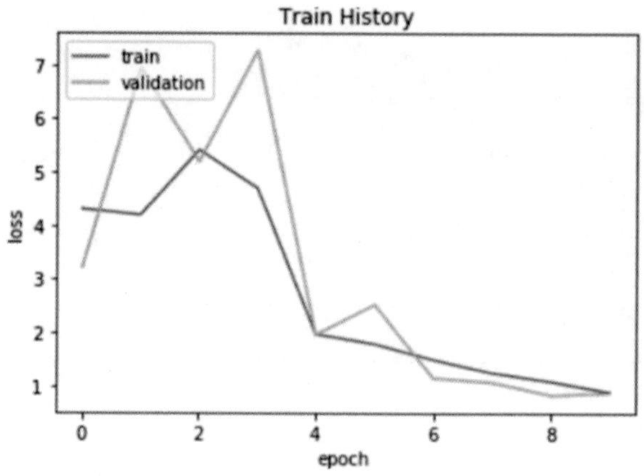

图 5.9　MobileNet 训练损失率变化曲线（3）

最后对模型进行测试，代码如下。

```
scores = model.evaluate(test_batches)
```

输出的结果为：

```
73/73 [==============================] - 23s 305ms/step - loss: 0.8828 - accuracy: 0.6049
```

从结果中可以看出，对网络的后几层进行重新训练的效果会比对网络最后一层进行重新训练的效果更差。产生这种现象的原因主要是当前的数据集与预训练的数据集较为相似，在预训练模型中参数权重已经调整至较好的状态，因此再对这些参数重新训练反而会因为训练不充分等原因导致模型性能的下降。这一现象也表明了在实际迁移学习过程中需要提前对数据集之间的相似度和特性进行一定程度上的判断，由此才可以挑选出合适的 fine-tuning 策略训练当前模型。

第 6 章　目 标 检 测

目标检测技术是计算机视觉领域的基本任务之一。例如，生活中所见的红绿灯处的行人侦测、无人驾驶汽车的识别等都属于目标检测的领域范畴。在过去，主流的目标检测算法多数是基于人工特征实现的，如 HOG 特征和 Haar 特征等。

随着深度学习神经网络的快速发展，目标检测技术也在不断地更新迭代，传统的基于人工特征的目标检测算法逐渐被淘汰，而基于神经网络算法的目标检测技术则不断兴起。在本章中，首先会介绍目标检测算法的发展历史和 HOG、Haar 特征的概念，之后会介绍 R-CNN 系列和 YOLO 系列的目标检测算法原理，最后会讲解如何通过 TensorFlow 2.X 的 TensorFlow Hub 来实现 Faster R-CNN 算法并将其应用于图像目标检测任务。

本章主要涉及的知识点如下。

- 目标检测发展历史：了解目标检测算法的演变历程。
- HOG 特征：理解 HOG 特征的工作原理并掌握其基于 OpenCV 的实现。
- R-CNN 系列算法：理解 R-CNN 系列算法的思想及实现原理。
- YOLO 系列算法：理解 YOLO 系列算法的思想及实现原理。
- 目标检测算法实现：掌握如何利用 TensorFlow Hub 库快速实现 Faster R-CNN 等目标检测算法。

6.1　目标检测的背景

目标检测任务一直以来都是学术界和工业界所关注的一个热点问题。虽然目前主流的算法都是基于神经网络模型实现的，但了解其发展背景和一些传统算法仍然很有必要。在本节中，首先会介绍目标检测技术领域的发展历史，之后会介绍一些用于实现传统算法的特征工作原理。

6.1.1　目标检测的发展历史

目标检测技术不仅是计算机视觉领域里的一个基础任务，而且是一个极具挑战性的任务，它旨在使用某种检测算法去识别一张图像里指定的类别并给出它们的具体位置。例如，现在有一张如图 6.1 所示的图像，从画面中可以看出有两辆白色的轿车位于图像的中心，还有其他树木、建筑等物体。通常，在目标检测的实际任务中很少会将一些背景事物当作侦测的主体，因此在寻找目标的过程中可以将它们忽略。以图 6.1 为例，目标检测所要做的事情就是在这张图像中识别出图像中的两辆车并给出它们的具体位置，不包括背景部分，其识别结果如图 6.2 所示。

图 6.1 含有车辆的待识别图像

图 6.2 含有车辆的已识别图像

从发展阶段上看，目标检测算法主要可以划分为两种，一种是基于手工特征的目标检测算法，另一种是基于深度学习模型的目标检测算法。基于手工特征的目标检测，最经典的方法可以追溯至 2001 年，当时两个名为 Viola 和 Jones 的研究学者在著名的 CVPR（IEEE Conference on Computer Vision and Pattern Recognition，IEEE 国际计算机视觉与模式识别会议）上发表了一篇名为 *Rapid Object Detection Using a Boosted Cascade of Simple Features* 的文章。在该论文中，他们谈到了如何使用 Haar 特征、积分图计算和 Adaboost 机器学习算法来实现人脸识别任务的快速检测，这一做法极大地推动了目标检测中人脸识别任务的发展进程。在论文中提到的 Haar 特征主要可以被划分成边缘特征、线性特征、中心特征和对角线特征这几种类别，将它们进行组合之后便可以形成一种特征模板，主要包含了黑色和白色两种矩形模块，白色矩形的像素值与黑色矩形的像素值的差代表模板的特征值，两种不同特征模板的 Haar 特征如图 6.3 所示。

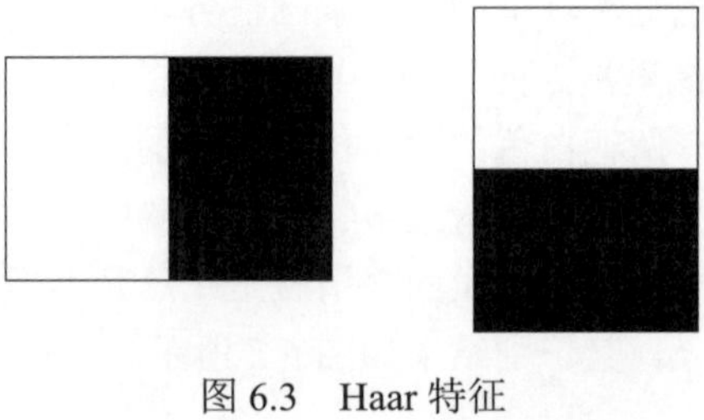

图 6.3 Haar 特征

定义好 Haar 特征之后，Viola 和 Jones 等人便将其运用在了人脸识别的检测上，根据人脸所受光线等的颜色分布的特性，Haar 特征在该任务上可以起到很好的检测作用。如图 6.4 所示，由于眼睛区域的颜色通常会比脸颊区域的颜色深，因此左边图的 Haar 特征模板的矩阵分布是上黑下白，而鼻梁两侧的颜色通常会比鼻梁处深，因此右边图 Haar 特征模板的分布变成了中间白两边黑。

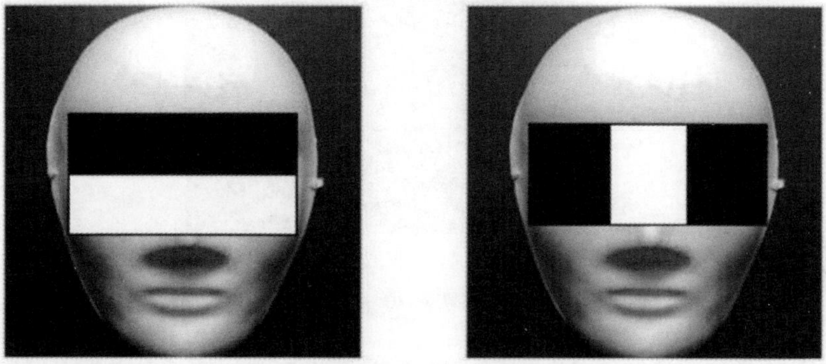

图 6.4　应用于人脸识别的 Haar 特征

算法在检测人脸时会在一张图中产生大量的 Haar 特征，从而增加了计算复杂度。因此，为了提高 Haar 特征的运算速度并减少一些无关或次要特征，该论文作者对此分别运用了积分图运算以及 Adaboost 算法。积分图运算方式主要用于提高特征的提取速度，它可以使特征在计算时忽略滑动窗口的尺寸，并且可以减少处理多尺度问题时所花费的时间；Adaboost 算法则是一种常见的机器学习算法，在该论文中它的主要作用是用于筛选出效果表现良好的特征值，遏制效果较差的特征值，即将较多的计算资源分布在目标窗口，将较少的计算资源分布在背景窗口。

Haar 特征虽然能在人脸识别任务上表现出良好的效果，但无法很好地被应用于其他目标检测任务上，如行人侦测问题。在 2005 年的 CVPR 上，Navneet Dalal 等人发表了一篇以解决行人侦测问题为主的研究论文 *Histograms of Oriented Gradients for Human Detection* 来解决 Haar 特征在其他目标检测任务下存在的不足。其中，作者采用了 HOG 特征算子对行人的移动、姿势等动作进行检测，并且在测试时取得了非常不错的效果。

HOG 特征全称为方向梯度直方图，其通过计算和统计图像局部区域的方向梯度直方图来构成特征，检测和生成的结果不仅在行人检测任务中获得了极大的成功，而且被应用于人脸识别任务中。如图 6.5 所示便是一幅经过 HOG 特征检测的人脸图像，其中包括了一个人的眉毛、眼睛、鼻子和嘴巴等部位，这些人脸器官的位置上都存在着方向梯度和大小不同的 HOG 特征，之后再将这些梯度特征进行归一化并通过 SVM 算法分类器分类便能得到具体物件的检测结果。

在 HOG 特征很好地被应用于行人侦测之后，有研究学者基于 HOG 特征又进行了一番扩展，提出了一种非常成功的目标检测算法，即 DPM 算法。DPM 的工作流程主体为：整体 HOG 特征→组件 HOG 特征→SVM→窗口滑动，其本质上和 HOG 特征的工作流程一致，不同的地方主要在于模型的部分进行了较大的改进，因此也可以看作是一种升级版的 HOG 特征检测算法。

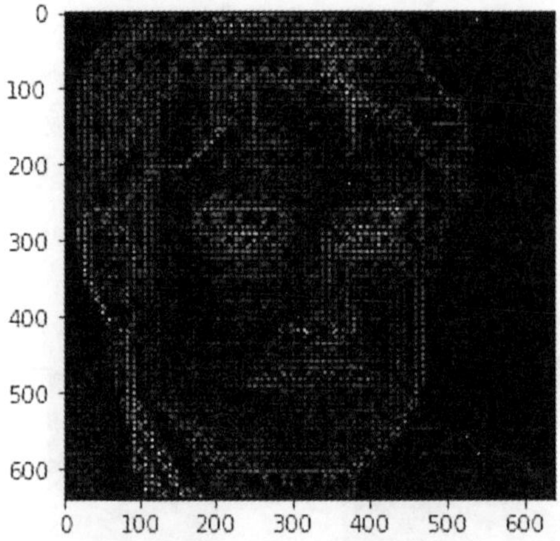

图 6.5　应用于人脸识别的 HOG 特征

无论是 Haar 特征、HOG 特征还是 DPM 算法，都是基于手工特征提取来完成目标检测的任务。这种方式的适用性差，往往一种特征只能适用于特定的场景任务，并且需要手动地对特征进行设计和修改，过程十分烦琐。从第 4 章的图像分类的介绍中可知，卷积神经网络具有自动提取图像特征的能力，并且随着模型层数的增加，其提取出的特征也越来越抽象和复杂。

既然如此，为什么不可以用深度学习的卷积神经网络来完成目标检测任务呢？基于这种想法，Ross Girshick 等人在 2014 年的 CVPR 上以卷积神经网络检测为基础发表了一篇名为 Rich Feature Hierarchies for Accurate Object Detection and Semantic Segmentation 的文章，这篇文章的出现正式打开了利用深度学习技术解决目标检测任务的大门。

在这篇文章中，他们提出了一个名为 R-CNN 的目标检测算法。对于一张图像，R-CNN 算法首先通过选择性搜索的方式生成 2000 个候选区域，在统一修改尺寸之后，这些图像的候选区域会被送入卷积神经网络中，经过特征的不断提取，最后每个区域都会生成一个特征向量，这些特征向量最后都会被送入 SVM 分类器中进行分类，再经过边界框回归算法的调整之后，R-CNN 算法便可以在一张图像中实现目标检测任务，对检测到的指定物体进行标注显示。

虽然 R-CNN 算法在目标检测任务上取得了非常好的效果，却依然存在着一些缺陷。例如，R-CNN 的算法由于全连接层的关系只能接收指定尺寸大小的图像输入，而对于那些不满足尺寸大小的图像，在传入模型之前必须要经过裁剪、缩放等变换处理，这一个过程有可能破坏或丧失原图像中的特征，从而导致整个模型算法的准确率下降。另一方面，由于 R-CNN 算法一开始生成的 2000 个候选区域需要依次传入卷积神经网络进行运算，这就意味着需要运行 2000 次前向传播算法，而这个过程过于耗时，通常检测一张图像都需要花费几十秒，因此无法应用于实际工程中。

为了减少目标检测算法的计算时间以及使它能够适应任意的输入图像大小，在 2014 年 Kaiming He 等人提出了一个名为 SPP-Net 的算法模型，该算法模型利用空间金字塔池化层，很好地实现了任意长宽图像的特征提取。该算法模型只需要对图像进行一次的卷积特征提取，在检测速度方面提高了很多，在不损失精度的前提下，它的检测速度是 R-CNN 算法的 38 倍。

虽然 SPP-Net 在检测速度上进行了提高，但依然存在着一些不足，而这些不足主要是由最原始的 R-CNN 算法结构导致的，因此 SPP-Net 算法同样也会有训练速度过慢、磁盘空间开销过大以及训练步骤烦琐等问题。为了解决这些问题，R-CNN 的原作者 Ross Girshick 吸收了 SPP-Net 检测算法的优点并对 R-CNN 算法进行了改进，在 2015 年的 ICCV（IEEE International Conference on Computer Vision，国际计算机视觉大会）上发表了一篇名为 Fast R-CNN 的论文。新提出的 Fast R-CNN 算法最大的特点是实现了一种多任务的模型学习方式，它将损失函数和边界回归任务同时加入卷积神经网络中进行训练，并把 R-CNN 和 SPP-Net 的 SVM 分类器替换成了 Softmax，由于加入了多任务损失函数，Softmax 的性能也因此比原来的 SVM 分类器的分类效果更好，而这些改进也使这个目标检测算法模型更接近一体化。

新提出的 Fast R-CNN 算法从严格意义上来说还并不能算是一个端到端的模型，因为虽然 Fast R-CNN 算法将后半部分的特征提取、模型分类和边界回归拼接在了一起，但前面的候选区域提取算法的部分仍然是独立的。并且由于生成候选区域的算法采用的是选择性搜索算法，因此在时间成本上也会产生过大的开销，无法真正地做到实时侦测。为了从真正意义上实现一个端到端的目标检测算法，R-CNN 的原作者又对先前的 Fast R-CNN 的算法进行了改进，提出了一个更快速的目标检测算法，即 Faster R-CNN，其具体的原理细节将会在后续小节中介绍。

在 Faster R-CNN 提出的同时期里，另外一种基于单阶段的目标检测算法也被提出，即 YOLO 系列算法。与 R-CNN 系列的二阶段目标检测方法相比，YOLO 系列算法去掉了候选区域生成的过程，只需将待预测的图像传入模型中，便可得到预测结果，相比之下，速度会比 R-CNN 系列算法快很多，因此在目前的工业界里，YOLO 系列算法的应用会更加广泛。

6.1.2　HOG 特征工作原理

从前面的介绍可知，Haar 特征能够更好地描述物体的明暗变化，因此更适用于人脸识别。HOG 特征的优势在于能够更好地描述物体的梯度或形状，因此在行人检测的任务中，其效果会比 Haar 特征更好。但近年来在计算机视觉领域中，由于人脸识别任务已经慢慢变得成熟，许多研究学者渐渐地将研究方向转向其他尚未成熟的计算机视觉领域，相比之下，HOG 特征的使用会更为频繁。基于前面 HOG 特征的简单介绍，本小节首先会着重分析它的实现原理，之后会结合 skimage 第三方库对图像的 HOG 特征提取进行实现。

HOG 全称为 Histogram of Oriented Gradients，即方向梯度直方图，是一种特征描述子，注重提取图像的边缘梯度特征。需要注意的是，这里所指的边缘梯度特征提取与图像处理中的图像边缘提取不同，图像的边缘提取通常只是提取了边缘轮廓特征，而 HOG 所提取的边缘梯度特征不仅包含了边缘线，而且带有边缘的梯度大小和方向，因此从信息的丰富程度来看，后者明显优于前者。

那么如何提取一张图像的 HOG 特征呢？下面通过一个简单的例子来描述 HOG 特征提取的大概工作流程。假设当前所提取图像的一部分区域像素值如图 6.6 所示，其中黑色像素位置代表要计算梯度的当前元素位置。

首先计算黑色像素位置上的 x 方向梯度和 y 方向梯度，通过梯度的定义可以知道，梯度实际上代表相邻元素值之间的变化，因此 x 方向梯度可为 34（55−21），而 y 方向梯度则为 22（67−45）。之后，在得到 x 方向和 y 方向的梯度值后，需要计算总梯度的大小及方向，其计算方式并不复杂，利用的是大家中学所学过的勾股定理公式，示意图如图 6.7 所示。

85	67	32
21	29	55
33	45	69

图 6.6　待计算梯度值的图像区域元素

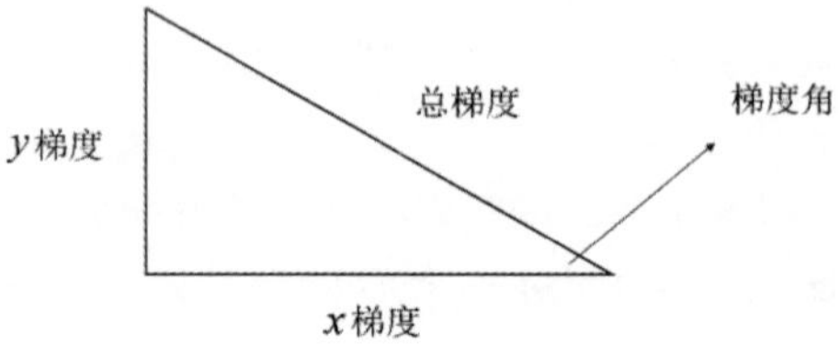

图 6.7　勾股定理计算总梯度

根据图 6.7 的勾股定理，可以计算出该点元素的总梯度大小为 $\sqrt{34^2+22^2}=40.5$，而梯度角则为 $\arctan\left(\frac{22}{34}\right)=32.2°$，这样便得到了当前这一点元素所需的梯度信息，之后再对图像中的所有元素进行相同的运算。得到了所有像素的梯度值和方向之后，便可以利用它们来制作出一个方向梯度直方图。以图 6.6 区域像素为例，生成的方向梯度直方图可被记录为如图 6.8 或图 6.9 所示的形式。

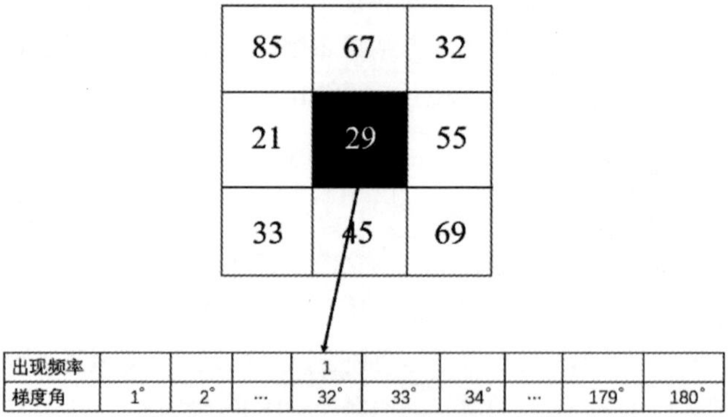

图 6.8 梯度信息记录（1）

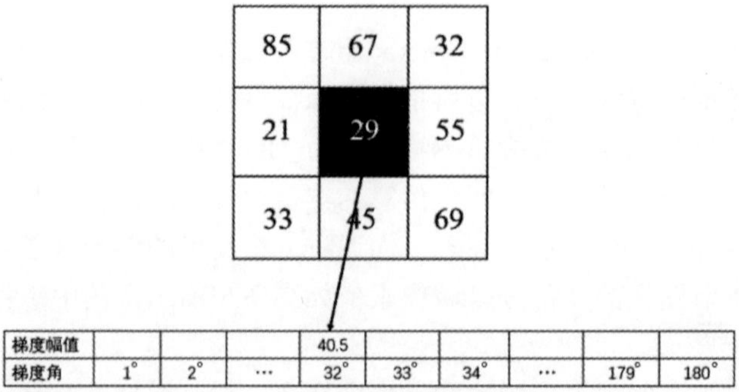

图 6.9　梯度信息记录（2）

其中，梯度角可以当作自变量，其范围或间隔可以进行改动。例如，可以将上述梯度角间距改成0°、20°、40°、…、360°等，因变量则可以是梯度角出现的频率，或者是梯度幅值等元素。在得出了自变量和因变量之间的关系后，便可以将它们转换成直方图的形式进行展示，其示意图如图 6.10 所示，这便是本小节一开始提到的方向梯度直方图。

需要注意的是，通常在计算图像的 HOG 特征时，方向梯度直方图不会在整张图像上直接进行生成，而是会先将整张图像分割成指定大小的单元格，之后再来计算每个单元格的梯度并得出它们的方向梯度直方图。如图 6.11 所示便是将图像分割成 2×2 块单元格后的示意图，之后对 4 块单元格分别求出它们的方向梯度直方图即可。

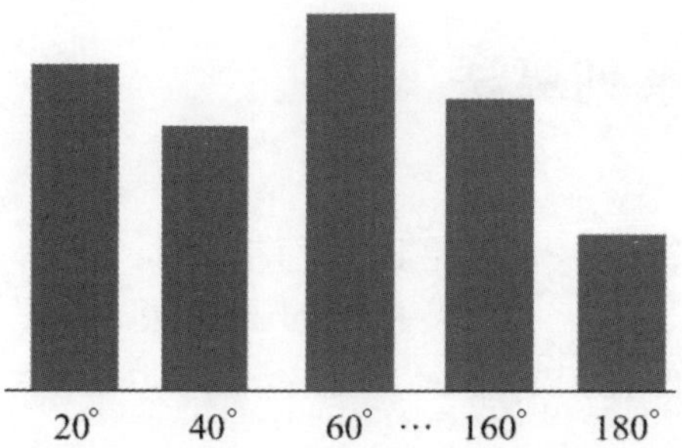

图 6.10　方向梯度直方图

图 6.11　2×2 单元格的图像分割

此外，在计算方向梯度直方图时，通常在最前或最后要对图像的梯度值进行归一化，这样做主要是为了减少光照等外部因素对图像梯度的影响，使得到的图像方向梯度值相对更加均匀。

在 skimage 库中，官方已经将 HOG 的算法进行了封装，这里演示对图 6.11 中的车辆图像进行 HOG 特征提取并查看相关的边缘梯度变换。

首先导入相关的第三方库，代码如下。

```
from skimage.feature import hog
import cv2
import matplotlib.pyplot as plt
```

读取图像，调用 hog()函数提取特征，其中将 visualize 参数设为 True 以便转为二维图像进行查看，代码如下。

```
img=cv2.imread('car.jpg',cv2.IMREAD_GRAYSCALE)   #读取图像
#hog 特征检测
_, hog_img = hog(img,orientations=9,pixels_per_cell=(8,8),cells_per_block=(8, 8),visualize =
True)
plt.imshow(hog_img,cmap ='gray')
```

输出的结果如图 6.12 所示。

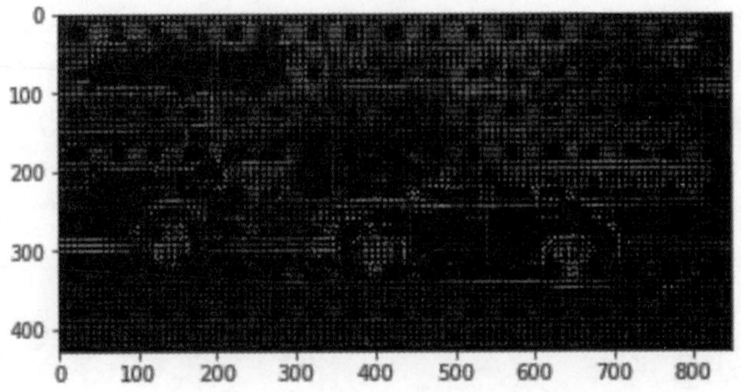

图 6.12　车辆 HOG 特征

6.2　R-CNN 系列算法

R-CNN 系列算法是目标检测算法里最早出现的一个分支，从性能上来看其更偏向于准确率或精度方面的提高，有别于 6.3 节中的 YOLO 系列算法。在本节中，主要以 R-CNN、Fast R-CNN、Faster R-CNN 这三个经典的版本以及对 R-CNN 改进起到关键作用的 SPP-Net 算法来介绍 R-CNN 系列算法的核心思想和工作流程。

6.2.1　R-CNN 算法原理

不同于传统的基于手动特征提取的目标检测算法，R-CNN 算法将深度学习中的卷积神经网络模型加入目标检测算法中，令目标检测算法再迎新的突破，其具体工作流程如图 6.13 所示。

在对一张新图像进行目标检测之前，R-CNN 第一步要做的便是提取候选区域。为什么要提取图像的候选区域呢？通常情况下，目标检测问题会比图像分类问题复杂得多，在一张图像里可能存在着多个需要分类和定位的物体。因此在对这些物体进行分类之前，需要使用一些方法在原图像中划分出这些物体的所在区域，这个步骤便被称为提取图像的候选区域。

图 6.13　R-CNN 目标检测算法工作流程

提取图像候选区域的算法非常多，常见的有多尺度组合分组、选择性搜索和约束参数分割等。在 R-CNN 中，作者选取了选择性搜索算法作为第一步提取图像候选区域的方法。选择性搜索算法有多方面的优势，如可以捕捉不同尺度的物体，具有多样化、快速计算和很高的召回率等优点，其本质是基于颜色、纹理、大小以及形状来计算出图像中相似区域的分层分组。接下来重点介绍选择性搜索算法的实现原理，它也是 R-CNN 目标检测算法中非常重要的一步。

选择性搜索算法，简单来说便是从图像中寻找到所有可能存在物体区域的一种算法，提出选择性搜索算法的作者 J.R.R. Uijlings 认为如何判别不同区域物体的隶属类别是一个难点。作者以 4 张图的形式来描述目标检测算法的困难程度，如图 6.14 所示。图 6.14（a）展示的是一柄勺在一个碗里，这表明物体之间存在着层级关系；图 6.14（b）展示的是两只猫，它们颜色不同，但纹理相同，这表明可以使用颜色特征来区分它们，却无法使用纹理特征来区分它们；图 6.14（c）展示的是与树叶颜色相近但纹理不同的变色龙，这表明可以通过纹理特征来区分它们，却无法通过颜色特征来进行区分；图 6.14（d）则表示车上的轮胎是属于车子的一部分，物体之间具有从属关系。

(a) (b)

(c) (d)

图 6.14 难以区分的多类别图像

选择性搜索算法的作者 J.R.R. Uijlings 由此得出一个结论，他认为在进行目标检测时，无法使用单一的特征对物体进行定位，而是需要考虑通过多种特征结合的方式对图像中不同种类的物体进行搜索。根据上面 4 张图像出现的情景，该作者提出了以颜色相似度、纹理相似度、尺寸相似度和交叠相似度的和作为不同物体间总相似度的判断依据。这些相似度的具体公式为

$$s_{\text{颜色相似度}}(r_i, r_j) = \sum_{k=1}^{n} \min(c_i^k, c_j^k) \tag{6-1}$$

$$s_{\text{纹理相似度}}(r_i, r_j) = \sum_{k=1}^{n} \min(t_i^k, t_j^k) \tag{6-2}$$

$$s_{\text{尺寸相似度}}(r_i, r_j) = 1 - \frac{\text{size}(r_i) + \text{size}(r_j)}{\text{size}(im)} \tag{6-3}$$

$$s_{交叠相似度}(r_i,r_j)=1-\frac{\text{size}(BB_{ij})-\text{size}(r_i)-\text{size}(r_j)}{\text{size}(im)} \tag{6-4}$$

$$\begin{aligned} s_{总相似度}(r_i,r_j)&=a_1 s_{颜色相似度}(r_i,r_j)+a_2 s_{纹理相似度}(r_i,r_j)+a_3 s_{尺寸相似度}(r_i,r_j) \\ &+a_4 s_{交叠相似度}(r_i,r_j) \end{aligned} \tag{6-5}$$

其中，(r_i, r_j)代表相邻的区域对；size(im)代表以像素为单位的图像大小；size(BB_{ij})代表围绕着 r_i, r_j 区域的边界框大小。

定义好不同物体间相似度的判断准则后，作者 J.R.R. Uijlings 给出了简要的候选区域提取算法流程，如下所示。

```
输入：一张图像
输出：候选的目标位置集合

算法：
利用切分方法得到候选的区域集合 R={r1,r2,…,rn}
初始化相似度集合 S=φ
Step1:
计算区域集合 R 里每个相邻区域的相似度 S={s1,s2,…,sn}
While S≠φ:
     Step2:
     从集合 S 中找出相似度最高的两个相邻区域，将其合并为新集合 Rt，并添加到 R 中
     Step3:
     从集合 S 中移除所有与 Step2 中有关的子集
     Step4:
     重新计算新集合 Rt 与所有子集的相似度
```

算法流程中的相似度是指总相似度，它包含了颜色相似度、纹理相似度、尺寸相似度和交叠相似度。执行选择性搜索算法的步骤可以被可视化成如图 6.15 所示的形式，图像中从左到右代表了不同区域根据相似度准则不断地进行合并生成新区域的过程。

图 6.15　选择性搜索算法结果

在 OpenCV 中，选择性搜索算法已被封装成一个现成的函数，可供大家直接进行使用。下面演示一下如何通过调用它来实现该算法并得到如图 6.15 所示一样的结果。

首先导入相关的第三方库，代码如下。

```
import cv2
import matplotlib.pyplot as plt
from PIL import Image
```

导入图像并对其执行选择性搜索算法，代码如下。

```
image = cv2.imread('car.jpg')                    #读取图像
#选择性搜索算法
SelectiveSearch = cv2.ximgproc.segmentation.createSelectiveSearchSegmentation()
SelectiveSearch.setBaseImage(image)
SelectiveSearch.switchToSelectiveSearchQuality()
rects = SelectiveSearch.process()                #查看搜索到的框数
print('Total Number:{}'.format(len(rects)))
```

输出的结果为:

```
Total Number:11070
```

通过画图函数，标注出检测到的候选区域，代码如下。

```
numRects = 50                                    #显示 50 个框
while True:
    result = image.copy()
    for i, rect in enumerate(rects):             #遍历框
        if i < numRects:
            x, y, w, h = rect                    #得到 x, y 坐标以及框的长度和宽度
            cv2.rectangle(result, (x, y), (x + w, y + h), (0, 0, 255), 1)   #画出框
        else:
            break
    img = Image.fromarray(result, 'RGB')
    img.show()
```

输出的结果如图 6.16 所示。

图 6.16 车辆的选择性搜索算法结果

回到 R-CNN 算法的提取流程中，在第一步运用完选择性搜索算法之后，R-CNN 的作者在图像中生成了 2000 个候选区域，通常这些候选区域的尺寸并不一致，无法将它们直接送入卷积神经网络中进

行特征提取，因为这样会导致卷积神经网络中全连接层输入的参数尺寸无法匹配。因此，在向卷积神经网络传入这 2000 个候选区域之前，需要对它们进行指定大小的裁剪或填充。在 R-CNN 的文章中，作者分别采用了多种方式对图像的尺寸进行修改，如裁剪、拉伸和扭曲等，其示意图如图 6.17 所示。

图 6.17　多种修改候选区域尺寸的方式

统一修改好所有候选区域的尺寸后，下一步便是将这 2000 个候选区域逐一送入卷积神经网络中进行特征的提取，之后再把提取后的特征送入 SVM 分类器里进行打分，并将结果进行反馈，SVM 分类器需要针对每个类别单独地训练出一个分类器。通常，在经过 SVM 分类器并生成边界框之后，有些边界框是冗余的，这些边界框检测的可能是同一个物体并且互相重叠，如图 6.18 所示。

图 6.18　单个物体生成多个冗余边界框

但实际上针对图像中一个物体的识别，最后的结果只需要一个边界框，如图 6.19 所示，重复的边界框只会增加冗余并给目标的检测带来不便。针对这个问题，R-CNN 的作者采用了一种方法，即使用非极大值抑制法删除置信度得分低的边界框，只保留得分最高的边界框。

图 6.19　去掉冗余边界框后的物体目标检测

非极大值抑制算法其实并不复杂，举个例子以便更方便地说明它的工作流程。例如，要定位图 6.19 中的车辆，假设经过 SVM 分类器之后，在所框选的车辆上出现了 6 个矩形框，根据它们在 SVM 分类器中的得分情况，从低到高分别将它们排列为框 A、框 B、框 C、框 D、框 E 和框 F。第一步从最高得分的框 F 开始，分别判断框 A～E 与框 F 是否大于某个设定的阈值，通常这个阈值设定的范围为 0.3～0.5，假设此时框 A、框 B 与框 F 的重叠度大于这个阈值，则将框 A 和框 B 的信息从图中删掉，将框 F 保留，这就完成了第一步。接下来从剩下的框 C、框 D 和框 E 中选择得分最高的框 E，然后再判断框 C、框 D 与框 E 的重叠度，如果重叠度大于阈值，那么再将框 C 和框 D 的信息从图中删掉，将框 E 保留。就这样一直重复，最后便可以删除一些冗余框，找到所有能被保留下的矩形框。

经过候选区域提取、卷积神经网络特征提取、SVM 分类器分类、非极大值抑制之后，最后一步便是边界框回归。边界框回归主要是让生成的边界框位置尽可能地靠近所标记的边界框位置，因此边界框回归实际上是一个回归问题，而不是分类问题。如图 6.20 所示，其中 P 代表预测框的位置，G 代表人为标注的真实框位置，观察可以发现经过 SVM 分类后的边界框位置和事先人为标注好的边界框位置并不相同，因此需要有一个算法以预测框 P 为基础来预测出一个新的边界框 $\tilde{G}$，使其尽量地接近真实框 G，以此来提高最终边界框的位置精度。

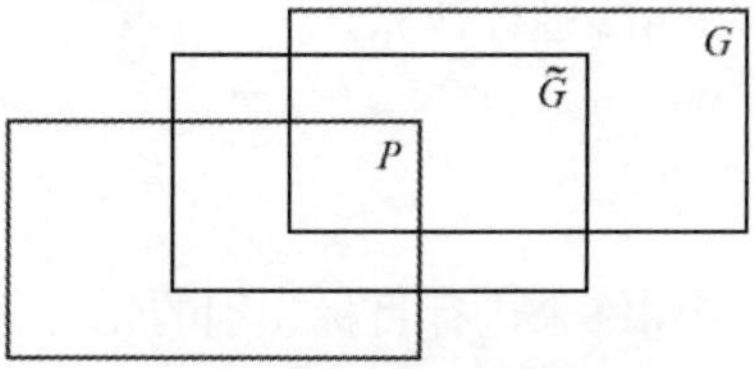

图 6.20　边界框回归

在 R-CNN 中，作者 Ross Girshick 给出了实现边界框回归的具体数学表达式。他分别用 $P^i=(P_x^i,P_y^i,P_w^i,P_h^i)$ 和 $G^i=(G_x^i,G_y^i,G_w^i,G_h^i)$ 来表示预测框和真实框的位置，P^i 是通过选择性搜索算法获取到的。其中 $i \in N$，N 为需要回归训练的框的数量，下标 x、y、w、h 分别代表目标框在原图像的横轴位置、目标框在原图像的纵轴位置、目标框的长度以及目标框的宽度。边界框回归要做的便是寻找某种映射关系，使 $\tilde{G}$ 无限接近于 G，即数学表达式可以表示为 $f(P_x,P_y,P_w,P_h)=(\tilde{G}_x,\tilde{G}_y,\tilde{G}_w,\tilde{G}_h) \approx (G_x,G_y,G_w,G_h)$。

在 R-CNN 中，作者指出边界框的回归主要通过尺度变换以及平移变换来实现。首先定义四个变换函数 $d_x(P)$、$d_y(P)$、$d_w(P)$、$d_h(P)$，之后结合这四个变换函数给出尺度变换以及平移变换的数学公式：

$$\tilde{G}_x=P_w d_x(P)+P_x \tag{6-6}$$

$$\tilde{G}_y=P_h d_y(P)+P_y \tag{6-7}$$

$$\tilde{G}_w=P_w \exp(d_w(P)) \tag{6-8}$$

$$\tilde{G}_h=P_h \exp(d_h(P)) \tag{6-9}$$

$d_x(P)$、$d_y(P)$、$d_w(P)$、$d_h(P)$可以被建模表示成卷积神经网络第五层池化层特征与全连接层之间的线性函数。以 $d_x(P)$为例，它可以被表示成 $d_x(P)=\boldsymbol{W}_x^{\boldsymbol{T}}\phi_5(P)$，$\boldsymbol{W}$ 是在训练过程中所需要学习并调整的参

数，它可以通过最小二乘法或梯度下降法求解得到，其具体求解表达式为

$$\boldsymbol{W}_* = \operatorname{argmin}\sum_{i}^{N}(t_*^i - \tilde{\boldsymbol{W}}_*^{\boldsymbol{T}}\phi_5(P^i))^2 + \lambda\left\|\tilde{\boldsymbol{W}}_*\right\|^2 \tag{6-10}$$

其中，*代表 x、y、h、w 中的任何一个；t_*代表回归的目标值，它的 t_x、t_y、t_h、t_w 值可以使用以下公式进行表示：

$$t_x = \frac{G_x - P_x}{P_w} \tag{6-11}$$

$$t_y = \frac{G_y - P_y}{P_h} \tag{6-12}$$

$$t_w = \log\left(\frac{G_w}{P_w}\right) \tag{6-13}$$

$$t_h = \log\left(\frac{G_h}{P_h}\right) \tag{6-14}$$

通过公式可以发现，边界框回归问题本质上就是一个岭回归模型的求解问题，需要设计四个不同的岭回归模型来分别对 $\boldsymbol{W}_x$、$\boldsymbol{W}_y$、$\boldsymbol{W}_w$、$\boldsymbol{W}_h$ 进行计算。

6.2.2 SPP-Net 算法原理

R-CNN 虽然开辟了利用卷积神经网络来进行目标识别的先河，但它自身也存在着很多缺陷。例如，2000 个候选框都需要经过卷积神经网络进行特征提取，其耗时过长，且存在输入的图像大小固定、训练的过程是多阶段训练等缺点。正是由于识别的速度过于缓慢，因此它也很难被应用于许多实时目标检测任务中，为了解决这些问题，SPP-Net 目标检测算法因此被提出。SPP-Net 目标检测算法虽然不隶属于 R-CNN 系列，但它的结构却对后续的 R-CNN 算法的改进提供了很多帮助。

SPP-Net 目标检测算法相比于 R-CNN 算法，共有两大改进的地方，一方面是它可以让模型接收任意大小的图像输入，而另一方面则是它的检测速度快，只需要将原图像输入到卷积神经网络一次，便可以得到所有候选区域的特征。SPP-Net 目标检测算法和 R-CNN 目标检测算法在工作流程上的异同如图 6.21 所示，可以看出，在整体框架上 SPP-Net 和 R-CNN 差异并不大，它们同样需要经过卷积神经网络、全连接层以及最后的 SVM 分类输出。不同的是，在 SPP-Net 中，作者加入了空间金字塔池化的部分，而这个结构正是算法的核心所在。

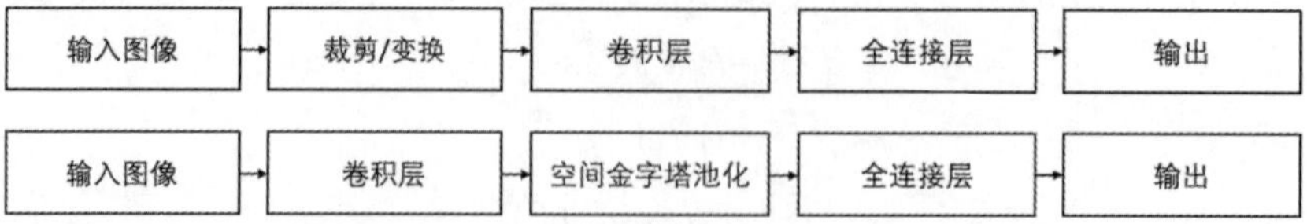

图 6.21　R-CNN 与 SPP-Net 算法流程比较

首先从 SPP-Net 卷积神经网络可以接收任意大小的图像输入这一点说起。在 R-CNN 中，输入图像大小需要固定主要是由全连接层所导致的，因为卷积层部分的参数与输入大小无关，它只是一个在

图像上进行滑动的卷积核，无论是多大的图像，它都可以卷积生成出不同的特征图。

但是在全连接层上，它的输入参数和图像的大小有着密切关系，因为全连接层中所有神经元之间的权重都需要进行互相连接，而这个连接的权重参数 w 尺寸是固定不变的。例如，一个输入经过卷积神经网络后的输出图像维度为(256，1)，那么 w 在转置后的第 2 个参数必须为 256 才能进行运算，为了保证卷积神经网络的输出能一直和全连接层的参数匹配，就需要在最开始的时候保持所有输入图像的尺寸不变，即输入的固定长度约束仅限于全连接层。

在 SPP-Net 的目标检测算法上，作者提出了一个猜想，既然输入尺寸统一的问题是产生在卷积神经网络输出与全连接层输入之间的，那么是否只要修改卷积神经网络的输出尺寸即可？基于这个想法，作者提出了空间金字塔池化结构，而这个结构的设计正是用来解决卷积神经网络输出尺寸统一的问题，其结构示意图如图 6.22 所示。

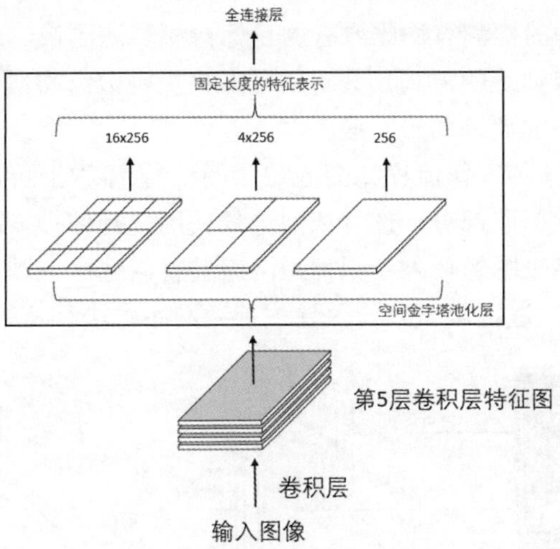

图 6.22　SPP-Net 结构示意图

其中黑色堆叠的部分代表经过卷积神经网络输出后的特征图，而上面黑色框里的部分就是空间金字塔池化结构。从整体来看，空间金字塔池化一共包含了 3 个部分，分别是 4×4、2×2 以及 1×1 尺寸的池化块，之所以将空间金字塔池化结构设计成这样，是因为作者发现了不同大小的池化级联可以提高最后模型算法的准确率。需要注意的是，这边的池化尺寸指的并不是池化核的大小，而是将特征图以最大池化或平均池化的方式划分出的图像块的数量。

在 SPP-Net 中，经过空间金字塔池化输出的块数量固定为 21（16+4+1）个。因为空间金字塔池化结构部分是固定不变的，这说明无论卷积层输入的尺寸大小为多少，在经过金字塔池化之后，都可以输出固定的 21×256 大小的特征数量，这也就解决了输入图像尺寸不统一也可以进行目标检测的问题，其中 256 表示卷积层最后一层生成的特征图数量。

解决了输入图像大小的问题后，下一个问题便是如何提高模型的目标检测速度。其实在算法的第一步，SPP-Net 和 R-CNN 的做法一样，都是先通过选择性搜索算法得到 2000 个图像候选区域，但在下一步时，SPP-Net 便开始有所不同。在 SPP-Net 中，作者对卷积层可视化后发现，相同的特征在输入的原始图像和输出的特征图像上的位置都是相同的。

有了这样的发现，作者便可以通过处理特征图的方式来对目标检测算法的速度进行改进。在 SPP-Net 中，首先将提取候选区域后的图像传入卷积神经网络中进行特征提取，而提取的次数只有一次，之后便可以得到几百张由卷积神经网络生成的特征图；然后，再根据候选区域到全图特征之间的对应关系，使用了某种映射方法将候选区域映射至特征图上，这样便可以直接得到所有候选区域的特征向量，从而避免了重复使用卷积神经网络进行特征提取并减少了大量的训练时间；最后在经过 SVM 分类器、非极大值抑制和边界框回归之后便可以得到与 R-CNN 类似的图像目标检测结果。

6.2.3 Fast R-CNN 算法原理

为了改善 R-CNN 和 SPP-Net 目标检测算法本身存在的一些缺陷，R-CNN 的作者提出了 Fast R-CNN 检测算法。Fast R-CNN 的检测算法比原有的目标检测算法更快、更有效，相比 R-CNN 和 SPP-Net，Fast R-CNN 实现了单步训练的方式，其引入了多损失函数，将图像分类和边界框回归的训练结合为一体，极大地提高了模型的训练和开发速度。

Fast R-CNN 目标检测算法的工作流程如图 6.23 所示。从流程上可以发现它的结构与 SPP-Net 的结构比较相似。在候选区域的提取部分，作者依旧选择使用选择性搜索算法去完成这个任务，之后与 SPP-Net 相同，都是采用将整张图像传入卷积神经网络并将候选区域映射至特征图的形式进行特征提取，这种方式会比将 2000 个候选区域一一传入卷积神经网络中进行特征提取快速得多。

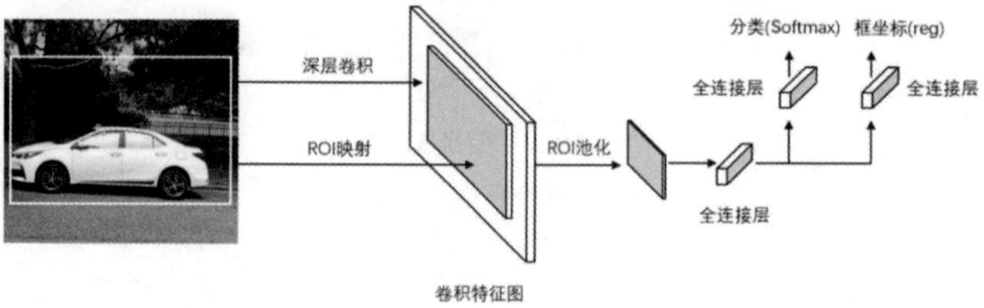

图 6.23　Fast R-CNN 目标检测算法流程

但在下一步，Fast R-CNN 结构便与 SPP-Net 有所不同。在 SPP-Net 中，采用多尺度的空间金字塔池化结构，即三个池化块级联；而在 Fast R-CNN 中，只剩下一个尺寸为 7×7 的池化块，称为 ROI（感兴趣区域）池化层，它实际上是金字塔池化的一个简化版，主要是为了能从不同大小的候选区域中提取到固定大小的特征图，使其能够与后续的全连接层参数尺寸进行匹配。为什么要将这个池化块的尺寸设置成 7×7 大小呢？其目的是共享全连接层的权重。

在 Fast R-CNN 中是采用 VGGNet 网络进行特征的提取的，除了 VGGNet 前几层的卷积层参数可以被微调利用之外，全连接层的参数同样可以移植到 Fast R-CNN 的全连接层上并加以利用，以此来提高模型的训练速度和准确率。

最后经过 ROI 池化层的输出之后，就需要将所有提取到的特征传入全连接层，而对于整个网络的输出部分，作者则是将边界框回归部分也一起加入了网络训练中，同时使用 Softmax 函数替代原来的

SVM 分类器，使整个网络的训练过程更趋近一体化。

对于每个准备训练的图像候选区域，它们的真实标签里都会包含该区域类别的真实值以及边界框的真实位置，而这些标签都会被加入损失函数的优化过程中并组成多任务损失函数，其具体的数学形式可表示为

$$L\ (p,u,t^u,v) = L_{\text{cls}}(p,u) + \lambda[u \geqslant 1]L_{\text{loc}}(t^u,v) \tag{6-15}$$

$$L_{\text{cls}}(p,u) = -\log p_u \tag{6-16}$$

$$L_{\text{loc}}(t^u,v) = \sum_{i\in\{x,y,w,h\}} \text{smooth}_{L1}(t_i^u - v_i) \tag{6-17}$$

$$\text{smooth}_{L1}(x) = \begin{cases} 0.5x^2 & \text{if } |x|<1 \\ |x|-0.5 & \text{otherwise} \end{cases} \tag{6-18}$$

式（6-15）中的 $L(p, u, t^u, v)$代表总损失函数；$[u\geqslant 1]$代表当检测到真实类别标签时才对它进行边界框回归的损失计算，如果检测到 $u=0$，表示只有背景类别，则不计算该边框损失，因为对于背景部分来说，它并不属于候选区域或感兴趣的部分，所以不对它进行运算；λ 主要用于控制两个损失函数之间的平衡关系，在 Fast R-CNN 论文中，作者主要将它取值为 1 进行实验。

式（6-16）中的 $L_{\text{cls}}(p, u)$表示针对结果分类的对数损失函数，其中 p 是预测类别，u 是真实类别。

式（6-17）中的 $L_{\text{loc}}(t^u, v)$表示回归框定位损失函数；t^u 表示预测回归框的位置，可以被表示成 $t^u=(t_x^u,t_y^u,t_w^u,t_h^u)$，而真实的回归框则用 $v=(v_x,v_y,v_w,v_h)$ 表示。

由于在 Fast R-CNN 算法的目标检测任务中，模型的算法计算量往往集中在全连接层部分，只是计算全连接层部分便花费了将近一半的时间，为了使运算时间减少，作者引入了机器学习中常见的奇异值分解技术加快全连接层的运算速度。其具体公式可表示为

$$\boldsymbol{W} \approx \boldsymbol{U}\boldsymbol{\Sigma}_t\boldsymbol{V}^{\boldsymbol{T}} \tag{6-19}$$

其中，$\boldsymbol{W}$ 是权重参数矩阵；$\boldsymbol{U}$ 是由 $\boldsymbol{W}$ 的第 t 个左奇异向量组成的大小为 $u\times t$ 的矩阵；$\boldsymbol{\Sigma}_t$ 是 $t\times t$ 大小的对角矩阵；$\boldsymbol{V}$ 是由 $\boldsymbol{W}$ 的第 t 个右奇异向量组成的大小为 $v\times t$ 的矩阵。通过奇异值分解，可以将原参数量大小为 uv 的参数矩阵压缩至 $t(u+v)$大小，从而提高全连接层参数部分的运算速率。

6.2.4 Faster R-CNN 算法原理

Faster R-CNN 算法是 Ross Girshick 等人基于 Fast R-CNN 算法做出的一种改良或提升。原版的 Fast R-CNN 算法虽然可以将图像分类和边界框回归的训练结合为一体，并极大地提高了图像检测的速度，但依然存在着一个很明显的缺陷，即提取图像候选区域的选择性搜索算法依旧独立于模型之外，而这则会导致 Fast R-CNN 算法在实际训练时依旧需要多步骤进行。

并且在论文中，作者发现采用选择性搜索算法提取图像候选区域所耗费的时间会远远大于模型对图像进行目标检测的时间，从而降低了模型整体的检测速度。因此为了解决由选择性搜索算法所带来的问题，论文作者提出了一个名为 RPN 的网络模块去替代选择性搜索算法并用于图像目标候选区域

的提取过程中。该网络模块并非独立于目标检测模块之外，而是包含在整个网络之内，这使得整个 Faster R-CNN 模型能从真正意义上实现端到端的训练过程。Faster R-CNN 算法改进的核心便是 RPN 网络，在后面会对它进行进一步的阐述。

Faster R-CNN 模型网络结构如图 6.24 所示。当一张图像传入到模型中时，首先通过一些共享的卷积层提取到全图像的特征，接着将所生成的特征图全部送入 RPN 网络中用于图像候选区域的生成，最后再将这些候选区域映射至特征图，这便完成了算法模型的前半部分内容。

而后半部分的结构本质上与 Fast R-CNN 相同，即对映射完的特征图进行 ROI 池化，使它们输出的尺寸相同以便后续全连接层可以正常输入，最后再将输出分为两种并进行进一步的矫正，一个输出为候选区域的目标分类信息及得分，另一个则输出检测到的目标框位置，这就是整个 Faster R-CNN 目标检测算法的简要工作流程。

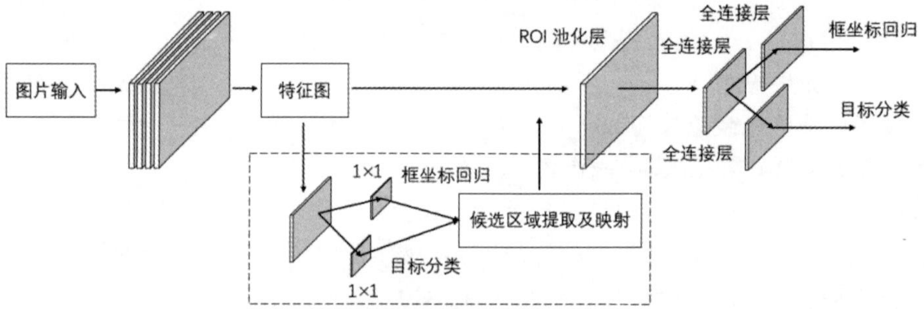

图 6.24　Faster R-CNN 结构示意图

接下来重点介绍一下 Faster R-CNN 模型中的核心结构，即 RPN 网络，它的全称为 Region Proposal Network，译为候选区域生成网络。设计它的目的主要有两个，一个是取代选择性搜索算法，增加区域生成的速度；另一个是将其并入整个模型网络，实现端到端的训练过程。具体的 RPN 网络提取候选框的实现过程如图 6.25 所示。

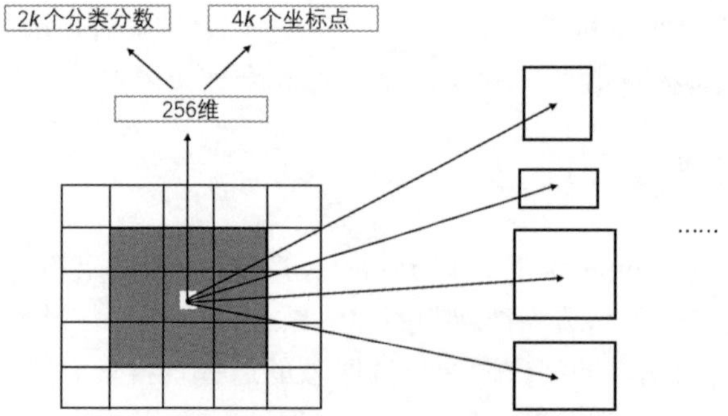

图 6.25　RPN 网络提取候选框流程

在 RPN 网络的训练过程中，会对图像的前景和背景进行分类，对框的位置进行回归，也可以简称为粗定位和粗分类。在 RPN 网络结构中，对提取到的候选区域只进行了简单的位置定位和二分类判断，即预测它的大概位置是前景还是背景，对候选区域中的物体进行进一步的精确定位和分类，则需要依靠后面的网络来完成。

RPN 网络是如何做到候选区域提取的呢？其主要是依靠论文作者提出的锚点（anchor）机制。从图 6.25 中可以看到，RPN 网络在实际提取候选区域时，先使用一个 3×3 的卷积核对特征图进行卷积处理，而在每个卷积核的中心都有一个锚点，这个锚点如果映射回原图里，可以对应到不同尺寸的锚框区域。在论文中作者则是设置了三种不同尺寸和三种不同比例的锚框，即总数量是 9 个。

也就是说在特征图卷积的过程中，每 3×3 个卷积核的中心锚点都可以对应映射至原图上的 9 个锚框区域，而检测到的所有区域即是所需的候选区域。之后这些被检测到的候选区域就可以经过粗分类和回归，得到它们的大致位置以及是属于前景还是背景类别。在图 6.25 中，k 代表锚框的数量，由于在 RPN 网络中只完成了二分类任务，即判断是前景还是背景，因此得到的分类得分个数就是 2 乘以锚框的数量，即 $2k$ 个；$4k$ 代表每个锚框主要是以上、下、左、右 4 个点的坐标来确定锚框的位置，因此坐标点的数量是 4 乘以锚框的数量，即 $4k$ 个。

6.2.5　Faster R-CNN 关键部分代码分析

由于 Faster R-CNN 算法实现的代码内容较为繁多，受本书篇幅限制，不再对整个 Faster R-CNN 底层算法进行复现，而是重点讲解在 Faster R-CNN 中几个关键部分的实现代码，以加深读者对这部分原理方面的理解，它们分别是锚框的生成、RPN 网络的构建以及非极大值抑制算法的实现。关于 Faster R-CNN 算法其他部分的实现，建议读者们先阅读算法的原文献后再参照部分开源代码进行该算法的实战。另外，在 6.4 节中会通过 TensorFlow Hub 库调用训练好的 Faster R-CNN 模型进行图像的目标检测。

在 6.2.4 小节里说明了 RPN 网络通过一个 3×3 大小的卷积核进行卷积处理，之后每个卷积核的中心锚点可以被映射至原图像上并生成不同形状大小的锚框，也就是所谓的 anchor 机制。为了更加形象地描述锚框的生成，通过一个示例的实现来可视化该过程。

首先导入一些相关的第三方库，代码如下。

```
import numpy as np
import cv2
import matplotlib.patches as patches   #用于生成锚框形状
import matplotlib.pyplot as plt
import TensorFlow as tf
from TensorFlow import keras
```

假设并定义特征图的尺寸、锚框的尺度以及原图下采样率，代码如下。

```
#scale、ratio 用于设置 9 种不同尺寸的锚框
scale = [1,2,4]
ratio = [0.5,1,2]
feature_mapX = 8             #假设输出的特征图长度
feature_mapY = 8             #假设输出的特征图宽度
stride = 8                   #特征图的缩放倍数
```

其中，stride 代表原图通过卷积得到特征图时图像的缩放倍数；scale 和 ratio 参数互相组合即可得

到在作者论文中提到的 9 种不同尺度的锚框，这一过程可以通过 np.meshgrid()函数来实现，代码如下。

```
scale,ratio = np.meshgrid(scale,ratio)    #生成网格点坐标矩阵
print(scale.flatten())
print(ratio.flatten())
#计算得到不同的变化尺度
scale_X = scale * np.sqrt(ratio)
scale_Y = scale / np.sqrt(ratio)
print("scale_X:\n",scale_X)
print("scale_Y:\n",scale_Y)
```

输出的结果为：

```
[1 2 4 1 2 4 1 2 4]
[0.5 0.5 0.5 1.  1.  1.  2.  2.  2. ]
scale_X:
 [[0.70710678 1.41421356 2.82842712]
 [1.         2.         4.        ]
 [1.41421356 2.82842712 5.65685425]]
scale_Y:
 [[1.41421356 2.82842712 5.65685425]
 [1.         2.         4.        ]
 [0.70710678 1.41421356 2.82842712]]
```

可以看到，在这一步只要将 scale_X 和 scale_Y 一一组合便可以得到 9 个不同长宽尺寸的锚框。接着对特征图进行上采样并得到锚框的中心点，代码如下。

```
source_X = np.arange(0,feature_mapX) * stride           #乘以缩放倍数得到上采样的原图长度
source_Y = np.arange(0,feature_mapY) * stride           #乘以缩放倍数得到上采样的原图宽度
source_X,source_Y = np.meshgrid(source_X,source_Y)
center_X,anchor_X = np.meshgrid(source_X,scale_X)       #得到 9 个锚框的 X 中心和对应的锚框长度
center_Y,anchor_Y = np.meshgrid(source_Y,scale_Y)       #得到 9 个锚框的 Y 中心和对应的锚框宽度
print(center_X.shape)
print(center_Y.shape)
```

输出的结果为：

```
(9, 64)
(9, 64)
```

其中，9 代表一个锚点上有 9 个锚框，64 代表有 64 个锚点。之后对锚点中心的 X、Y 尺寸及锚框的长、宽进行结合并生成锚框信息，代码如下。

```
anchor_center = np.stack([center_Y,center_X],axis=2).reshape(-1,2)    #锚框中心位置
anchor_size = np.stack([anchor_Y,anchor_X],axis=2).reshape(-1,2)      #锚框尺寸
boxes=np.concatenate([anchor_center - 0.5*anchor_size, anchor_center + 0.5*anchor_size],
axis=1)
print(boxes.shape)
```

输出的结果为：

```
(576, 4)
```

其中，576 代表全部锚框的数量，4 代表锚框上、下、左、右的坐标点。最后，将生成的锚框映射至空白图像上，使其可视化，代码如下。

```
plt.figure(figsize=(10,10))
img = np.ones((64,64,3))
plt.imshow(img)
axs = plt.gca()
for i in range(boxes.shape[0]):
    box = boxes[i]   #读取锚框信息
    rec = patches.Rectangle((box[0],box[1]),box[2]-box[0],box[3]-box[1],edgecolor='g')
    #画出锚框
    axs.add_patch(rec)
```

输出的结果如图 6.26 所示。

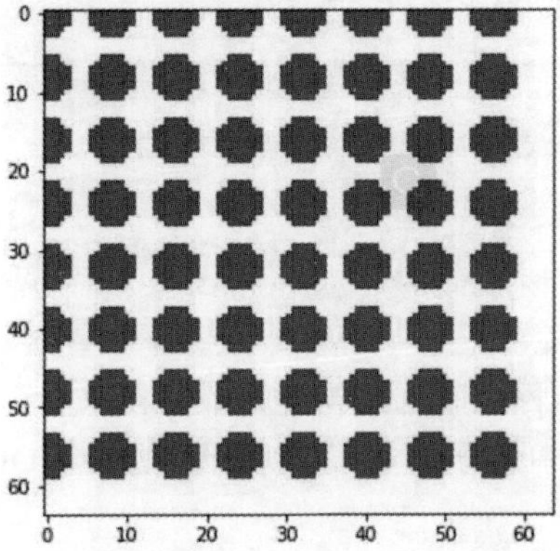

图 6.26　锚框生成示意图

可以看到，在原图的每个中心点上都生成了 9 个实心锚框，但这 9 个锚框并非都会包含前景信息，实际上大部分的锚框涵盖的都是无用的背景信息，因此最后还需要对这些锚框进行二分类判断，以生成所需的候选区域。

现在再来看看 RPN 网络的实现过程。如 6.2.4 小节所述，RPN 网络首先经过 1 个 3×3 大小的卷积进行滑动，之后分别通过 2 路的 1×1 卷积生成前景背景的分类得分以及锚框的坐标信息，是一个单输入多输出模型，代码如下。

```
#RPN 网络构建
k = 9   #锚框数量
feature_map = keras.layers.Input(shape=(None,None,100))
conv_3x3 = keras.layers.Conv2D(filters=512,kernel_size=(3,3))(feature_map)   #3×3 卷积
#锚框坐标
output_deltas = keras.layers.Conv2D(filters=4*k,kernel_size=(1,1),activation='linear')
(conv_3x3)
#分类得分
output_scores =keras.layers.Conv2D(filters=1*k,kernel_size=(1,1),activation='sigmoid')
```

```
(conv_3x3)
model = keras.Model(inputs=[feature_map], outputs=[output_scores, output_deltas])
```

查看模型的概要，代码如下。

```
model.summary()
```

输出的结果为：

```
Model: "model_6"
______________________________________________________________________________
Layer (type)                    Output Shape         Param #     Connected to
==============================================================================
input_9 (InputLayer)             [(None, None, None,        0
______________________________________________________________________________
conv2d_9 (Conv2D)               (None, None, None, 5    461312      input_9[0][0]
______________________________________________________________________________
conv2d_11 (Conv2D)              (None, None, None, 9     4617       conv2d_9[0][0]
______________________________________________________________________________
conv2d_10 (Conv2D)              (None, None, None, 3     18468      conv2d_9[0][0]
==============================================================================
Total params: 484,397
Trainable params: 484,397
Non-trainable params: 0
______________________________________________________________________________
```

到了这一步，便已完成了 RPN 网络输出的构建，最后再来看一下非极大值抑制算法的实现原理。该算法在实际生成候选区域的过程中十分重要，可以去除大量的 IOU 比值低的冗余框，只保留能够最大化涵盖前景信息的候选区域。

同样地，使用一个示例来可视化演示非极大值抑制算法的实现过程。首先将图 6.19 所示的样例图像保存至当前目录下，并用 OpenCV 库进行读取查看，代码如下。

```
car_img = cv2.imread("car.jpg")
plt.imshow(car_img)
plt.show()
```

输出的结果如图 6.27 所示。

图 6.27　输入车辆图像

与先前显示锚框的方式相同，在原图上生成虚拟检测框，代码如下。

```
three_boxes = [[300,350,100,100],[300,420,50,250],[350,450,200,150]]   #构建虚拟检测框
plt.imshow(car_img)
ax = plt.gca()
colors = ['blue','black','red']                          #设定3个检测框的颜色
for i in range(len(colors)):
    box = three_boxes[i]                                 #读取检测框的信息
    draw_box = patches.Rectangle((box[0],box[1]),box[2]-box[0],box[3]-box[1],
facecolor ='none', edgecolor=colors[i])                  #绘制检测框
    ax.add_patch(draw_box)
```

输出的结果如图 6.28 所示。

图 6.28　带有多检测框的样例图像

从图 6.28 中可以看到，左边白色汽车处的 3 个检测框互相重叠，其中，框②对于汽车的识别较为准确，而其他两个框则是冗余的，需要将其去除。可以通过非极大值抑制算法来去除冗余框，在 TensorFlow 2.X 中官方已经将该方法封装成一个函数，即 tf.image.non_max_suppression()，可以通过调用它直接完成这个功能，代码如下。

```
nor_boxes = np.array(three_boxes)/1000
scores = [0.8,0.7,0.6]                           #检测框的得分分别是0.8、0.7和0.6
count = 3
threshold = 0.1                                  #重叠度阈值
result = tf.image.non_max_suppression(nor_boxes,scores,count,threshold)   #非极大值抑制
print(result)
plt.imshow(car_img)
ax = plt.gca()
sel_box = three_boxes[result[0].numpy()]
draw_box = patches.Rectangle((sel_box[0],sel_box[1]),sel_box[2]-sel_box[0], sel_box[3]-
sel_box[1],facecolor='none',edgecolor=colors[int(result.numpy())])   #画出未被去除的检测框
ax.add_patch(draw_box)
```

输出的结果如图 6.29 所示。

```
tf.Tensor([0], shape=(1,), dtype=int32)
```

图 6.29　经过非极大值抑制后的样例图像

可以看到，重叠的框①和框③在经过非极大值抑制算法之后，直接被去除，只剩下框②。其中，代码中的 scores 变量表示框②、框①和框③的得分，得分越高的检测框在进行互相比较时，更容易胜出并保留下来；threshold 变量表示 3 个框能容忍的重叠度阈值是多少，即在非极大值抑制算法中，若不同框的重叠程度大于该阈值，则将它们都加入比较的过程中，并把高分框保留下来，去除低分框。

6.3　YOLO 系列算法

YOLO 系列算法是目标检测领域中另一个庞大的分支，与 6.2 节所述的 R-CNN 系列算法不同，YOLO 算法更追求时效性，因此很适合被应用于实际的工业部署中。在本节中，主要以 YOLO v1、YOLO v2 和 YOLO v3 这 3 个经典版本介绍 YOLO 算法的核心思想和工作流程。

6.3.1　YOLO v1 工作原理

YOLO v1 目标检测算法于 2015 年被 Joseph Redmon 等人提出，它的诞生是目标检测领域中继 R-CNN 系列算法后的又一重大突破。其全称为 You Only Look Once，意味着该算法只需在图像上观看一次，便可快速地完成目标检测任务并检测出图像中的物体位置以及类别。

为什么 YOLO 算法能够拥有如此快的速度呢？在 6.2 节中曾讲过 R-CNN 系列算法实质上属于多阶段任务，算法首先需要对候选框进行提取，之后再对候选框中的内容进行识别判断，最后才能得到输出的结果，即便是在改进后的 Faster R-CNN 算法中，也依然需要经历这个过程，而这也会让实际目标检测时算法的速度变得缓慢。

而在 YOLO v1 算法中，论文作者摒弃了这种先生成候选区域再进行识别的思想。为了提高检测图像时的速度，他开发了一种全新的目标检测框架，将区域生成和区域识别融为一体，使整个模型具有单阶段、一步到位的特性，输入图像只需要传入网络一次后便可得到所有预测出的边界框。因此，从速度上来看，YOLO v1 相比 Faster R-CNN 算法更胜一筹。虽然在速度上有了较大的提升，但在精度上有了一定的下降，因此与 Faster R-CNN 相比，后者的识别成功率依然会更高一些。

YOLO v1 目标检测算法将整个物体检测任务都当作回归任务进行处理，即将一张图像输入到神经网络之后，便可以得到带有坐标的预测边界框、边界框物体中的置信度以及边界框中物体的类别概率。不同于先前的目标检测算法，YOLO v1 没有使用滑动窗口去生成候选区域，因此在训练和测试时，它能更好地利用图像上下文和全局信息对目标进行预测。

YOLO v1 目标检测算法的训练工作流程主要可以分为以下两步。

（1）将输入的图像划分为 S×S 个网格大小，在论文中该值设为 7，即图像最开始被划分成 49 个网格。之后如果图像中某个待检测物体的中心落入了某个网格中，那么该网格便负责检测该物体。这里需要注意的是，如果网格里落入的不是待检测物体的中心，那么这些网格便不对该物体进行检测。

（2）每个网格都会预测出 B 个边界框和一个置信度，在论文中 B 值被设为 2，而置信度公式被定义成 $\text{Pr(object)} \times \text{IOU}_{\text{pred}}^{\text{truth}}$，表示当生成的 2 个不同尺寸的边界框中包含了目标物体，那么输出的置信度值则为预测框和标签框间的 IOU 值；如果生成的边界框中不包含目标物体，那么输出的置信度值则直接置为 0。而在输出的边界框中，则包含了(x, y, w, h)这 4 个参数，其中，(x, y)代表边界框中心相对于网格边界的位置，(w, h)代表该边界框相对于整张输入图像的宽和高的比例。综合起来，每个网格最终会输出 5 个参数值，即上述提到的(x, y, w, h)和置信度。

其大致的算法工作流程如图 6.30 所示。根据论文设置的参数值，每个输入的图像在经过网络之后会预测得到 7×7×30 尺寸大小的输出，其中，7×7 为分割网格的格数，30 由(4+1)×2+20 构成。在(4+1)×2+20 中，4 为(x, y, w, h)参数、1 为置信度、2 为边界框的个数、20 为设置的 20 个分类的识别概率。在得到预测的输出值后，再经过设定的损失函数的不断优化迭代，便可以得到如图 6.30 右侧一样的目标检测结果。

图 6.30　YOLO v1 目标检测算法工作流程

6.3.2　YOLO v2 工作原理

YOLO v2 算法是论文作者 Joseph Redmon 基于原算法 YOLO v1 提出的一种改进型算法。与 YOLO v1 不同的部分主要是 YOLO v2 引进了许多相关深度学习论文的技巧，如批归一化、锚框机制和多尺度检测等。经过测试，作者发现，这些技巧或多或少都能在一定程度上提高了 YOLO 算法的性能，使它不仅保持着原来能够快速检测识别物体的特性，而且能具有较高的准确率，使整个算法又快又准。

描述完 YOLO v2 模型整体的设计之后，在论文中作者又提出了一种基于分类和定位数据集的交叉训练方案，即 YOLO 9000，该方案通过交叉训练和词典树的方式，大幅度提高了 YOLO v2 算法能够识别的物体种类，共计能够识别 9000 种以上不同的物体。此做法相比较于 R-CNN 系列算法和 YOLO v1 算法是一个较大的创新，在一定程度上增加了算法的实用性。接下来，根据这两大特点，逐一地进行进一步的描述。

在 YOLO v2 算法的改进过程中，作者一共尝试了 10 余种改进技巧，其大致内容如图 6.31 所示。其中，最后一行代表由每种改进方法带来的不同程度的性能提升，可以看到在经过修改之后，YOLO v2 的 mAP 值比 YOLO v1 高出了约 15.2 个点，就准确率而言，有了一个不小的提升。

	YOLO								YOLO v2
批归一化		✔	✔	✔	✔	✔	✔	✔	✔
高分辨率分类			✔	✔	✔	✔	✔	✔	✔
卷积化				✔	✔	✔	✔	✔	✔
锚框机制				✔	✔				
网络模型修正					✔	✔	✔	✔	✔
先验锚框尺寸计算						✔	✔	✔	✔
位置预测函数修正						✔	✔	✔	✔
直通模式							✔	✔	✔
多尺度								✔	✔
高分辨率预测									✔
VOC2007 mAP	63.4	65.8	69.5	69.2	69.6	74.4	75.4	76.8	**78.6**

图 6.31　YOLO v2 改进技巧及性能提升

下面对图 6.31 中重要的改进技巧进行说明。

批归一化技术是目前在深度学习模型中最常用的技巧之一，主要被加入在模型的卷积层和激活函数之间，其作用是能让输入的数据在传输的过程中也能保证归一化的特性，这一点给 YOLO v2 算法带来了超过 2%的性能提升。

在实际的分类模型训练过程中，如果模型的输入直接像 YOLO v1 一样从分类训练分辨率 224×224 转换成定位分辨率 448×448，那么该模型可能会因为难以快速适应这么高的分辨率而产生问题。为了解决这个问题，论文作者在分类训练的 ImageNet 数据集上直接将数据大小提升至 448×448 分辨率，并将其应用于网络的微调中，而这一操作则给 YOLO v2 算法带来了大约 4%的性能提升。

对于 YOLO v1 算法，论文作者通过全连接层直接对边界框进行预测，但由于其中的边界框大小是相对于整张输入图像的大小设定的，因此很难定位图中各种尺度、长宽比不同的物体，导致最后的定位准确率较低。为了解决这个问题，作者在 YOLO v2 中引入了 Faster R-CNN 里的锚框机制，使算法可以生成并预测出不同尺度大小的物体，能够更加精确地定位到物体的位置。

值得注意的是，在模型的测试过程中，作者将输入的图像修正至 416×416 的大小进行检测，这样做主要是为了能够生成 13×13 的奇数尺寸特征图，使图像中的大物体都能够被图中的中心点锚框所识别。如果生成的是 448×448 的尺寸，那么生成的特征图大小为 14×14 大小，其中心点需要中间的 4 个单元格计算才能得到，被检测的大物体难以判别应该使用哪一个单元格的锚框进行物体定位。这点修改虽然最后没有让 YOLO v2 算法的 mAP 指数提高，但让它的召回率从 81%上升至 88%。

在网络模型的修正方面，作者摒弃了通常采用的 VGG-16 结构，自行设计了一个名为 Darknet-19

的网络模型进行替代。虽然 Darknet-19 网络在性能上没有带来多少提升，但是它通过内部的 1×1 卷积核压缩了 33%左右的模型参数，降低了实际计算时的复杂度。

先验锚框的计算是论文中做出的一个较大改进，作者发现如果能够在边界框回归之前提前设置一个较好的先验尺寸，那么模型的收敛、运算就会更加快速。得益于此想法，作者使用了经典的 K-means 聚类算法对训练集中的边界框进行聚类分析，出于对模型复杂度和召回率的综合考虑，最后选取了 5 个聚类中心作为 YOLO v2 算法的检验框，这些检验框比人工挑选的检验框更高、更窄。

直通模式类似于 ResNet 网络中的残差结构，即通过输入和输出相加得到最后的结果。在 YOLO v2 算法中，作者发现虽然输出的 13×13 大小的特征图可以较好地检测大物体目标，但对于小目标所提取到的特征图来说还并不足够。为了增加小物体目标的检测能力，作者提出了直通模式的概念，将高分辨率处的特征输出进行变换，叠加至低分辨率的特征输出上，使模型能够在更多的特征维度上进行目标检测。

由于 YOLO v2 采用的模型结构仅由卷积层和池化层组成，因此它可以接收任意大小的图像输入。为了增加 YOLO v2 的健壮性，作者采用了不同尺寸的数据集对模型进行训练，使它能够适用于不同的尺度，而在实际训练的过程中，模型每迭代 10 次便随机更换一次输入图像的大小，其选择的范围为 32 的倍数，变化从 320 至 608。

在了解 YOLO v2 的部分特性后，再了解一下 YOLO 9000。为什么 YOLO 9000 可以识别如此多的物体类别？最主要的原因便是作者采用了交叉训练的方式对分类数据集和定位数据集进行训练。实际上，YOLO v2 算法对物体的分类能力和定位能力是独立分开的，因此完全可以使用定位数据集专门训练算法的定位能力，利用更大的 ImageNet 分类数据集训练算法的分类能力。

然而这样的方案在执行前会面临一个比较棘手的问题，即物体类别的互斥。由于 ImageNet 数据集的数量远远大于 COCO 数据集的数量，因此在 ImageNet 中物体的类别往往会被进一步细分。例如，在 ImageNet 中具体的狗的类别可能会被识别成“哈士奇”，而在 COCO 中只能被识别成“狗”。在这种情况下，系统的 Softmax 函数会自动将这二者的类别标签判定成互斥，从而导致分类定位错误。为了解决这个问题，作者将带有各种标签词语的 WordNet 的图状结构转换成树状结构，使每个类别可以根据树的路径一步步细分下去，其大致如图 6.32 所示。

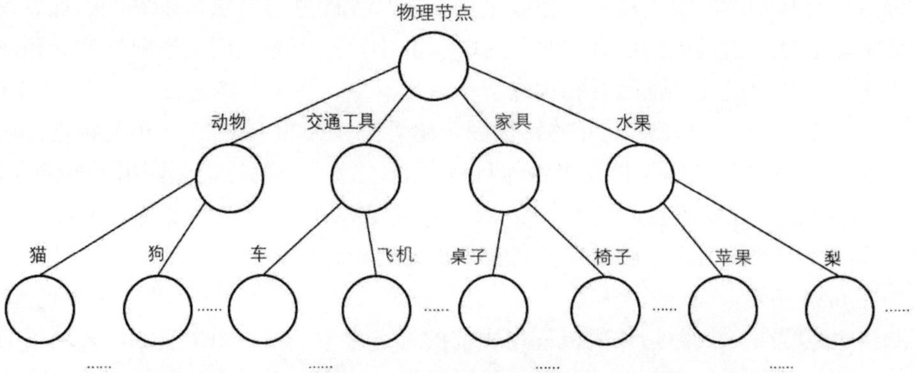

图 6.32　词典树示意图

将标签修正成树的结构后，根据概率论知识，每一个节点都可以由条件概率相乘得到。如图 6.32 中所示的“狗”节点，其概率值可以等价为 Pr(狗)= Pr(狗|动物)×Pr(动物|物理节点)。同理，其他节点的计算方式也是如此。最后基于这个思想可以将它们转换成 Softmax 分类函数的形式，如图 6.33 所示。而在实际过程中，便是通过这样的方式来实现 YOLO 9000 对目标标签的分类，其算法结果不仅可以得到大类别分类的概率，而且可以得到细分的小类别概率。

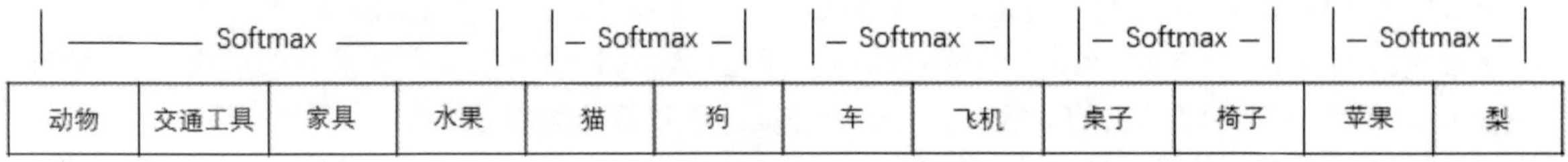

图 6.33　Softmax 分类示意图

6.3.3　YOLO v3 工作原理

YOLO v3 是论文作者 Joseph Redmon 在 YOLO 系列算法中提出的最后一代目标检测算法，与 YOLO v1 和 YOLO v2 相比，YOLO v3 在精度和速度上又有了进一步的提升，尤其在图像的小目标检测上，与其他目标检测算法相比，有着更好的效果。

对于 YOLO v3 来说，最重要的改进部分主要在于网络结构的修改。在图像特征的提取模块中，作者摒弃了其他常见的特征提取网络，采用了一个名为 Darknet-53 的开源网络架构。YOLO v3 的 Darknet-53 网络虽然速度并没有 YOLO v2 的 Darknet-19 快，但由于其网络深度更深，因此在精度上有着不小的提升。

实验结果显示，相比于 ResNet-152 和 ResNet-101 网络，Darknet-53 不仅在分类精度上与它们相差无几，而且从计算速度和网络规模方面来说也比它们更优，因此该网络结构被 YOLO v3 作者作为底层的特征提取网络。在 Darknet-53 网络架构中，作者大量地使用了在 ResNet 中曾出现过的残差网络模块，进一步提高了网络特征提取能力，另外为了降低池化操作所带来的梯度负面影响，作者直接将所有的池化操作替换成了卷积层，通过卷积层的步长控制对图像进行下采样，因此改进后的 Darknet-53 网络也成了一个全卷积神经网络。

为了加强对小目标物体的检测精度，作者采用了多尺度的融合方法，首先以添加卷积层的方式对输出进行特征提取，然后通过不同的分支进行传输。其中，一个分支用于当前尺度的预测框生成，另一个分支则用于下一个尺度的特征融合和预测。针对大、中、小 3 种检测目标的需求，YOLO v3 网络最终输出 13×13、26×26、52×52 尺寸的特征图，感受野较大的 13×13 大小的特征图用于检测大物体目标，26×26 大小的特征图用于检测中物体目标，52×52 大小的特征图则用于检测小物体目标。

除此之外，每次检测过程都会生成 3 个锚框，它的生成沿用了 YOLO v2 中的 K-means 聚类方法。先通过聚类得到 9 个聚类中心，之后再根据其大小均匀地将它们分配给 3 个不同的尺度，YOLO v3 网络大体框图如图 6.34 所示。

从图 6.34 中可以看出，网络运作的流程与先前的描述基本一致，图中左侧代表利用 Darknet-53 提取图像特征，右侧则是不同尺度之间的融合并最后输出 13×13、26×26 以及 52×52 3 个尺寸大小不同的特征图。

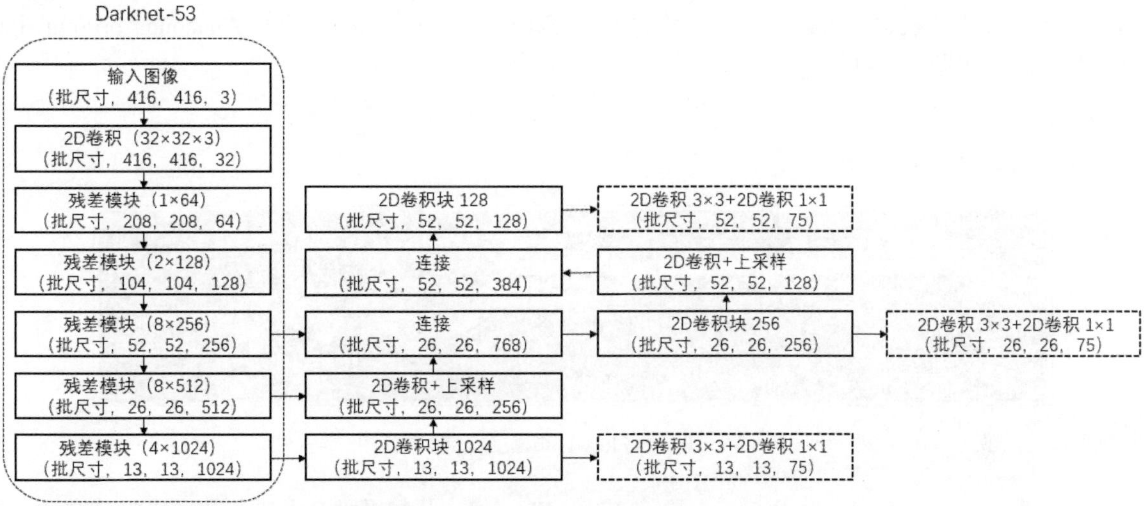

图 6.34 YOLO v3 网络示意图

和论文中 YOLO v3 结构不同的是，论文中 YOLO v3 输出特征图的第三维数值是 255，而图中则是 75，这主要是不同数据集里的分类数目导致的。例如，图 6.34 中的 75 是由 3×(5+20)计算得出的，其中 3 为锚框数量，5 为预测框的 4 个坐标值以及置信度，20 则是采用的数据集的分类个数。但由于 YOLO v3 算法采用的是 COCO 数据集，因此分类个数为 80，在其他流程上二者则并无太大区别。此外，对于 YOLO v3 算法，作者还做了一些其他的细微改变，如将分类过程中采用的 Softmax 函数修改为 Logistic 分类器，并在类预测训练时采用二元交叉熵损失函数等，这里就不再对这些进行更多描述。

6.4 Faster R-CNN 算法实战

有了前面几节关于目标检测算法的理论铺垫，之后最重要的部分便是如何利用 TensorFlow 2.X 深度学习框架实现一个目标检测任务。在本节中，首先会介绍 TensorFlow 2.X 中一个重要的机器学习模型库 TensorFlow Hub，之后会讲解如何通过其中的目标检测 API 对一张输入图像进行目标检测。

6.4.1 TensorFlow Hub

TensorFlow Hub 是由 TensorFlow 2.X 官方发布的一个开源机器学习模型库，其中包含了许多现成的用于文本和图像处理的预训练模型。通过使用 TensorFlow Hub，用户可以快速地以少量代码调用这些已训练好的经典模型满足自己目前的需求，因此它很适合被应用于迁移学习任务中。其使用方便且组织较为完善，用户也可以在其中托管自己的模型以供其他人使用。

在使用 TensorFlow Hub 前首先需要对它进行安装，无论是 TensorFlow 2.X 还是 TensorFlow 1.X 的

版本，都可以使用该机器学习模型库，安装的步骤与其他第三方库相同，即在 Anaconda prompt 中输入对应的 pip 安装指令即可。

```
pip install TensorFlow-hub
```

安装过程如图 6.35 所示。

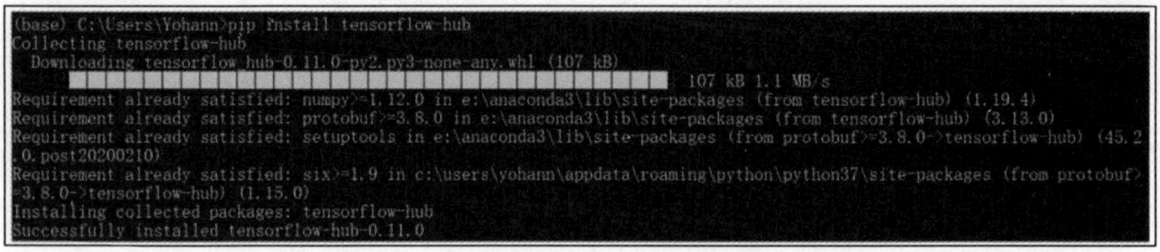

图 6.35　TensorFlow Hub 安装过程示意图

之后打开 Jupyter Notebook 并在其中导入 TensorFlow Hub，如果没有报错，则证明安装成功。这里以一个文本模型加载为例进行演示，首先导入相关第三方库，代码如下。

```
import TensorFlow_hub as hub
```

通过 URL 对模型加载并运行，代码如下。

```
model = hub.KerasLayer("https://hub.TensorFlow.google.cn/google/nnlm-en-dim128/2")
result = model(["Hello","World"])
print(result.shape)
```

输出的结果为：

```
(2,128)
```

需要注意的是，虽然在 TensorFlow Hub 中大部分模型都可以对内部层进行访问，但依旧存在着小部分模型无法根据用户的需求进行进一步的调整的问题。因此在使用 TensorFlow Hub 中的预训练模型之前，建议读者们事先在官网中查阅该模型的用法和说明，以保证当前模型可以被正确运行。

6.4.2　目标检测 API 配置

在本小节 Faster R-CNN 算法实战的内容中，除了涉及 TensorFlow Hub 中的预训练模型之外，还需要用到目标检测 API，该 API 也是由 TensorFlow 2.X 官方进行提供，通过它用户可以方便快捷地完成目标检测任务的构建、训练、测试以及部署。

在使用目标检测 API 之前，需要事先对它进行安装和配置，而这个过程有些烦琐，因此下面给出该 API 的完整配置流程。

首先登录网址 https://github.com/TensorFlow/models，单击右上方 Code 按钮中的 Download ZIP 选项下载该文件夹并保存至本地目录，如图 6.36 所示。

将下载的文件进行解压，放入 anaconda3 里的 TensorFlow 文件夹下，并命名为 models，如图 6.37 所示。

图 6.36　目标检测 API 配置流程（1）

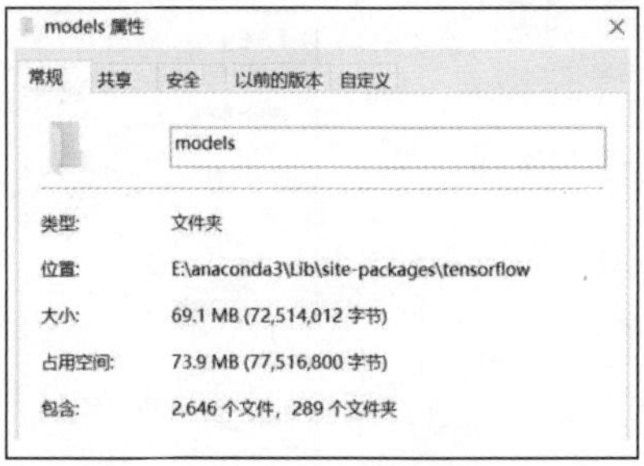

图 6.37　目标检测 API 配置流程（2）

打开网址 https://github.com/protocolbuffers/protobuf/releases，找到对应平台的最新版本的 protoc 文件进行下载并保存到本地，如图 6.38 所示。

图 6.38　目标检测 API 配置流程（3）

将下载的 protoc 文件放入先前创建的 models 文件夹中并解压，如图 6.39 所示。

此时，models 文件夹中的文件分布如图 6.40 所示。

图 6.39　目标检测 API 配置流程（4）

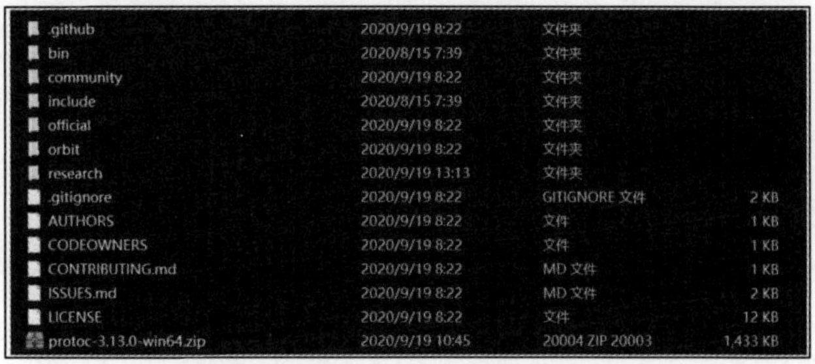

图 6.40　目标检测 API 配置流程（5）

接着打开计算机环境变量配置页面，单击“环境变量”按钮进入系统变量的 Path 变量中，将 models 文件夹下的 bin 文件夹路径添加至其中，如图 6.41 所示。

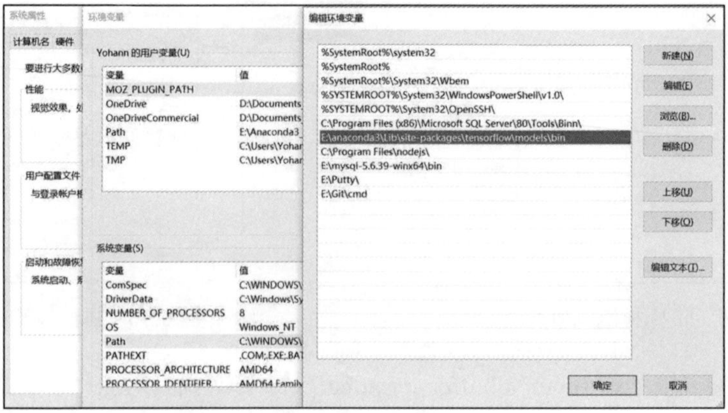

图 6.41　目标检测 API 配置流程（6）

在 models 的 research 目录下按住 Shift 键并右击，打开 Windows PowerShell 界面，在其中输入以下指令，如图 6.42 所示。

```
protoc object_detection/protos/*.proto --python_out=.
```

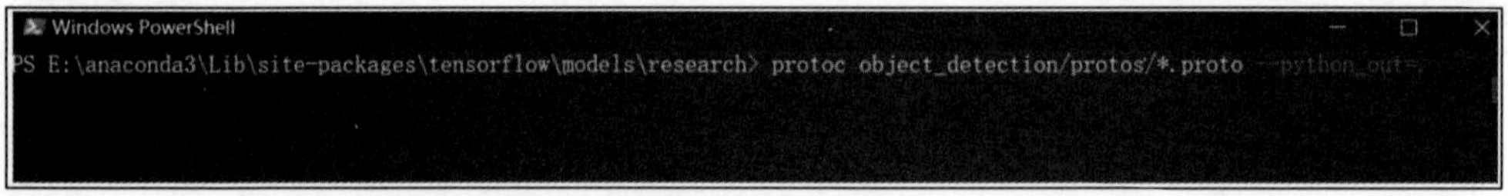

图 6.42　目标检测 API 配置流程（7）

若系统没有报错，则证明该环节配置正确。

在环境变量的系统变量中新建 PYTHONPATH 变量并将 models 下的 research 和 slim 文件夹路径添加至其中，如图 6.43 所示。

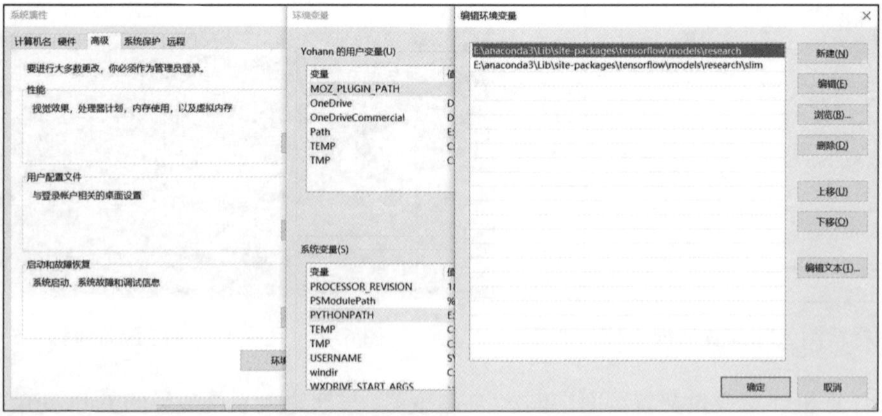

图 6.43　目标检测 API 配置流程（8）

接着在 models 的 research 目录下按住 Shift 键并右击，打开 Windows PowerShell 界面，在其中输

入以下指令，如图 6.44 所示。

```
python setup.py install
```

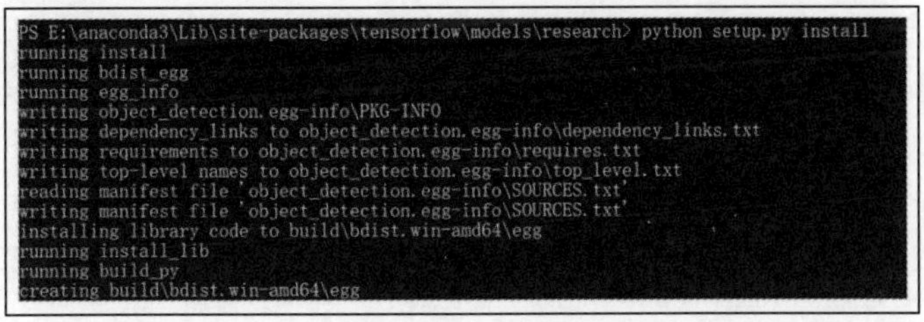

图 6.44 目标检测 API 配置流程（9）

同样地，在 research 的 slim 目录下按住 Shift 键并右击，打开 Windows PowerShell 界面，输入与先前同样的指令，如图 6.45 所示。

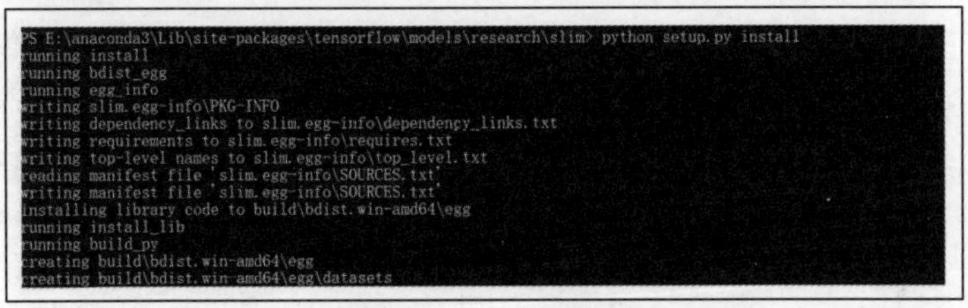

图 6.45 目标检测 API 配置流程（10）

配置成功之后，在 research 文件夹下新建一个 jupyter notebook 文件，并输入以下代码进行测试。

```
from object_detection.utils import label_map_util
from object_detection.utils import visualization_utils as viz_utils
from object_detection.utils import ops as utils_ops
```

若系统没有报错，则证明目标检测 API 配置成功。

6.4.3 Faster R-CNN 实战

本小节主要演示如何通过 TensorFlow 2.X 的 TensorFlow Hub 模型库和目标检测 API 实现利用 Faster R-CNN 算法对一张新输入的图像进行目标检测。

首先在 research 文件夹下创建 jupyter notebook 文件，并导入需要使用到的第三方库，代码如下。

```
import matplotlib
import matplotlib.pyplot as plt
import numpy as np
from PIL import Image
import TensorFlow as tf
import TensorFlow_hub as hub
import cv2
```

```
from object_detection.utils import label_map_util
from object_detection.utils import visualization_utils as viz_utils
from object_detection.utils import ops as utils_ops
%matplotlib inline
```

调用目标检测 API 中的索引标签对应文件，使神经网络输出的预测值可以转换成具体的类别，代码如下。

```
path_to_labels = 'object_detection/data/mscoco_label_map.pbtxt'   #加载标签对应文件
category_index  =  label_map_util.create_category_index_from_labelmap(path_to_labels,
use_display_name=True)   #创建标签映射
```

查阅 Faster R-CNN 不同模型文件的下载路径并将它们保存至字典中以便引用，代码如下。

```
#可调用的 Faster R-CNN 模型列表
all_models = {
'Faster  R-CNN  ResNet50  V1  640x640'  :  'https://hub.TensorFlow.google.cn/TensorFlow/
faster_rcnn/resnet50_v1_640x640/1',
'Faster  R-CNN  ResNet50  V1  1024x1024'  :  'https://hub.TensorFlow.google.cn/TensorFlow/
faster_rcnn/resnet50_v1_1024x1024/1',
'Faster  R-CNN  ResNet50  V1  800x1333'  :  'https://hub.TensorFlow.google.cn/TensorFlow/
faster_rcnn/resnet50_v1_800x1333/1',
'Faster  R-CNN  ResNet101  V1  640x640'  :  'https://hub.TensorFlow.google.cn/TensorFlow/
faster_rcnn/resnet101_v1_640x640/1',
'Faster R-CNN ResNet101 V1 1024x1024' : 'https://hub.TensorFlow.google.cn/TensorFlow/
faster_rcnn/resnet101_v1_1024x1024/1',
'Faster  R-CNN  ResNet101  V1  800x1333'  :  'https://hub.TensorFlow.google.cn/TensorFlow/
faster_rcnn/resnet101_v1_800x1333/1',
'Faster  R-CNN  ResNet152  V1  640x640'  :  'https://hub.TensorFlow.google.cn/TensorFlow/
faster_rcnn/resnet152_v1_640x640/1',
'Faster R-CNN ResNet152 V1 1024x1024'  :  'https://hub.TensorFlow.google.cn/TensorFlow/
faster_rcnn/resnet152_v1_1024x1024/1',
'Faster  R-CNN  ResNet152  V1  800x1333'  :  'https://hub.TensorFlow.google.cn/TensorFlow/
faster_rcnn/resnet152_v1_800x1333/1',
'Faster   R-CNN   Inception   ResNet   V2   640x640'   :   'https://hub.TensorFlow.google.cn/
TensorFlow/faster_rcnn/inception_resnet_v2_640x640/1',
'Faster   R-CNN   Inception   ResNet   V2   1024x1024'   :   'https://hub.TensorFlow.google.cn/
TensorFlow/faster_rcnn/inception_resnet_v2_1024x1024/1',}
```

调用字典中任意一个 Faster R-CNN 模型，代码如下。

```
model_name = 'Faster R-CNN ResNet50 V1 640x640'
model = all_models[model_name]   #加载指定模型
```

使用 TensorFlow Hub 加载该预训练模型，代码如下。

```
FasterRcnn_model = hub.load(model)
```

加载待识别的图像并显示，代码如下。

```
image = Image.open("car.jpg")
```

```
plt.imshow(image)
plt.show()
```

输出的结果如图 6.46 所示。

图 6.46　待识别图像

将图像格式转换成可供 TensorFlow 2.X 输入的形式，即对其添加上批大小和图像通道数，并转换为 numpy 数组，代码如下。

```
(im_width, im_height) = image.size
#转换为 numpy 数组
image = np.array(image.getdata()).reshape((1, im_height, im_width, 3)).astype(np.uint8)
```

查看目标检测的数值项，不同的目标检测模型会有不同的输出，代码如下。

```
results = FasterRcnn_model(image)
result = {key:value.numpy() for key,value in results.items()}   #查看检测结果里包含的内容
print(result.keys())
```

输出的结果为：

```
dict_keys(['detection_multiclass_scores', 'detection_scores', 'num_detections', 'detection_boxes',
'detection_anchor_indices', 'detection_classes', 'raw_detection_scores', 'raw_
detection_boxes'])
```

调用 visualize_boxes_and_labels_on_image_array()函数，并设置好函数相关的参数将图像结果输出，代码如下。

```
offset = 0
detections = image.copy()

keypoints, keypoint_scores = None, None
if 'detection_keypoints' in result:   #判断在结果中是否有检测到物体
   keypoints = result['detection_keypoints'][0]
   keypoint_scores = result['detection_keypoint_scores'][0]
#结果预测框和分数可视化函数
viz_utils.visualize_boxes_and_labels_on_image_array(
     detections[0],
     result['detection_boxes'][0],
```

```
    (result['detection_classes'][0] + offset).astype(int),
    result['detection_scores'][0],
    category_index,
    use_normalized_coordinates=True,
    max_boxes_to_draw=200,
    min_score_thresh=.30,
    agnostic_mode=False,
    keypoints=keypoints,
    keypoint_scores=keypoint_scores)

plt.figure(figsize=(24,32))
plt.imshow(detections[0])
plt.show()
```

输出的结果如图 6.47 所示。

图 6.47　目标检测结果

由于 Faster R-CNN 模型可以接收任意图像大小的输入，因此在上述的实现代码中没有对输入图像大小进行设定。除了 Faster R-CNN 模型，TensorFlow Hub 中还提供了许多其他的目标检测模型，如 SSD、Mask R-CNN 等，要使用它们只需将上述模型加载的代码链接替换成指定模型链接即可。部分经常使用的其他目标检测模型加载链接代码如下。

```
 'CenterNet HourGlass104 512x512' : 'https://hub.TensorFlow.google.cn/TensorFlow/
centernet/hourglass_512x512/1',
 'CenterNet HourGlass104 Keypoints 512x512' : 'https://hub.TensorFlow.google.cn/
TensorFlow/centernet/hourglass_512x512_kpts/1',
 'CenterNet HourGlass104 1024x1024' : 'https://hub.TensorFlow.google.cn/ TensorFlow/
centernet/hourglass_1024x1024/1',
 'CenterNet HourGlass104 Keypoints 1024x1024' : 'https://hub.TensorFlow.google.cn/
TensorFlow/ centernet/hourglass_1024x1024_kpts/1',
 'CenterNet Resnet50 V1 FPN 512x512' : 'https://hub.TensorFlow.google.cn/ TensorFlow/
centernet/resnet50v1_fpn_512x512/1',
```

```
 'CenterNet Resnet50 V1 FPN Keypoints 512x512' : 'https://hub.TensorFlow.google.cn/
TensorFlow/ centernet/resnet50v1_fpn_512x512_kpts/1',
 'CenterNet Resnet101 V1 FPN 512x512' : 'https://hub.TensorFlow.google.cn/ TensorFlow/
centernet/resnet101v1_fpn_512x512/1',
 'CenterNet Resnet50 V2 512x512' : 'https://hub.TensorFlow.google.cn/ TensorFlow/
centernet/resnet50v2_512x512/1',
 'CenterNet Resnet50 V2 Keypoints 512x512' : 'https://hub.TensorFlow.google.cn/
TensorFlow/ centernet/resnet50v2_512x512_kpts/1',
 'EfficientDet D0 512x512' : 'https://hub.TensorFlow.google.cn/TensorFlow/efficientdet
/d0/1',
 'EfficientDet D1 640x640' : 'https://hub.TensorFlow.google.cn/TensorFlow/efficientdet
/d1/1',
 'EfficientDet D2 768x768' : 'https://hub.TensorFlow.google.cn/TensorFlow/efficientdet
/d2/1',
 'EfficientDet D3 896x896' : 'https://hub.TensorFlow.google.cn/TensorFlow/efficientdet
/d3/1',
 'EfficientDet D4 1024x1024' : 'https://hub.TensorFlow.google.cn/TensorFlow/efficientdet
/d4/1',
 'EfficientDet D5 1280x1280' : 'https://hub.TensorFlow.google.cn/TensorFlow/efficientdet
/d5/1',
 'EfficientDet D6 1280x1280' : 'https://hub.TensorFlow.google.cn/TensorFlow/efficientdet
/d6/1',
 'EfficientDet D7 1536x1536' : 'https://hub.TensorFlow.google.cn/TensorFlow/efficientdet
/d7/1',
 'SSD MobileNet v2 320x320' : 'https://hub.TensorFlow.google.cn/TensorFlow/ssd_mobilenet_
v2/2',
 'SSD MobileNet V1 FPN 640x640' : 'https://hub.TensorFlow.google.cn/TensorFlow/ssd_
mobilenet_v1/fpn_640x640/1',
 'SSD MobileNet V2 FPNLite 320x320' :
'https://hub.TensorFlow.google.cn/TensorFlow/ssd_ mobilenet_v2/fpnlite_320x320/1',
 'SSD MobileNet V2 FPNLite 640x640' :
'https://hub.TensorFlow.google.cn/TensorFlow/ssd_ mobilenet_v2/fpnlite_640x640/1',
 'SSD ResNet50 V1 FPN 640x640 (RetinaNet50)' : 'https://hub.TensorFlow.google.cn/
TensorFlow/retinanet/resnet50_v1_fpn_640x640/1',
 'SSD ResNet50 V1 FPN 1024x1024 (RetinaNet50)' : 'https://hub.TensorFlow.google.cn/
TensorFlow/retinanet/resnet50_v1_fpn_1024x1024/1',
 'SSD ResNet101 V1 FPN 640x640 (RetinaNet101)' : 'https://hub.TensorFlow.google.cn/
TensorFlow/retinanet/resnet101_v1_fpn_640x640/1',
 'SSD ResNet101 V1 FPN 1024x1024 (RetinaNet101)' : 'https://hub.TensorFlow.google.cn/
TensorFlow/retinanet/resnet101_v1_fpn_1024x1024/1',
 'SSD ResNet152 V1 FPN 640x640 (RetinaNet152)' : 'https://hub.TensorFlow.google.cn/
TensorFlow/retinanet/resnet152_v1_fpn_640x640/1',
 'SSD ResNet152 V1 FPN 1024x1024 (RetinaNet152)' : 'https://hub.TensorFlow.google.cn/
TensorFlow/retinanet/resnet152_v1_fpn_1024x1024/1',
 'Mask R-CNN Inception ResNet V2 1024x1024' : 'https://hub.TensorFlow.google.cn/
TensorFlow/mask_rcnn/inception_resnet_v2_1024x1024/1'
```

第 7 章　自 编 码 器

自编码器是机器学习领域中一种典型的无监督学习算法。它具有优良的特征提取能力，常被用于数据去噪、数据降维和图像重构技术中。在本章中，首先会介绍自编码器的原理和如何利用 TensorFlow 2.X 搭建出自编码器模型的基本结构，之后会再介绍它的两种变种形式以及它们在图像去噪和图像生成应用中的具体实现，最后会讲解如何将自编码器应用于异常检测实战中。

本章主要涉及的知识点如下。

- 无监督学习：了解无监督学习的概念。
- 自编码器：理解自编码器的基本原理，掌握如何使用 TensorFlow 2.X 搭建自编码器模型并完成图像重构任务。
- 去噪自编码器：理解去噪自编码器的改进原理，掌握如何使用 TensorFlow 2.X 搭建去噪自编码器并完成图像去噪任务。
- 变分自编码器：理解变分自编码器的隐变量含义，掌握如何使用 TensorFlow 2.X 搭建变分自编码器并完成图像生成任务。
- 异常检测：了解异常检测的概念，掌握如何使用 TensorFlow 2.X 搭建自编码器并完成异常检测任务。

7.1　自编码器介绍

本节介绍无监督学习的概念及自编码器的数学原理，理解这些概念是后续使用 TensorFlow 2.X 搭建自编码器模型的基础。只有在了解了基本的自编码器的概念后，才能在这个基础上针对自编码器做出改进和变形。

7.1.1　无监督学习

在深度学习中，训练的样本数据往往都有着相对应的标签，这样的学习任务也被称为有监督学习。身处于如今的大数据时代，获取海量的样本数据并不困难，困难的是如何去获得这些海量数据相对应的标签。目前，绝大部分数据的标签都是通过人工标注获取的，然而这种方式往往会存在以下问题。

（1）有些数据对标注者的先验知识要求较高且难以标注，如医学数据。

（2）人工标注数据的成本过高。

（3）人工标注容易引入主观先验偏差。

那么面对这些海量的未经标注的数据，是否有办法可以从这些数据里直接学习到它们具体的分布和特性？答案是有。这种学习方式也被称为无监督学习。无监督学习简单来说就是让机器自行去发现数据中的模式并对其作出一定的判断。常见的无监督学习算法主要包括聚类、自编码器及主成分分析算法。而本章准备介绍的自编码器算法就是典型的无监督学习算法中的一种。

7.1.2 自编码器原理

自编码器本质上是一个数据编码与解码的过程，即数据通过压缩之后再解压恢复为原数据。编码时模型会将输入数据映射至低维向量，而解码时模型再将该向量映射回原输入数据的空间，这个过程就和平常计算机中常用的文件压缩与解压缩操作类似。

常见的自编码器分类共有以下几种。

（1）普通自编码器：自编码器最简单的形式仅仅由 3 个网络层组成，即输入层、单层隐含层和输出层。

（2）深度自编码器：在隐含层部分采用更深的多层网络结构进行表示，增加其中的特征提取层数。

（3）欠完备自编码器：隐含层的维度比输入维度小，能强制自编码器捕捉训练输入数据中最有用的特征。

（4）正则自编码器：在损失函数上加上正则项等设置强制自编码器学习一些其他特性，如稀疏特征、对噪声的鲁棒性等。

（5）去噪自编码器：将输入数据进行一些人为破坏，如加噪等，强制自编码器学习相关特征并输出无噪数据。

下面举例简单描述一下自编码器的工作流程。假设现在有一张图像，当该图像被传入自编码器模型时，自编码器首先会对它进行编码。这时图像的信息被压缩，大小、质量都被缩减，这就是自编码器的“降维作用”。之后被压缩后的图像信息会再经过解码的过程，它会将降维后的、少信息量的数据尽力还原成原来的图像，而这个还原效果自然是越高越好。

同时为了提高还原的性能，自编码器会找到一个模式来输出/输入图像的近似值，这就会强制它去学习输入图像的一些重要特征，而抛弃一些不重要的特征，这就是自编码器同时具有优良的“特征提取能力”的原因。

明白了自编码器的工作流程之后，再来进一步探讨它的数学原理。假设输入的数据为x，那么模型目标就是希望所设计的自编码器模型可以学习到这样的映射：$f_\theta : x \to x$。根据前面所述，可以将整个系统划分为编码与解码两个部分，其中编码部分的网络学习的映射为$g_{\text{en}} : x \to z$，代表将原数据x转变为低维度的隐变量 z 的过程；解码部分的网络学习的映射则为$h_{\text{de}} : z \to x$，代表将低维度的隐变量 z 再恢复成高维度数据 x 的过程。通常，整个网络 f_θ 被称为自动编码器，简称自编码器；g_{en}和 h_{de} 分别被称为编码器网络（Encoder）和解码器网络（Decoder），其模型示意图如图 7.1 所示。

通常来说，自编码器模型默认都是深度自编码器，也就是将编码器和解码器的结构都用深层的神经网络进行表示。正是因为自编码器中神经网络模型强大的非线性学习能力和特征提取能力，才使得该模型的特征降维性能比主成分分析技术要好，图像还原的效果更加清晰，其网络示意图如图 7.2 所示。

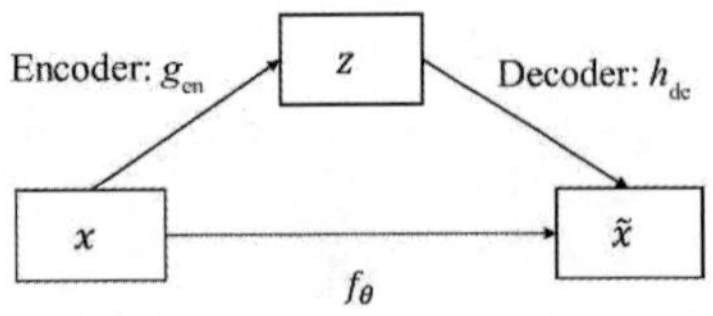

图 7.1 自编码器模型

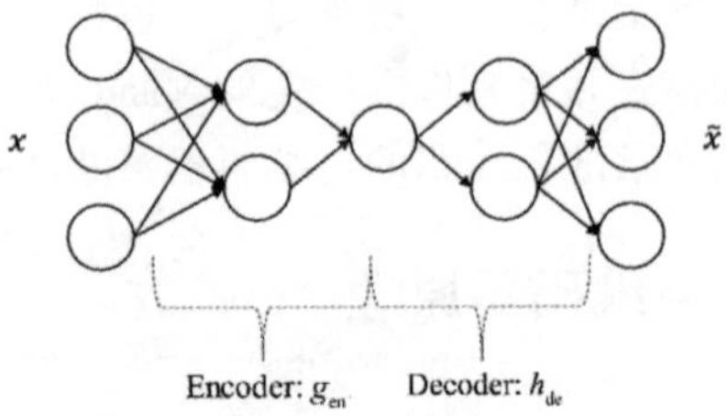

图 7.2 深度自编码器模型

由于在深度学习的神经网络模型中，模型的训练通过不断地最小化损失函数来提高模型性能，那么在自编码器中，自然也需要寻找一个合适的损失函数。如前所述，在自编码器的算法中，希望模型的输出可以更接近输入，因此最直接的方式就是将它的输出和输入的差作为该算法的损失函数 L 并进行优化，其可以被表示为

$$L = \text{distance}(x, \tilde{x}) \tag{7-1}$$

其中 $\tilde{x}$ 又可以被表示为

$$\tilde{x} = h_{\text{de}}(g_{\text{en}}(x)) \tag{7-2}$$

因此最终的损失函数形式可被写成

$$L = \text{distance}(x, h_{\text{de}}(g_{\text{en}}(x))) \tag{7-3}$$

设置好损失函数后，自编码器模型在训练的时候就会根据它的运算结果不断地对模型进行优化并调整编码器和解码器的参数，使得重构误差得以达到最小。

7.2 自编码器图像重构实战

图像重构是计算机视觉领域里一种经典的图像处理技术，而自编码器算法便是实现该技术的核心算法之一。了解了自编码器的基本原理后，本节就通过实战案例讲解如何利用 TensorFlow 2.X 一步步地搭建出一个自编码器并将其应用于 MNIST 数据集的重构中。

7.2.1 编码器模块搭建

在本小节中，使用 MNIST 数据集进行自编码器模型的训练。首先需要搭建的是编码器网络，它的作用是使网络中的输入数据不断地降维变成低维度的隐变量 z。

导入相关的第三方库，代码如下。

```
import TensorFlow as tf
from TensorFlow.keras import layers
import matplotlib.pyplot as plt
```

加载 MNIST 数据集并对其进行预处理，代码如下。

```
(x_train,y_train),(x_test,y_test) = tf.keras.datasets.mnist.load_data() #加载MNIST数据集
x_train = x_train.reshape(-1,784).astype('float32')/255   #训练集图像打平并归一化
x_test = x_test.reshape(-1,784).astype('float32')/255
```

在这里使用 3 层全连接层作为编码器的网络结构，即输入维度为 784 的图像会不断地经过 3 层网络并降维变成 512、256 和 60。其中每一层网络都使用 ReLu 作为激活函数并对神经元权重进行正态分布初始化，代码如下。

```
# 编码器网络
Encoder = tf.keras.models.Sequential([
    layers.Dense(512, kernel_initializer = 'normal', activation = 'relu'),
    layers.Dense(256, kernel_initializer = 'normal', activation = 'relu'),
    layers.Dense(60, kernel_initializer = 'normal', activation = 'relu')
])
```

7.2.2 解码器模块搭建

解码器网络实质上是对编码器输出的隐变量z进行一次次的上采样，最后输出再还原成和原输入数据相同维度的数据。在这里将之前得到的维度为 60 的数据再依次升维到 256、512 和 784。同样地，对每一层网络的神经元权重进行正态分布初始化，并将最后一层激活函数换成 Sigmoid()函数以便将输出转为像素值，代码如下。

```
# 解码器网络
Decoder = tf.keras.models.Sequential([
    layers.Dense(256, kernel_initializer = 'normal', activation = 'relu'),
    layers.Dense(512, kernel_initializer = 'normal', activation = 'relu'),
    layers.Dense(784, kernel_initializer = 'normal', activation = 'sigmoid')
])
```

7.2.3 自编码器模型

将上述的编码器和解码器进行结合便可得到完整的自编码器模型。整个自编码器网络结构如图 7.3 所示。

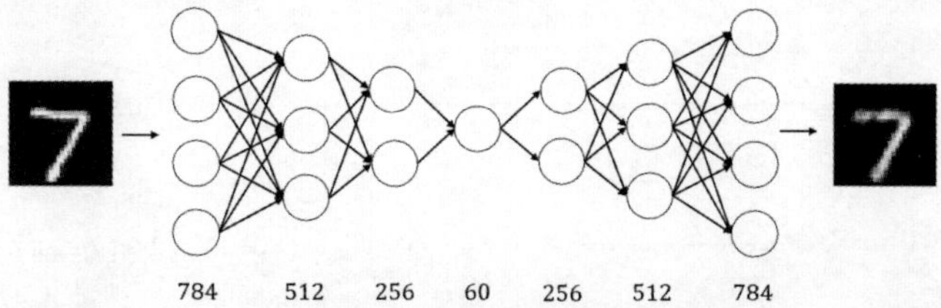

图 7.3 自编码器网络

为了方便，可以将编码器和解码器代码封装成类，并将传播过程在 call()函数中实现，代码如下。

```
class Autoencoder(tf.keras.Model):
    def __init__(self):
        super(Autoencoder,self).__init__()
        self.Encoder = tf.keras.models.Sequential([    #编码器网络
            layers.Dense(512, kernel_initializer = 'normal', activation = 'relu'),
            layers.Dense(256, kernel_initializer = 'normal', activation = 'relu'),
            layers.Dense(60, kernel_initializer = 'normal', activation = 'relu')
        ])
        self.Decoder = tf.keras.models.Sequential([    #解码器网络
            layers.Dense(256, kernel_initializer = 'normal', activation = 'relu'),
            layers.Dense(512, kernel_initializer = 'normal', activation = 'relu'),
            layers.Dense(784, kernel_initializer = 'normal', activation = 'sigmoid')
        ])
    def call(self,input_features,training = None):    #前向传播
        code = self.Encoder(input_features)              #数据编码
        reconstructed = self.Decoder(code)               #数据解码
        return reconstructed
```

搭建好自编码器的网络模型后，下一步便是对该网络进行训练。在训练之前，首先需要配置训练过程所需的优化器及损失函数等参数。在这里选择了 Adam 优化器，以及使用经典的二元交叉熵作为模型的损失函数，代码如下。

```
model = Autoencoder()
model.compile(optimizer = 'adam', loss = 'binary_crossentropy')
```

配置好所需参数后，就可以正式开始训练已搭建好的模型。这里选用测试集的前 4000 张图像作为验证集，其余的图像作为测试集。由于自编码器模型为无监督训练模型，因此这里输入数据的标签等于输入自身，代码如下。

```
model.fit(x_train,x_train, epochs = 10, batch_size = 256, shuffle = True,
validation_data = (x_test[:4000], x_test[:4000]))
```

输出的结果为：

```
Train on 60000 samples, validate on 4000 samples
...
Epoch 5/10
60000/60000 [==============================] - 11s 184us/sample - loss: 0.0907 -
val_loss: 0.0896
Epoch 6/10
60000/60000 [==============================] - 10s 170us/sample - loss: 0.0877 -
val_loss: 0.0862
Epoch 7/10
60000/60000 [==============================] - 10s 171us/sample - loss: 0.0855 -
val_loss: 0.0845
Epoch 8/10
60000/60000 [==============================] - 11s 175us/sample - loss: 0.0838 -
val_loss: 0.0832
```

```
Epoch 9/10
60000/60000 [==============================] - 11s 190us/sample - loss: 0.0823 -
val_loss: 0.0821
Epoch 10/10
60000/60000 [==============================] - 11s 182us/sample - loss: 0.0811 -
val_loss: 0.0814
```

使用训练集训练好模型后，还需要对其进行进一步的测试。测试集的后 6000 张图像被应用于测试图像的重构效果，之后再构建可视化函数对其显示，代码如下。

```
#模型测试
decoded_imgs = model.predict(x_test[4000:])
#原图像与重构后的图像对比
plt.figure(figsize = (20, 4))
n = 10
for i in range(n):
    ax = plt.subplot(2, n, i + 1)
    plt.imshow(tf.reshape(x_test[4000+i], [28, 28]))
    ax.get_xaxis().set_visible(False)
    ax.get_yaxis().set_visible(False)
    ax = plt.subplot(2, n, i + 1 + n)
    plt.imshow(decoded_imgs[i].reshape(28, 28))
    ax.get_xaxis().set_visible(False)
    ax.get_yaxis().set_visible(False)
plt.show()
```

图像重构的结果如图 7.4 所示，图中分别展示了训练 1 个和 10 个 epoch 的模型测试效果。

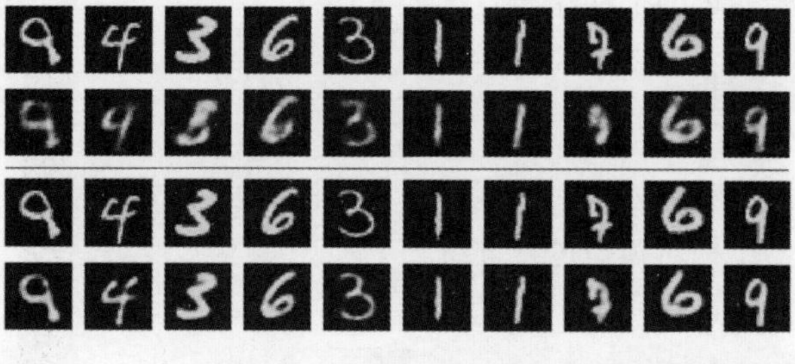

图 7.4　1 个和 10 个 epoch 训练模型的图像重构效果对比

7.3　去噪自编码器实战

去噪自编码器是普通自编码器的变化形态之一，其主要功能是将含噪数据恢复成无噪数据。在本节中，首先会简单介绍去噪自编码器的原理，之后会通过 TensorFlow 2.X 实战演示如何利用去噪自编码器对加噪的 MNIST 数据集进行去噪处理。

7.3.1 去噪自编码器原理

普通自编码器的学习模式只是简单地保留了原始输入图像的信息，这样可能会导致模型在学习时直接对输入信息进行复制以得到输出，从而无法从中提取到有用的特征表示。为了避免这种情况，通常需要对所提供的输入数据或损失函数加上一定约束，强迫该模型能学习到有价值的特征分布。去噪自编码器便是一个让输入数据加上约束（即噪声）的典型例子，其模型示意图如图 7.5 所示。

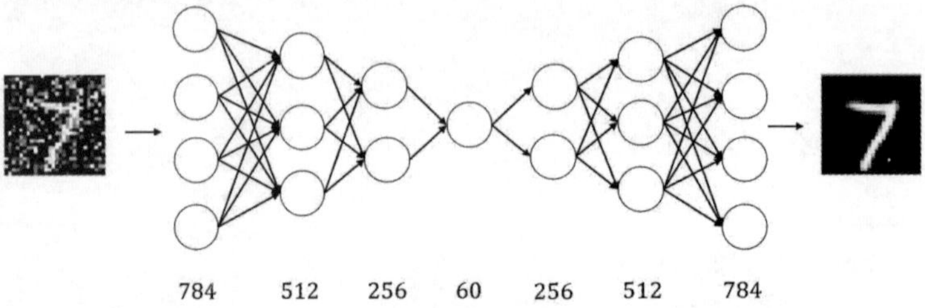

图 7.5　去噪自编码器网络

从图 7.5 来看，发现去噪自编码器与普通自编码器并没有太大的区别，有明显区别的地方便是在输入数据上加入了一部分噪声。这些加入的噪声会扰乱输入数据原本的正常分布，使图像特征变得不明显，因此这便会强制自编码器模型在训练过程中可以尽量地从这些含噪图像中学习到有用的特征。虽然加噪能对模型产生一定的约束，但所加的噪声并非越大越好，过大的噪声往往可能会使输入数据整体都变成无用的噪声数据，使得模型只能学到无用特征，失去了训练意义。因此，只有合适的约束条件才能对模型的训练起到积极的推动作用。

7.3.2 去噪自编码器搭建

由于只对输入数据进行了噪声处理，模型的结构并没有发生改变，因此依旧沿用第 7.2 节的 3 层全连接层的编码器和解码器结构对模型进行训练。

首先加载所需的第三方库，代码如下。

```
import TensorFlow as tf
from TensorFlow.keras import layers
import matplotlib.pyplot as plt
import numpy as np
```

加载 MNIST 数据集并进行预处理，代码如下。

```
(x_train,y_train),(x_test,y_test) = tf.keras.datasets.mnist.load_data()
#加载 MNIST 数据集
x_train = x_train.reshape(-1,784).astype('float32')/255   #训练集图像打平并归一化
x_test = x_test.reshape(-1,784).astype('float32')/255
```

对输入数据进行加噪处理，代码如下。

```
noise_ratio =0.3                                    #噪声比例
x_train_noise = x_train + noise_ratio *np.random.normal(0, 1,x_train.shape)   #加噪
x_test_noise = x_test + noise_ratio *np.random.normal(0,1, x_test.shape)
x_train_noise = np.clip(x_train_noise, 0,1)  #限制噪声最大、最小值
x_test_noise = np.clip(x_test_noise,0,1)
```

定义显示加噪图像函数并进行显示，代码如下。

```
plt.figure(figsize=(16, 6))
for i in range(0,10):
    ax = plt.subplot(2,5, i+1)
    ax.get_xaxis().set_visible(False)
    ax.get_yaxis().set_visible(False)
    plt.imshow(x_test_noise[i].reshape(28, 28))
plt.show()
```

输出的结果如图 7.6 所示。

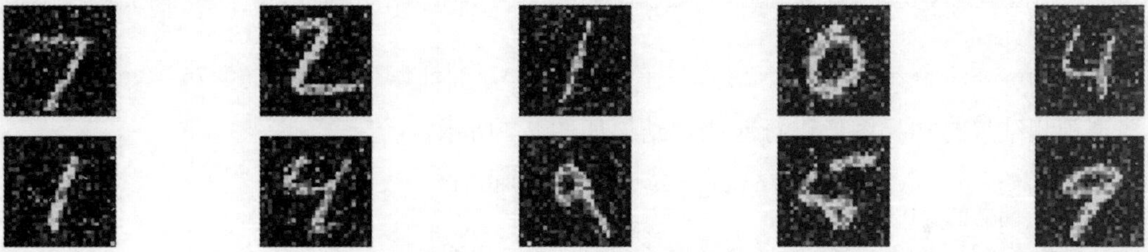

图 7.6　加噪 MNIST 图像

搭建自编码器网络，代码如下。

```
class Autoencoder(tf.keras.Model):
    def __init__(self):
        super(Autoencoder,self).__init__()
        self.Encoder = tf.keras.models.Sequential([    #编码器网络
            layers.Dense(512, kernel_initializer = 'normal', activation = 'relu'),
            layers.Dense(256, kernel_initializer = 'normal', activation = 'relu'),
            layers.Dense(60, kernel_initializer = 'normal', activation = 'relu')
        ])
        self.Decoder = tf.keras.models.Sequential([    #解码器网络
            layers.Dense(256, kernel_initializer = 'normal', activation = 'relu'),
            layers.Dense(512, kernel_initializer = 'normal', activation = 'relu'),
            layers.Dense(784, kernel_initializer = 'normal', activation = 'sigmoid')
        ])
    def call(self,input_features,training = None):    #前向传播
        code = self.Encoder(input_features)           #数据编码
        reconstructed = self.Decoder(code)            #数据解码
        return reconstructed
```

创建、编译模型参数并进行训练，代码如下。

```
model = Autoencoder()   #模型创建
model.compile(optimizer = 'adam', loss = 'binary_crossentropy')
model.fit(x_train_noise,x_train, epochs = 10, batch_size = 256, shuffle = True,
validation_data = (x_test_noise[:4000], x_test[:4000]))
```

输出的结果为：

```
...
Epoch 5/10
235/235 [==============================] - 8s 35ms/step - loss: 0.1114 - val_loss: 0.1101
Epoch 6/10
235/235 [==============================] - 7s 30ms/step - loss: 0.1071 - val_loss: 0.1058
Epoch 7/10
235/235 [==============================] - 7s 31ms/step - loss: 0.1039 - val_loss: 0.1035
Epoch 8/10
235/235 [==============================] - 7s 30ms/step - loss: 0.1013 - val_loss: 0.1012
Epoch 9/10
235/235 [==============================] - 8s 34ms/step - loss: 0.0994 - val_loss: 0.1001
Epoch 10/10
235/235 [==============================] - 8s 33ms/step - loss: 0.0976 - val_loss: 0.0985
```

将模型预测结果与加噪图像进行对比，结果如图 7.7 所示。

```
decoded_imgs = model.predict(x_test_noise[4000:])
#原图片与去噪后的图片对比
plt.figure(figsize = (20, 4))
n = 10
for i in range(n):
    ax = plt.subplot(2, n, i + 1)
    plt.imshow(tf.reshape(x_test_noise[4000+i], [28, 28]))
    ax.get_xaxis().set_visible(False)
    ax.get_yaxis().set_visible(False)
    ax = plt.subplot(2, n, i + 1 + n)
    plt.imshow(decoded_imgs[i].reshape(28, 28))
    ax.get_xaxis().set_visible(False)
    ax.get_yaxis().set_visible(False)
plt.show()
```

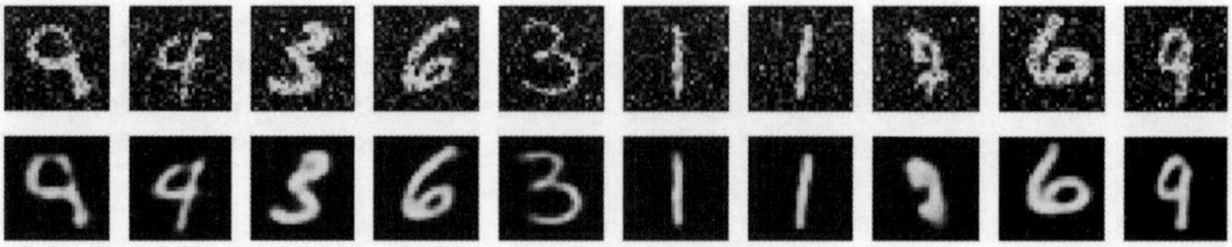

图 7.7 原加噪图像与去噪图像对比

此外，除了由全连接层构成的自编码器网络之外，也可以使用卷积神经网络来构成编码器和解码器网络。事实上，由于卷积神经网络的特征提取能力强大且对噪声信息敏感，因此这种形式被更加广泛地应用于自编码器网络当中。接下来根据当前任务，实现一个去噪卷积自编码器并应用于 MNIST 数据上。

修改先前数据的读取格式，代码如下。

```
#加载 MNIST 数据集
(x_train,y_train),(x_test,y_test) = tf.keras.datasets.mnist.load_data()
x_train = x_train.reshape(x_train.shape[0],28,28,1).astype('float32')/255#训练集
x_test = x_test.reshape(x_test.shape[0],28,28,1).astype('float32')/255   #测试集
```

采用相同的方式对数据集进行加噪，代码如下。

```
noise_ratio =0.3   #噪声比例
x_train_noise = x_train + noise_ratio *np.random.normal(0, 1,x_train.shape)   #加噪
x_test_noise = x_test + noise_ratio *np.random.normal(0,1, x_test.shape)
x_train_noise = np.clip(x_train_noise, 0,1)          #限制噪声最大、最小值
x_test_noise = np.clip(x_test_noise,0,1)
```

搭建去噪卷积自编码器，代码如下。

```
# 去噪卷积自编码器
class Conv_Autoencoder(tf.keras.Model):
    def __init__(self):
        super(Conv_Autoencoder,self).__init__()
        self.Encoder = tf.keras.models.Sequential([   #编码器网络
            layers.Conv2D(16,(3,3),kernel_initializer = 'normal',padding = 'same',
            activation = 'relu'),
            layers.MaxPool2D((2,2)),
            layers.Conv2D(8,(3,3),kernel_initializer = 'normal',padding = 'same',
            activation = 'relu'),
            layers.MaxPool2D((2,2))
        ])
        self.Decoder = tf.keras.models.Sequential([   #解码器网络
            layers.UpSampling2D((2,2)),
            layers.Conv2D(8,(3,3),kernel_initializer = 'normal',padding = 'same',
            activation = 'relu'),
            layers.UpSampling2D((2,2)),
            layers.Conv2D(16,(3,3),kernel_initializer = 'normal',padding = 'same',
            activation = 'relu'),
            layers.Conv2D(1,(3,3),kernel_initializer = 'normal',padding = 'same',
            activation = 'sigmoid')
        ])
    def call(self,input_features,training = None):   #前向传播
        code = self.Encoder(input_features)
        reconstructed = self.Decoder(code)
        return reconstructed
```

创建、编译模型参数并进行训练，代码如下。

```
model = Conv_Autoencoder()
```

```
model.compile(optimizer = 'adam', loss = 'binary_crossentropy')
model.fit(x_train_noise,x_train, epochs = 10, batch_size = 256, shuffle = True,
validation_data = (x_test_noise[:4000], x_test[:4000]))
```

输出的结果为：

```
Train on 60000 samples, validate on 4000 samples
...
Epoch 5/10
60000/60000 [==============================] - 85s 1ms/sample - loss: 0.0958 -
val_loss: 0.0942
Epoch 6/10
60000/60000 [==============================] - 90s 1ms/sample - loss: 0.0941 -
val_loss: 0.0923
Epoch 7/10
60000/60000 [==============================] - 80s 1ms/sample - loss: 0.0927 -
val_loss: 0.0913
Epoch 8/10
60000/60000 [==============================] - 82s 1ms/sample - loss: 0.0916 -
val_loss: 0.0902
Epoch 9/10
60000/60000 [==============================] - 79s 1ms/sample - loss: 0.0908 -
val_loss: 0.0895
Epoch 10/10
60000/60000 [==============================] - 76s 1ms/sample - loss: 0.0901 -
val_loss: 0.0888
```

将模型预测结果与加噪图像进行对比，代码如下。

```
decoded_imgs = model.predict(x_test_noise[4000:])
#原图像与去噪后的图像对比
plt.figure(figsize = (20, 4))
n = 10
for i in range(n):
    ax = plt.subplot(2, n, i + 1)
    plt.imshow(tf.reshape(x_test_noise[4000+i], [28, 28]))
    ax.get_xaxis().set_visible(False)
    ax.get_yaxis().set_visible(False)
    ax = plt.subplot(2, n, i + 1 + n)
    plt.imshow(decoded_imgs[i].reshape(28, 28))
    ax.get_xaxis().set_visible(False)
    ax.get_yaxis().set_visible(False)
plt.show()
```

输出的结果如图 7.8 所示。

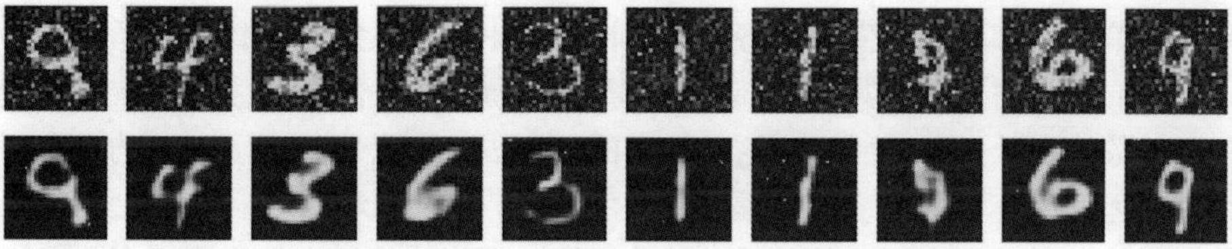

图 7.8 原加噪图像与去噪图像对比（去噪卷积自编码器）

7.4 变分自编码器实战

变分自编码器是基于自编码器的一种变体形式，同时也是一种常见的生成网络模型，熟悉并掌握它可以加深对自编码器变体形式的进一步理解。本节首先会介绍变分自编码器的组成和基本数学实现原理，之后会讲解如何通过 TensorFlow 2.X 实现基于变分自编码器的 MNIST 手写数字生成任务。

7.4.1 变分自编码器原理

变分自编码器是除了生成式对抗网络之外另一种较为常用的生成网络模型，虽然它们的目标都是希望训练出一个能够从隐变量 Z 中生成出目标数据 X 的模型，但二者在实现方面却有着本质的不同，这一点主要体现在它们的分布度量标准之间的差异。前者是度量由另一个分布生成的训练数据和噪声的 KL 散度，而后者则是利用神经网络训练对抗的方式来学习度量的分布差异，只有当判别器无法区分出这两个分布时，才可证明生成的分布达到了目标要求。

首先来简单介绍一下普通自编码器和变分自编码器之间的区别。普通自编码器之所以无法完成生成任务，主要是因为它只能针对输入的数据编码成对应的隐变量 Z 之后再还原成目标数据 X。换而言之，这是一个确定性的过程，无法用它来生成任意的数据，例如给定一个在训练分布之外的隐变量 Z，那么神经网络就很难预测出想要的结果。而变分自编码器的好处主要在于它在给定隐变量 Z 的同时还会加上一部分的干扰噪声，在这个噪声波动范围中生成的图像都可以被还原成目标数据 X。而由于隐变量 Z 中包含了数据信息和噪声，因此可以利用各不相同的 Z 生成无穷无尽的新数据，达到生成任务的要求，其具体比较过程如图 7.9 所示。

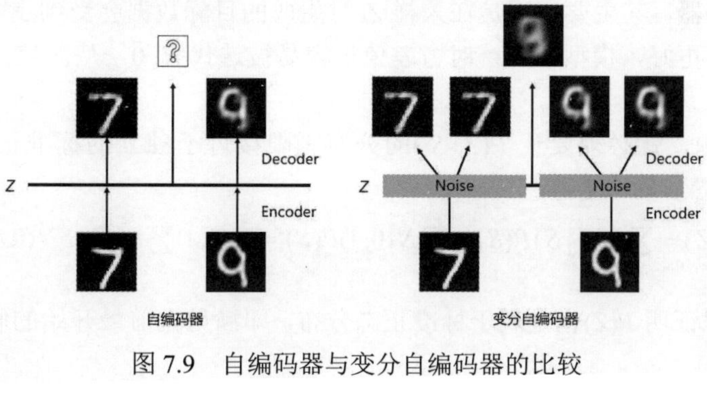

图 7.9 自编码器与变分自编码器的比较

明白了变分自编码器可以完成生成任务之后，接着再来看一下它的具体实现原理。假设有一批数据 S:{S_1, S_2, S_3, …, S_n}，需要根据其中的部分样本数据训练得出一个能够生成其余样本数据的模型，而完成这个任务的关键在于如何才能得到这批数据的分布 $P(S)$，只要知道了 $P(S)$的形态，就可以通过采样得到这个空间里的所有数据，这个过程被称为生成。

如果直接从 $P(S)$入手是较为困难的，通过部分训练数据直接推断出该类型整个数据的分布这显然并不现实。因此，可以通过概率论的知识，首先将其转化为

$$P(S) = \sum_{Z} P(S \mid Z)P(Z) \tag{7-4}$$

转化后的式子表明了数据分布 $P(S)$可以由另一个分布 $P(Z)$计算得到，而这个 $P(Z)$通常被假设服从于标准正态分布 $N(0, 1)$。也就是说，如果可以从该标准正态分布 $P(Z)$中采样出一个 Z，那么它就可以被利用去生成出一个目标数据 S。为了达到这个目的，首先可以假设现有的样本数据空间 S 里的 S_k 都有一个专属于自己的分布 $P(Z \mid S_k)$，而这些不同专属分布的参数（即均值和方差）可以通过神经网络拟合得到。由于是专属于 S_k 的分布，因此从该分布抽样出来的 Z 还原之后的形态和 S_k 是一一对应的，可以通过损失函数去最小化它们之间的距离，其完整的模型示意图如图 7.10 所示。

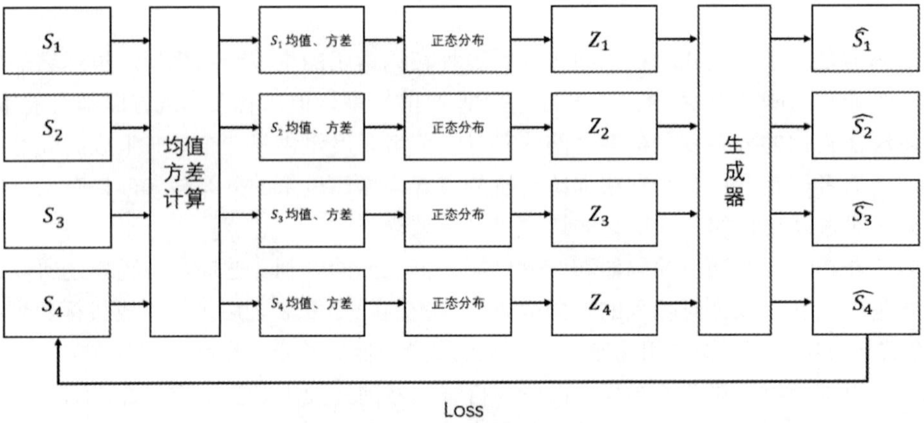

图 7.10 变分自编码器生成过程

如果只是用图中的生成目标和原数据进行重构损失的计算，往往会让变分自编码器失去生成能力并退化成普通的自编码器，其主要原因是在采样 Z_k 时生成的目标数据会受到噪声（方差）的影响。因此为了能让模型重构得更好，模型在训练时方差值很容易被迭代成 0，从而使自身失去随机性，换言之，则失去了生成能力。

为了避免这个问题，就必须要让 $P(Z \mid S_k)$的分布无限接近于独立的标准正态分布，如果所有的 $P(Z \mid S_k)$都变成标准正态分布，使得

$$P(Z) = \sum_{S} P(Z \mid S)P(S) = \sum_{S} N(0,1)P(S) = N(0,1)\sum_{S} P(S) = N(0,1) \tag{7-5}$$

则根据式（7-5）则可以证明 $P(Z)$也是属于标准正态分布，即满足先前最开始的假设。由于标准正态分

布的均值为 0，方差为 1，因此可以采集到带有随机性的生成目标数据。

如何才能让所有的 $P(Z \mid S_k)$的分布无限接近于标准正态分布？其最直接的办法便是在原有的重构损失函数上加上对这些参数的额外损失项，即对正态分布的 u 以及 $\log\sigma^2$ 进行优化，这里之所以选择 $\log\sigma^2$，主要是因为它可正可负，无须加上激活函数后再进行处理。在变分自编码器的论文里，作者直接计算了各分量独立的正态分布与标准正态分布之间的 KL 散度值，并经过推导得出正态分布参数损失函数式为

$$L_{u,\sigma^2} = \frac{1}{2}\sum_{i=1}^{d}(u_i^2 + \sigma_i^2 - \log\sigma_i^2 - 1) \tag{7-6}$$

此外，由于 Z_k 的采样过程在神经网络的反向传播过程中无法计算，因此可以根据已有公式，将在这些专属的正态分布中采样的结果转换成在标准正态分布下的采样结果，其计算公式为

$$Z_k = u_i + \varepsilon_i \sigma_i \tag{7-7}$$

其中，ε 代表在标准正态分布下采样的值。

转换之后采样过程的结果便可以加入整个模型的损失训练迭代中，让该变分自编码器得以正常训练。

7.4.2 变分自编码器搭建

有了变分自编码器的基础数学知识，下一步便是利用 TensorFlow 2.X 对该模型算法进行实现。由于变分自编码器中涉及了一些自定义的数学公式，如损失函数等，因此在代码中也需要自行构造它们，整体的实现会比之前的实战内容稍微复杂一些。

首先加载所需的第三方库，代码如下。

```
import numpy as np
import matplotlib.pyplot as plt
import TensorFlow as tf
import time
from scipy.stats import norm
from TensorFlow.keras.layers import Input, Dense, Lambda
from TensorFlow.keras.models import Model
from TensorFlow.keras import backend as K
from TensorFlow.keras import metrics
from TensorFlow.keras import layers
```

对 MNIST 数据集进行加载及预处理，代码如下。

```
(train_data,train_labels),(test_data,test_labels) = tf.keras.datasets.mnist.load_data()

train_data = train_data.reshape(-1,784).astype('float32') / 255.
test_data = test_data.reshape(-1,784).astype('float32') / 255.

train_data = tf.data.Dataset.from_tensor_slices(train_data).batch(1000)   #数据分批
```

```
train_labels = tf.data.Dataset.from_tensor_slices(train_labels).batch(1000)
#数据打乱
train_dataset = tf.data.Dataset.zip((train_data,train_labels)).shuffle(60000)

test_data = tf.data.Dataset.from_tensor_slices(test_data).batch(1000)
test_labels = tf.data.Dataset.from_tensor_slices(test_labels).batch(1000)
test_dataset = tf.data.Dataset.zip((test_data,test_labels)).shuffle(10000)
```

定义编码器网络结构，其中用两层全连接层对其进行表示，784 维的输入首先转化为 256 维的向量，之后再转化为隐变量的 2 维（可以任意设置）输出，代码如下。

```
Encoder = tf.keras.models.Sequential([   #编码器网络
          layers.Dense(256,activation='relu'),
          layers.Dense(2) ])
```

定义解码器网络结构，流程与编码器网络相反，代码如下。

```
Decoder = tf.keras.models.Sequential([   #解码器网络
          layers.Dense(256, activation='relu'),
          layers.Dense(784,activation = 'sigmoid')])
```

定义编码和解码过程，其中编码过程输出均值和方差，解码过程输出隐变量的输出值，代码如下。

```
def encode(x):
   z_mean = Encoder(x)        #均值
   z_var = Encoder(x)         #方差
   return z_mean, z_var

def decode(z):
   x_decoded_mean = Decoder(z)
   return x_decoded_mean
```

定义 Z_k 的采样过程，由于设定的方差相关参数为 $\log\sigma^2$，因此在采样转换式子里需要用指数函数对其进行转换，代码如下。

```
def sample(self, z_mean, z_var):
   z_mean, z_var = z_mean, z_var
   epsilon = K.random_normal(shape=(K.shape(z_mean)[0], self.latent_dim), mean=0.,
   stddev=self.std)
   return z_mean + K.exp(z_var / 2) * epsilon
```

将以上函数编写成类函数，方便调用，代码如下。

```
class VAE(tf.keras.Model):
   def __init__(self):
      super(VAE,self).__init__()
      self.latent_dim = 2                                  #映射成 2 维，方便显示
      self.std = 1.0
      self.Encoder = tf.keras.models.Sequential([   #编码器网络
         layers.Dense(256,activation='relu'),
         layers.Dense(2)
      ])
```

```
        self.Decoder = tf.keras.models.Sequential([    #解码器网络
            layers.Dense(256, activation='relu'),
            layers.Dense(784,activation = 'sigmoid')
        ])

    def encode(self,x):
        z_mean = self.Encoder(x)                          #均值
        z_var = self.Encoder(x)                           #方差
        return z_mean, z_var

    def sample(self, z_mean, z_var):
        z_mean, z_var = z_mean, z_var
        epsilon = K.random_normal(shape=(K.shape(z_mean)[0], self.latent_dim), mean=0.,
        stddev=self.std)
        return z_mean + K.exp(z_var / 2) * epsilon

    def decode(self,z):
        x_decoded_mean = self.Decoder(z)
        return x_decoded_mean
```

根据重构损失函数与之前定义的正态分布参数损失函数式,编写完整的模型损失函数,代码如下。

```
def compute_loss(model,x):   #损失函数
    z_mean, z_var = model.encode(x)
    z = model.sample(z_mean,z_var)
    x_decoded_mean = model.decode(z)

    loss_xent = 784 * metrics.binary_crossentropy(x, x_decoded_mean)
    loss_kl = - 0.5 * K.sum(1 + z_var - K.square(z_mean) - K.exp(z_var), axis=-1)
    vae_loss = K.mean(loss_xent + loss_kl)
    return vae_loss
```

定义损失参数梯度计算和更新函数，代码如下。

```
def compute_gradient(model,x):                        #计算梯度
    with tf.GradientTape() as tape:
        loss = computeLoss(model,x)
    gradient = tape.gradient(loss,model.trainable_variables)
    return gradient,loss

def update(optimizer,gradients,variables):            #梯度更新
    optimizer.apply_gradients(zip(gradients,variables))
```

创建模型并定义优化器，代码如下。

```
model = VAE()
optimizer = tf.keras.optimizers.Adam(0.01)
```

训练模型 10 次，代码如下。

```
for epoch in range(10):
    start = time.time()
```

```
    last_loss = 0
    for train_x,_ in train_dataset:
        gradients,loss = compute_gradient(model,train_x)            #计算梯度
        update(optimizer,gradients,model.trainable_variables)       #更新梯度
        last_loss = loss
    print ('Epoch {},loss: {}'.format(epoch,last_loss))
```

输出的结果为：

```
...
Epoch 5,loss: 175.69309997558594
Epoch 6,loss: 173.57022094726562
Epoch 7,loss: 179.91880798339844
Epoch 8,loss: 170.93853759765625
Epoch 9,loss: 172.385498046875
```

利用正态分布的分位数构建隐变量对，并显示生成的图像，代码如下。

```
img_size = 28   #定义图像大小
figure = np.zeros((img_size * 10, img_size * 10))  #空矩阵，用于显示图像，显示数量为10×10
x_grid = norm.ppf(np.linspace(0.1, 0.9, 10))            #基于正态分布创建分位数
y_grid = norm.ppf(np.linspace(0.1, 0.9, 10))
for i, y in enumerate(x_grid):
    for j, x in enumerate(y_grid):
        z_sample = np.array([[x, y]])                       #采样一个 z 隐变量
        x_decoded = model.decode(z_sample).numpy()          #根据 z 隐变量生成图像
        digit = x_decoded[0].reshape(img_size, img_size) #转化为 2 维图像
        #将结果放入空矩阵中方便显示
        figure[i * img_size: (i + 1) * img_size, j * img_size: (j + 1) * img_size] = digit
#显示图像
plt.figure(figsize=(7, 7))
plt.imshow(figure)
plt.show()
```

输出的结果如图 7.11 所示。

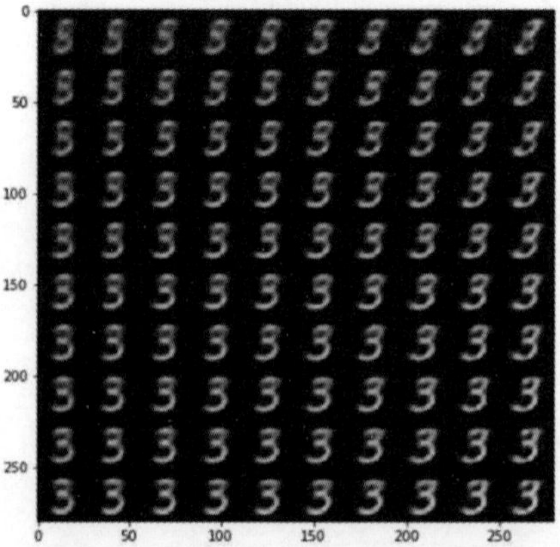

图 7.11　变分自编码器生成图像

7.5 自编码器异常检测实战

除了特征提取、图像重构和生成之外，自编码器模型还可以被应用于数据的异常检测中。本节首先对机器学习中的异常检测任务背景进行简单的介绍，之后演示如何通过 TensorFlow 2.X 深度学习框架实现一个用于异常检测任务的自编码器模型。

7.5.1 异常检测简介

异常检测作为机器学习中一个重要的分支，其重要性不言而喻，常被应用于银行欺诈、医学诊断和产品损坏等领域。它主要是为了能够识别或分辨出不同于正常数据分布外的离群值、噪声和偏差，常见的方法主要有 SVM、最近邻聚类和神经网络等，而在本小节中则重点描述神经网络方面的自编码器异常检测算法。

在工业领域的应用中，异常检测可以起到至关重要的作用，它既可以对一维空间的数值进行异常检测，也可以对二维空间的图像数据进行分析。从深度学习的角度来看，常用的方式主要是先通过模型学习得到正常数据的分布模式，之后再将其他可能存在异常数据的分布模式与生成的正常数据分布模式进行对比，从而得到不符合正常分布的异常值，即完成了异常检测任务。以医学图像诊断为例，如图 7.12 所示是一个利用自编码器模型进行颅内出血异常检测的流程。

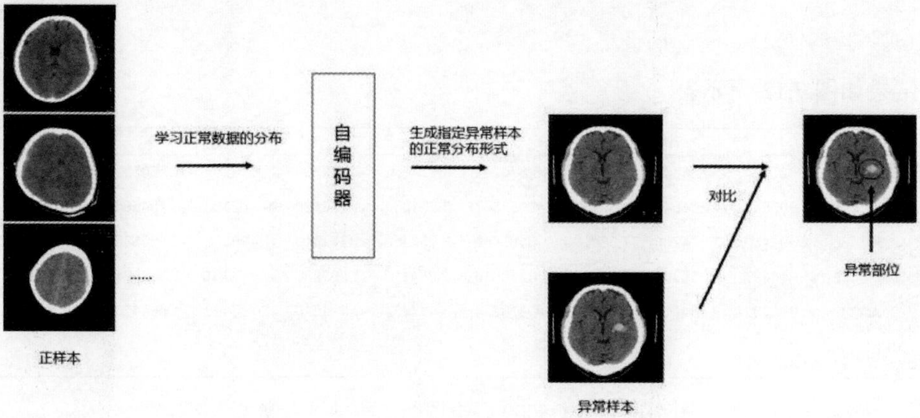

图 7.12 自编码器应用于颅内出血异常检测

如果通过标签类型对异常检测领域进行划分，一般可以分为以下 3 种。

（1）有监督异常检测：训练集里的正样本和异常样本均带有标签。

（2）无监督异常检测：训练集里的正样本和异常样本均不带有标签，但正样本数量较多。

（3）半监督异常检测：只有正样本参与训练，异常样本不参与训练。其中半监督异常检测的方式最为常见，即先通过正样本获得正常的数据分布，之后再通过与异常样本的比较得出异常部分，7.5.2 小节实战的内容也是基于该方式。

虽然异常检测任务在工业里的应用十分常见，但仍然面临以下挑战。

（1）由于异常样本的多样性，在实际分析中可能会出现超出人们目前认知的一些异常样本。

（2）在具体的异常检测分析任务中，无法收集到所有的异常样本，正样本的数量通常都远远大于异常样本，使数据分布不均衡。

（3）异常样本之间的类型存在巨大差异等。

7.5.2 异常检测实战

本小节通过构建自编码器对 ECG5000 心电图数据集进行分析。该数据集的总长度为长达 20 小时的心电图，共包含 5 种不同的数据类别。而本实战案例的任务便是通过自编码器学习到正常心电图的曲线分布并将其应用于检测异常心电图的曲线数据任务中。

首先加载所需的第三方库，代码如下。

```
import numpy as np
import pandas as pd
import matplotlib.pyplot as plt
import TensorFlow as tf
import sklearn.model_selection
```

利用 pandas 库读取心电图数据并显示前 5 行，代码如下。

```
ECG = pd.read_csv('http://storage.googleapis.com/download.TensorFlow.org/data/ecg.csv',
header=None)
print(ECG.head())
```

输出的结果如图 7.13 所示。

	0	1	2	3	4	5	6	7	8	9	...
0	-0.112522	-2.827204	-3.773897	-4.349751	-4.376041	-3.474986	-2.181408	-1.818287	-1.250522	-0.477492	...
1	-1.100878	-3.996840	-4.285843	-4.506579	-4.022377	-3.234368	-1.566126	-0.992258	-0.754680	0.042321	...
2	-0.567088	-2.593450	-3.874230	-4.584095	-4.187449	-3.151462	-1.742940	-1.490658	-1.183580	-0.394229	...
3	0.490473	-1.914407	-3.616364	-4.318823	-4.268016	-3.881110	-2.993280	-1.671131	-1.333884	-0.965629	...
4	0.800232	-0.874252	-2.384761	-3.973292	-4.338224	-3.802422	-2.534510	-1.783423	-1.594450	-0.753199	...

5 rows × 141 columns

图 7.13　ECG5000 心电图数据集前 5 行数据

显示数据的尺寸，代码如下。

```
print(ECG.shape)
```

输出的结果为：

```
(4998, 141)
```

分别读取数据特征和标签，代码如下。

```
ECG5000_data = ECG.values
ECG_label = ECG5000_data[:, -1]        #读取标签
ECG_data = ECG5000_data[:,0:-1]        #读取数据
```

划分训练集和测试集，代码如下。

```
train_data, test_data, train_label, test_label = sklearn.model_selection. train_
test_split(ECG_data,ECG_label,test_size=0.3)
```

对数据集进行归一化和类型转换，代码如下。

```
min_data = tf.reduce_min(train_data)
max_data = tf.reduce_max(train_data)
train_data = tf.cast((train_data - min_data) / (max_data - min_data),tf.float64)
test_data = tf.cast((test_data - min_data) / (max_data - min_data),tf.float64)
```

将标签转换成布尔类型并分别读取正常、异常数据，代码如下。

```
train_label = train_label.astype(bool)
test_label = test_label.astype(bool)
nor_train_data = train_data[train_label]      #正常数据
nor_test_data = test_data[test_label]
ano_train_data = train_data[~train_label]     #异常数据
ano_test_data = test_data[~test_label]
```

查看正常的 ECG 心电图，代码如下。

```
plt.plot(np.arange(140), nor_train_data[0])
plt.title("Normal ECG")
plt.show()
```

输出的结果如图 7.14 所示。

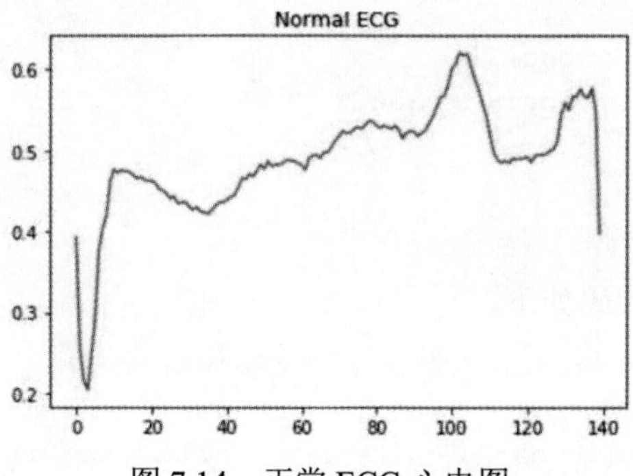

图 7.14　正常 ECG 心电图

查看异常的 ECG 心电图，代码如下。

```
plt.plot(np.arange(140), ano_train_data[0])
plt.title("Anomalous ECG")
plt.show()
```

输出的结果如图 7.15 所示。

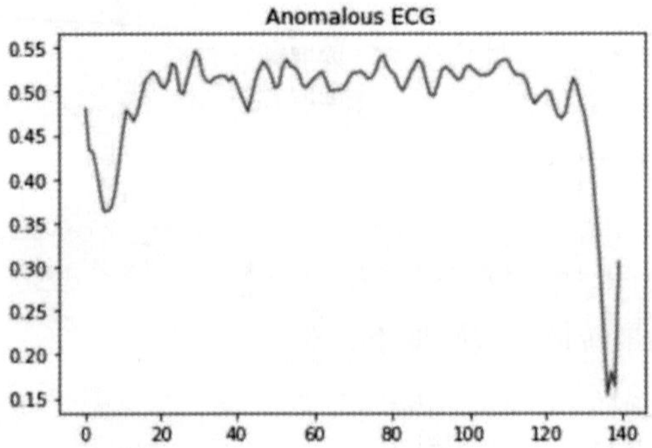

图 7.15 异常 ECG 心电图

构建用于异常检测的自编码器，代码如下。

```
class Autoencoder(tf.keras.Model):
    def __init__(self):
        super(Autoencoder, self).__init__()
        self.encoder = tf.keras.Sequential([
          tf.keras.layers.Dense(64, activation="relu"),
          tf.keras.layers.Dense(32, activation="relu"),
          tf.keras.layers.Dense(16, activation="relu")])

        self.decoder = tf.keras.Sequential([
          tf.keras.layers.Dense(32, activation="relu"),
          tf.keras.layers.Dense(64, activation="relu"),
          tf.keras.layers.Dense(140, activation="sigmoid")])

    def call(self, x):
        encoded = self.encoder(x)
        decoded = self.decoder(encoded)
        return decoded

autoencoder = Autoencoder()
```

定义优化器并进行训练，代码如下。

```
autoencoder.compile(optimizer='Adam', loss='MAE')
history = autoencoder.fit(nor_train_data, nor_train_data, epochs=20, batch_size=
256, validation_data=(test_data, test_data), shuffle=True)
```

输出的结果为：

```
...
Epoch 15/20
2316/2316 [==============================] - 0s 31us/sample - loss: 0.0150 -
val_loss: 0.0260
```

```
Epoch 16/20
2316/2316 [==============================] - 0s 28us/sample - loss: 0.0150 - 
val_loss: 0.0258
Epoch 17/20
2316/2316 [==============================] - 0s 28us/sample - loss: 0.0150 - 
val_loss: 0.0260
Epoch 18/20
2316/2316 [==============================] - 0s 28us/sample - loss: 0.0149 - 
val_loss: 0.0257
Epoch 19/20
2316/2316 [==============================] - 0s 28us/sample - loss: 0.0149 - 
val_loss: 0.0259
Epoch 20/20
2316/2316 [==============================] - 0s 33us/sample - loss: 0.0148 - 
val_loss: 0.0257
```

打印损失函数曲线，代码如下。

```
plt.plot(history.history["loss"], label="Train Loss")
plt.plot(history.history["val_loss"], label="Valid Loss")
plt.legend(['train','validation'],loc='upper left')
plt.xlabel('epoch')           #训练次数
plt.ylabel('loss')
```

输出的结果如图 7.16 所示。

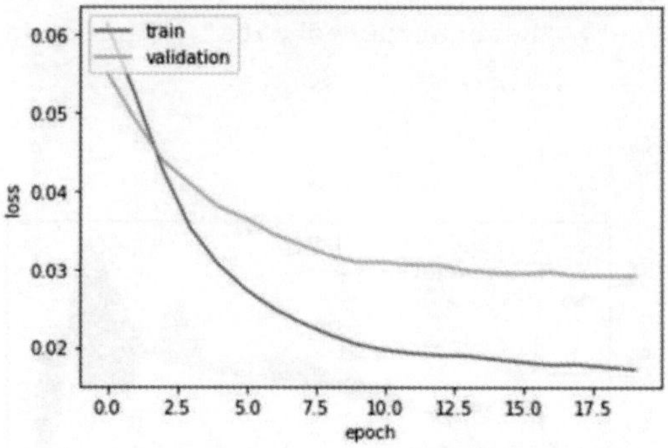

图 7.16 损失函数曲线

查看正常测试数据部分的分布与解码结果差异，代码如下。

```
encoded_data = autoencoder.encoder(nor_test_data).numpy()     #编码正常测试数据
decoded_data = autoencoder.decoder(encoded_data).numpy()      #解码数据
plt.plot(nor_test_data[0],'g')
plt.plot(decoded_data[0],'y')
#查看二者差异
plt.fill_between(np.arange(140), decoded_data[0], nor_test_data[0])
plt.legend(["Input data", "Reconstructed data", "Error value"],loc='upper left')
```

输出的结果如图 7.17 所示。

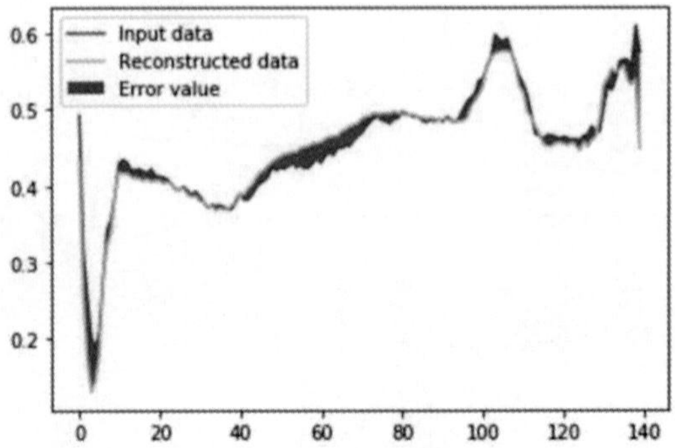

图 7.17　正常 EOC 测试数据曲线

查看异常测试数据部分的分布与解码结果差异，其中 Error value 部分是对异常数据和正常数据进行比较得出的异常部分，代码如下。

```
encoded_data = autoencoder.encoder(ano_test_data).numpy()     #编码异常测试数据
decoded_data = autoencoder.decoder(encoded_data).numpy()      #解码数据
plt.plot(ano_test_data[0],'g')
plt.plot(decoded_data[0],'y')
#查看二者差异
plt.fill_between(np.arange(140), decoded_data[0], ano_test_data[0])
plt.legend(["Input data", "Reconstructed data", "Error value"],loc='upper left')
plt.show()
```

输出的结果如图 7.18 所示。

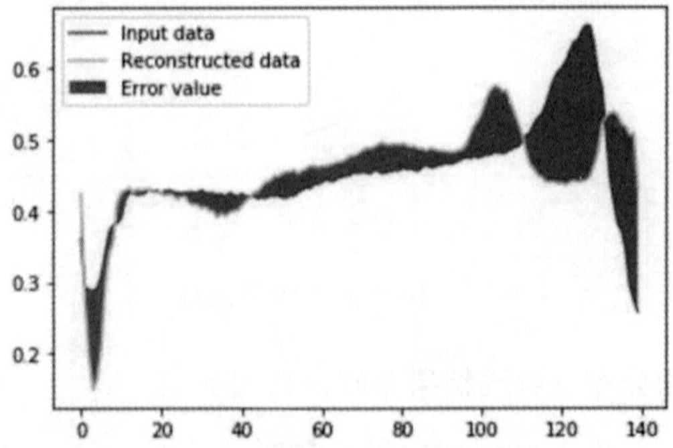

图 7.18　异常 EOC 测试数据曲线

第 8 章　生成式对抗网络

图像生成任务是计算机视觉领域中极具挑战性的任务之一，从传统的图像构建方法到当前火热的生成式对抗网络技术，它们的目的都是希望能让算法产生出以假乱真的图像。然而对于原始基于手工特征合成的图像来说，由于存在着较高的计算复杂度和容易受到设计者先验知识的影响，这种方法在许多领域里都难以取得良好的效果。借由近年来深度学习技术的火爆，通过利用强大的神经网络模型来实现生成逼真图像的任务成了可能，而目前主流的图像生成任务几乎都与这种称为生成式对抗网络的技术有关。

本章首先会对生成式对抗网络的背景进行简单介绍，之后会逐步深入它的内部架构以及数学上的实现原理，最后会讲解如何利用 TensorFlow 2.X 去实现生成式对抗网络以及它的其他变种形式。

本章主要涉及的知识点如下。

- 生成式对抗网络发展历史：了解生成式对抗网络的相关历史和技术演变流程。
- 生成式对抗网络原理：理解生成式对抗网络之间的博弈过程以及生成器和判别器的工作机制。
- DCGAN 网络：理解 DCGAN 网络的工作机制，掌握如何使用 TensorFlow 2.X 搭建 DCGAN 网络来完成图像生成任务。
- CycleGAN 网络：理解 CycleGAN 网络的工作机制，掌握如何使用 TensorFlow 2.X 搭建 CycleGAN 模型。

8.1　生成式对抗网络简介

生成式对抗网络是近几年在人工智能领域中最有趣的新兴算法之一，通过利用模型间的相互博弈过程，它可以被应用于图像生成、风格转移和文本转图像等多个前沿并具有挑战性的任务中。本节首先会介绍生成式对抗网络领域的发展历史，之后会介绍它的基本模型的工作机制和数学实现原理，理解并熟练掌握它们可以为之后的实战项目打下坚定的基础。

8.1.1　生成式对抗网络发展历史

图像生成任务并不是一个新兴话题，很久之前便有相关领域的学者开始研究如何能够通过计算机技术创造出以假乱真，能让人眼和计算机系统都无法辨别真假的图像。例如，在指纹算法的研究领域中，有不少的假指纹生成技术先后被研究提出并试图骗过当时先进的指纹识别系统。然而对于早期的这些图像生成技术来说，它们大多都是基于人工特征进行操作的，这也就意味着它们容易受到生成者的先验知识影响，并且会带来过多的时间成本和计算复杂度。

随着人工智能的不断发展，一些基于生成任务的新算法和技术被不断提出。例如，有人通过隐马尔可夫模型实现文本生成，或者利用第 7 章中提到的变分自编码器实现图像生成。然而对于变分自编码器来说，它生成的图像往往是模糊不清的，其对于隐空间分布的学习存在着缺陷，缺乏多样性。在这种环境背景下，生成式对抗网络应运而生。

生成式对抗网络（Generative Adversarial Networks，GAN），于 2014 年被 Ian Goodfellow 等人提出，该网络通过独特的生成器和判别器结构能够学习到生成逼真事物的底层数据分布，常被用于图像生成任务中。GAN 的发明掀起了人工智能领域的一个热潮，甚至得到了深度学习三大巨头之一的 Yann LeCun 的首肯，认为它是近十年来深度学习领域中最有趣的想法之一，无论是在工业界还是在学术界里都有着广泛的应用。

在 Ian Goodfellow 提出 GAN 之后，许多研究学者发现这个最原始版本的 GAN 实际上并不稳定，因此，之后基于卷积神经网络的改良版 GAN 模型 DCGAN 被 Radford 等人提出。在绝大多数情况下，基于卷积神经网络出色的特征提取能力的 DCGAN 模型更加稳定，对于图像生成任务往往能表现出更好的性能，能够很好地解决 GAN 原先存在的训练不稳定、内部协变量转换和模式崩溃等问题。

在 GAN 的基础模型架构被确定之后，各种各样的 GAN 技术不断被提出，其中常见的有 CycleGAN、StackGAN、StyleGAN 以及 WGAN 等，如图 8.1 所示是基于部分重要 GAN 技术演变流程。

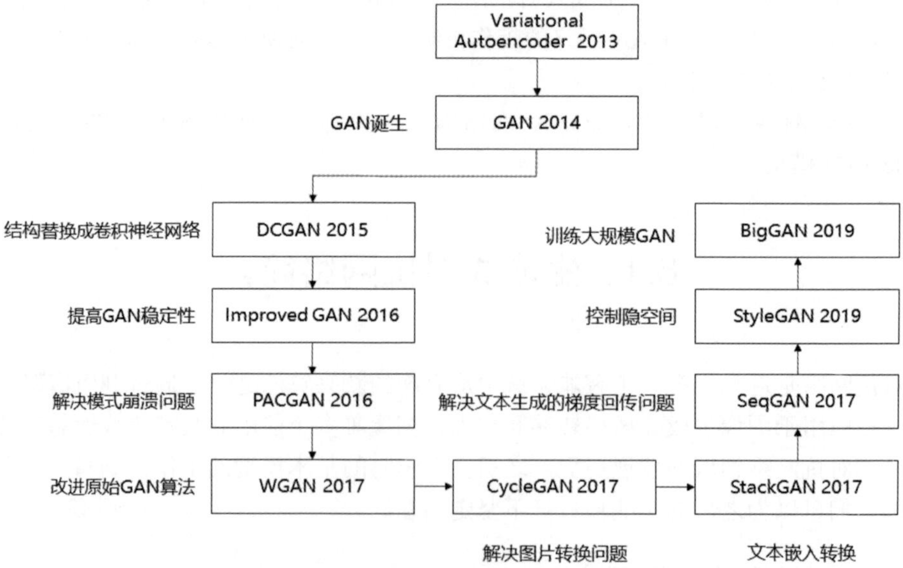

图 8.1 部分重要 GAN 技术演变流程

GAN 技术最突出的地方主要在于它是通过无监督学习方式进行图像的生成，这一点和第 7 章提到的变分自编码器类似，这代表使用者无须获得大量的图像标注也能完成模型的训练。但二者在性能上的区别在于，以 GAN 模型为主体的图像生成任务可以生成更加逼真的高质量图像，同时它也可以被应用于文本生成图像、图像域间转换等较为困难的计算机视觉任务中，具有更加广泛的应用前景。

8.1.2　生成式对抗网络原理

GAN 模型的网络结构主要由生成器和判别器构成。其中，生成器的作用主要是从随机分布中生成图像；判别器的作用则是根据生成器模块所生成的图像质量给予反馈。为了能让判别器给出较高的分数，生成器会不断提高生成图像的质量，如此循环，通过二者之间的不断博弈学习，最终网络学习可以达到一个平衡点。

举个通俗一点的例子，将生成器 G 比喻成一位篮球新手，将判别器 D 比喻成一位篮球教练。起初 G 由于刚入门打篮球且技术并不成熟，因此投篮常常无法投中，教练 D 根据新手的标准给予了 G 一些指引，之后 G 可以成功地进行一些运球等操作；一年后，G 的技术有了明显的提升，教练 D 对他因此有了更高的要求，便以专业选手的水准来要求 G 并给予指导；几年之后，G 的技术突飞猛进，教练 D 认为他的水平已与赛场上的专业选手差不多了，至此 G 已经有了非常娴熟的篮球技术。

以上描述的这个过程实际上便是生成器和判别器二者之间的相互博弈过程，随着 G 篮球能力的提高，D 对于他的标准也会不断上升，直至最后 D 认为 G 已达到专业水准且无法给予更多指引时，整个过程才会结束。基于图像生成的博弈过程如图 8.2 所示。

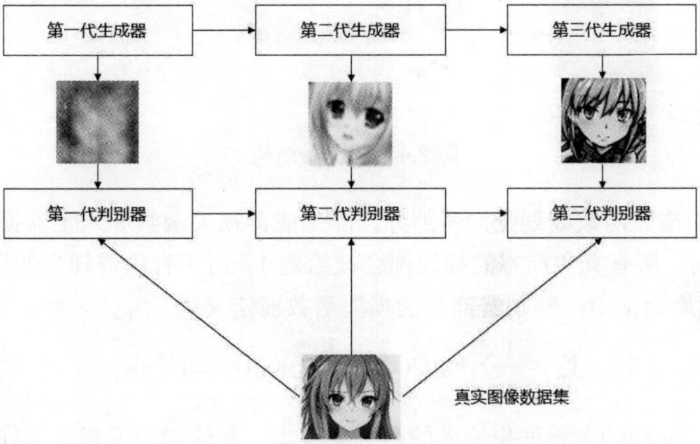

图 8.2　基于图像生成的博弈过程

整个 GAN 网络架构包含了用于学习数据真实分布的生成器 G 以及负责判别真实样本与生成样本的判别器 D。生成器 G 的功能和第 7 章所讲解的自编码器中的编码器模块相似，首先在假设为高斯分布或其他随机分布的 p_z 中采样到 m 个参数 $\{z^1, z^2, z^3, \cdots, z^m\}$，之后将这些样本通过上采样或反卷积的方式转换成与真实样本相同的图像大小，再通过神经网络来参数化生成器 $p_g(\tilde{x}\,|\,z)$，以此得到生成样本 $\{\tilde{x}^1, \tilde{x}^2, \tilde{x}^3, \cdots, \tilde{x}^m\}$，以 DCGAN 为例，通过转置卷积神经网络构成的生成器如图 8.3 所示。

判别器 D 的作用主要是区分生成样本 $\{\tilde{x}^1, \tilde{x}^2, \tilde{x}^3, \cdots, \tilde{x}^m\}$ 和给定的真实样本 $\{x^1, x^2, x^3, \cdots, x^m\}$，并将它们标注为真（1）或假（0），其本质上与图像分类里的二分类任务相同。判别器的网络结构既可以通过全连接神经网络进行构建，也可以通过卷积神经网络进行构建，其结构示意图如图 8.4 所示。

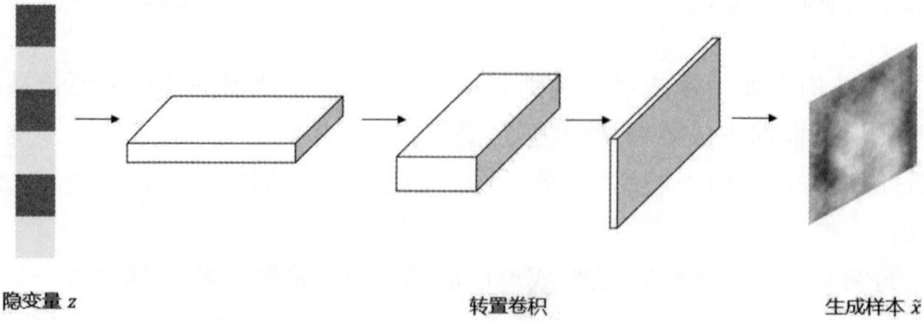

图 8.3　生成器结构

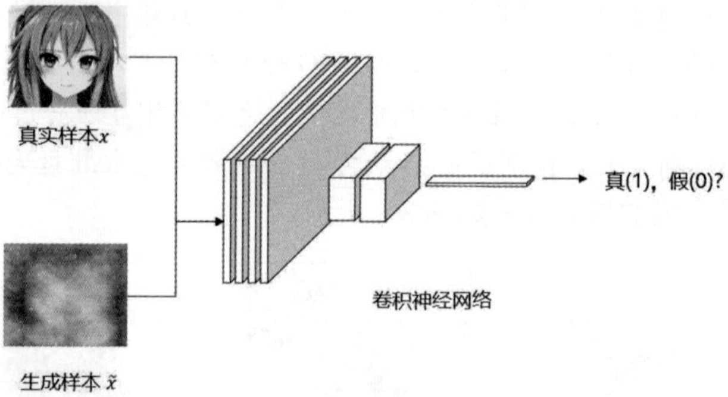

图 8.4　判别器结构

整个 GAN 模型的损失函数被划分为两部分，即生成器损失函数和判别器损失函数。当数据被传入判别器的网络结构时，所有真实样本的标签都会被给定 1，而所有生成样本的标签都会被给定 0，在 Ian Goodfellow 作者的原论文中，判别器部分的损失函数被定义为

$$V_d = \frac{1}{m}\sum_{i=1}^{m}\log D(x^i) + \frac{1}{m}\sum_{i=1}^{m}\log(1 - D(\tilde{x}^i)) \tag{8-1}$$

其中，m 为样本数量；$\log D(x^i)$表示如果输入的是真实样本，则该部分值越大越好（可理解为判别器的评分）；$\log D(\tilde{x}^i)$ 则表示如果输入的是生成样本，则该部分值越小越好，但由于整体希望目标 V_d 的值可以越来越大，因此将 $\log D(\tilde{x}^i)$ 部分修改成 $\log(1 - D(\tilde{x}^i))$ 。

为了能够最大化 V_d 值，只需将原先用于最小化损失函数的优化算法——对梯度下降法的公式进行取反和改变符号便能实现最大值的优化，通常也被称为爬山算法。最后再对相加后的值求平均，即可得到完整的损失函数。

对于生成器部分，其损失函数被定义为

$$V_g = \frac{1}{m}\sum_{i=1}^{m}\log(D(\tilde{x}^i)) \tag{8-2}$$

可以发现，生成器损失函数与判别器的后半部分类似，它的目标就是需要生成以假乱真的图像，以此来骗过判别器从而获得高分，GAN 网络的完整架构如图 8.5 所示。

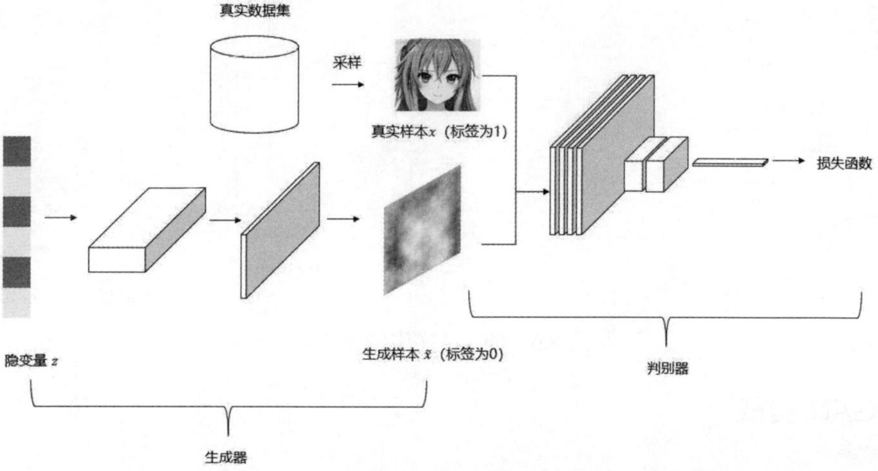

图 8.5　GAN 模型结构

8.2　DCGAN 模型实战

虽然原始的 GAN 能够完成图像生成任务，但它的性能十分不稳定，为了进一步提高 GAN 模型的生成能力以及训练稳定性，结合卷积神经网络的 DCGAN 模型被提出，并在非监督学习领域中展现了不俗的成绩。本节首先针对 DCGAN 的模型结构进行简要介绍，之后会讲解如何利用 TensorFlow 2.X 搭建出 DCGAN 模型并应用于图像生成任务。

8.2.1　DCGAN 原理

Ian Goodfellow 提出的原始 GAN 模型是基于全连接层的实现形式，由于模型中存在着大量参数，使得在实际训练过程中它的表现效果不好，训练过程十分不稳定，有时甚至会产生噪声信息或怪异的图像。为了解决这个问题，有不少的研究学者将 CNN 模型结构加入 GAN 中，但很多人都遭遇了困难并以失败告终。

直至 2015 年，Radford Alec 等人提出了一套更好的基于 CNN 的 GAN 实现方案，GAN 技术才突飞猛进，在图像生成效果上展示出超越 VAE 的潜质。Radford Alec 提出了利用转置卷积神经网络实现 GAN 模型中的生成器，并配合一系列通过反复测试确定下来的训练技巧提高 GAN 训练时的稳定性和生成能力。

根据原论文中给出的 DCGAN 模型，其生成器的具体结构如图 8.6 所示。作者针对原有的架构主要做了以下三大改进。

（1）除了数据的输入部分，其他地方均取消了全连接层并用 CNN 代替。

（2）使用批归一化层加速模型的学习和收敛。

（3）在输出层使用 tanh 激活函数，其余层则使用 ReLu 或 Leaky ReLu 激活函数加速模型的学习。

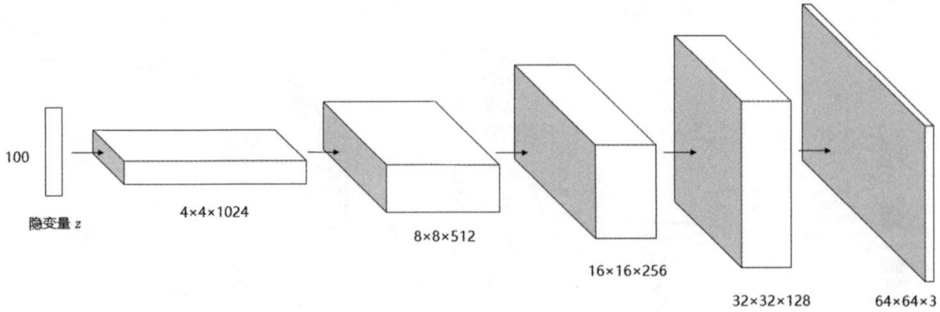

图 8.6　DCGAN 生成器结构

8.2.2　DCGAN 实战

本小节通过 MNIST 数据集演示如何利用 DCGAN 模型生成手写数字。首先导入相关的第三方库，代码如下。

```
import TensorFlow as tf
from TensorFlow.keras import layers
import matplotlib.pyplot as plt
import numpy as np
import PIL
import time
from IPython import display
```

加载 MNIST 数据集，代码如下。

```
(x_train,y_train),(x_test,y_test) = tf.keras.datasets.mnist.load_data() #读取 MNIST 数据集
```

选用训练集中的前 10000 张图像用于图像生成训练，并对其作归一化处理，代码如下。

```
#图像尺寸、类型转换
x_train = x_train.reshape(x_train.shape[0], 28, 28, 1).astype('float32')
x_train = x_train[0:10000]        #选用前 10000 张作为训练集
x_train = x_train/255.0           #数据归一化
```

查看处理后的训练集尺寸大小，代码如下。

```
print(x_train.shape)
```

输出的结果为：

```
(10000, 28, 28, 1)
```

打乱数据集并进行分批处理，代码如下。

```
buffer_size = 30000
batch_size = 256     #一批次有 256 张图像
x_train  =  tf.data.Dataset.from_tensor_slices(x_train).shuffle(buffer_size).batch
(batch_size)          #打乱数据集并分批
```

搭建 DCGAN 模型，其中包含生成器和判别器部分。生成器部分的网络结构参照图 8.6 进行修改并对其通道进行调整，代码如下。

```
class DCGAN(tf.keras.Model):
    def __init__(self):
        super(DCGAN,self).__init__()
        self.Generator = tf.keras.models.Sequential([   #生成器网络
            layers.Dense(7*7*256),
            layers.BatchNormalization(),
            layers.LeakyReLU(),
            layers.Reshape((7,7,256)),
            layers.Conv2DTranspose(128, (5, 5), strides=(1, 1), padding='same'),
            layers.BatchNormalization(),
            layers.LeakyReLU(),
            layers.Conv2DTranspose(64, (5, 5), strides=(2, 2), padding='same'),
            layers.BatchNormalization(),
            layers.LeakyReLU(),
            layers.Conv2DTranspose(1, (5, 5), strides=(2, 2), padding='same', activation=
            'tanh'),
        ])
        self.Discriminator = tf.keras.models.Sequential([   #判别器网络
            layers.Conv2D(64,(5,5),strides=(2,2),padding='same'),
            layers.LeakyReLU(),
            layers.Conv2D(128, (5, 5), strides=(2, 2), padding='same'),
            layers.LeakyReLU(),
            layers.Flatten(),
            layers.Dense(1)
        ])
```

创建模型，并随机构建一组长度为 100 的正态分布向量传入生成器进行测试，代码如下。

```
DCGAN = DCGAN()                                          #模型创建
z_distribution = tf.random.normal([1,100])               #创建长度为 1×100 的随机正态分布向量
generated_image = DCGAN.Generator(z_distribution,training=False) #调用生成器
plt.imshow(generated_image[0, :, :, 0], cmap='gray')              #查看生成的图片
```

输出的结果如图 8.7 所示。

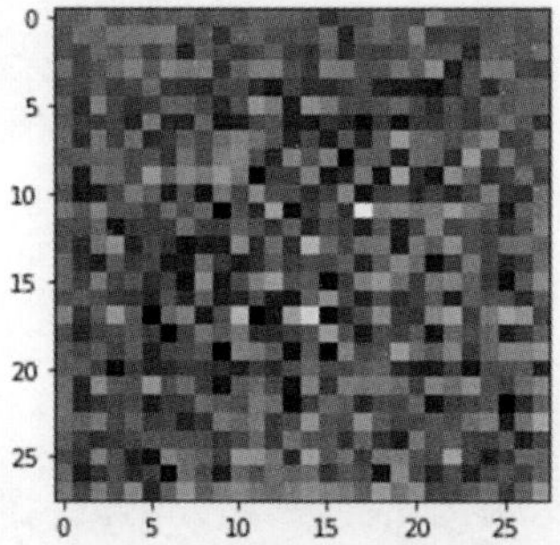

图 8.7　生成图像样本

将生成的图像传入判别器中进行测试，代码如下。

```
dis_result = DCGAN.Discriminator(generated_image)     #调用判别器
print(dis_result)                                       #查看判别结果
```

输出的结果为：

```
tf.Tensor([[-0.00040856]], shape=(1, 1), dtype=float32)
```

调用二元交叉熵损失函数，代码如下。

```
#调用损失函数
binary_cross_entropy = tf.keras.losses.BinaryCrossentropy(from_logits=True)
```

定义判别器损失函数，其中对于真实样本数据给予像素全 1 的标签，对于生成样本给予像素全 0 的标签，并计算它们之间的 loss 值。对于判别器来说，希望给予真实样本高分并给予生成样本低分，代码如下。

```
def discriminator_loss(real_output,fake_output):      #判别器损失函数
    #真实样本给予全 1 标签
    real_loss = binary_cross_entropy(tf.ones_like(real_output),real_output)
    #生成样本给予全 0 标签
    fake_loss = binary_cross_entropy(tf.zeros_like(fake_output),fake_output)
    total_loss = real_loss + fake_loss                  #损失函数为以上二者之和
    return total_loss
```

定义生成器损失函数，对于生成器来说，希望接收到判别器的反馈，并生成更加真实的样本以获得高分，即最小化与全 1 像素之间的距离，代码如下。

```
def generator_loss(fake_output):     #生成器损失函数
    return binary_cross_entropy(tf.ones_like(fake_output),fake_output) #生成样本给予全 1 标签
```

定义训练次数、隐变量维度和测试生成样本的数量，代码如下。

```
epochs = 60                              #训练次数
z_distribution_dim = 100                 #隐变量维度
generate_numbers = 12                    #生成样本的数量
seed = tf.random.normal([generate_numbers, z_distribution_dim])   #用于测试的随机向量
```

设置生成器和判别器的优化算法为 Adam 优化器，代码如下。

```
generator_optimizer = tf.keras.optimizers.Adam(1e-4)    #优化器设置
discriminator_optimizer = tf.keras.optimizers.Adam(1e-4)
```

定义模型的训练以及梯度更新过程，代码如下。

```
def train_step(images,step):
    #定义输入生成器的随机向量
    z_distribution = tf.random.normal([batch_size, z_distribution_dim])
    with tf.GradientTape() as gen_tape, tf.GradientTape() as disc_tape:
        generated_images = DCGAN.Generator(z_distribution, training=True)   #生成图片
        #对真实样本进行判别
        real_output = DCGAN.Discriminator(images, training=True)
```

```
        #对生成样本进行判别
        fake_output = DCGAN.Discriminator(generated_images, training=True)
        gen_loss = generator_loss(fake_output)              #计算生成器损失
        disc_loss = discriminator_loss(real_output, fake_output)   #计算判别器损失
    #输出生成器和判别器的损失值
    print('Generator step {} loss is {}'.format(step,gen_loss))
    print('Discriminator step {} loss is {}'.format(step,disc_loss))
    #计算生成器和判别器的梯度并进行更新
    gradients_of_generator = gen_tape.gradient(gen_loss, DCGAN.Generator.
    trainable_variables)
    gradients_of_discriminator = disc_tape.gradient(disc_loss, DCGAN.
    Discriminator.trainable_variables)
    generator_optimizer.apply_gradients(zip(gradients_of_generator,
    DCGAN.Generator.trainable_variables))
    discriminator_optimizer.apply_gradients(zip(gradients_of_discriminator,
    DCGAN.Discriminator.trainable_variables))
```

定义图像生成函数，代码如下。

```
def generate_images(model,test_input):
    predictions = model(test_input, training=False)    #对 seed 变量输入进行预测
    fig = plt.figure(figsize=(4,4))
    for i in range(predictions.shape[0]):              #查看生成的图像，显示 12 张
        plt.subplot(3, 4, i+1)
        plt.imshow(predictions[i, :, :, 0] * 255, cmap='gray')
        plt.axis('off')
    plt.show()
```

定义模型完整的训练过程，代码如下。

```
def train(dataset, epochs):                           #DCGAN 模型训练函数
    for epoch in range(epochs):
        print("epoch:{}".format(epoch))
        step = 0                                      #记录在一次训练里的批次数
        start = time.time()
        for image_batch in dataset:                   #逐批训练
            train_step(image_batch,step)
            step += 1
        #训练一次的时间
        print('Time for epoch {} is {} sec'.format(epoch,time.time()-start))
        generate_images(DCGAN.Generator,seed)         #显示生成图像的变化
```

训练模型，代码如下。

```
train(x_train, epochs)   #模型训练
```

输出的结果为：

```
...
Generator step 35 loss is 1.7915767431259155
```

```
Discriminator step 35 loss is 0.4297751486301422
Generator step 36 loss is 2.1322848796844482
Discriminator step 36 loss is 0.44751012325286865
Generator step 37 loss is 2.0322256088256836
Discriminator step 37 loss is 0.4266548454761505
Generator step 38 loss is 1.7670049667358398
Discriminator step 38 loss is 0.42652255296707153
Generator step 39 loss is 1.6969999074935913
Discriminator step 39 loss is 0.4143695831298828
Time for epoch 59 is 3.0021936893463135 sec
```

展示在训练过程中生成图像的变化情况，可以看到在经过 60 次训练之后，能够从生成的图像中依稀看出数字的大概轮廓，如图 8.8 所示。

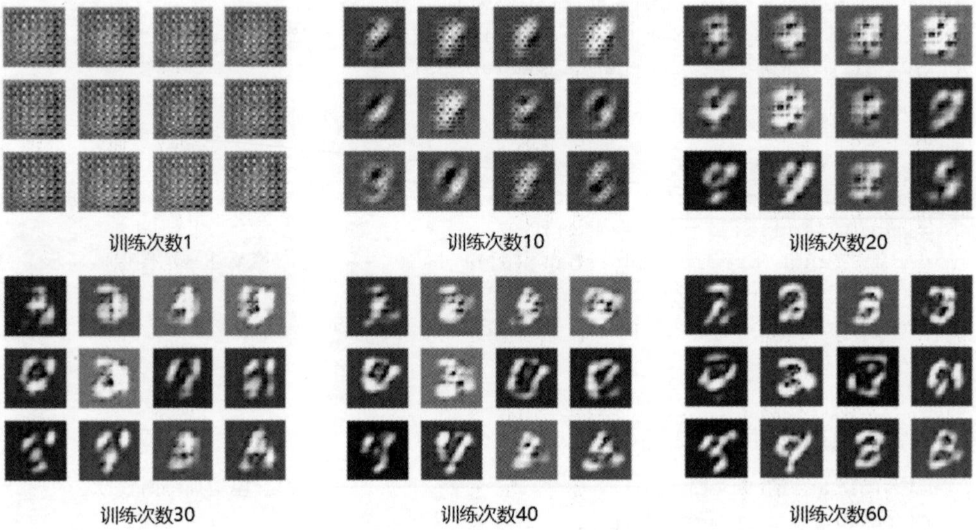

图 8.8　DCGAN 生成图像训练可视化过程

8.3　CycleGAN 网络搭建

随着 GAN 技术的不断创新，越来越多的研究学者将 GAN 应用于许多有趣的场景中，其中较为出名的便是图像的风格转换，即将一种图像的风格转换成另一种图像的风格，实现不同图像域之间的互通。本节首先会介绍 CycleGAN 模型的思想和数学原理，之后会讲解如何利用 TensorFlow 2.X 实现 CycleGAN 模型的搭建。

8.3.1　CycleGAN 原理

在过去，图像转换研究是计算机视觉领域的一大难点，直到 2017 年 CycleGAN 模型的提出，才使这个问题得到一定程度上的解决并引起了越来越多人的关注。举个通俗一点的例子，假设给定一张普通马的图像，希望算法模型在不改变马的形状、姿势的情况下，可以将它转换成斑马并具有与其相似的纹理。这本质上其实就是图像域间的转换，即如何将普通马图像所在的域转换至斑马图像所在的域。CycleGAN 最突出的贡献便是很好地解决了这个问题，同时它还可以完成将风景画转换成油画，将春天景色转化成冬天景色等多种有趣且富有挑战性的任务。

在 CycleGAN 模型出现之前，其实已经有人研究过相关的问题，如 pix2pix 算法也可以做到图像域间的互相转换。但是对于 pix2pix2 算法来说，它的输入只能是如图 8.9 左侧所示的配对数据，而对于右侧的非配对数据则无法达到这个目的。事实上，在现实生活中大部分的数据都是非配对数据，因此 pix2pix2 算法有着很强的局限性，无法被应用到更多的实际场景中，而这一点缺陷则很好地被 CycleGAN 弥补了。

配对数据（形状相同，风格不同）　　　　非配对数据（形状不同，风格不同）

图 8.9　配对数据和非配对数据

以将马转换成斑马为例，对于 CycleGAN 来说，输入的是一张马的图像而不再是从随机分布中采取到的样本，最后模型再根据这个输入图像输出对应位置的斑马图像。如果根据普通 GAN 的思想要让生成器生成斑马图像，其实就是设置一个判别器，让判别器同时接收到真实的斑马图像和生成器生成的斑马图像，对于真实的图像判别为 1，对于生成的图像则判别为 0，那么该生成器为了能够在判别器处取得高分就会不断地往斑马的真实分布靠近并生成所需的图像，这一点与先前的内容相似，其示意图如图 8.10 所示。

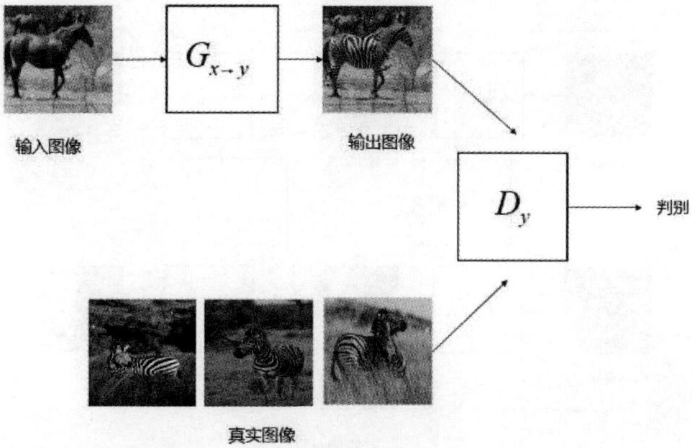

图 8.10　CycleGAN 模型（1）

按照图 8.10 的流程来看，虽然模型可以生成斑马的图像并以此来骗过判别器，但存在一个很明显的问题，即生成器 $G_{x\to y}$ 生成的图像不一定与输入图像对应，甚至可能生成一张与原图完全不相干的斑马图像。因为对于此时的生成器 $G_{x\to y}$ 来说，它只要生成逼真的斑马图像便可以得到高分，但它并没有接收到输出的斑马图像一定要与输入图像的普通马位置形状相同的信号。因此为了解决这个问题，作者在图 8.10 所示的模型基础上又加上一个由 y 输入生成 x 的生成器，其示意图如图 8.11 所示。

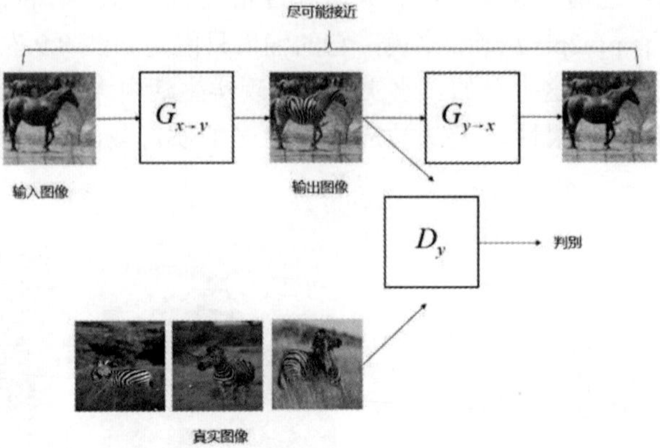

图 8.11　CycleGAN 模型（2）

添加了新生成器 $G_{y\to x}$ 之后，希望由 $G_{x\to y}$ 生成的假斑马图像能够被还原成原图的普通马图像，并且二者之间的差距越小越好，这可以通过设立损失函数进行优化。经过这样的设置之后就可以保证由 $G_{x\to y}$ 生成的假斑马图像能尽可能地与输入图像对应。但经过了这样的改变之后，又会出现一个新的问题：生成器 $G_{y\to x}$ 所接收的输入图像都是由 $G_{x\to y}$ 生成的假斑马图像，它实际上并不知道真实的斑马图像的分布是什么样子，如果只是这样，生成器 $G_{y\to x}$ 可能没有办法很好地工作。因此为了解决这个问题，论文作者又设计了一条支路用于让 $G_{y\to x}$ 具备更好的生成能力，而两条支路拼接起来则形成了一个小循环，这便是 CycleGAN 名字的由来，其完整模型的示意图如图 8.12 所示。

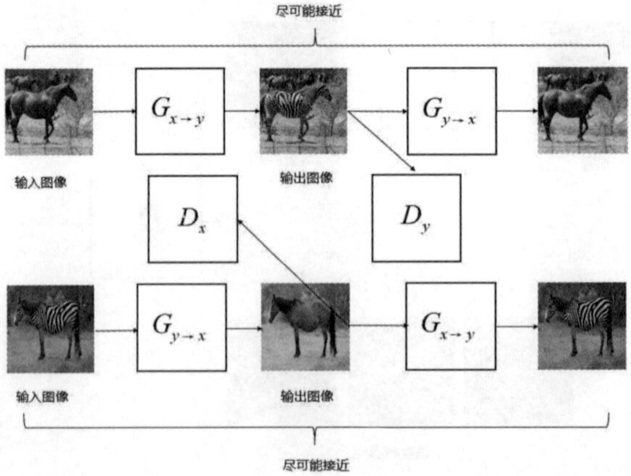

图 8.12　CycleGAN 模型（3）

由图 8.12 设计得到的 CycleGAN 结构可以让生成器 $G_{x \to y}$ 和生成器 $G_{y \to x}$ 都能得到很好的训练，整个模型一共由 2 个生成器和 2 个判别器构成，从这点上可以看出 CycleGAN 模型的参数数量明显会比之前所提到的其他 GAN 变种模型更多。

8.3.2　CycleGAN 模型实现

本次实战案例的任务主要是利用 horse2zebra 数据集搭建出 CycleGAN 模型的判别器和生成器架构，但不涉及模型的训练方面，因此其无法在 CPU 的环境下运行，读者只需掌握其网络的构建即可。同时也会演示如何通过 TensorFlow 2.X 导入自定义的数据集并应用于模型的运行测试中。

horse2zebra 数据集既可以通过网上下载得到，也可以通过 TensorFlow 2.X 自带的 TensorFlow_datasets 库加载得到，但为了能够演示如何利用 TensorFlow 2.X 加载自定义的数据集，因此选取前一种方式。以下是 horse2zebra 数据集的下载链接，可以直接对其进行复制并下载。

```
https://people.eecs.berkeley.edu/~taesung_park/CycleGAN/datasets/horse2zebra.zip
```

将下载后的压缩包进行解压，可以得到 trainA、trainB、testA 和 testB 四个数据集，其中 A 部分的数据集为普通马图像，B 部分的数据集则为斑马图像，其示意图如图 8.13 所示。

图 8.13　horse2zebra 数据集

将解压得到的数据集放在当前代码的同目录下，并在 Jupyter Notebook 中导入所需的相关第三方库，代码如下。

```
import TensorFlow as tf
import matplotlib.pyplot as plt
from IPython.display import clear_output
import numpy as np
```

利用 TensorFlow 2.X 带有的 tf.data.Dataset.list_files()函数存储自定义数据集的图像路径，路径里最后的*符号代表选取全部图像，代码如下。

```
#读取训练集普通马图像路径
train_horses = tf.data.Dataset.list_files(str('horse2zebra/trainA/*'))
```

```
#读取训练集斑马图像路径
train_zebras = tf.data.Dataset.list_files(str('horse2zebra/trainB/*'))
#读取测试集普通马图像路径
test_horses = tf.data.Dataset.list_files(str('horse2zebra/testA/*'))
#读取测试集斑马图像路径
test_zebras = tf.data.Dataset.list_files(str('horse2zebra/testB/*'))
```

定义批大小、图像修改尺寸等相关参数，代码如下。

```
batch_size = 8              #批大小
img_width = 128             #预处理后的图像宽
img_height = 128            #预处理后的图像长
```

查看存储的前 5 张训练集图像路径，代码如下。

```
for i in train_horses.take(5):    #查看其中前 5 张图像路径
    print(i.numpy())
```

输出的结果为：

```
b'horse2zebra\\trainA\\n02381460_835.jpg'
b'horse2zebra\\trainA\\n02381460_223.jpg'
b'horse2zebra\\trainA\\n02381460_14.jpg'
b'horse2zebra\\trainA\\n02381460_624.jpg'
b'horse2zebra\\trainA\\n02381460_601.jpg'
```

由于先前存储的只是图像路径，因此需要定义路径读取函数并将它们解码成图像格式进行存储，代码如下。

```
def decode2img(img):                                          #解码成图像格式
    img = tf.image.decode_jpeg(img, channels=3)               #解码成 RGB 格式图片
    img = tf.image.resize(img, [img_height, img_width])       #修改图像尺寸
    return img
def process(file_path):
    img = tf.io.read_file(file_path)                          #读取图片，返回字符串 tensor
    img = decode2img(img)                                     #解码输出成图像格式
    img = (img/127.5)-1                                       #图像归一化
    return img
```

使用数据集映射函数，将以上对数据集的处理函数映射至当前所有数据集中，代码如下。

```
#将图像处理函数映射至训练集和测试集中
train_horses = train_horses.map(process, num_parallel_calls=tf.data.experimental.AUTOTUNE)
train_zebras = train_zebras.map(process, num_parallel_calls=tf.data.experimental.AUTOTUNE)
test_horses = test_horses.map(process, num_parallel_calls=tf.data.experimental.AUTOTUNE)
test_zebras = test_zebras.map(process, num_parallel_calls=tf.data.experimental.AUTOTUNE)
```

定义相关函数，对读取后的图像进行打乱、分批操作，代码如下。

```
def configure_dataset(dataset):                      #数据集配置
    dataset = dataset.shuffle(buffer_size=1000)      #打乱
    dataset = dataset.batch(batch_size)              #分批
```

```
    return dataset
train_horses = configure_dataset(train_horses)
train_zebras = configure_dataset(train_zebras)
test_horses = configure_dataset(test_horses)
test_zebras = configure_dataset(test_zebras)
```

查看读取图像的尺寸，代码如下。

```
print(train_horses)
```

输出的结果为：

```
<BatchDataset shapes: (None, 128, 128, 3), types: tf.float32>
```

遍历其中一个批次的数据，并显示单张图像，代码如下。

```
single_horse = next(iter(train_horses))      #遍历一张普通马图像
single_zebra = next(iter(train_zebras))      #遍历一张斑马图像
plt.subplot(121)                             #查看遍历的图像
plt.title('Horse')
plt.imshow(single_horse[0] * 0.5 + 0.5)
plt.subplot(122)
plt.title('Zebra')
plt.imshow(single_zebra[0] * 0.5 + 0.5)
```

输出的结果如图 8.14 所示。

图 8.14　horse2zebra 数据集单张图像

由于在 CycleGAN 中，生成的结果主要依赖于某个具体的输入图像实例，因此先前的批归一化并不适合被应用于图像风格转换任务中。下面将使用一个新的训练归一化方法，即实例归一化（Instance Normalization）。TensorFlow 2.X 官方对于它的实现已经给出了具体的相关代码，可以直接进行调用，代码如下。

```
#实例归一化
class InstanceNormalization(tf.keras.layers.Layer):
    def __init__(self, epsilon=1e-5):
        super(InstanceNormalization, self).__init__()
        self.epsilon = epsilon
    def build(self, input_shape):
```

```
        self.scale = self.add_weight(
            name='scale',
            shape=input_shape[-1:],
            initializer=tf.random_normal_initializer(1., 0.02),
            trainable=True)
        self.offset = self.add_weight(
            name='offset',
            shape=input_shape[-1:],
            initializer='zeros',
            trainable=True)
    def call(self, x):
        mean, variance = tf.nn.moments(x, axes=[1, 2], keepdims=True)
        inv = tf.math.rsqrt(variance + self.epsilon)
        normalized = (x - mean) * inv
        return self.scale * normalized + self.offset
```

由于本小节更注重 CycleGAN 的实现，InstanceNormalization 则是另一篇文献给出的用于提升图像风格任务性能的算法，因此不再对 InstanceNormalization 实现的细节进一步解释，对其进行直接调用即可。

这里选用 U-Net 模型作为网络的主架构，该模型常被用于图像的语义分割任务中，主要由下采样和上采样两条支路组成，但受本书篇幅限制，未能涉及图像分割领域的内容，因此不再对 U-Net 模型作详细的介绍。

由于在模型的卷积层之后还需要添加实例归一化层和激活函数等模块，因此这里将统一利用函数将它们封装在一起，首先需要分别构建上采样和下采样单元模块，代码如下。

```
#下采样单元模块
def downsample(filters, size):                        #下采样单元模块
    result = tf.keras.Sequential()                    #顺序式搭建
    #卷积层
    result.add(tf.keras.layers.Conv2D(filters, size, strides=2, padding='same',
kernel_initializer=tf.random_normal_initializer(0., 0.02), use_bias=False))
    result.add(InstanceNormalization())               #实例归一化层
    result.add(tf.keras.layers.LeakyReLU())           #激活函数
    return result

#上采样单元模块
def upsample(filters, size):                          #上采样单元模块
    result = tf.keras.Sequential()                    #顺序式搭建
    #反卷积层
    result.add(tf.keras.layers.Conv2DTranspose(filters, size, strides=2,padding=
'same',kernel_initializer=tf.random_normal_initializer(0., 0.02),use_bias=False))
    result.add(InstanceNormalization())               #实例归一化层
    result.add(tf.keras.layers.Dropout(0.5))          #dropout 层
    result.add(tf.keras.layers.ReLU())                #激活函数
    return result
```

定义基于改进型 U-Net 的生成器结构，代码如下。

```
def unet_generator(output_channels):                #生成器结构
    down_stack = [                                  #下采样路径
      downsample(64, 4),
      downsample(128, 4),
      downsample(256, 4),
      downsample(512, 4),
      downsample(512, 4),
      downsample(512, 4),
      downsample(512, 4),
    ]
    up_stack = [   #上采样路径
      upsample(512, 4),
      upsample(512, 4),
      upsample(512, 4),
      upsample(512, 4),
      upsample(256, 4),
      upsample(128, 4),
      upsample(64, 4),
    ]

    end = tf.keras.layers.Conv2DTranspose(output_channels, 4, strides=2, padding=
'same', initializer = tf.random_normal_initializer(0., 0.02),activation='tanh')
    concatenation = tf.keras.layers.Concatenate()
    inputs = tf.keras.layers.Input(shape=[None, None, 3])
    x = inputs
    skips = []                                      #用于存储跳跃连接层
    for one_down in down_stack:                     #遍历下采样路径模块
        x = one_down(x)
        skips.append(x)
    skips = reversed(skips[:-1])                    #翻转存储跳跃连接层的数组
    #遍历上采样路径模块和存储跳跃连接层的数组
    for one_up, one_skip in zip(up_stack, skips):
        x = one_up(x)
        x = concatenation([x, one_skip])        #跳跃连接
    x = end(x)
    model = tf.keras.Model(inputs=inputs, outputs=x)   #对模型输入/输出进行拼接
    return model
```

定义判别器结构，整体流程为模型输入图像并最后输出一个判别值，代码如下。

```
def discriminator():   #判别器结构
    input = tf.keras.layers.Input(shape=[None, None, 3], name='input_image')#输入图像
    x = input
    #下采样路径
    down1 = downsample(64, 4)(x)
    down2 = downsample(128, 4)(down1)
    down3 = downsample(256, 4)(down2)
    zero_pad1 = tf.keras.layers.ZeroPadding2D()(down3)     #零填充
```

```
    conv = tf.keras.layers.Conv2D(512, 4, strides=1, kernel_initializer =
tf.random_normal_initializer(0., 0.02),use_bias=False)(zero_pad1)
    norm = InstanceNormalization()(conv)                        #实例归一化
    leaky_relu = tf.keras.layers.LeakyReLU()(norm)              #激活函数
    zero_pad2 = tf.keras.layers.ZeroPadding2D()(leaky_relu)
    end = tf.keras.layers.Conv2D(1, 4, strides=1,kernel_initializer=tf.random_
normal_initializer(0., 0.02))(zero_pad2)                        #输出 1 维的判别值
    model = tf.keras.Model(inputs=input, outputs=end)           #对模型输入/输出进行拼接
    return model
```

将样本图像传入两个生成器中进行测试，并查看结果，代码如下。

```
generator_g = unet_generator(3)                         #调用生成器
generator_f = unet_generator(3)
discriminator_x = discriminator()                       #调用判别器
discriminator_y = discriminator()

convert_zebra = generator_g(single_horse)               #生成马转斑马的图像
convert_horse = generator_f(single_zebra)               #生成斑马转马的图像
plt.figure(figsize=(10, 10))
showed_imgs = [single_horse, convert_zebra, single_zebra, convert_horse]
title = ['Horse', 'To Zebra', 'Zebra', 'To Horse']
for i in range(len(showed_imgs)):                       #显示转换结果
    plt.subplot(2, 2, i+1)
    plt.title(title[i])
    if i % 2 == 0:
        plt.imshow(showed_imgs[i][0] * 0.5 + 0.5)
    else:
        plt.imshow(showed_imgs[i][0] * 0.5 * 8 + 0.5)
```

输出的结果如图 8.15 所示。

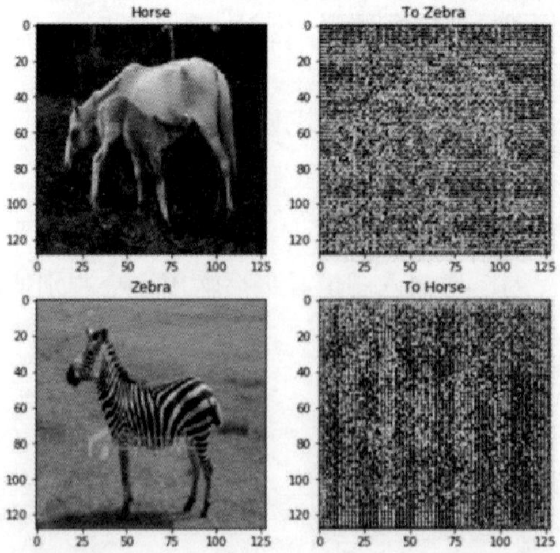

图 8.15　CycleGAN 生成器单张图像测试结果

将生成的图像结果再传入判别器中进行判别并查看输出结果，代码如下。

```
plt.figure(figsize=(6, 6))
plt.subplot(121)
plt.title('Real zebra?')
plt.imshow(discriminator_y(single_zebra)[0, ..., -1])        #查看斑马判别器结果
plt.subplot(122)
plt.title('Real horse?')
plt.imshow(discriminator_x(single_horse)[0, ..., -1])        #查看马判别器结果
```

输出的结果如图 8.16 所示。

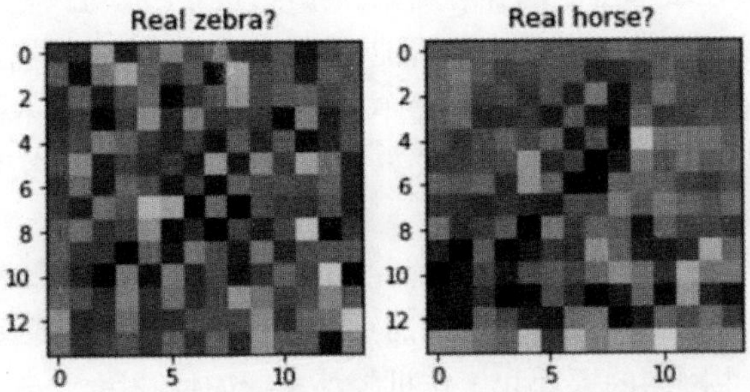

图 8.16　CycleGAN 判别器判别单张图像结果

第9章 指 纹 识 别

随着科技的发展，指纹识别作为经典生物体特征识别技术之一，也在不断地发展并逐渐成熟。在过去，关于指纹的图像处理技术大多基于手工特征的提取，利用得到的特征点对不同的指纹信息进行匹配。然而这种方法依旧存在着不少缺陷并容易导致指纹匹配不成功。随着人工智能的崛起，使得将强大的神经网络应用在指纹识别技术上成为了可能，就目前来说，这个领域还有着很大的前景和潜力。

本章首先会对指纹的特征和相关技术进行简单介绍，之后会逐步深入到具体的指纹匹配系统和工作原理及机制，最后会给出利用 TensorFlow 2.X 框架结合孪生神经网络实现指纹识别的实战案例。

本章主要涉及的知识点如下。

- 指纹识别技术背景：了解指纹识别技术的基本背景、发展历程和存在的挑战。
- 指纹识别技术原理：理解指纹识别技术的系统机制和内部实现原理。
- 孪生网络：理解孪生网络的原理和工作机制，掌握如何利用 TensorFlow 2.X 实现基于指纹匹配任务的孪生神经网络模型。

9.1 指纹识别技术简介

关于指纹识别技术的现有教程还较为稀缺，虽然目前它已被广泛应用于人们的生活中，但许多人对它的诞生、发展及其他的背景知识依旧不了解。本节首先会介绍指纹识别技术的诞生背景，之后会对其发展历程、应用场景和面临的挑战进行简单介绍，以此来突出该技术的实际意义。

9.1.1 指纹识别的诞生背景

从文化层面来说，指纹识别技术最早可以追溯到中国的古代时期，那时古人便有“签字画押”一说，通过按上的指印或手印来承认所签文书的合法性。同时，利用指印和手印等方式进行案件的侦破在秦朝也广为流行。

元朝时，有一户农民家庭和当地的一个富豪发生了冲突，该富豪手持契约号称这是那家人卖身为奴的凭证，上面盖有他们的指印，但该户人家拒不承认。当地一位负责该案件的官吏认为不同年龄和不同身材的人指纹的形态、疏密程度会有所不同，而这户人家里的一位 13 岁少年的指纹形状与契约上的指印明显对应不上，因此在重重质疑下，该富豪最后不得不承认是自己伪造了契约并低头认罪。由此例可看出，指纹识别技术在古代对个人信息的验证和侦破案件便已经有了积极推动的意义，这种技术也流传至今。

目前，指纹断案依然是公安部门侦破案件和确定罪犯的一个重要手段，准确率十分高，很多以前的奇案或难以侦破的案件最后都靠这小小的指纹才得以解决。指纹识别在现代也被广泛地应用于个人信息的验证和隐私的保护当中，也逐渐受到了人们的关注和重视。

自 20 世纪末以来，各国的科技都在迅猛地发展，出现了手机、计算机以及互联网等多种新型事物。直至今日，通过一部手机，人们就可以访问不同的服务，如网上社交 App、银行账户和网上购物等。但是在给予方便的同时，随之而来的便是安全问题。保护这些个人隐私信息的传统的方式是使用密码，只有当用户输入正确的账号与密码信息才能登录并访问它们。这种方式可能会带来以下问题和隐患。

（1）由于通过密码控制的服务种类越来越多，用户有时可能需要给不同的应用设置不同的密码，久而久之这些密码会容易被混淆和遗忘，即便通过手机和短信验证可以取回这些密码，也依旧会浪费不少时间。

（2）随着各种黑客、不法分子的不断活跃，被存储的密码容易被人窃取，并且在某些场景下，用户在输入密码时可能会被他人看到并且可能造成信息的泄露。

为了建立一个更可靠的个人信息管理机制，生物特征随后被许多研究学者引入用于用户登录时的验证。总体来说，生物特征可被分为用户的生理特征和行为特征两大类，具体的分类如图 9.1 所示。

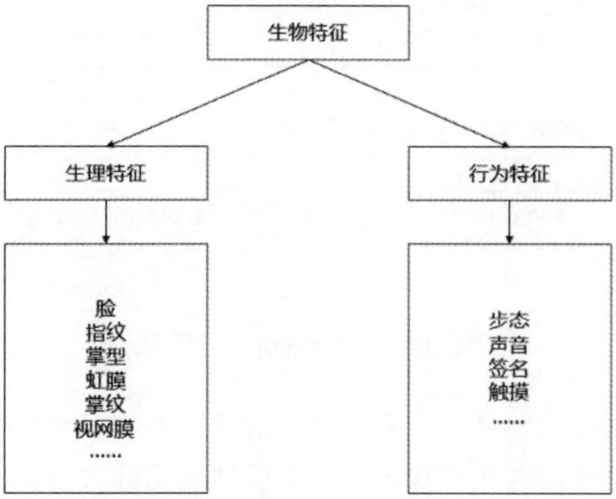

图 9.1　生物特征的分类

由于行为特征容易被他人模仿，因此在个人信息管理系统的实际应用中是以用户的生理特征为主，因为它们的特征难以被模仿和复制，并且随着时间变化也不会产生太大的改变，可谓是个人的专属 ID。而在生理特征中，最为常见且广泛应用的便是每个用户的脸部信息和指纹特征。在目前生活中，已随处可见以指纹验证和人脸验证为基础的信息服务。

1998 年，西门子公司率先研发出了世界第一款搭载指纹信息的原型手机，这款手机的背部载有一块小型的金属片指纹感应器，其同时支持 59 个指纹并可以利用它们访问不同的功能权限。这部带有指纹验证的手机的出现正式代表了指纹识别技术进入了商业领域，也是该技术发展过程中的一大里程碑。

它以滑动通过采样区的方式去采集使用者的部分指纹，之后再通过一些处理技术将这些局部的指纹组合成完整的指纹，最后系统根据这些指纹间的特征点进行匹配验证。这种老式的刮擦式指纹识别在早些年还一直被三星和苹果等大型公司所使用，但事实上它并不灵活，直到近几年来超声波式、光学式和电容式等技术的出现，指纹识别技术才再迎突破。其中电容式指纹识别是目前使用率最高的识别方案，它利用检测的传感器在实际使用过程中会和人体的皮下电解液形成电场并产生波动这一性质，将指纹识别的性能进行了提高并增大了其在不同环境下的适应范围和可用性。

如果进一步细分，电容式指纹识别又可以被分为按压式和划擦式两种，划擦式的占用空间虽然没有按压式的大，但与早期的西门子原型手机一样，存在着不灵活、识别准确率不高等缺点。因此大部分的手机厂家基本都是采用按压式指纹识别，直至今日按压式指纹识别在手机上的应用还是最为常见的。

9.1.2 指纹识别应用场景及挑战

除了先前所述的指纹识别技术可被应用在断案侦破和个人信息验证上，实际上其还有着更多的用途和应用场景，如图 9.2 所示是一个涵盖了大部分与指纹识别应用相关的场景信息列表。

图 9.2　指纹识别应用场景

虽然目前指纹识别技术看似成熟并且有着不错的前景，但依旧存在以下一些难以克服的挑战，许多该领域的研究学者也在对这些问题进行探讨并尽可能地提出解决方案。

（1）由于 GAN 等强大的图像生成技术的出现，使产生以假乱真的指纹成了可能。例如，纽约大学的研究团队在论文 *DeepMasterPrints: Generating MasterPrints for Dictionary Attacks via Latent Variable Evolution* 中提出的万能指纹 DeepMasterPrints 便具有极高的破解率，而这可能会给以指纹识别为基础的服务带来较大的安全隐患。当用户的手机丢失或被他人占用时，窃取者就可能利用各种类似这种方法所生成的假指纹进行入侵并盗取信息或钱财，从而给用户带来损失。

（2）现有的指纹识别办法大多是基于特征点进行匹配的，也就说明当特征点消失时就有可能导致指纹匹配失败。例如，当手指处在潮湿的状态或存在刮伤等物理损伤时，用户可能就无法通过指纹信息来访问系统。

（3）由于在进行指纹匹配之前，必须要事先将对应的模板保存至数据库中，而数据库的安全性也可能会导致指纹信息的泄露。

（4）由于指纹具有唯一性和共享性，因此注册的用户可能通过一个指纹去访问不同的服务。这也就意味着当指纹信息泄露或被盗取时，该用户所持有的所有服务都可能会被入侵。

因为存在着以上种种挑战，所以指纹识别和加密等研究依旧被许多学者关注着。随着人工智能技术不断发展，使用神经网络技术来解决这些传统技术难以克服的问题也逐渐成了可能。

9.2　指纹识别技术实现原理

了解指纹的结构、匹配原理和系统实现是掌握指纹识别技术工作流程的核心所在。本节首先会介绍实现指纹识别技术的整体系统架构，之后会对它的特征结构及细节等作详细的介绍。

9.2.1　指纹识别系统

一个完整的指纹识别系统大体上可以被分成两个主体部分，一个是用户在注册时采用的系统，另一个则是用户在验证时采用的系统。注册指纹时的系统示意图如图 9.3 所示。首先通过一些指纹数据采集设备将用户的指纹信息进行读取；其次利用一些图像处理技术（如纹理增强、细化指纹宽度等）将指纹的特征更明显地表示出来；然后利用特征提取技术提取指纹的关键特征点，如细节点等；最后将提取到的指纹特征生成一个匹配模板并存储到数据库里，以便于用户验证时的匹配。

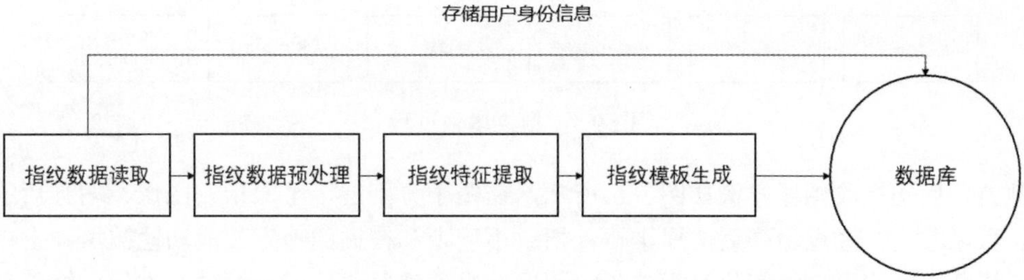

图 9.3　用户指纹注册系统

相较于用户的指纹注册录入系统，另一个便是用户的指纹验证系统，其示意图如图 9.4 所示。整体过程实际上与图 9.3 所示的用户指纹注册系统没有太大区别，唯一的区别是在这个系统中多了一个匹配的步骤。在指纹验证系统中，通过对用户的指纹数据进行读取、预处理、特征提取，以及生成指纹模板之后，系统会将用户先前在注册系统中存储到数据库里的模板与当前用于验证的指纹信息进行比较，比较的标准可以是它们之间的相似度分数，也可以是特征点的匹配程度等。当比较的结果大于事先设定的阈值时，则认为匹配成功；否则为匹配失败。一个简单的比较结果判断式为

$$\text{判断结果}=\begin{cases}\text{匹配成功(授权用户，匹配程度}>\text{阈值)}\\ \text{匹配失败(未授权用户,匹配程度}\leqslant\text{阈值)}\end{cases}$$

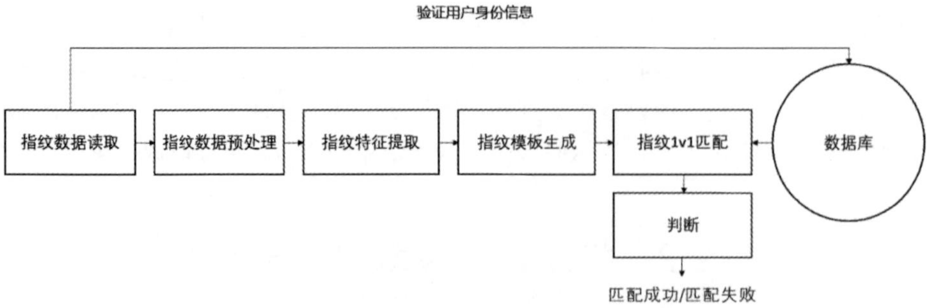

图 9.4 用户指纹验证系统

接下来对指纹注册和验证系统中的部分模块进一步说明。对于指纹数据读取部分来说，常见的收集方式有两种，即在线式和离线式。在线式的指纹收集通常会通过类似于光学指纹读取器等仪器进行读取，图像的大小会被设置成 260×300 像素；离线式则是指用户事先用墨水等辅助工具将自己的指纹印在纸上，之后再通过扫描仪器扫描纸上的内容以读取指纹。就目前来说，在线式的指纹收集方式应用更为广泛，操作起来更方便快捷。

在指纹数据的预处理过程中，首先会从指纹图像中删除一些异常信息，之后会利用图像分割、二值化和特征平滑等技术将获取到的图像特征进行增强。在相关文献中，有研究学者提到利用如图 9.5 所示的指纹预处理增强步骤可以得到较清晰的指纹图像。但是事实上指纹增强技术也有可能会给后续的指纹匹配带来一些问题，如经过二值化后的指纹图像可能会引入一些错误的细节点。

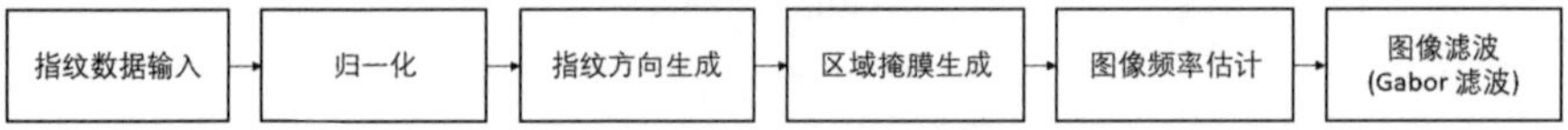

图 9.5 指纹增强过程

经过预处理后的指纹图像样例如图 9.6 所示，在图中分别展示了原指纹图像、增强后的图像和二值化图像。可以看出，经过增强后，原本输入指纹不清晰和模糊的地方都成功地被填补上，可以使指纹的纹理和特征更加明显。二值化是指将指纹图像的颜色映射成黑或白两种，方便后续处理。

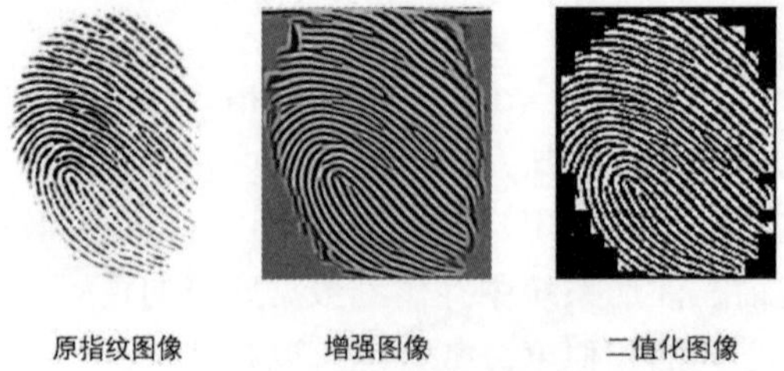

图 9.6 指纹预处理结果

在指纹数据的特征提取阶段，会对指纹中的各部分特征进行定位、测量和编码，之后再提取一些关键的指纹特征，如细节点，关于指纹其他的更多特征结构会在 9.2.2 小节里具体描述。在指纹的匹配阶段，传统的方法有分层、分类以及编码。以分类为例，可以利用 KNN 邻近算法将数据库中的所有指纹模板进行聚类，之后根据距离的远近将输入的待匹配的指纹分配至差异最小的类中，以此来实现指纹的匹配。

9.2.2　指纹结构

根据形状来划分，指纹的模式主体上可被分为弓型、箕型和斗型三类，其不同的类别如图 9.7 所示。其中属箕型指纹最为常见，大部分指纹都归属于该类别。而在这三个指纹类别下又可以细分出更多的种类，如普通螺旋和双环螺旋等，由于在本书中更注重模型编程的实战，因此对于这些较为细分的领域知识不进行讲解。

图 9.7　指纹类型示意图

指纹通常是指指尖上各种脊和沟壑图案的组合，其中大约有接近 150 种独特的脊特征能让指纹具有唯一性，以下给出几种常见的指纹线分类。

（1）分叉型线：两条或多条指纹线的汇聚和分离处。

（2）弓型线：指纹线拱起的地方，犹如一个拱形桥。

（3）循环型线：从指纹线的一端作为起始点并经过一段距离后回到原点。

（4）岛型线：独立于多条指纹线之间，犹如一座孤岛。

（5）椭圆型线：圆型或椭圆型的指纹线，通常位于指纹中心。

（6）帐弓型线：与弓型线相似，但形状变化更加急促，犹如高频脉冲。

（7）螺旋型线：一圈一圈由螺旋的指纹线组成，从中心向外蔓延。

（8）棒型线：通常是一条明显的直线。

关于以上 8 种常见的不同类型的指纹线示意图如图 9.8 所示。

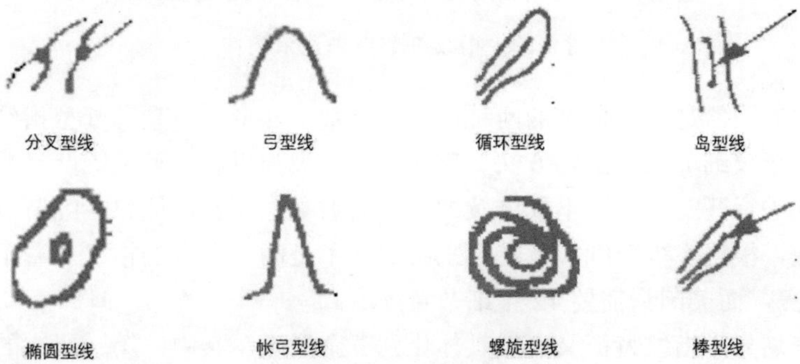

图 9.8　指纹线的类型

这么多类型的指纹特征和指纹线，如果都利用来与指纹进行匹配显然不大现实，这无疑会带来较大的算法复杂度。有研究学者发现，在这其中能给指纹带来较好匹配效果的主要集中在指纹的细节点上，即指纹分叉型线的交点以及指纹脊线的尾部点特征，其示意图如图 9.9 所示。虽然指纹的细节点不单单包含这两种点特征，但有 90%以上的细节点都归属于这两种类型，因此在指纹研究领域中，默认细节点都是脊尾部点和分叉交点。

图 9.9　指纹细节点

针对指纹细节点的提取，目前有许多现成的算法和商业系统可以使用，如 Verifinger SDK、FingerNet 等。但是这些算法能很好工作的前提是获取到的指纹图像必须清晰，这样才能保证指纹的细节点可以被正确提取。由于指纹的细节点是由分叉线的交叉点和脊线的尾部点所构成的，这也说明了在提取细节点时算法有可能产生误判，把指纹边缘信息的一些点也当成了细节点。因此，通常在提取到细节点之后，还需要对细节点进行一些过滤操作，删除冗余和不正确的点，其示意图如图 9.10 所示。

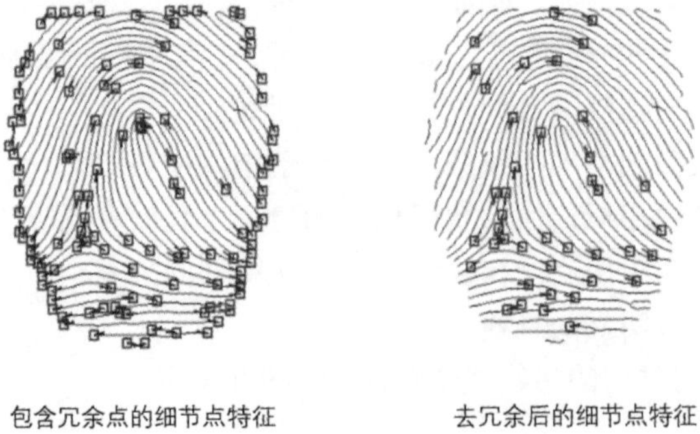

图 9.10　指纹细节点去冗余操作

主要的指纹识别算法便是以上提到的两种，一种是基于斗型、弓型和箕型指纹形状的模式匹配方法，另一种则是基于指纹细节点的识别方法，后者更容易被分析和计算，因此目前大部分的指纹识别系统都是基于细节点进行匹配，其中不仅涉及细节点的数量，而且可能包括细节点的方向和位置等。对于不同的国家来说，根据多少个细节点特征来决定是不是同一个人的指纹有着不同的标准，如英国需要 16 个细节特征点，而美国只需要 12 个细节特征点。

如果从层次上来划分，指纹特征又可以具体化到三个层次。其中，第一层次的指纹特征是以奇异点和粗略的边缘形状为主，主要被用于指纹前期简单的分类和索引，但不涉及具体的个人指纹匹配；

第二层次的特征则是以细节点为主，它们非常稳定并且被用于较为精确的个人指纹匹配过程中；第三层次的特征则更为精确，通常以指纹细节的边缘和汗孔为主，但它们一般不被用于商业系统中，而是被用于公安机关的判案取证中。关于这三种不同层次的指纹示意图和更详细的信息如图 9.11 和图 9.12 所示。

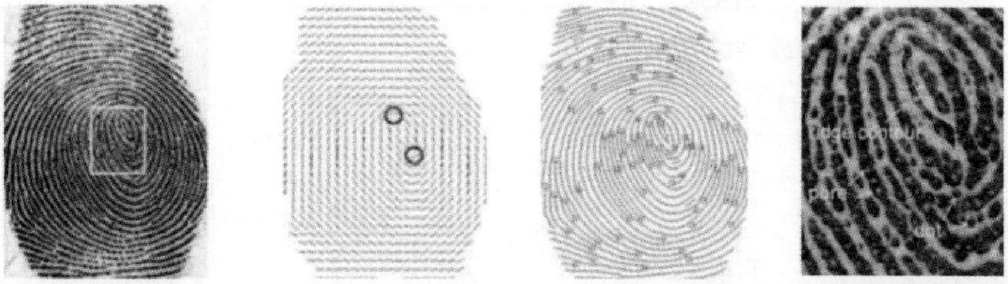

图 9.11　不同层次的指纹图像表示

指纹表示层次	特　征	指纹扫描器所需分辨率/ppi	应用案例
层次一	奇异点和粗略边缘	≥250	指纹索引和分类
层次二	细节点	≥500	商业系统的指纹匹配
层次三	精确的边缘和汗孔	≥1000	医学指纹取证

图 9.12　不同层次的指纹图像表示信息

需要注意的是，本书中提到的关于指纹领域方面的信息只是冰山一角，所涉及的知识只是为了能够给后续的实战案例铺垫一定的理论背景和基础知识，关于该领域的更多更深层知识则需要读者自行搜索了解，本书在此也不再进行过多讲解。

9.3　指纹识别实战

传统的基于细节点的指纹识别需要通过一系列的图像处理和操作技术才能完成，随着近年来人工智能技术的不断发展，使得将卷积神经网络应用于指纹识别和匹配上成了可能。本节首先会介绍孪生神经网络的定义，之后会讲解如何利用 TensorFlow 2.X 结合孪生神经网络完成基于公开指纹数据集的指纹识别任务。

9.3.1　孪生神经网络

孪生神经网络简称为 Siamese 网络，它的主体结构是一对共享相同权值的神经网络，通常被用于计算数据之间的相似度，也正是因为具有相同的权值，才被称为“孪生”。值得注意的是，它并不是一个具体的神经网络模型，而只是一个架构，其中两边的输入网络可以被自定义设置为具体的 CNN 卷积神经网络或其他模型，其示意图如图 9.13 所示。

虽然强调共享相同权值的一对神经网络才能被称为孪生神经网络，但事实上也可以让它们的权值各不相同，但这样的网络则有另一个称呼，即伪孪生神经网络，其示意图如图 9.14 所示。由于孪生神经网络共享权值，因此适合用处理输入是一对较为类似或近似的数据的情况，这样共享的权值才能对两边的数据都有较好的适应性。如果输入的一对数据本身存在着较大的差异，如图像和字幕之间的关联，那么便可以通过伪孪生神经网络进行处理。

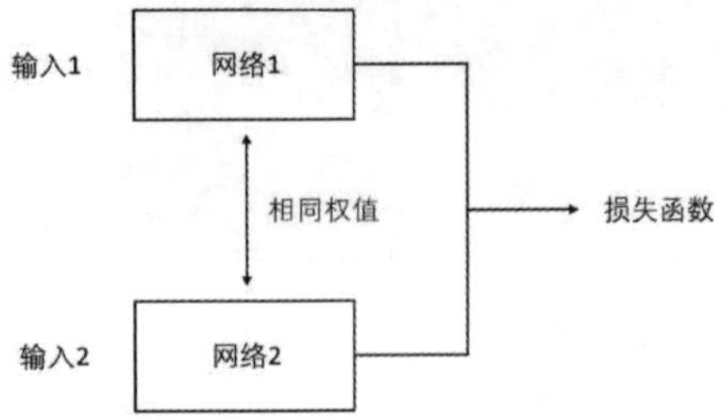

图 9.13　孪生神经网络

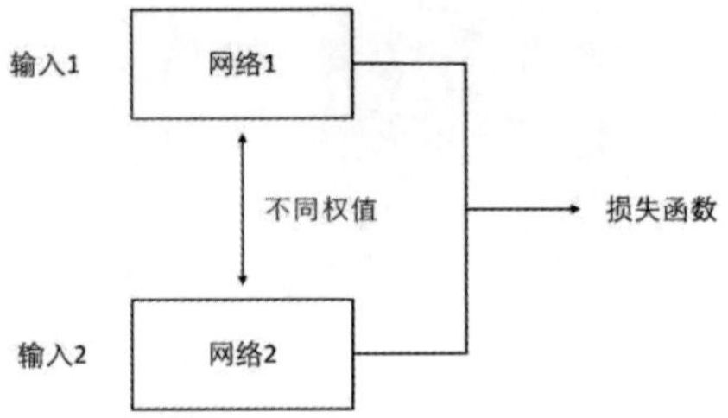

图 9.14　伪孪生神经网络

通常来说，输入到孪生神经网络里的一对数据最后都会被分别转换成一个向量的形式，之后根据这二者向量之间的差异得到它们之间的相似度，常见的度量指标有欧氏距离和余弦距离等。整个网络的训练目标是让两个相似的输入距离尽可能地小，让两个不同类别或差异较大的输入距离尽可能地大。以人脸识别为例，同一个人的脸被认为是相似输入，而不同人的脸即认为是不同输入，其示意图如图 9.15 所示。

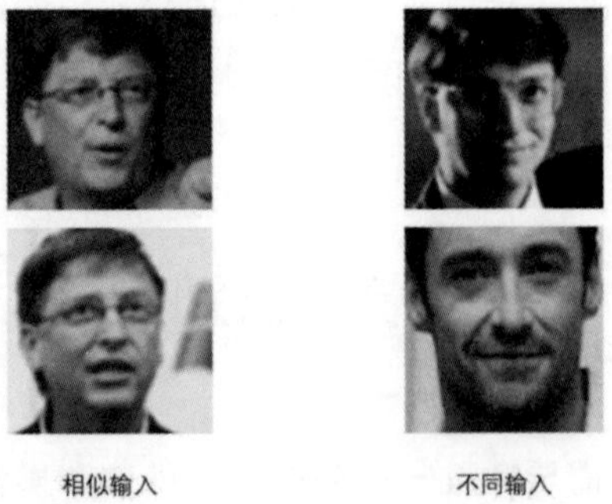

图 9.15　孪生神经网络的输入数据

另外，可以计算输入图像相似度的网络不仅只有孪生神经网络和伪孪生神经网络，如有三个输入的三元组 Triplet 网络同样也可以实现。虽然事实上分类网络也可以达到这样的效果，但它通常被应用于判断事物的总体分类，如猫狗分类，较少去关注个体分类，如判断输入图像中的猫是不是同一只猫。因此就目前来看，较为主流的相似度评判网络还是以孪生神经网络、伪孪生神经网络和三元组网络为主。

将孪生神经网络应用于当前的指纹识别实战任务中，即将网络的输入数据替换成指纹图像。同一个人的指纹输入即为相似输入，不同人的指纹输入即为不同输入。该网络的设计目的便是让它可以根据输入的指纹图像判断这对指纹是否属于同一个人，从而达到指纹识别的目的。通常，其中一个输入可被视为保存在数据库里的指纹模板，另一个输入则是当前用户访问服务时被采集到的指纹数据，其模型示意图如图 9.16 所示。

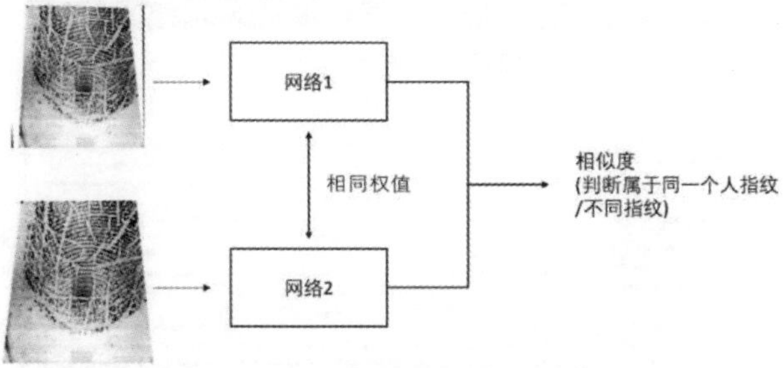

图 9.16　基于孪生神经网络的指纹识别

9.3.2　CASIA 指纹数据集

在本小节所使用的指纹数据来自中国科学院生物识别与安全技术研究中心的指纹数据库，其数据下载网站如下。

```
http://biometrics.idealtest.org/findTotalDbByMode.do?mode=Fingerprint
```

登录到网站之后，会看到如图 9.17 所示的页面。其中，左侧上方是数据的分类，包含了常见的生物特征数据，如虹膜、指纹、脸和掌纹等，而右侧则是当前所定位到的多个版本的指纹数据集，在本次实战案例中选用右侧最上方出现的指纹数据集，即 CASIA Fingerprint Subject Ageing Version 1.0。

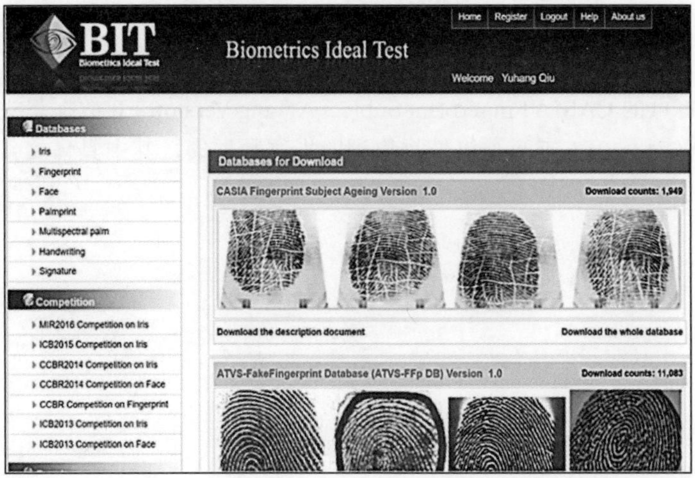

图 9.17　CASIA 指纹数据集下载页面（1）

由于在该网站中下载相关数据集需要以个人账户的形式进行访问，因此需要事先注册一个账号。首先单击右上方的 Register 按钮跳转至如图 9.18 所示的页面；之后单击右下方的 I Agree 按钮，表示同意相关协议，跳转到如图 9.19 所示的个人信息注册页面；最后在填好相关内容之后，会对指定的个人邮箱发送验证信息，通过之后便可以拥有一个可以访问该网站的个人账号。

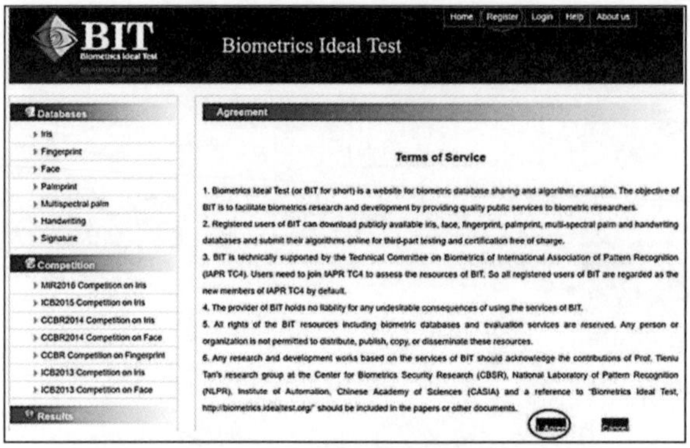

图 9.18　CASIA 指纹数据集下载页面（2）

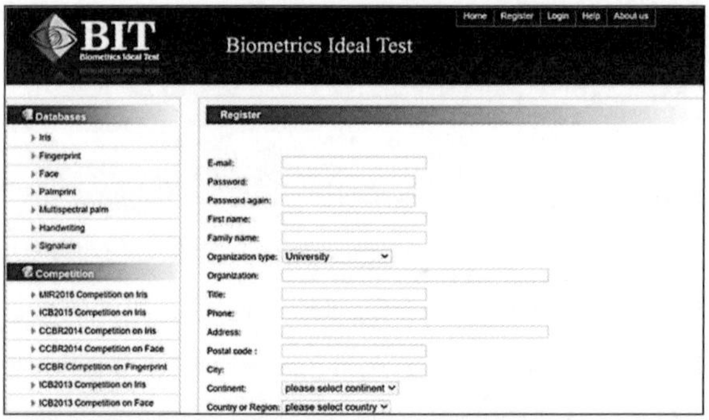

图 9.19　CASIA 指纹数据集下载页面（3）

登录账号并单击首页的 CASIA Fingerprint Subject Ageing Version 1.0 数据集进行下载，下载完成并解压之后会得到 2009 年和 2013 年两个年份收集到的指纹数据集，其中具体文件结构如图 9.20 所示。

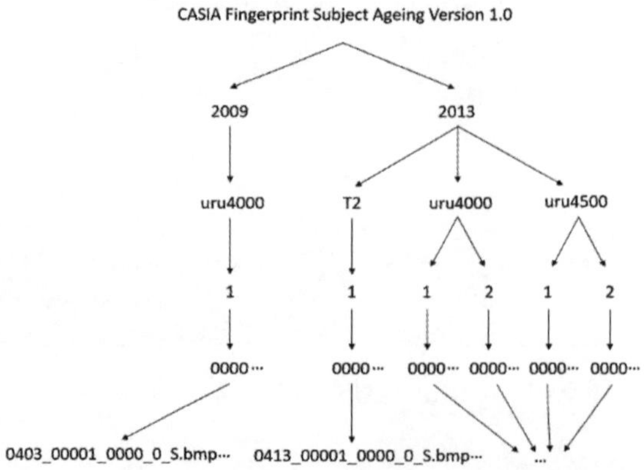

图 9.20　CASIA 指纹数据集文件结构

在图 9.20 中，从上至下，2009 和 2013 代表指纹数据收集的年份；uru4000、T2、uru4000 和 uru4500 代表传感器的类型；1、2 代表收集指纹的批数，1 代表第一批，2 代表第二批；0000 等数字代表被采集者的 ID。最后得到的数据格式便是 RRRR_IIIIF_XXXX_Z_S.bmp 形式，其不同序号表达的具体信息如图 9.21 所示。以图 9.20 所示的 0403_00001_0000_0_S.bmp 为例，0403 表示当前采集这个指纹所使用的传感器 ID（不是类型）；第一个 0000 表示被采集者的 ID；紧接其后的 1 表示采集的是右食指；第二个 0000 表示图像的索引序号；最后一个 0 则表示当前被采集的次数。

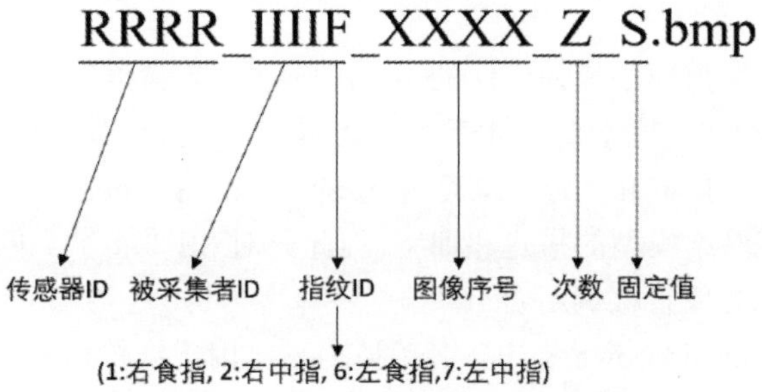

图 9.21　CASIA 指纹数据名称的含义

整个 CASIA 指纹数据集一共由 5880 张指纹组成，它们分别采自于不同的实验对象，其中针对每个实验对象的左、右食指和中指进行一共 20 次指纹图像的采集，即每个手指分别会被采集 5 次，如图 9.22 所示为 CASIA 数据中的一个试验者被采集到的左、右食指和中指的指纹图像。

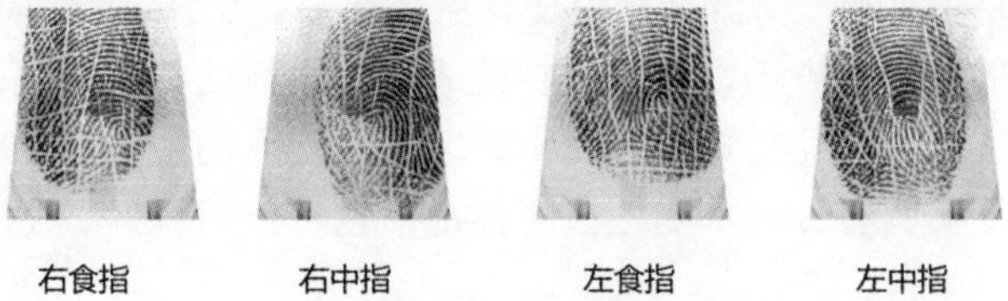

图 9.22　CASIA 指纹数据集样例

9.3.3　指纹对齐实战

由于在 CASIA 指纹数据集中，采集到的指纹数据特征有可能各不相同，有些采集到的指纹特征甚至已经遭到破坏（如潮湿、刮伤等），因此分析这种包含各种真实情况的指纹数据集会更具有实际意义。利用孪生神经网络对不同人的指纹进行匹配之前，最重要的一步便是指纹的对齐操作。

由于在指纹采集的过程中手指会产生旋转、偏移或错位，因此采集到的指纹图像中很多都是无法正常对齐的，特征点无法直接进行匹配，如图 9.23 所示是一幅在 CASIA 数据集中同一个人的相同手指在不同时间点被采集到的指纹图像，从图中可以观察到，即便被采集的是相同的手指，所被标注的重点区域却各不相同且无法通过肉眼直接将它们对应起来。如果指纹识别系统在验证时没有对某个人采集到的指纹进行对齐或矫正，那么该指纹就很难与存储在数据库中的指纹模板匹配起来，由此则会验证失败。

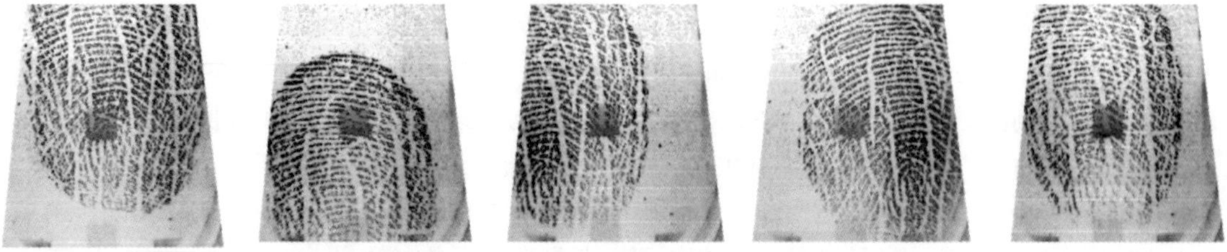

图 9.23　同一个人的相同手指被采集的指纹图像

针对指纹的对齐算法，目前应用较为广泛的是 SIFT 算法或 SURF 算法。SIFT 算法全称为 Scale-Invariant Feature Transform，即尺度不变特征变换。SURF 则可以看作是 SIFT 算法的一种改良，通过一种更高效的方式完成特征的提取和描述，其全称为 Speeded Up Robust Features，即加速稳健特征。由于本实战案例更注重神经网络模型的搭建和训练，因此只对 SIFT 特征点匹配算法进行简要的介绍，后续可以通过 OpenCV 第三方库直接调用它。

SIFT 算法于 1999 年被 David Lowe 提出，之后被广泛应用于计算机视觉的各个领域里，如图像识别、图像匹配和目标检测等。它是一种基于局部兴趣特征点的算法，不受图像尺度和旋转的影响，同时对光照和外部因素有着很强的抗干扰性，因此适合被用于图像的分析上，尤其是在目标检测领域里一直备受关注，即便是今日，该算法仍然被许多研究学者所采用。

SIFT 算法主要可以被划分为两个阶段，即特征点检测和特征点描述阶段。在特征点检测阶段，SIFT 会利用 DoG（Difference of Gaussian）算法先进行角点检测，将一些变化明显的区域（如边缘和角）当作特征点，因为它们相对于平滑区域来说变化更加明显。在特征点描述的建立阶段，SIFT 首先会计算得到图像局部区域的梯度直方图，并将它转换成一定维数的特征向量；之后在计算出特征向量后会再对领域的特征向量进行归一化处理并计算出该区域关键点的主方向。领域的特征可以根据主方向进行特定方向的旋转，使其具有旋转不变性；同样地，也可以根据领域中各像素的大小进行指定尺度的缩放，从而实现尺度不变性。

旋转不变性和尺度不变性是图像分类和目标检测等任务中最重要的两个性质，而迁移到图像对齐任务中，同样也十分重要。以刚才提到的指纹对齐为例，利用 SIFT 算法处理后，即便采集到的是旋转、偏移的指纹图像，也能和数据库中的指纹模板进行匹配。其原因便是 SIFT 算法具有旋转不变性和尺度不变性，能够从这些旋转、偏移的指纹图像中提取出正确的特征点，之后根据输入指纹的特征点位置与数据库存储的指纹模板的特征点位置进行比较和矫正，便可完成指纹的对齐工作。

SIFT 算法可以直接从旧版本的 OpenCV 第三方库中调用得到，下面演示如何利用 SIFT 算法对 CASIA 指纹数据集进行个人指纹的对齐操作。首先导入相关的第三方库，代码如下。

```
import cv2
import numpy as np
import os
import matplotlib.pyplot as plt
```

定义利用 OpenCV 库处理指纹并进行对齐的函数。整体流程是先将读取到的两张匹配指纹图像转换成灰度图像，之后实例化 SIFT 算法函数并检测两张指纹图像中的关键点和描述符。得到相关特征后再利用常见的二维特征点匹配算法 Brute Force 将它们进行匹配和排序，对于匹配得分较差的关键点则舍去，只选取匹配得分前 20%的匹配结果，并用直线画出两张图像的关键点匹配关系。最后再提取出高匹配得分的关键点位置，计算两张图像之间的单应性矩阵，并对用户的输入指纹进行仿射变换以与数据库里的指纹模板对齐，代码如下。

```
def alignImages(im1, im2):
    im1Gray = cv2.cvtColor(im1, cv2.COLOR_BGR2GRAY)             #将图片转换为灰度图
    im2Gray = cv2.cvtColor(im2, cv2.COLOR_BGR2GRAY)
    sift = cv2.xfeatures2d.SIFT_create()                        #调用 SIFT 算法
    keypoints1, descriptors1 = sift.detectAndCompute(im1Gray, None) #检测特征点和描述符
    keypoints2, descriptors2 = sift.detectAndCompute(im2Gray, None)
    matcher = cv2.BFMatcher()                                   #调用 Brute Force 匹配算法
    matches = matcher.match(descriptors1, descriptors2, None) #对两张指纹图像进行匹配
    matches.sort(key=lambda x: x.distance, reverse=False)      #将匹配分数进行排序
    numGoodMatches = int(len(matches)*0.2)                      #选取排序得分前 20%的指纹
    matches = matches[:numGoodMatches]
    #绘制匹配点
    imMatches = cv2.drawMatches(im1, keypoints1, im2, keypoints2, matches, None)
    cv2.imwrite("matches.jpg", imMatches)                       #保存匹配图像
    points1 = np.zeros((len(matches), 2), dtype=np.float32)
    points2 = np.zeros((len(matches), 2), dtype=np.float32)
    for i, match in enumerate(matches):                         #提取匹配点的位置
        points1[i, :] = keypoints1[match.queryIdx].pt
        points2[i, :] = keypoints2[match.trainIdx].pt
    h, mask = cv2.findHomography(points1, points2, cv2.RANSAC) #寻找仿射矩阵
    height, width, channels = im2.shape
    im1Reg = cv2.warpPerspective(im1, h, (width, height))      #对匹配图像进行对齐
    return im1Reg, h
```

这里随机选取数据集中同一个人的相同手指的不同指纹图像进行对齐测试，以后缀名为 0000_1_S 的指纹图像作为对齐标准，并输出它们之间的单应性矩阵，代码如下。

```
refFilename = "0403_00032_0001_1_S.bmp"
imReference = cv2.imread(refFilename, cv2.IMREAD_COLOR)        #读取图像
imFilename = "0403_00032_0002_2_S.bmp"
im = cv2.imread(imFilename, cv2.IMREAD_COLOR)
imReg, h = alignImages(im, imReference)                         #对齐图像
outFilename = "aligned.bmp"                                     #存储对齐图像的名称
cv2.imwrite(outFilename, imReg)                                 #保存对齐图像
print("Estimated homography : \n", h)                          #输出单应性矩阵
```

输出的结果为：

```
Estimated homography :
 [[1.01314862e+00 1.64195638e-03 8.18305996e+00]
 [1.54099247e-02 1.03239412e+00 4.24797103e+01]
 [5.97959741e-05 3.12206003e-05 1.00000000e+00]]
```

查看对齐前后的指纹图像并与待匹配的指纹图像进行对比，如图 9.24 所示。

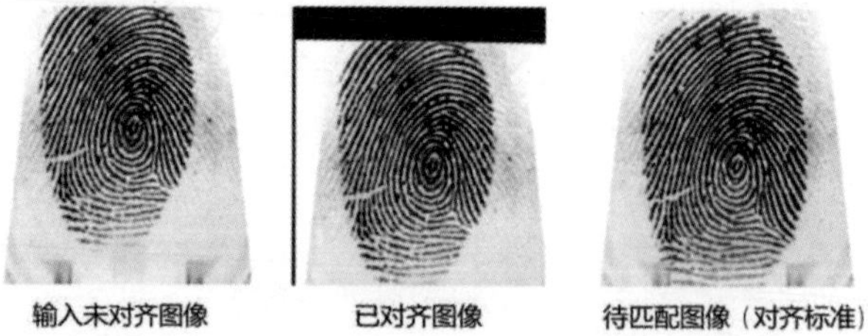

图 9.24　指纹对齐案例

可以看出，在对齐之前，输入的指纹图像与待匹配图像从位置上无法一一对应，而在对齐之后，以如图 9.24 所示的指纹中间的螺旋纹为标准，可以看出两个指纹已成功完成对齐操作。但很明显可以看出在执行 SIFT 算法之后，生成的对齐图像缺失了一部分图像信息，这部分信息是原图之前所没有的，在 SIFT 算法里会直接将它们填充成无关的背景色。另外，由于在指纹对齐的函数中标注了图像之间关键点的对应关系，因此还可以可视化它们之间特征关键点的匹配过程，其示意图如图 9.25 所示。

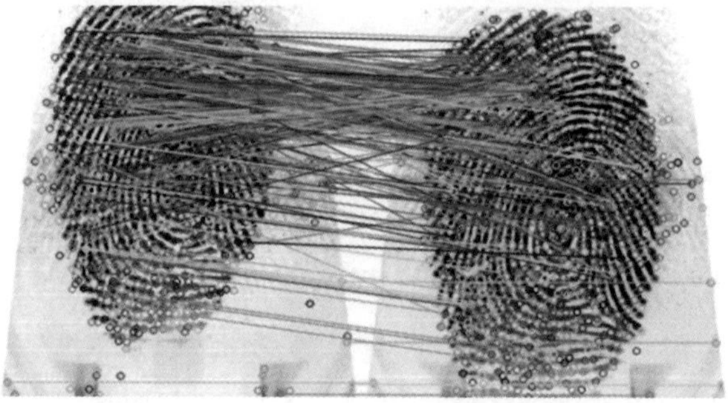

图 9.25　指纹对齐的对应关键点匹配

之后将 SIFT 算法应用于 CASIA 数据集上，作为实战案例，这里只选取了其中一小部分数据集进行指纹识别项目演示。以同一个人的相同手指的第一张指纹图像作为对齐标准，剩下的四张指纹图像作为待对齐的图像。首先需要生成指定要求的对应文件路径，方便后续进行对齐并加载保存，代码如下。

```
#读取数据集路径
dir_path = r'D:\Project_code\fingerPrint\CASIA_Fingerprint_Subject_Ageing\2013\uru4000\2'
folder_list = os.listdir(dir_path)                    #查看该路径下文件夹信息
#得到每个文件夹的具体路径
imagePath_list = [os.path.join(dir_path, imageName) for imageName in folder_list]
imageAlignedPath = []
for i in imagePath_list:
    firstIndex = 0
    imageName_list = os.listdir(i)                    #遍历每个文件夹下的图片名称
    for j in range(len(imageName_list)):
        if j == firstIndex:
            continue
```

```
        elif j%5==0:
            firstIndex+=5
        else:
            image1Path_list = [os.path.join(i, imageName_list[firstIndex])]
            imageAlignedPath.append(image1Path_list)
            image2Path_list = [os.path.join(i, imageName_list[j])]
            #准备待对齐的指纹路径，前一张为指纹对齐参考图像，后一张为待对齐图像，不断循环
            imageAlignedPath.append(image2Path_list)
```

读取制作好的指纹图像文件路径，调用 SIFT 算法对它们一一进行匹配并保存至指定文件夹中，代码如下。

```
i = 0
name = 1
while i < len(imageAlignedPath):
    #读取指纹对齐参考图像
    reference = cv2.imread(imageAlignedPath[i][0], cv2.IMREAD_COLOR)
    #读取待对齐的图像
    aligned = cv2.imread(imageAlignedPath[i+1][0], cv2.IMREAD_COLOR)
    aligned_out, h = alignImages(reference, aligned)        #对齐图像
    reference_outName = imageAlignedPath[i][0][-23:-4]     #读取指纹对齐参考图像文件名
    aligned_outName = imageAlignedPath[i+1][0][-23:-4]     #读取指纹待对齐图像的文件名
    #参考图像和对齐图像的存储路径
    save_path1 = r'D:\Project_code\fingerPrint\dataset\Genuine\(6)unaligned_souce\reference'
    save_path2 = r'D:\Project_code\fingerPrint\dataset\Genuine\(6)unaligned_souce\aligned'
    print("Reference image : ", reference_outName)
    print("Saving aligned image : ", aligned_outName)
    reference_savePath = save_path1 + "\\" + str(name) +'.jpg'
    aligned_savePath = save_path2 + "\\" + str(name) +'.jpg'
    cv2.imwrite(reference_savePath,reference)              #存储指纹对齐参考图像
    cv2.imwrite(aligned_savePath,aligned_out)              #存储已对齐的指纹图像
    i+=2
    name+=1
```

输出的结果为：

```
Reference image :  0403_00001_0000_0_S
Saving aligned image :  0403_00001_0001_1_S
Reference image :  0403_00001_0000_0_S
Saving aligned image :  0403_00001_0002_2_S
Reference image :  0403_00001_0000_0_S
Saving aligned image :  0403_00001_0003_3_S
Reference image :  0403_00001_0000_0_S
Saving aligned image :  0403_00001_0004_4_S
...
```

打开文件夹查看指纹图像的对齐结果，如图 9.26 所示。

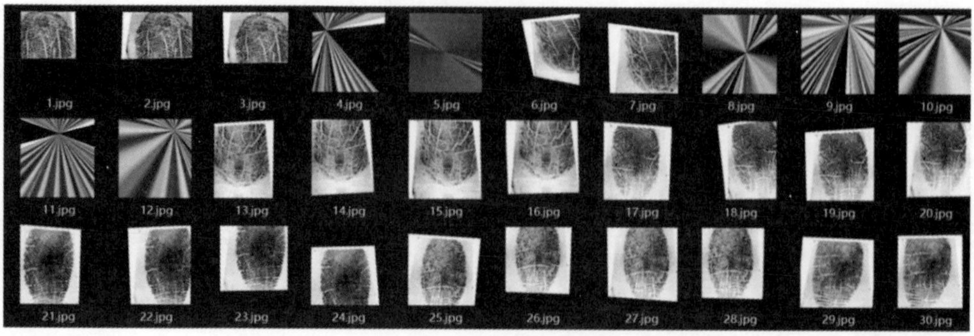

图 9.26 CASIA 指纹数据集部分数据对齐结果

从对齐结果上来看，可以发现有小部分的指纹在对齐过程中没有成功，生成了奇怪的结果，这主要是由于两个指纹图像在对齐过程中没有找到足够的关键特征点进行匹配。对于这部分图像，需要事先人为地将它们删除，以保证这些离群数据不会影响后续模型训练时的可靠性和准确性，经过人工处理后的成对指纹图像数据集如图 9.27 所示。

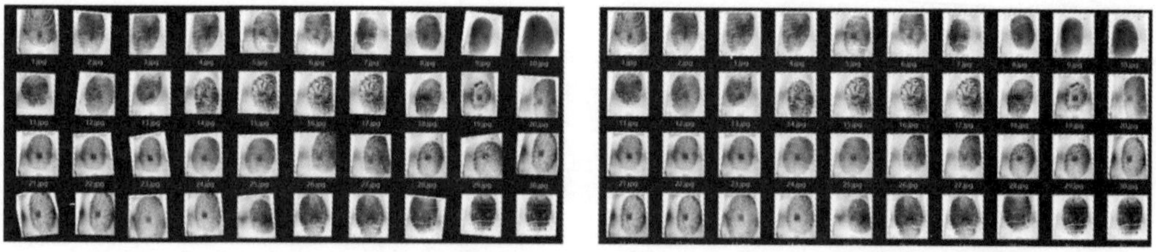

待匹配指纹　　指纹模板

图 9.27 待匹配指纹

9.3.4 指纹识别模型搭建与训练

在对指纹数据集进行对齐和一定的预处理操作之后，下一步便是将这些成对的指纹图像送入孪生神经网络中以便完成指纹识别任务的训练。在本实战案例中，待匹配指纹图像和指纹模板图像各自选取 278 张，其中 139 张为同一个人相同手指的指纹，另外 139 张为不同人相同手指的指纹。首先导入相关的第三方库，其中 TensorFlow.keras.preprocessing 库用于图像后续的读取，代码如下。

```
import TensorFlow as tf
from TensorFlow import keras
import cv2
import os
import matplotlib.pyplot as plt
import numpy as np
from TensorFlow.keras import backend as K
from TensorFlow.keras.preprocessing import image
```

定义图像存储路径，其中带有 Aligned 名称的路径表示对齐后的待匹配指纹图像存储位置，带有

Reference 名称的路径则表示对应的指纹模板图像存储位置，具体的路径可以根据个人喜好再进行更改。

```
Train_referencePath = r'D:\Project_code\fingerPrint\dataset\Genuine\(2)Reference'
Train_alignedPath = r'D:\Project_code\fingerPrint\dataset\Genuine\(2)Aligned'
```

读取路径下的图像数据，并将它们存储至列表当中，方便模型后续处理，代码如下。

```
referenceTrain = []
alignedTrain = []
Train_sourceImageList = os.listdir(Train_referencePath)
Train_sourceImageList.sort(key=lambda x:int(x[:-4]))
Train_alignedImageList = os.listdir(Train_alignedPath)
Train_alignedImageList.sort(key=lambda x:int(x[:-4]))
for i in Train_sourceImageList:
    imagePath = os.path.join(Train_referencePath,i)       #读取 reference 图像路径
    referenceImage = image.load_img(imagePath)            #加载图像为 jpg 格式
    img_array = image.img_to_array(referenceImage)        #转换成 array 格式
    referenceTrain.append(img_array)    #保存至列表
for i in Train_alignedImageList:
    imagePath = os.path.join(Train_alignedPath,i)
    alignedImage = image.load_img(imagePath)
    img_array = image.img_to_array(alignedImage)
    alignedTrain.append(img_array)
```

将列表形式转换为 numpy 数组，代码如下。

```
print("Original type:%s"%type(referenceTrain))
referenceTrain = np.array(referenceTrain)                 #转换图像类型
alignedTrain = np.array(alignedTrain)
print("Converted type:%s"%type(referenceTrain))
```

输出的结果为：

```
Original type:<class 'list'>
Converted type:<class 'numpy.ndarray'>
```

转换图像类型并进行归一化，代码如下。

```
referenceTrain = referenceTrain.astype('float32')/255     #图像归一化
alignedTrain = alignedTrain.astype('float32')/255
```

查看图像的尺寸，代码如下。

```
print(alignedTrain[-1].shape)                             #查看图像尺寸
```

输出的结果为：

```
(356, 328, 3)
```

制作数据标签，其中 1 代表同一个人相同手指的指纹，0 代表不同人相同手指的指纹，之后将它们转换成 numpy 数组形式，代码如下。

```
labels = [1]*139 + [0]*139                                #制作图像标签
```

```
labels = np.array(labels).astype('float32')                    #标签类型转换
print(type(labels))
```

输出的结果为：

```
<class 'numpy.ndarray'>
```

定义以欧氏距离为基础的输入图像对的距离衡量函数、对抗损失函数以及准确率指标计算函数，代码如下。

```
def euclidean_distance(vects):                                 #向量欧式距离计算
    x, y = vects
    sum_square = K.sum(K.square(x - y), axis=1, keepdims=True)
    return K.sqrt(K.maximum(sum_square, K.epsilon()))

def eucl_dist_output_shape(shapes):                            #结果输出维度
    shape1, shape2 = shapes
    return (shape1[0], 1)

def contrastive_loss(y_true, y_pred):                          #对抗损失函数
    margin = 1
    sqaure_pred = K.square(y_pred)
    margin_square = K.square(K.maximum(margin - y_pred, 0))
    return K.mean(y_true * sqaure_pred + (1 - y_true) * margin_square)

def accuracy(y_true, y_pred):                                  #模型训练评判指标
    return K.mean(K.equal(y_true, K.cast(y_pred <0.5, y_true.dtype)))
```

定义孪生神经网络的模型架构。这里采用多尺度空洞卷积组合所构成的神经网络，该模型已被相关文献证明是一个能够提取不同尺度的指纹细节点特征的匹配网络结构。模型示意图如图 9.28 所示。

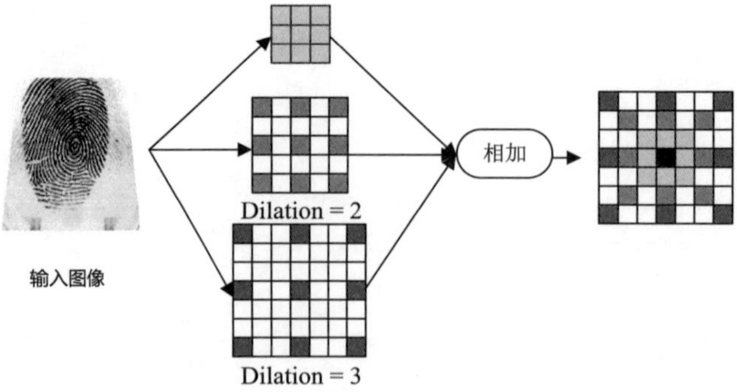

图 9.28　多尺度空洞卷积神经网络

模型代码如下。其中卷积层里的 dilation_rate 表示空洞卷积的扩张率，经过不断地前向传播，最后模型会输出一个向量值用来衡量图像间的距离和相似度。

```
def MDCNN_network(input_shape):                               #模型搭建
    input = keras.layers.Input(shape = input_shape)
```

```
    x = keras.layers.Conv2D(filters=2,kernel_size=3,input_shape=(356,328,3))(input)
    x = keras.activations.selu(x)
    x1 = keras.layers.Conv2D(filters=4,kernel_size=3,strides=1,padding='same')(x)
    x1 = keras.activations.selu(x1)
    x2 = keras.layers.Conv2D(filters=4,kernel_size=3,strides=1,dilation_rate=(2,2),
padding='same')(x)
    x2 = keras.activations.selu(x2)
    x3 = keras.layers.Conv2D(filters=4,kernel_size=3,strides=1,dilation_rate=(3,3),
padding='same')(x)
    x3 = keras.activations.selu(x3)
    x = keras.layers.Add()([x1,x2,x3])
    x = keras.layers.Conv2D(filters=8,kernel_size=3)(x)
    x = keras.activations.selu(x)
    x1 = keras.layers.Conv2D(filters=16,kernel_size=3,strides=2)(x)
    x1 = keras.activations.selu(x1)
    x2 = keras.layers.Conv2D(filters=16,kernel_size=3,strides=2)(x)
    x2 = keras.activations.selu(x2)
    x3 = keras.layers.Conv2D(filters=16,kernel_size=3,strides=2)(x)
    x3 = keras.activations.selu(x3)
    x = keras.layers.Add()([x1,x2,x3])
    x = keras.layers.Conv2D(filters=32,kernel_size=3)(x)
    x = keras.activations.selu(x)
    x = keras.layers.Conv2D(filters=64,kernel_size=3,strides=2)(x)
    x = keras.activations.selu(x)
    x = keras.layers.Flatten()(x)
    x = keras.layers.Dense(10)(x)
    return keras.models.Model(input, x)
```

利用先前定义过的距离函数，将模型的输出转换成欧式距离上的衡量，并将它拼接至搭建的模型上，代码如下。

```
base_network = MDCNN_network(sourceTrain[0].shape)
input_a = keras.Input(shape=sourceTrain[0].shape)
input_b = keras.Input(shape=alignedTrain[0].shape)
processed_a = base_network(input_a)                    #模型一路输入
processed_b = base_network(input_b)                    #模型另一路输入
distance = keras.layers.Lambda(euclidean_distance,output_shape=eucl_dist_output_
shape)([processed_a, processed_b])
model = keras.models.Model([input_a, input_b], distance)  #模型拼接
```

配置模型的损失函数、优化器、评价指标等相关训练参数，代码如下。

```
model.compile(loss=contrastive_loss,optimizer='adam',metrics=[accuracy])
```

对模型进行训练，代码如下。

```
history=model.fit([sourceTrain, alignedTrain],labels,batch_size=1,epochs=10,verbose=1)
```

输出的结果为：

```
...
Epoch 5/10
278/278 [==============================] - 144s 517ms/sample - loss: 0.3579 - accuracy: 0.7734
Epoch 6/10
278/278 [==============================] - 152s 547ms/sample - loss: 0.1926 - accuracy: 0.8309
Epoch 7/10
278/278 [==============================] - 133s 478ms/sample - loss: 0.1012 - accuracy: 0.9065
Epoch 8/10
278/278 [==============================] - 137s 494ms/sample - loss: 0.0706 - accuracy: 0.9245
Epoch 9/10
278/278 [==============================] - 138s 498ms/sample - loss: 0.0407 - accuracy: 0.9676
Epoch 10/10
278/278 [==============================] - 137s 494ms/sample - loss: 0.0271 - accuracy: 0.9820
```

从 CASIA 数据集中随机准备四张非训练集的图像用于测试，其中两张图像为同一个人相同手指的指纹，其余两张图像为不同人不同手指或相同人不同手指的指纹，并将它们统一放置到代码的当前目录下。定义图像读取和处理函数，之后读取和输出模型的预测分数，代码如下。

```
def testImage_preprocessing(image_path):                #测试图像预处理函数
    testImage = image.load_img(image_path)              #图像加载
    plt.imshow(testImage)
    plt.show()
    testImage = image.img_to_array(testImage).astype('float32')/255
    testImage = np.expand_dims(testImage,axis=0)        #图像维度增添以满足模型输入要求
    return testImage

same_path_1 = r'1.png'
same_path_2 = r'2.png'
different_path_1 = '3.png'
different_path_2 = '4.png'
same_testImage_1 = testImage_preprocessing(same_path_1)
same_testImage_2 = testImage_preprocessing(same_path_2)
different_testImage_1 = testImage_preprocessing(different_path_1)
different_testImage_2 = testImage_preprocessing(different_path_2)

sameScore = model.predict([same_testImage_1,same_testImage_2])     #相同指纹距离预测
differentScore = model.predict([different_testImage_1,different_testImage_2])
#不同指纹距离预测

print("The distance of same fingerprint:%f"%sameScore[0][0])
print("The distance of different fingerprint:%f"%differentScore[0][0])
```

输出的结果如图 9.29 和图 9.30 所示。

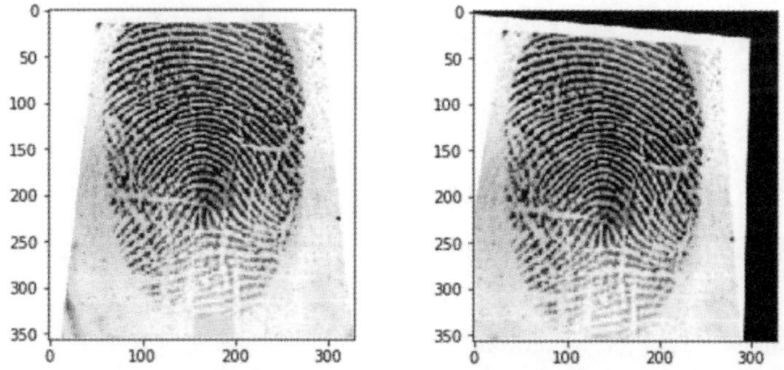

图 9.29　用于测试的相同指纹图像

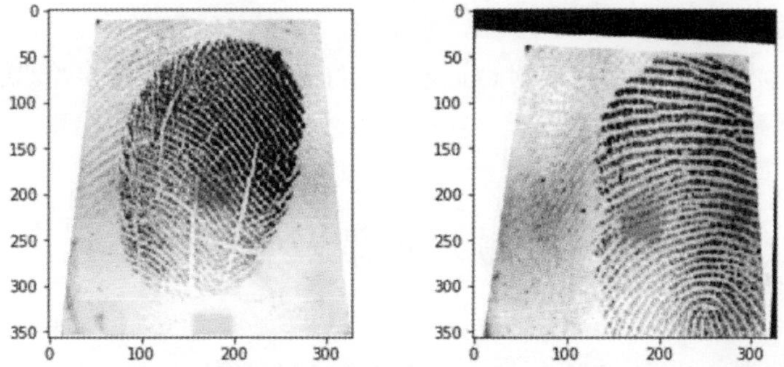

图 9.30　用于测试的不同指纹图像

```
The distance of same fingerprint:0.150276            #相同指纹距离小
The distance of different fingerprint:1.036739       #不同指纹距离大
```

如果使用可视化的激活热力图 Grad-CAM，还可以观察到在匹配的过程中，卷积神经网络提取的、用于匹配的特征主要是集中在先前所提到的指纹细节点上，其示意图如图 9.31 所示，而这一观察结果也再次证明了细节点特征在指纹识别中的重要性。

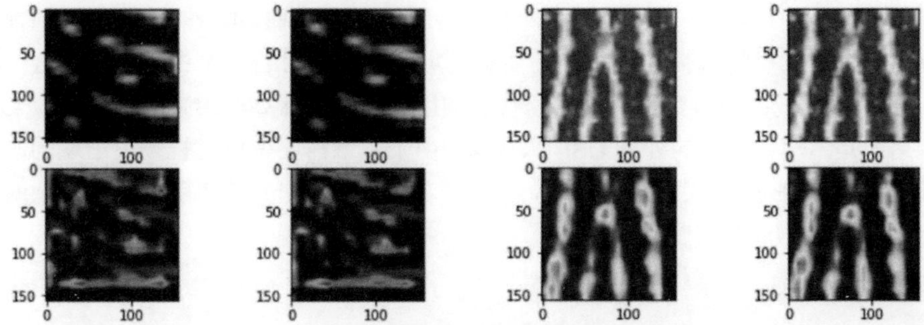

图 9.31　热力图激活的指纹特征比较结果

第 10 章　基于摄像头的指定物体实时预测

深度学习技术除了可以被应用于静态的图像上，也可以被应用于视频的处理中。对于视频流的处理来说，其难度会比图像高出不少，因为此时既要考虑视频本身所带来的巨大空间开销，又要考虑模型分析结果的实时性，因此该研究领域是目前深度学习领域里备受关注且具有挑战性的方向之一。

本章首先会介绍如何在 Jupyter Notebook 平台下进行视频的读取、数据的采集操作，之后会讲解如何利用采集到的数据进行模型的训练，并将模型应用于摄像头的实时视频流分析当中，对视频中出现的指定物体进行分类并给出结果。

本章主要涉及的知识点如下。

- OpenCV 视频读取：掌握如何调用 OpenCV 库打开计算机的摄像头并读取视频流。
- 模型分析视频流：掌握如何调用模型实时分析视频流数据并给出结果。

10.1　视频流读取及数据采集

对视频流中出现的物体进行实时分析和处理是计算机视觉领域里一个基本且常见的应用场景。本节首先会介绍如何利用 OpenCV 第三方库打开计算机摄像头并读取视频流，之后会讲解如何将读取到的数据进行采集、预处理以及保存至本地。

10.1.1　OpenCV 视频流读取

OpenCV 作为一个跨平台的计算机视觉和机器学习库，不仅功能强大，而且轻量高效。在前几章的项目实战中，也曾利用过 OpenCV 库读取静态图像并进行分析。但在本章中，所关注的重点不再是图像，而是视频流。从本质上来说，分析视频流即是分析图像，因为视频本身是由图像一帧帧所构成的。

使用 OpenCV 库读取视频流数据之前，需要事先定义好要调用的摄像头的端口，这一点可以通过 cv2.VideoCapture()函数实现。当参数值为 0 时，代表调用的是本地计算机内置的摄像头；当参数值大于 0 时，则代表调用的是本地计算机的外接 USB 摄像头。由于本章需要完成对视频里出现的笔的品种进行分类，因此利用外接的 USB 摄像头更容易实现，其可以方便控制方向并避免引入过于复杂的背景信息。

首先导入相关的第三方库，代码如下。

```
import cv2
import os
```

调用 cv2.VideoCapture()函数创建视频类，代码如下。

```
cap = cv2.VideoCapture(1)                    #摄像头端口设置，这里为外接 USB 摄像头
```

定义视频流数据读取过程并运行，代码如下。

```
while True:
    ret,frame = cap.read()                        #视频读取
    if not ret:                                   #判断是否读取到图像
        continue
    if cv2.waitKey(10) & 0xFF == ord('q'):        #按 q 键退出
        break
    cv2.imshow('frame',frame)                     #显示读取的图像帧
cap.release()                                     #资源释放
cv2.destroyAllWindows()                           #窗口销毁
```

输出的结果如图 10.1 所示。

图 10.1　摄像头读取到的图像

其中，cap.read()函数代表摄像头的当前帧读取，返回的参数包含了读取的状态，即是否读取到图像数据以及读取到的图像数据。由于在读取视频信息时，通常需要不断地获取当前帧图像，因此在代码部分需要加上循环判断条件，即上述代码中的 while=True，其代表该代码在运行时不断地获取图像帧信息；cv2.waitKey(10)参数代表每隔 10ms 刷新一帧图像；后面的 ord('q')和下面的 break 则代表当按住 Q 键时，视频读取结束，程序退出无限循环。此外，在视频读取结束后，还需要在代码末尾添加上资源释放和窗口销毁的相关函数，否则程序在运行过程中会容易出现异常。

10.1.2　OpenCV 数据采集

成功获取到视频流信息之后，下一步便是对数据进行收集和保存。在本章实战案例中，主要完成的是对黑笔、红笔及铅笔数据进行分类，因此需要事先准备好相关材料，当然也可以使用其他物体进行替代。

首先在代码文件的当前目录下新建三个文件夹，即 black_pen、pencil 和 red_pen，用于存放之后获取到的黑笔、红笔和铅笔图像数据信息，其示意图如图 10.2 所示。

图 10.2　待存放的图像数据文件夹

修改先前读取视频数据流的代码部分，将数据采集操作加入其中，代码如下。

```
cap = cv2.VideoCapture(1)                              #摄像头端口设置

image_save_path = './black_pen/'                       #数据保存位置
number = 0

while True:
    ret,frame = cap.read()                             #视频读取
    if not ret:                                        #判断是否读取到图像
        continue
    if cv2.waitKey(10) & 0xFF == ord('q'):             #按 q 键退出
        break

    if cv2.waitKey(10) & 0xFF == 32:                   #按空格键保存图像，32 为空格键的 ASCII 码
        save_path = os.path.join(image_save_path,'{}.jpg'.format(number))
        number += 1
        frame = cv2.resize(frame,(256,256))            #修改保存尺寸
        cv2.imwrite(save_path,frame)                   #数据保存

    cv2.putText(frame,"the collecting number{}".format(number),(10,30),cv2.FONT_
HERSHEY_SCRIPT_SIMPLEX,0.8,(255,255,255),2,cv2.LINE_AA)  #收集计数显示
    cv2.imshow('frame',frame)                          #显示读取的图像帧
cap.release()                                          #资源释放
cv2.destroyAllWindows()                                #窗口销毁
```

其中新加入的代码部分的功能主要是用来控制按键并保存图像。首先定义好图像数据存储的路径，之后按空格键便可以将当前带有数据信息的图像帧进行保存，同样为了方便计数，这里还显示了采集到的数据信息。运行该部分代码，得到输出的结果如图 10.3 所示。

图 10.3 摄像头读取到的图像

可以看到，此时在图像的左上方位置已添加了相关的标记信息。由于目前定义的数据存储路径是黑笔的存储路径，因此将事先准备好的黑笔放置到摄像头跟前，并快速按下空格键进行保存，其示意图如图 10.4 所示。

图 10.4 黑笔图像数据获取（1）

不断改变黑笔的方位并按空格键进行保存，尽可能地获取到全面的、信息丰富的黑笔图像，当图像计数数量达到 200 左右时，可按 Q 键停止程序。获取黑笔图像数据的过程如图 10.5 所示。

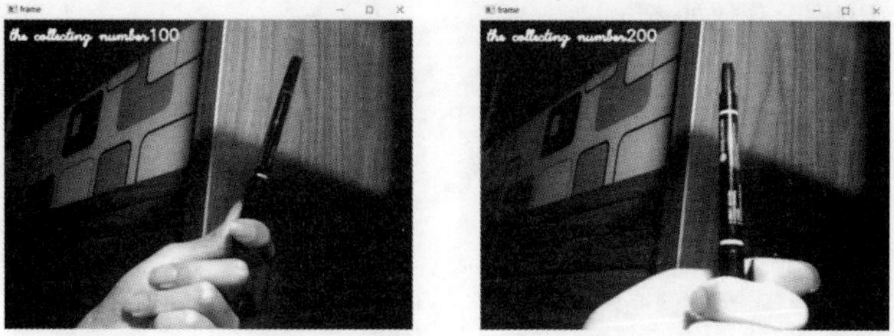

图 10.5 黑笔图像数据获取（2）

修改图像的存储路径，切换至红笔或铅笔处，并用相同的方式分别获取 200 张红笔图像和铅笔图像，其示意图如图 10.6 所示。

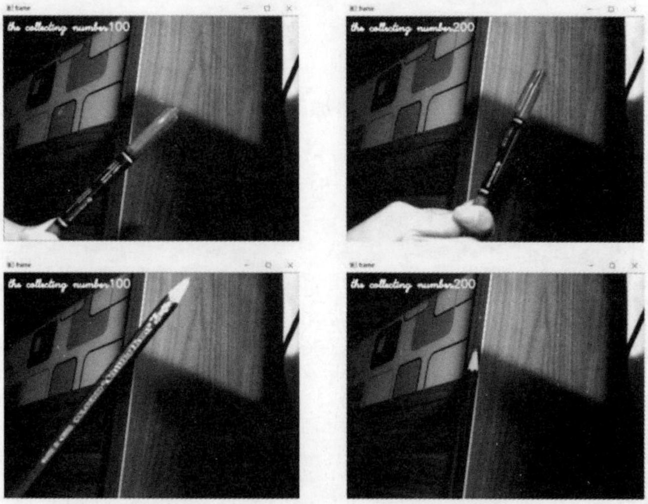

图 10.6 红笔和铅笔图像数据获取

10.2 笔分类模型搭建与训练

成功获取到相关的数据之后，下一步便是进行模型的搭建及训练。本节首先会介绍如何制作笔数据集和标签，之后会讲解如何搭建基于该数据集的分类神经网络模型并进行训练。

10.2.1 笔数据集制作

关于制作笔数据集和标签的流程并不复杂，可以参考第 9 章的自定义指纹数据集的制作过程完成，首先导入相关的第三方库，代码如下。

```
import os
from TensorFlow.keras.preprocessing import image
import matplotlib.pyplot as plt
import numpy as np
```

读取红笔数据并存入列表中，代码如下。

```
pen_dataset = []   #用于存储笔数据

redPen_path = './red_pen/'
redPen_list = os.listdir(redPen_path)
redPen_list.sort(key=lambda x:int(x[:-4]))
for i in redPen_list:
    redPen_file = os.path.join(redPen_path,i)          #读取红笔图像路径
    redPen_img = image.load_img(redPen_file)           #加载图像成 jpg 格式
    img_array = image.img_to_array(redPen_img)         #转换成 array 格式
    pen_dataset.append(img_array)                      #保存至列表
```

重复上述的过程，将黑笔数据和铅笔数据一起加入 pen_dataset 列表中，代码如下。

```
blackPen_path = './black_pen/'
blackPen_list = os.listdir(blackPen_path)
blackPen_list.sort(key=lambda x:int(x[:-4]))
for i in blackPen_list:
    blackPen_file = os.path.join(blackPen_path,i)      #读取黑笔图像路径
    blackPen_img = image.load_img(blackPen_file)       #加载图像成 jpg 格式
    img_array = image.img_to_array(blackPen_img)       #转换成 array 格式
    pen_dataset.append(img_array)                      #保存至列表

pencil_path = './pencil/'
pencil_list = os.listdir(pencil_path)
pencil_list.sort(key=lambda x:int(x[:-4]))
for i in pencil_list:
```

```
    pencil_file = os.path.join(pencil_path,i)          #读取铅笔图像路径
    pencil_img = image.load_img(pencil_file)           #加载图像成 jpg 格式
    img_array = image.img_to_array(pencil_img)         #转换成 array 格式
    pen_dataset.append(img_array)                      #保存至列表
```

查看数据集的尺寸，代码如下。

```
print("length of dataset:{}".format(len(pen_dataset)))
```

输出的结果为：

```
length of dataset:600
```

将数据列表转换成 array 格式，并进行归一化处理，代码如下。

```
pen_dataset = np.array(pen_dataset)                    #转换图像类型
pen_dataset = pen_dataset.astype('float32')/255        #图像归一化
```

制作数据集的标签并进行 one-hot 编码，其中 0 代表红笔、1 代表黑笔、2 代表铅笔，代码如下。

```
labels = [0]*200 + [1]*200 + [2]*200                   #制作图像标签
labels = np.array(labels).astype('float32')            #标签类型转换
labels = tf.keras.utils.to_categorical(labels)         #one-hot 编码
```

10.2.2　笔分类模型搭建及训练

完成数据集的制作之后，下一步便是进行模型的搭建及训练。在第 10.2.1 小节的基础上，再导入相关的第三方库，代码如下。

```
import TensorFlow as tf
from TensorFlow import keras
```

利用 Sequential 顺序式的方式搭建一个简易的 CNN 网络模型，代码如下。

```
model = tf.keras.models.Sequential()                   #模型创建
model.add(keras.layers.Conv2D(filters=32,kernel_size=(3,3),padding='same',input_
shape=(256,256,3),activation='relu'))                  #卷积层
model.add(keras.layers.MaxPooling2D(pool_size=(2,2))) #最大池化层
model.add(keras.layers.Flatten())             #将卷积输出打平成一维，方便与全连接层连接
model.add(keras.layers.Dense(200,activation='relu')) #全连接层
model.add(keras.layers.Dropout(0.3))                   #Dropout 层，30%神经元失活
model.add(keras.layers.Dense(3,activation='softmax')) #输出 3 类别
```

设置模型训练时的损失函数、优化器等参数，代码如下。

```
model.compile(loss='categorical_crossentropy',optimizer='adam',metrics=['accuracy'])
```

对模型开始进行训练，训练次数为 20 次，代码如下。

```
model_train=model.fit(x=pen_dataset,y=labels,validation_split=0.2,epochs=10,
batch_size=20,verbose=1)
```

输出的结果为：

```
...
Epoch 5/10
24/24 [==============================] - 27s 1s/step - loss: 0.0070 - accuracy:
1.0000 - val_loss: 0.0241 - val_accuracy: 1.0000
Epoch 6/10
24/24 [==============================] - 27s 1s/step - loss: 0.0054 - accuracy:
0.9991 - val_loss: 0.0386 - val_accuracy: 0.9917
Epoch 7/10
24/24 [==============================] - 27s 1s/step - loss: 0.0060 - accuracy:
1.0000 - val_loss: 0.0249 - val_accuracy: 1.0000
Epoch 8/10
24/24 [==============================] - 27s 1s/step - loss: 0.0040 - accuracy:
1.0000 - val_loss: 0.0248 - val_accuracy: 1.0000
Epoch 9/10
24/24 [==============================] - 26s 1s/step - loss: 0.0012 - accuracy:
1.0000 - val_loss: 0.0170 - val_accuracy: 1.0000
Epoch 10/10
24/24 [==============================] - 25s 1s/step - loss: 0.0016 - accuracy:
1.0000 - val_loss: 0.0162 - val_accuracy: 1.0000
```

从输出结果中可以看出，在后几次的训练测试过程中，模型的预测准确率已高达 100%，下一步便是将该模型预测代码加入原 OpenCV 读取视频流数据的代码部分中。

10.3 笔分类模型的视频预测

完成笔分类模型的搭建及训练之后，下一步便是将该模型应用到 OpenCV 视频流的实时预测中。本节首先会介绍如何调用先前训练好的模型并将预测结果反馈至视频界面中，之后会讲解如何利用 OpenCV 调用 TensorFlow 2.X 的目标检测预训练模型并将其应用于视频预测中。

10.3.1 笔分类视频预测

在第 10.2 节的模型训练代码文件中继续添加代码，修改先前的基于 OpenCV 的视频流读取部分的代码，将模型预测部分代码加入其中。新加入的代码部分功能主要是模型的调用预测以及将预测到的类别反馈至 OpenCV 的视频界面上。需要注意的是，由于先前训练的模型的输入图像尺寸为 256×256，因此在该部分代码里，也需要事先将获取到的每一帧图像进行尺寸修改，之后再进行预测，代码如下。

```
cap = cv2.VideoCapture(1)                        #摄像头端口设置

while True:
    ret,frame = cap.read()                       #视频读取
```

```
    if not ret:                                    #判断是否读取到图像
        continue
    if cv2.waitKey(10) & 0xFF == ord('q'):         #按 q 键退出
        break

    img = cv2.resize(frame,(256,256))              #修改图像尺寸
    pred = model.predict(np.array([img.astype('float32')/255]))    #模型预测
    result = np.argmax(pred)
    type = ""                                      #显示预测结果
    if result == 0:
        type = "red_pen"
    elif result == 1:
        type = "black_pen"
    elif result == 2:
        type = "pencil"

    cv2.putText(frame,"predicted class is {}".format(type),(10,30),cv2.FONT_
HERSHEY_SCRIPT_SIMPLEX,0.8,(255,255,255),2,cv2.LINE_AA)  #预测类型显示
    cv2.imshow('frame',frame)                      #显示读取的图像帧

cap.release()                                      #资源释放
cv2.destroyAllWindows()                            #窗口销毁
```

输出的结果如图 10.7 所示。

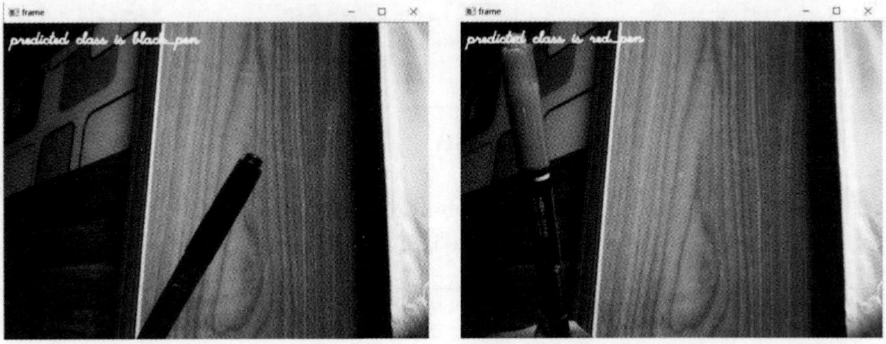

图 10.7 视频实时预测结果

10.3.2 笔位置视频预测

事实上，除了在第 6 章中提到可以用 TensorFlow Hub API 加载目标检测的预训练模型并对图像目标进行预测之外，OpenCV 同样也可以直接加载 TensorFlow 2.X 的预训练模型并进行预测。在本小节中，主要的任务便是调用预训练好的模型，实时地定位出视频中笔的位置。

在 OpenCV 里，可以通过 cv2.dnn.readNetFromTensorFlow()函数调用已被 TensorFlow 2.X 训练好的模型，所传入的参数一共需要两个。前者是后缀格式为.pb 的模型文件，其主要包含了模型的权重参

数和结构等；后者则是后缀格式为.pbtxt 的模型文件，其内容主要是调用的模型的相关文字描述。在本小节中，选择使用基于 MobileNet 结构的 SSD 目标检测模型，其预训练模型可以通过 https://github.com/opencv/opencv/wiki/TensorFlow-Object-Detection-API 中的文件下载得到。

打开以上网址并下滑页面，可看到如图 10.8 所示的界面。

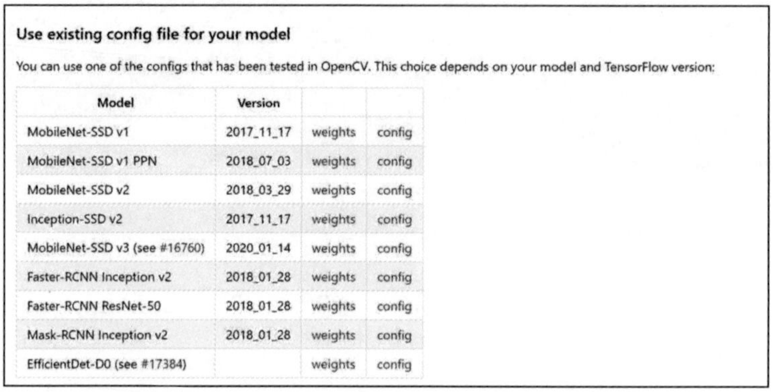

Use existing config file for your model

You can use one of the configs that has been tested in OpenCV. This choice depends on your model and TensorFlow version:

Model	Version		
MobileNet-SSD v1	2017_11_17	weights	config
MobileNet-SSD v1 PPN	2018_07_03	weights	config
MobileNet-SSD v2	2018_03_29	weights	config
Inception-SSD v2	2017_11_17	weights	config
MobileNet-SSD v3 (see #16760)	2020_01_14	weights	config
Faster-RCNN Inception v2	2018_01_28	weights	config
Faster-RCNN ResNet-50	2018_01_28	weights	config
Mask-RCNN Inception v2	2018_01_28	weights	config
EfficientDet-D0 (see #17384)		weights	config

图 10.8　MobileNet-SSD v2 权重参数及配置下载

单击 MobileNet-SSD v2 后方的 weights 文件可以下载得到一个压缩文件夹，其文件内部结构如图 10.9 所示。

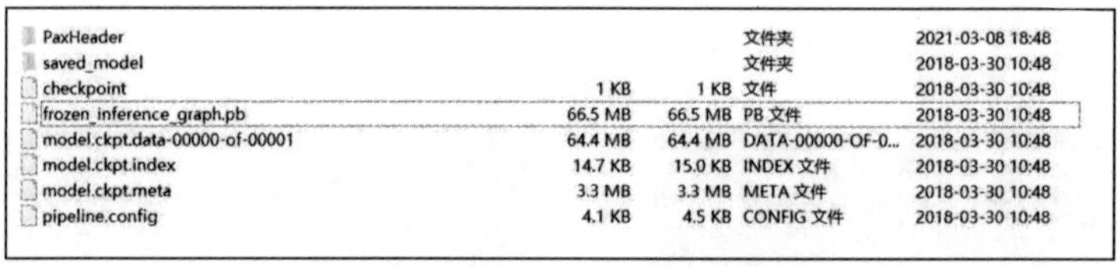

PaxHeader			文件夹	2021-03-08 18:48
saved_model			文件夹	2018-03-30 10:48
checkpoint	1 KB	1 KB	文件	2018-03-30 10:48
frozen_inference_graph.pb	66.5 MB	66.5 MB	PB 文件	2018-03-30 10:48
model.ckpt.data-00000-of-00001	64.4 MB	64.4 MB	DATA-00000-OF-0...	2018-03-30 10:48
model.ckpt.index	14.7 KB	15.0 KB	INDEX 文件	2018-03-30 10:48
model.ckpt.meta	3.3 MB	3.3 MB	META 文件	2018-03-30 10:48
pipeline.config	4.1 KB	4.5 KB	CONFIG 文件	2018-03-30 10:48

图 10.9　MobileNet-SSD v2 的 weight 文件结构

将压缩文件夹中名为 frozen_inference_graph.pb 的文件移至当前代码所在的文件夹下。之后单击图 10.8 中对应模型的 config 选项，会弹出该文件的对应网址位置，其示意图如图 10.10 所示。

图 10.10　MobileNet-SSD v2 的 config 文件结构

右击屏幕右上角的 Raw 按钮并选择将“目标另存为”选项，即可将该后缀名为.pbtxt 的文件保存至本地计算机中。

打开 Jupyter Notebook，并对该预训练模型进行调用，首先导入相关的第三方库，代码如下。

```
import cv2
import numpy as np
```

调用刚才下载的模型文件并对单张图像进行预测，代码如下。

```
cvNet = cv2.dnn.readNetFromTensorFlow('frozen_inference_graph.pb', 'ssd_mobilenet_v2_coco_
2018_03_29.pbtxt')                          #模型调用

img = cv2.imread('black_pen/1.jpg')
rows = img.shape[0]                         #行数
cols = img.shape[1]                         #列数
#模型输入
cvNet.setInput(cv2.dnn.blobFromImage(img, size=(256, 256), swapRB=True, crop=False))
predicted_result= cvNet.forward()    #模型预测输出

for detection in predicted_result[0,0,:,:]:
    score = float(detection[2])
    if score > 0.3:                         #预测分数大于指定阈值才显示
        left = detection[3] * cols
        top = detection[4] * rows
        right = detection[5] * cols
        bottom = detection[6] * rows
        #框出目标位置
        cv2.rectangle(img, (int(left), int(top)), (int(right), int(bottom)), (23,
230, 210), thickness=2)
        cv2.putText(img, str(score), (int(right), int(bottom)), cv2.FONT_HERSHEY_
SIMPLEX, 1, (23, 230, 210), 2)

cv2.imshow('img', img)
cv2.waitKey(5000)                           #5 秒后关闭
cv2.destroyAllWindows()
```

输出的结果如图 10.11 所示。

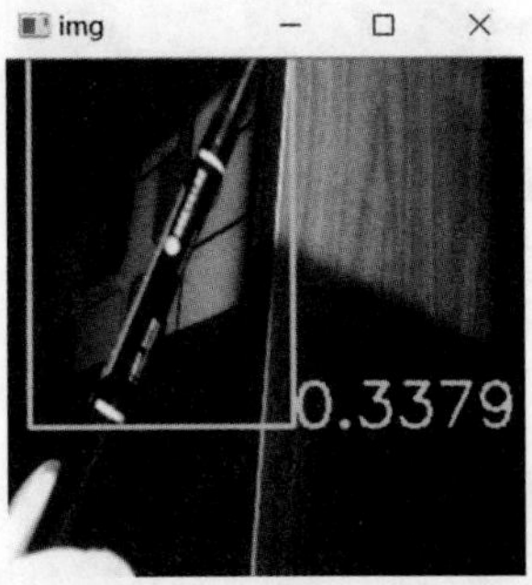

图 10.11　对图像中的物体进行目标检测

对以上代码进行改进，并将其与 OpenCV 的视频流输入代码进行结合，代码如下。

```
cap = cv2.VideoCapture(1)                               #摄像头端口设置

while True:
    ret,frame = cap.read()                              #视频读取
    if not ret:                                         #判断是否读取到图像
        continue
    if cv2.waitKey(10) & 0xFF == ord('q'):              #按 q 键退出
        break

    img = cv2.resize(frame,(256,256))                   #修改图像尺寸
    cvNet.setInput(cv2.dnn.blobFromImage(img, size=(256, 256), swapRB=True, crop=False))
    predicted_result= cvNet.forward()

    for detection in predicted_result[0,0,:,:]:
        score = float(detection[2])
        if score > 0.8:
            left = detection[3] * cols
            top = detection[4] * rows
            right = detection[5] * cols
            bottom = detection[6] * rows
            cv2.rectangle(img, (int(left), int(top)), (int(right), int(bottom)),
            (23, 230, 210), thickness=2)
            cv2.putText(img, str(score), (int(right), int(bottom)), cv2.FONT_HERSHEY_
            SIMPLEX, 1, (23, 230, 210), 2)
    cv2.imshow('frame',img)                             #显示读取的图像帧
cap.release()                                           #资源释放
cv2.destroyAllWindows()                                 #窗口销毁
```

输出的结果如图 10.12 所示。

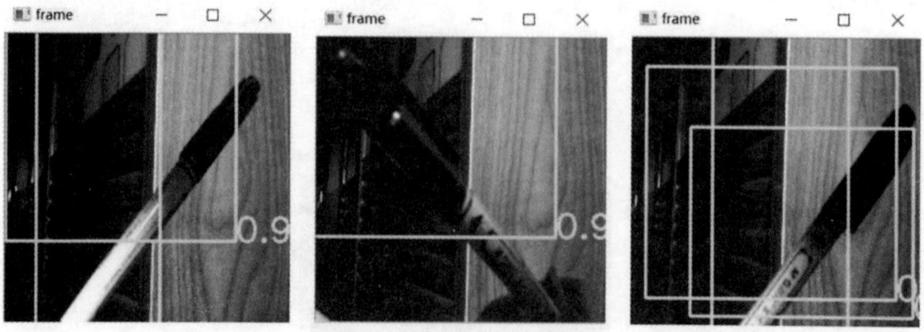

图 10.12　对视频流数据进行实时目标检测

由于调用的预训练模型所包含的类别不只有笔，实际上它会检测出视频中任何可能出现的物体。另外，由于最后的代码没有加入非极大值抑制的部分，因此所检测到的物体可能会包含多个冗余框，这一点可以参照第 6 章的相关代码进行改进。

第 11 章　模型部署、网站搭建与服务器配置

虽然深度学习技术在学术界发展得很快，许多新算法层出不穷，但在工业界里如何将它们进行很好地落地应用依旧是一个十分具有挑战性的问题。许多现有的模型大多都具有十分庞大的参数量，正常的移动端设备难以支持它们的运算，并且目前许多的教程也很少涉及模型的部署问题，因此如何将合适的、可用的模型部署在现有的服务器或移动端上还需要进行更多的研究和讨论。

本章首先会对基于本地 Linux 平台下的服务器配置进行一定的介绍；之后会讲解如何利用 Python 的 Flask 第三方库结合 TensorFlow 2.X 进行 PC 端网页的模型部署和使用；最后会简单介绍与此相关的基于公网 IP 的阿里云服务器的配置和模型部署内容。

本章主要涉及的知识点如下。

- Linux 平台：掌握如何在本地配置 Linux 环境并熟记部分基本的 Linux 常用指令。
- Flask：掌握如何使用 Flask 在服务器上构建网站。
- 模型部署：掌握如何结合 Flask 在服务器上进行模型部署。
- 阿里云服务器配置：掌握阿里云服务器的配置和使用。

11.1　搭建本地服务器部署环境

对于模型的部署需要选择合适的生产环境，Linux 作为一个免费开源的操作系统被许多用户选择作为个人或公司项目部署的首选。本节首先会对 Linux 操作系统进行简单介绍，之后会讲解如何在本地的 PC 端上搭建用于后续使用的 Linux 服务器环境。

11.1.1　Linux 简介

Linux 是一个开源和免费的 UNIX 操作系统，它的第一个版本于 1991 年 10 月被发布至因特网上。由于它具有免费、开源、安全和支持多平台使用等特点，因此很快便被许多用户认可和使用。目前也有许多企业为了追求运行效率和安全的可靠性，将其当作服务器并将企业的软件服务部署至其中。

但从严格意义上来讲，Linux 并不能算是一个完整的操作系统，仅仅是操作系统中的内核。实际上，一个操作系统还应包括其他的用户图形操作界面和一些实际工具，但为了方便起见，还是将完整的 Linux 操作系统统称为 Linux，将其内核称为 Linux 内核。目前已有许多不同版本的 Linux 发行版，其中较为知名的有 Ubuntu、Fedora 和 CentOS 等。在之后的服务器搭建实战案例中，采用的便是基于 Ubuntu 版的 Linux 操作系统。

11.1.2 Linux 系统搭建

由于大部分用户使用的是 Windows 操作平台，因此如果搭建额外的 Linux 操作系统则需要通过虚拟机实现。凭借虚拟机强大的功能，可以让同一台计算机上运行更多的操作系统，即完成常说的双系统或多系统的搭建。

目前最常用的服务器、桌面虚拟化软件为 VMware Workstation，该软件不仅支持 32 位和 64 位的虚拟机系统，同时也支持主机和虚拟机之间数据的共享，功能十分强大。在本实战案例中，采用 VMware Workstation 15.5 版本的软件作为服务器搭建的环境，它的下载方式可以在其官网上得到。在下载和安装完成之后，打开可看到如图 11.1 所示的界面。

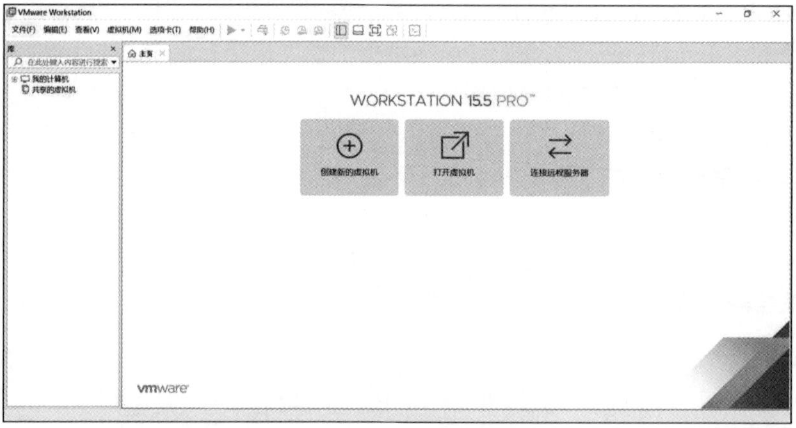

图 11.1　VMware 软件界面

之后需要将 Ubuntu 系统加载至 VMware 软件中，Ubuntu 系统这里选择 20.04 的最新版本。首先登录到 https://cn.Ubuntu.com/download 官网，会看到如图 11.2 所示的界面，单击右侧的“下载”按钮，便可自动下载后续所需要载入的 Ubuntu 20.04 iso 系统镜像。

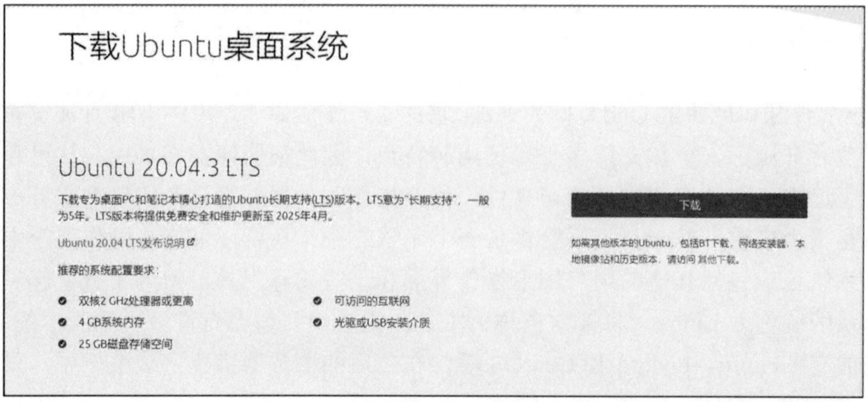

图 11.2　Ubuntu 20.04 系统下载界面

下载好 Ubuntu 20.04 iso 的镜像文件后，单击 VMware 界面左上角的“文件”选项，选择其中的“新建虚拟机”，之后会弹出如图 11.3 所示的对话框。

单击“下一步”按钮，选中“稍后安装操作系统”单选按钮，界面如图 11.4 所示。

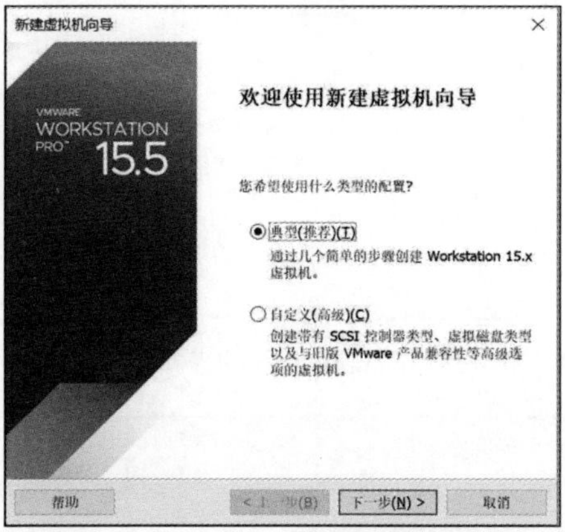

图 11.3　Ubuntu 系统的虚拟机配置（1）

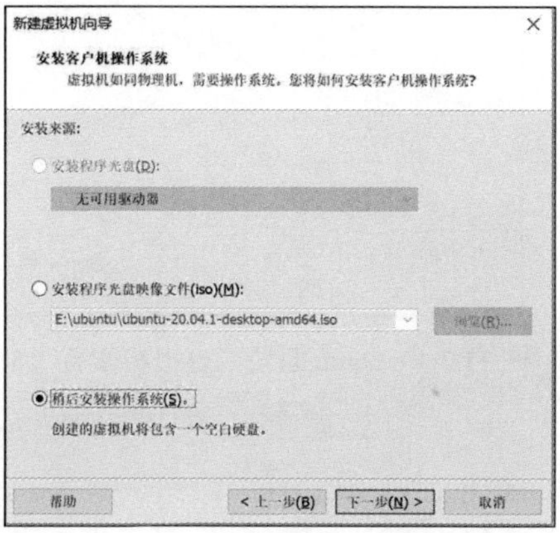

图 11.4　Ubuntu 系统的虚拟机配置（2）

单击“下一步”按钮，选择 Linux 客户机操作系统，版本为 Ubuntu 64 位，界面如图 11.5 所示。单击“下一步”按钮，定义虚拟机名称并设置好存储的位置，界面如图 11.6 所示。

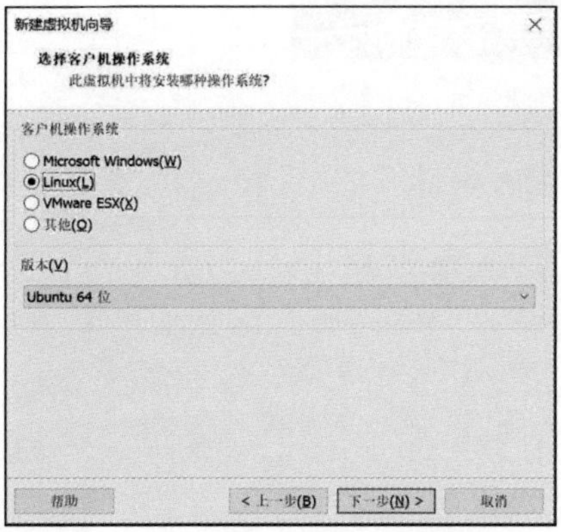

图 11.5　Ubuntu 系统的虚拟机配置（3）

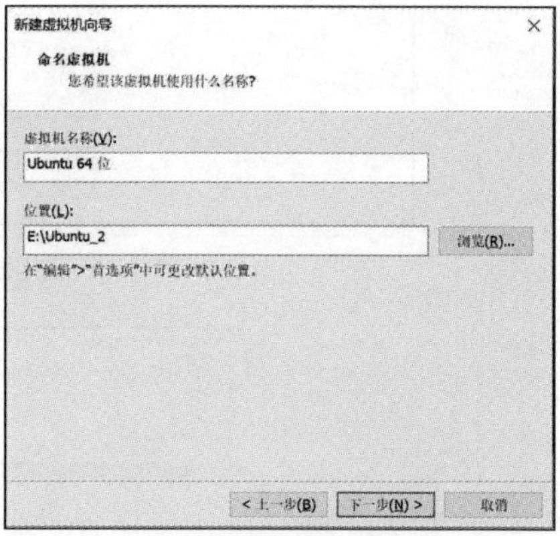

图 11.6　Ubuntu 系统的虚拟机配置（4）

单击“下一步”按钮，设置“最大磁盘大小”，设置默认的 20GB 空间大小即可，之后选中“将虚拟磁盘拆分成多个文件”单选按钮，界面如图 11.7 所示。

核对相关的安装信息，若无误，则单击“完成”按钮即可，如图 11.8 所示。

确认完成后，会看到如图 11.9 所示的界面。

单击图 11.9 中的“编辑虚拟机设置”，在弹出界面中的“设备”一栏中选择 CD/DVD(SATA)，并在右侧的“使用 ISO 映像文件”里选择刚才下载得到的 Ubuntu 系统 iso 文件所在的位置，其界面如图 11.10 所示。

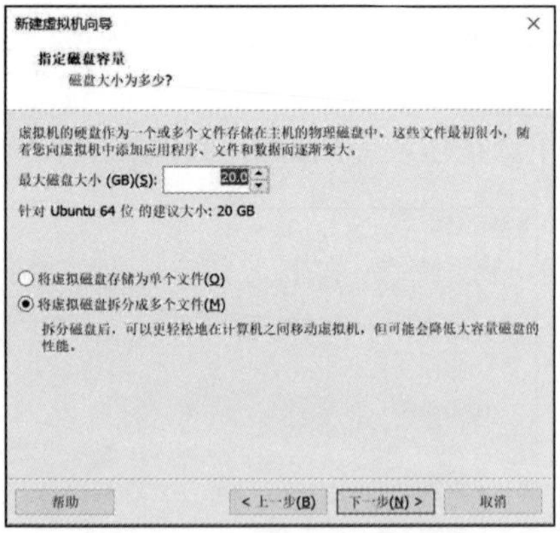

图 11.7　Ubuntu 系统的虚拟机配置（5）

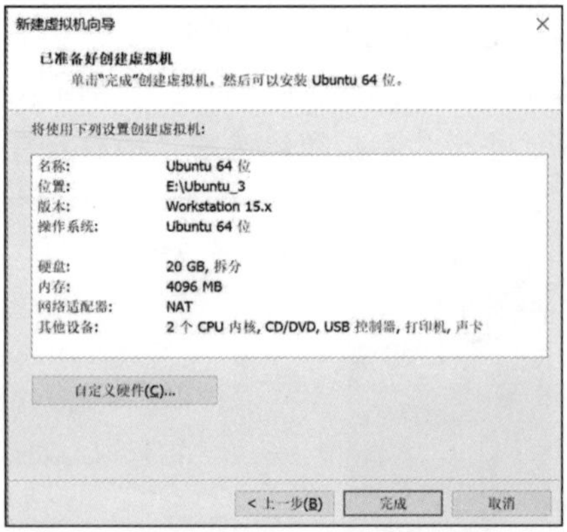

图 11.8　Ubuntu 系统的虚拟机配置（6）

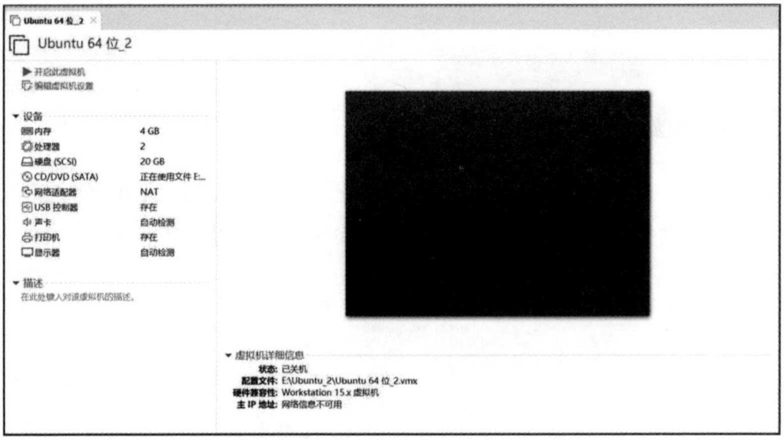

图 11.9　Ubuntu 系统的虚拟机配置（7）

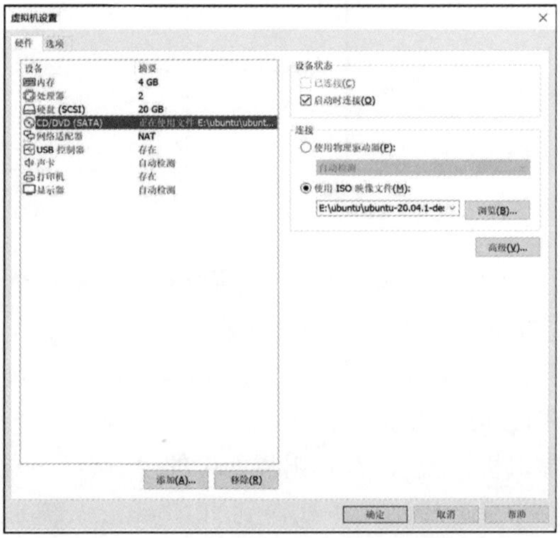

图 11.10　Ubuntu 系统的虚拟机配置（8）

单击图 11.10 中的“确定”按钮，之后再单击当前界面中的“开启此虚拟机”选项，会进入如图 11.11 所示的 Ubuntu 系统的安装界面。

等待进度条读取完成之后，会进入如图 11.12 所示的界面，在语言选择一栏中选择“中文(简体)”选项，并单击右侧的“安装 Ubuntu”按钮进行下一步安装。

图 11.11　Ubuntu 系统安装（1）

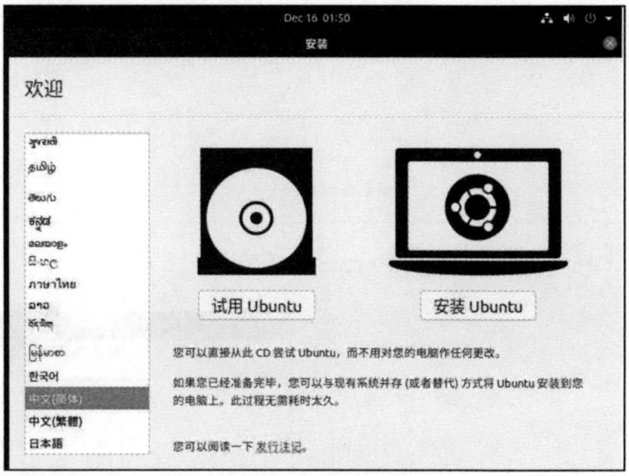

图 11.12　Ubuntu 系统安装（2）

进入如图 11.13 所示的界面，默认选择 Chinese 键盘布局，单击右下方的“继续”按钮。

进入如图 11.14 所示的界面，默认选择“正常安装”和“安装 Ubuntu 时下载更新”选项，单击右下方的“继续”按钮。

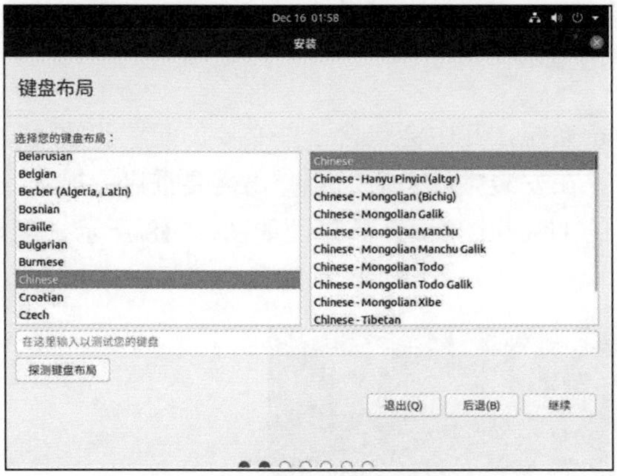

图 11.13　Ubuntu 系统安装（3）

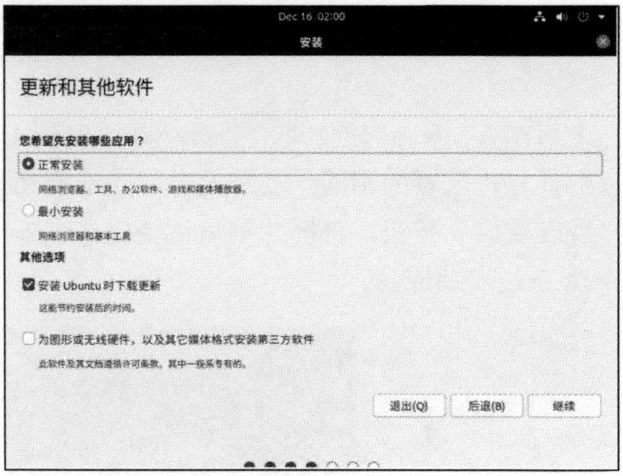

图 11.14　Ubuntu 系统安装（4）

进入如图 11.15 所示的界面，默认选择“清除整个磁盘并安装 Ubuntu”，单击右下方的“现在安装”按钮。

进入如图 11.16 所示的界面，输入目前所在地点，单击右下方的“继续”按钮。

进入如图 11.17 所示的界面，设置用户名和账户密码，单击右下方的“继续”按钮。

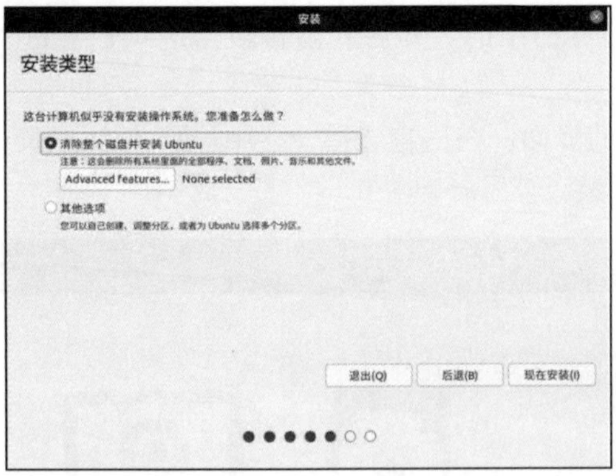

图 11.15　Ubuntu 系统安装（5）

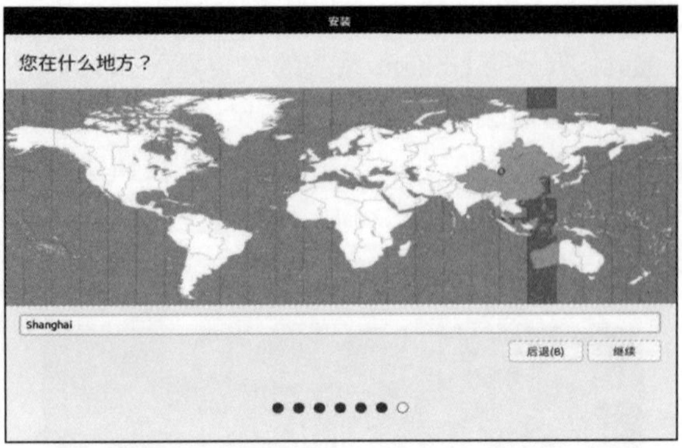

图 11.16　Ubuntu 系统安装（6）

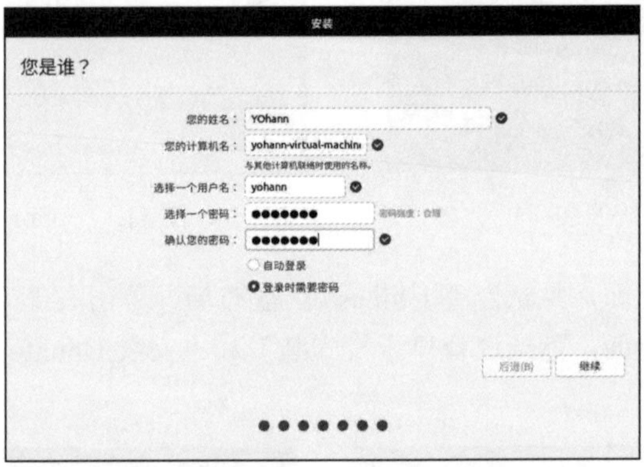

图 11.17　Ubuntu 系统安装（7）

之后在 VMware 软件里就会自动开始安装 Ubuntu 系统，其中会包含一些必要的配置和软件。根据每台计算机配置的不同，安装的时间也会有所差异。在安装完成之后，会弹出需要重启的提示，单击“现在重启”按钮，稍等片刻后便会进入已安装好的 Ubuntu 桌面，其界面如图 11.18 所示。至此，Ubuntu 系统安装成功。

图 11.18　Ubuntu 系统安装（8）

11.1.3 Linux 常用指令

单击 Ubuntu 桌面左下角的“显示应用程序”按钮，在弹出界面的搜索栏里输入 terminal 或者“终端”，找到其所在位置，其示意图如图 11.19 所示。

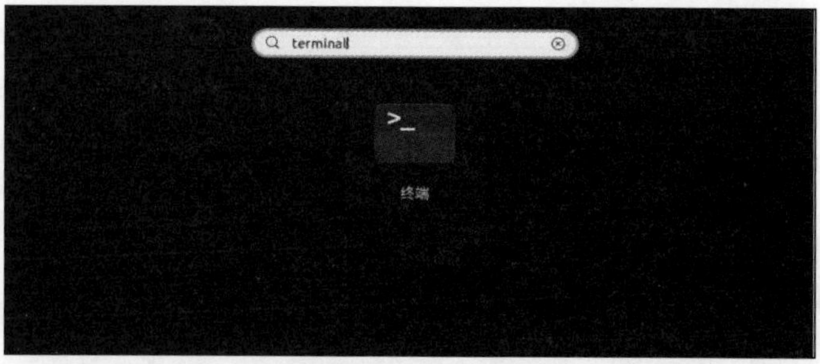

图 11.19 打开终端界面

单击并打开终端，会弹出如图 11.20 所示的窗口。该 Linux 平台下的终端窗口与 Windows 下的终端窗口类似，通过在其中输入对应的 Linux 指令可以实现交互和程序的运行。在后续的模型部署实战里，主要的代码便是在这里进行输入和运行。

图 11.20 Linux 平台下的终端窗口

由于之后的代码实战都是基于 Linux 平台进行的，因此会涉及部分 Linux 命令。下面给出一些常见的以及后续实战中可能会用到的 Linux 命令，熟练掌握它们的使用是保证本次实战能够顺利完成的前提。

```
cd /路径名                    #进入指定目录
cd ..                         #返回上一级目录
pwd                           #显示当前路径
ls                            #查看当前目录下的文件
mkdir 目录名                  #创建指定名字的目录
rm -f 文件名                  #删除指定文件
```

```
ln -s 源文件 目标文件          #创建一个指向目标文件的软链接
vi 文件名                     #编辑指定文件
su root                       #启动管理员权限
```

11.2 网站服务的搭建与测试

深度学习模型可以运行在 PC 端和手机端的网页服务上。在对模型进行部署之前，第一步要做的便是掌握如何搭建一个普通的网站。本节首先会介绍用于 Linux 服务器运维管理面板的宝塔软件以及它的安装、配置和站点测试，之后会讲解如何利用 Flask 库实现基于 Python 代码的网站搭建。

11.2.1 宝塔面板软件安装

宝塔 Linux 面板是国内推出的一款用于提升运维效率的服务器管理软件，支持网站搭建测试、网站信息监控以及数据库存储等多项服务。在本次实战案例中，会结合该面板软件来提升在实际过程中网站服务的搭建效率。

基于 Linux 的宝塔面板下载指令可以从网站 https://www.bt.cn/btcode.html 中得到。进入网站后，下滑页面至安装指令处可看到如图 11.21 所示的界面，之后复制“Ubuntu/Deepin 安装脚本”下的命令。

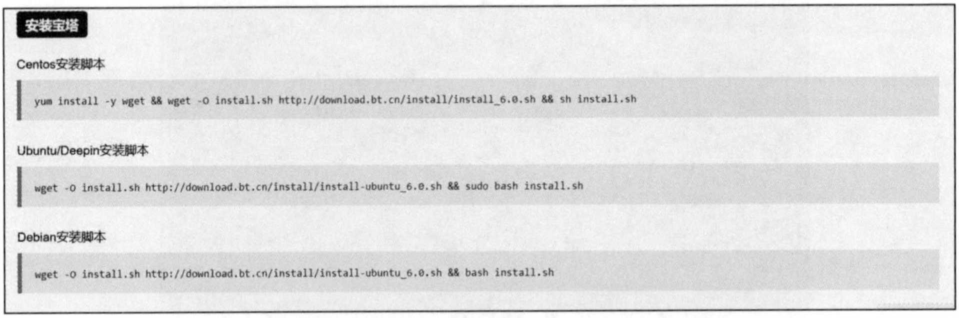

图 11.21　宝塔面板软件安装（1）

将复制到的命令粘贴至 Ubuntu 系统上的终端里，并按 Enter 键运行，其输入和安装完成的界面如图 11.22 和图 11.23 所示。

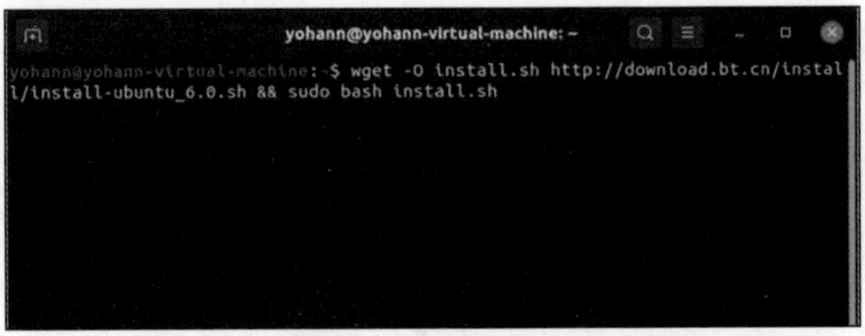

图 11.22　宝塔面板软件安装（2）

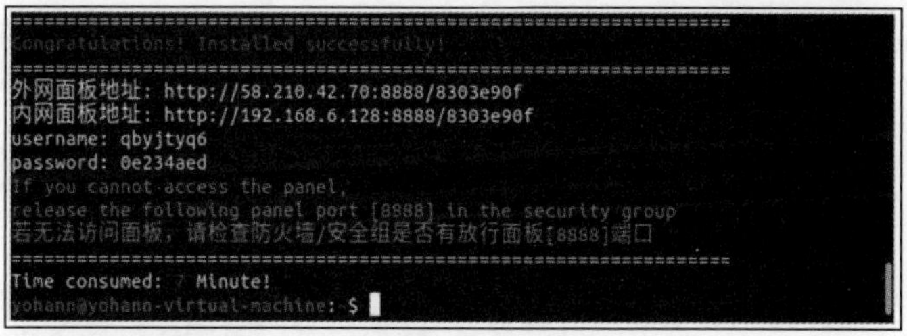

图 11.23　宝塔面板软件安装（3）

安装成功后的宝塔面板服务可以从图 11.23 中提供的内网面板地址的 8888 端口进行访问，其打开界面如图 11.24 所示。

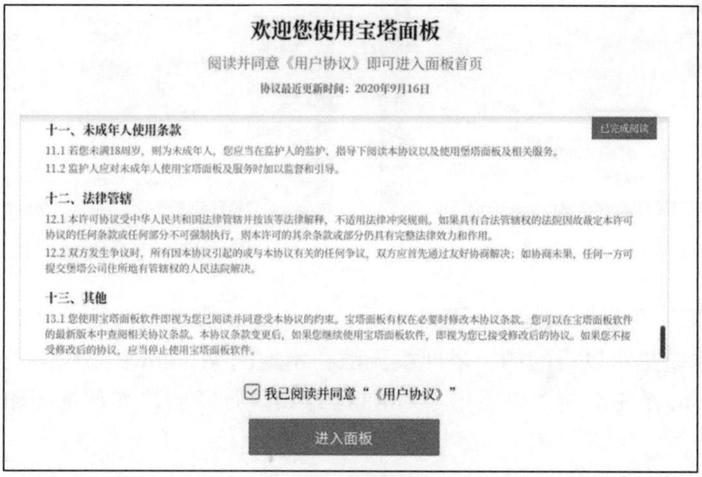

图 11.24　宝塔面板登录（1）

阅读图 11.24 中的用户协议，并单击“进入面板”按钮进入下一步，其界面如图 11.25 所示。

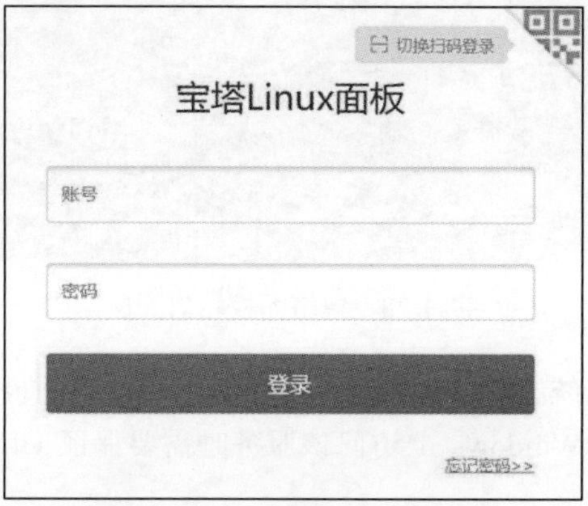

图 11.25　宝塔面板登录（2）

初次进入宝塔 Linux 面板，会被要求安装相关套件，其界面如图 11.26 所示。这里默认选择左侧的推荐套件，并单击下方的“一键安装”按钮，安装过程的界面如图 11.27 所示。

图 11.26　宝塔面板的相关套件安装（1）

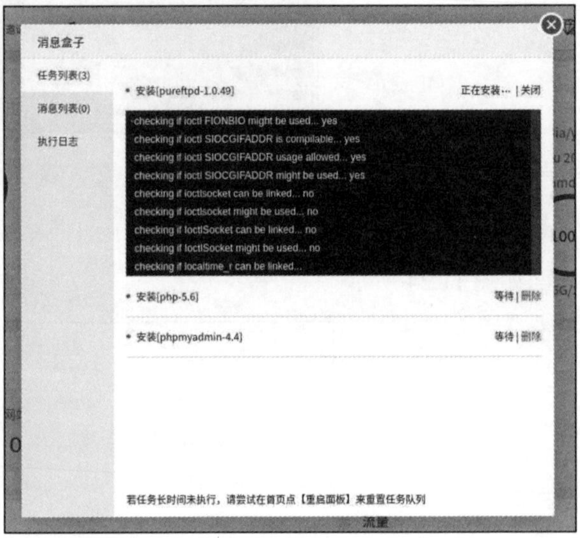

图 11.27　宝塔面板的相关套件安装（2）

完成套件的安装后，可以顺利地在面板上查看当前 Linux 服务器的运行状态。此外，由于防火墙的限制，在 Ubuntu 系统里可以访问的宝塔面板无法在本地的 Windows 系统上进行访问。为了解决这个问题，可以在 Ubuntu 系统上输入以下指令对 8888 端口进行开放，其示意图如图 11.28 所示。

```
sudo ufw status
sudo ufw allow 8888
sudo ufw enable
sudo ufw reload
```

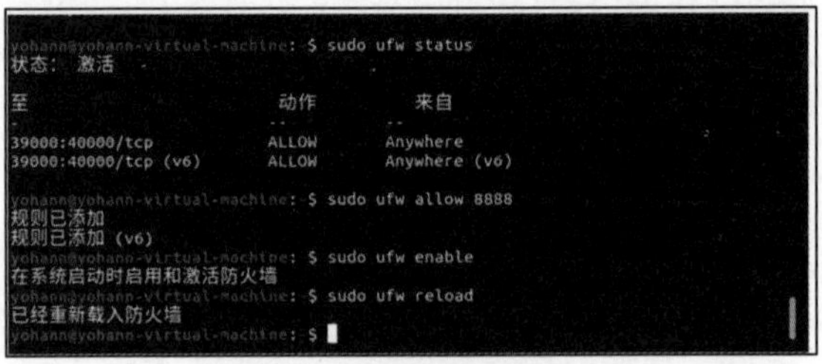

图 11.28　宝塔面板端口开放

之后在本机的 Windows 系统上输入如图 11.23 中所示的内网面板地址，同样也可以进行宝塔面板的访问。需要注意的是，在 Windows 上访问该服务时需要保证 Ubuntu 虚拟机系统同时也是在线的状态。

11.2.2　网站站点创建

配置好 Linux 系统以及宝塔面板之后，下一步便是在 Linux 系统上搭建一个线上网站，以便于部署后续的深度学习模型。首先登录到先前已安装好的宝塔面板中，选择左侧栏的“网站”，跳转至如图 11.29 所示的界面。

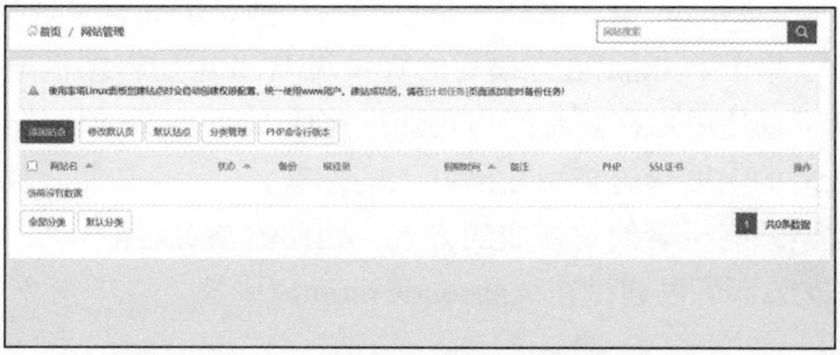

图 11.29　基于 Linux 的网站站点创建（1）

单击“添加站点”按钮，跳转至如图 11.30 所示的界面。

由于在本实战案例里没有购买相应的域名，因此可以直接输入 IP 地址进行代替，并随机指定一个端口，其他设置则保持不变，如图 11.31 所示。

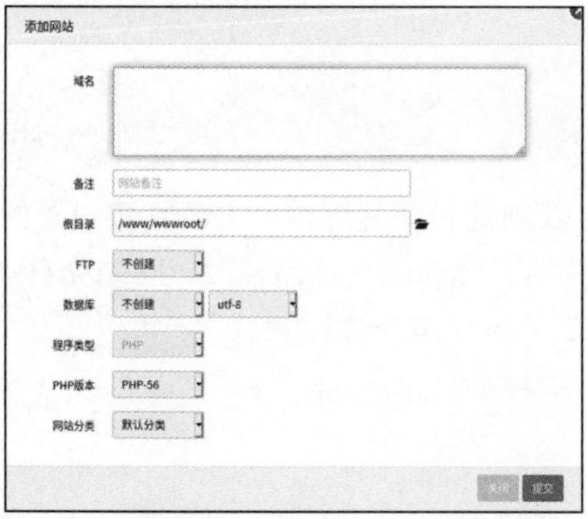

图 11.30　基于 Linux 的网站站点创建（2）

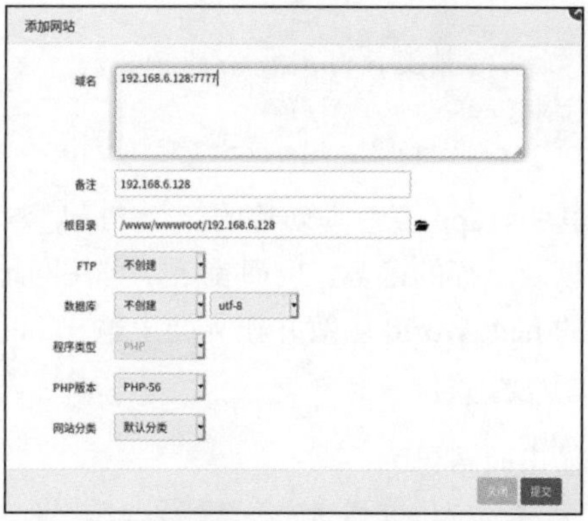

图 11.31　基于 Linux 的网站站点创建（3）

之后单击“提交”按钮，并在 Ubuntu 桌面的浏览器里输入对应 IP 地址和端口进行访问，若显示的界面如图 11.32 所示，则证明网站的站点搭建成功。

图 11.32　基于 Linux 的网站站点创建（4）

11.2.3 基于 Flask 的网站部署

测试好网站站点之后，下一步便是在该网站里填充内容。通常，建立一个普通的网站需要前端与后端的互相搭配，前端主要是与用户浏览网页时的视觉内容有关，涉及的技术有 HTML、CSS 和 JavaScript 等，后端则是与服务器、数据库等交互部分有关，涉及的技术有 PHP、SQL 和 Java 等。但由于 Java 语言不方便处理由 Python 语言搭建的深度学习模型，因此这里选择另一个更便捷的替代方案，即 Flask。Flask 是一个基于 Python 语言编写的轻量级 Web 应用程序框架，适用于以 Python 代码为主的应用任务开发，其可以使用户在短时间内迅速地完成 Web 服务的搭建。在本实战案例中，即通过它来完成 TensorFlow 2.X 的深度学习模型在网站上的部署。

由于利用 Flask 搭建网站有一套约定俗成的方式，因此需要对这部分知识进行简单的介绍。首先是关于 Flask 第三方库的安装，可以通过在 Anaconda prompt 中输入以下指令实现。

```
pip install Flask
```

打开 Jupyter Notebook，导入安装好的 Flask 库，代码如下。

```
from flask import Flask
```

在代码块中输入以下代码。

```
app = Flask(__name__)          #创建 Flask 类对象

@app.route('/helloWorld')
def helloWorld():
    return "hello world!"      #返回 hello world
```

其中，app 变量为创建的一个 Flask 类对象，而 route 函数则是一个装饰器，后面紧跟设置的 URL 地址以及运行的函数。换而言之，当在网址上输入 IP 地址并加上 helloWorld 路径时，网站会自动调用后台的 helloWorld 函数并在界面上输出 hello world!。输入以下运行指令进行测试。

```
app.run()
```

输出的结果为：

```
* Serving Flask app "__main__" (lazy loading)
* Environment: production
 WARNING: This is a development server. Do not use it in a production deployment.
 Use a production WSGI server instead.
* Debug mode: off
* Running on http://127.0.0.1:5000/ (Press CTRL+C to quit)
```

单击最下方的链接会发现打开的网站会提示带有 Not Found 等错误信息，这是由于默认的打开链接上没有带有函数的 URL 地址。在网址之后添加上/helloWorld，并再次刷新打开，会发现此时的页面已可以正常地输出 hello world!，结果如图 11.33 所示。

图 11.33　Flask 网站测试

上面的代码实现的只是一个基于 Flask 框架构建网站最简单的案例，实际上它还涉及数据的读取、上传和保存等多种功能，这里不再对这些功能进行一一讲解，在后续实战中遇到则会再进一步介绍。

在 Jupyter Notebook 中测试好 Flask 相关的代码后，下一步便是将其移植到 Linux 平台下，并通过进一步的部署和设置使 Flask 撰写的后台代码一经网页打开调用便可以自动被执行。

打开 Ubuntu 系统，安装 pip 指令和虚拟环境的第三方库，以便于后续的项目能够在独立环境下部署实现。首先在终端里输入以下命令进行 pip 指令的安装。

```
sudo apt install python3-pip
```

安装成功后的界面如图 11.34 所示。

安装好 pip 指令之后，在后续的操作中便可以直接利用它以 pip3 install 的形式进行一些第三方库的安装，这里 pip3 后面的 3 是指 Python 3 语言。输入以下命令安装虚拟环境库。

```
pip3 install --upgrade virtualenv
```

安装成功后的界面如图 11.35 所示。

图 11.34　安装 pip 指令

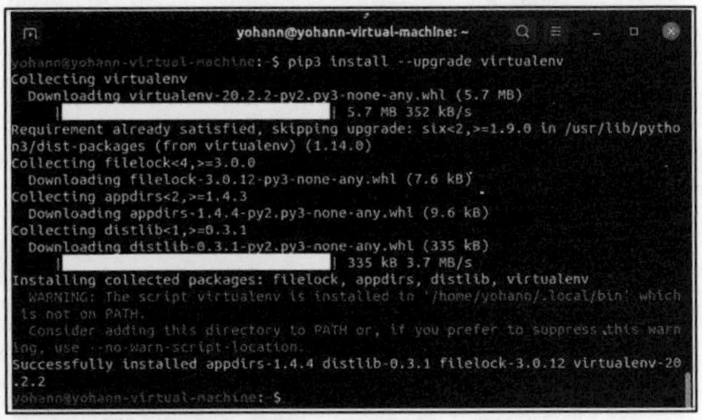

图 11.35　安装虚拟环境库

之后需要在指定路径下建立一个测试文件夹，但在这里有可能会出现权限不足的情况。为了保险起见，可以提前设定好管理员权限的密码并在创建文件夹时进入管理员权限下，代码如下。

```
sudo passwd
```

设置界面如图 11.36 所示。

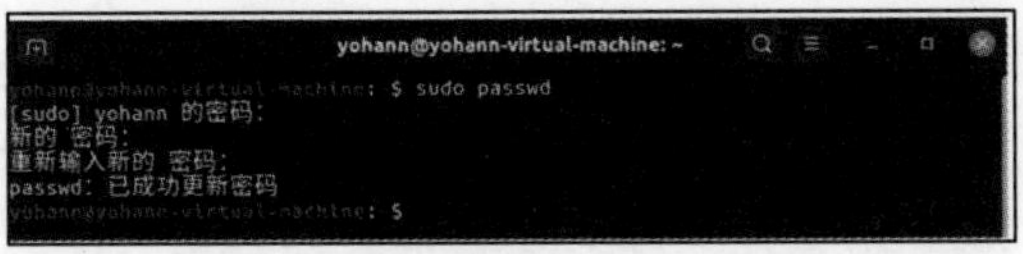

图 11.36　设置管理员权限密码

下一步定位到 wwwroot 路径下，激活管理员权限，并建立一个测试文件夹 test，代码如下。

```
cd /www/wwwroot
su root
mkdir test
ls
```

建立测试文件夹界面如图 11.37 所示。

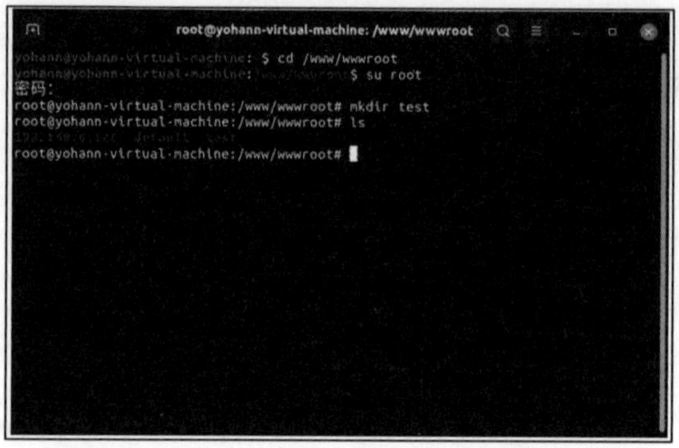

图 11.37　建立测试文件夹

定位至测试文件夹中激活虚拟环境，并安装 Flask 第三方库，代码如下。

```
cd test
source .env/bin/activate
pip3 install flask
deactivate
```

安装界面如图 11.38 所示。

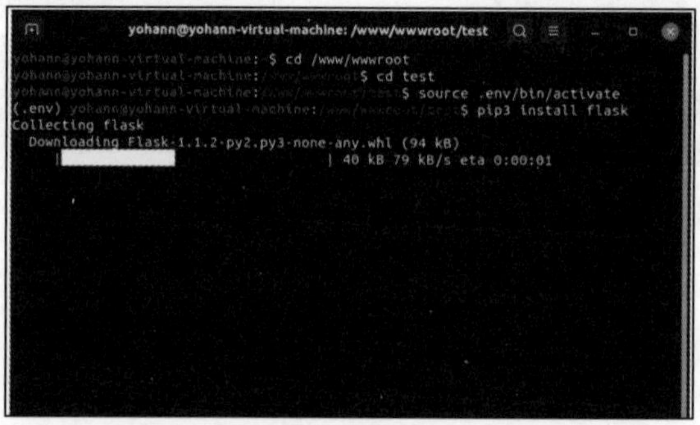

图 11.38　在虚拟环境中安装 Flask 库

在 Ubuntu 中创建 py 文件并写入代码。由于在 Ubuntu 里对于源文件的编辑模式设置是 vim-tiny 模式，代码的输入方式与大部分用户平时的输入习惯不同，许多按键（如删除键和编辑键）在其中都无法正常使用，因此这里可以提前在命令行中将 vim-tiny 版本卸载，并选择符合大部分用户代码输入习惯的 vim-full 版本，代码如下。

```
apt-get remove vim-common
apt-get install vim
```

卸载 vim-tiny 版本的界面如图 11.39 所示。

安装 vim-full 版本的界面如图 11.40 所示。

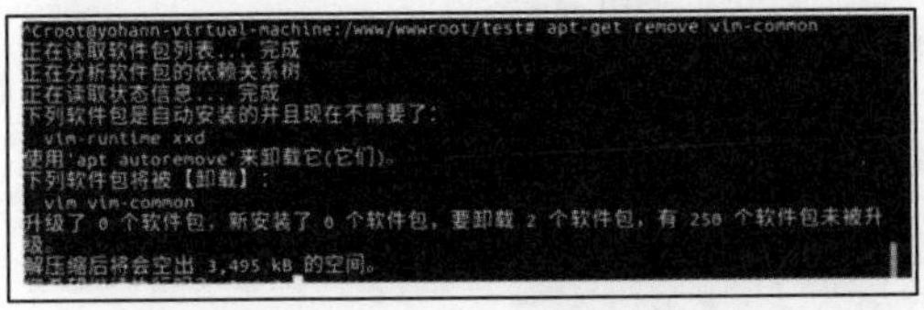

图 11.39　卸载 vim-tiny 版本

图 11.40　安装 vim-full 版本

在 test 目录下，用 vi 指令创建一个名为 test.py 的文件用于写入 Flask 代码，代码如下。

```
vi test.py
```

test.py 中的 Flask 代码如下。

```
from flask import Flask

app = Flask(__name__)

@app.route("/")
def helloWorld():
   return "Hello World!"

if __name__ == '__main__':
  app.run(host='0.0.0.0',port=8666,debug=True)
```

其界面如图 11.41 所示，由于安装了编辑模式为 tiny-full 的版本，因此所有代码会自动被附上高亮。

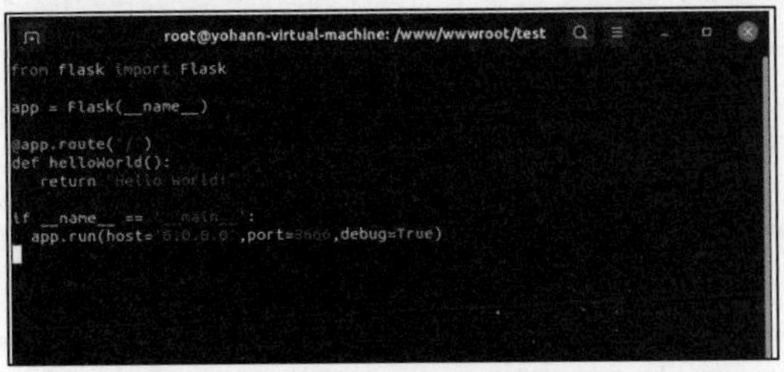

图 11.41　Ubuntu 下的 Flask 代码

成功输入代码后，连续按 Esc 键和“:”键，并在出现的命令行里输入 wq 保存退出。其中 w 为写入，q 为退出，其界面如图 11.42 所示。

在 Ubuntu 的命令行中输入以下指令并运行，测试编辑好的 Flask 代码是否有报错。

```
python3 test.py
```

界面如图 11.43 所示。

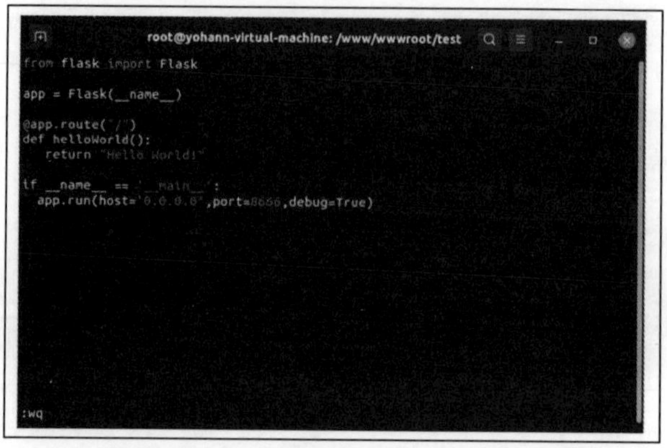

图 11.42　编辑文件的保存与退出

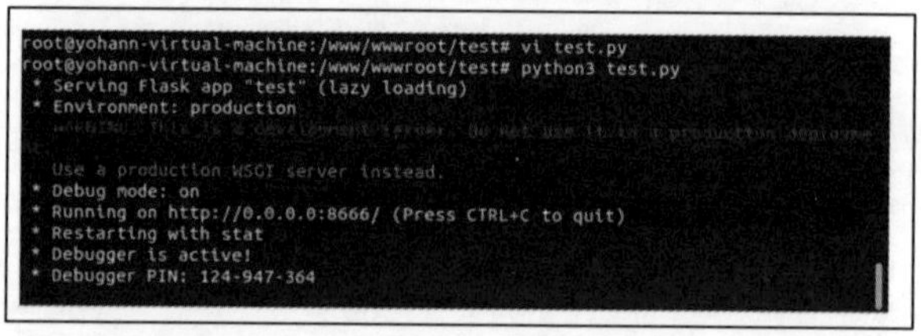

图 11.43　Flask 代码测试（1）

单击打开界面中出现的 IP 地址，查看 Flask 代码是否在网页中正常运行，如果出现如图 11.44 所示的界面，则证明代码测试成功。

图 11.44　Flask 代码测试（2）

在本地测试成功之后，下一步便是要设置一些通信协议使得后端的代码和前端的页面能够时刻进行交互。这也就意味着每当打开服务器并启动服务后，用户便可以通过网址直接进行访问。

在 Ubuntu 系统的命令行中输入以下代码进行 uwsgi 的安装。uwsgi 是一种控制和规定 Web 服务器之间传输信息的协议，可以用来转换和定义传输数据的类型。只有设置好规范的通信协议之后，前端操作的代码和传入的信息才能被后端的 Python 代码所识别并进行相关的处理。

```
pip3 install uwsgi
```

成功安装后的界面如图 11.45 所示。

图 11.45　uwsgi 安装成功界面

输入以下指令创建 uwsgi 安装路径的软链接，在选定的目录上生成一个文件的镜像。

```
ln -s /usr/local/python3/bin/uwsgi/usr/bin/uwsgi
```

输入以下代码，在 test 目录下创建一个名为 uwsgi.ini 的文件。

```
vi uwsgi.ini
```

在文件中输入以下代码，这部分代码主要与通信协议的配置相关，可以直接将它们复制到 uwsgi.ini 文件中。之后与先前一样，输入 wq 保存并退出。

```
[uwsgi]
chdir=/www/wwwroot/test
home=/www/wwwroot/test/.env
module=test
callable=app
master=true
processes=2
chmod-socket=666
logfile-chmod=644
procname-prefix-spaced=test
py-autoreload=1

vacuum=true
socket=uwsgi/uwsgi.sock
stats=uwsgi/uwsgi.status
pidfile=uwsgi/uwsgi.pid
daemonize=uwsgi/uwsgi.log
```

输入的界面如图 11.46 所示。

在该 test 文件夹下，再单独创建一个名为 uwsgi 的文件夹，用于存储部署的服务在通信过程时产生的一些状态和日志等，代码如下。

```
mkdir uwsgi
```

图 11.46　uwsgi 协议相关代码

定位到 uwsgi 文件夹路径下，并分别创建 4 个空白的名为 uwsgi.pid、uwsgi.sock、uwsgi.status 和 uwsgi.log 的文件，代码如下。

```
cd uwsgi
vi uwsgi.pid
vi uwsgi.sock
vi uwsgi.status
vi uwsgi.log
```

创建成功后的界面如图 11.47 所示。

图 11.47　创建相关的 uwsgi 文件

下一步访问宝塔 Linux 面板，在左侧的菜单栏中单击“网站”按钮，并在弹出的面板里单击当前 IP 的网站名，之后会弹出另一个窗口，其界面如图 11.48 所示。

单击界面里的“配置文件”选项，找到 php 配置处，并将其注释掉，如图 11.49 所示。

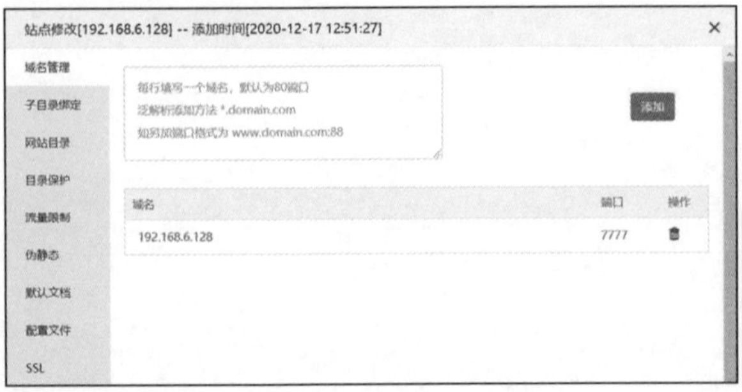

图 11.48　uwsgi 协议相关配置（1）

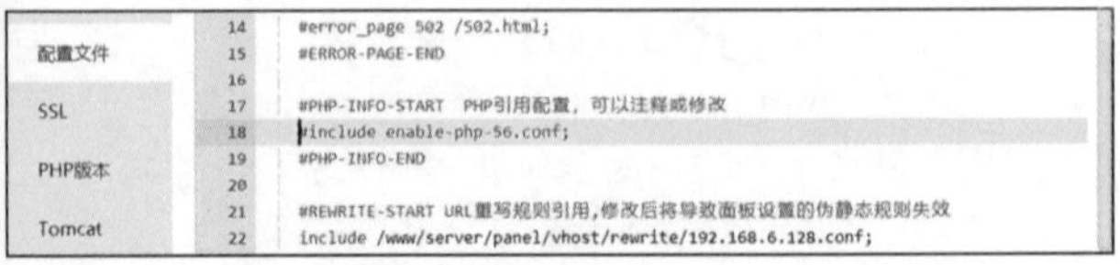

图 11.49　uwsgi 协议相关配置（2）

在“配置文件”下的最后位置添加以下与 uwsgi 通信有关的代码。

```
location / {
```

```
        include uwsgi_params;
        uwsgi_pass unix:/www/wwwroot/test/uwsgi/uwsgi.sock;
}
```

其界面如图 11.50 所示。

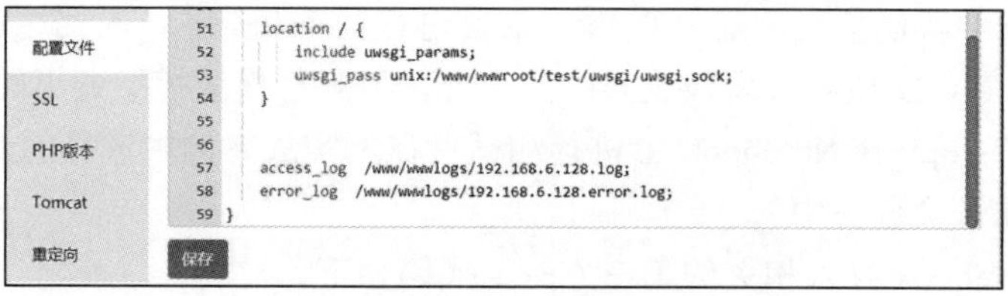

图 11.50　uwsgi 协议相关配置（3）

下一步单击“保存”按钮并退出。之后进入 Ubuntu 终端界面，在 test 文件夹下输入以下指令启动 uwsgi 协议。

```
uwsgi uwsgi.ini
```

其界面如图 11.51 所示。

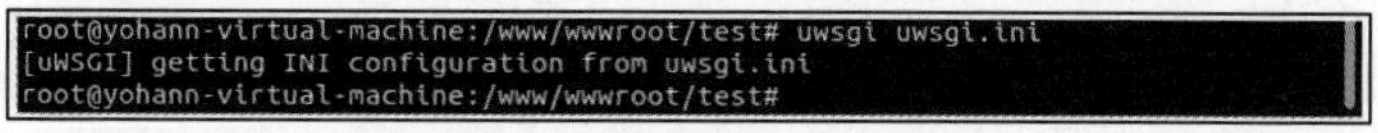

图 11.51　启动 uwsgi 协议

完成输入指令并成功启动 uwsgi 协议后，打开浏览器输入 IP 地址及对应端口进行访问，可以看见如图 11.52 所示的界面。如果在网页界面上成功出现 Hello World！文本内容，则证明基于 Flask 框架的网页部署成功，每当需要上线该网页服务或让用户进行访问时，只需将其打开并保持服务器正常运行即可。

图 11.52　测试 uwsgi 协议

11.3　基于 Flask 的分类模型部署

了解了如何利用 Ubuntu 系统构建一个基于 Flask 框架的网页服务后，下一步便是将 TensorFlow 2.X 的模型部署至网页上。本节首先会介绍如何在 Flask 框架中加入一个简单的分类模型，之后会讲解如何在这之上实现 Python 后台代码与前端代码间的交互，以及页面的简单设计等。

11.3.1 基于 Flask 的模型调用

有了第 11.2 节关于 Flask 框架的基本知识，可以清楚地知道其相关代码是基于 Python 语言所实现的，而目前大部分深度学习模型也是基于 Python 语言进行训练和测试，因此这也就表明了，要完成基于 Flask 框架的模型部署，实质上只要修改其中的内容，将其替换成模型调用的代码即可。

可以事先在本地的 Jupyter Notebook 上进行测试。在本实战案例中选择的是 MobileNet 卷积神经网络并将其应用于图像分类任务中。

首先在 Jupyter Notebook 导入相关的第三方库，代码如下。

```
import TensorFlow as tf
import cv2
import numpy as np
import matplotlib.pyplot as plt
```

载入 TensorFlow 2.X 中预置的 MobileNet 预训练模型。其中，include_top=True 参数表示载入完整的模型，包括输出层（1000 个类别）；weights='imagenet'则表示该预训练模型的权重为 imagenet 数据集上训练的权重，代码如下。

```
MobileNet = tf.keras.applications.MobileNet(include_top=True, weights='imagenet')
```

载入模型时会有一个短暂的模型下载过程，之后准备好一张尺寸为(224，224，3)的待预测图像并对其进行读取和预处理，代码如下。

```
testImage = cv2.imread('car_.jpg')                    #读取数据
plt.imshow(testImage)
plt.show()
testImage = testImage.astype('float32')/255.0        #数据预处理
testImage = np.expand_dims(testImage,axis=0)          #增添维度以满足模型输入需求
```

输出的结果如图 11.53 所示。

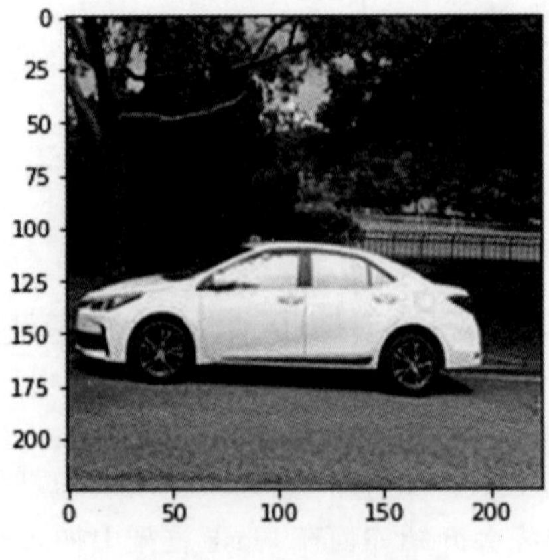

图 11.53 待预测图像

调用模型并对该图像进行预测，代码如下。

```
result = MobileNet.predict(testImage)          #模型预测
result = tf.keras.applications.imagenet_utils.decode_predictions(result, top=1)
#获得预测结果
predictClass = result[0][0][1]                 #预测类别结果
predictProb = result[0][0][2]                  #预测概率结果
print("predicted class is:%s"%predictClass)
print("predicted prob is:%f"%predictProb)
```

输出的结果为：

```
predicted class is:sports_car
predicted prob is:0.693940
```

在本地测试成功之后，下一步便是需要将其移植至 Ubuntu 系统下。首先需要在 Ubuntu 系统下安装 TensorFlow 2.X，打开终端，输入以下指令进行安装，代码如下。

```
pip3 install TensorFlow
```

其安装过程的界面如图 11.54 所示。

图 11.54 TensorFlow 2.X 安装

同样也需要在 test 文件夹的虚拟环境下安装 TensorFlow 2.X 和后续会使用到的 numpy 库和 opencv 库，代码如下。

```
cd test
source .env/bin/activate
pip3 install TensorFlow
pip3 install numpy
pip3 install opencv-python
deactivate
```

在 test 文件夹下创建一个名为 mobilenet.py 的 Python 文件，并将先前在 Jupyter Notebook 中撰写的测试代码复制到其中，其界面如图 11.55 所示。

保存退出并回到终端，下一步需要将待预测的图像上传至 Ubuntu 平台中的 test 文件夹下，有多种方式可以实现该功能，这里选择利用宝塔 Linux 面板进行实现。首先进入宝塔 Linux 面板中，单击左侧菜单栏中的“文件”按钮，进入如图 11.56 所示的界面。

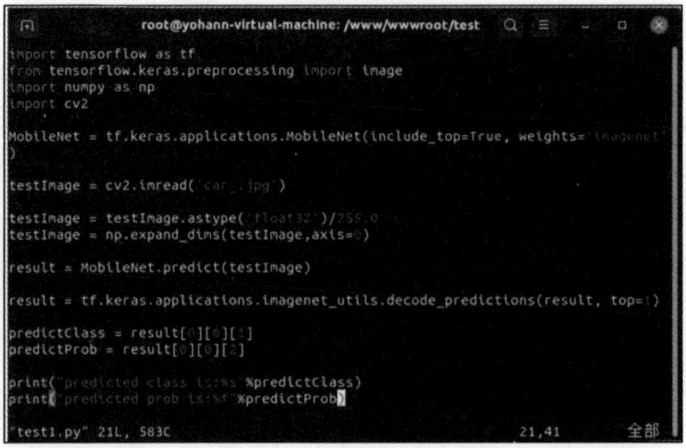

图 11.55　在 Ubuntu 平台下测试 MobileNet

单击界面中的“上传”按钮，选中待预测图像并进行上传，其界面如图 11.57 所示。

图 11.56　上传图像至 Ubuntu 平台（1）

图 11.57　上传图像至 Ubuntu 平台（2）

上传成功后，在 Ubuntu 的终端平台下输入以下指令运行该 Python 文件。

```
python3 mobilenet.py
```

输出的结果界面如图 11.58 所示。

图 11.58　在 Ubuntu 平台下测试 MobileNet

在 Ubuntu 平台下测试成功之后，下一步则需将其与 Flask 框架相结合。在本实战案例中需要实现的是将前端选取图像上传至后端的 Ubuntu 服务器后，可以自动调用 MobileNet 模型对上传的图像进行预测，最后再将预测结果返回至前端页面。由于涉及前端页面的文件上传，因此第一步所要完成的便是页面的文件选择和上传功能，这一部分可以通过 HTML，即超文本标记语言来实现。由于 Flask 框架的特殊性，所有的前端文件都需要放置在指定的文件夹下，其中 static 文件夹用于放置 CSS、JavaScript 代码及图像等文件，templates 文件夹则用于放置 HTML 文件。

打开 Ubuntu 的终端界面并定位至 test 文件目录下，输入以下命令创建名为 templates 的文件夹。

```
mkdir templates
```

其界面如图 11.59 所示。

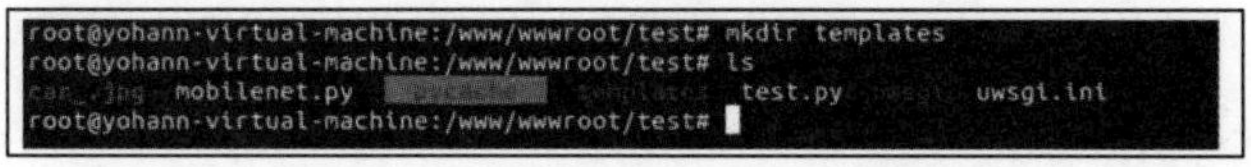

图 11.59　创建 templates 文件夹

定位至 templates 文件夹下，输入以下命令再创建一个自定义名字的 HTML 文件。

```
vi mobilenet.html
```

将下列用于选择和上传文件的 HTML 代码复制到该文件中并保存退出。

```
<html>
  <body>
    <p><h2>图像分类系统</h2></p>
    <form action = "http://192.168.6.128:7777/upload" method = "POST"
      enctype = "multipart/form-data">
      <input type = "file" name = "file" />
      <input type = "submit"/>
    </form>
  </body>
</html>
```

其界面如图 11.60 所示。

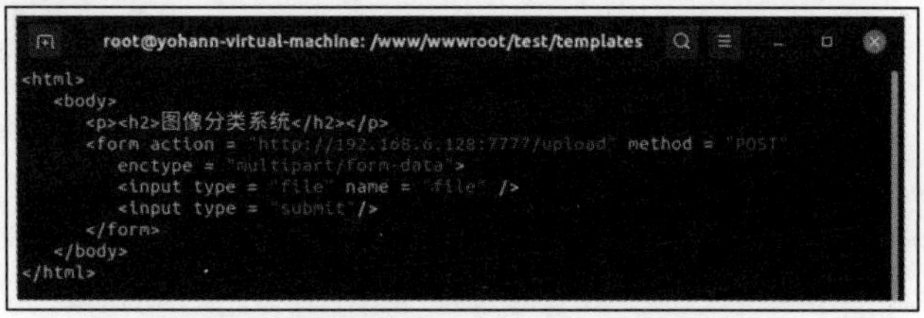

图 11.60　文件选择与上传（1）

进入 test.py 文件，将原本的基于 Flask 框架的代码替换成如下代码，其中新加入的 render_template 用于返回显示刚才创建的 HTML 文件。

```
from flask import Flask,render_template

app = Flask(__name__)
```

```
@app.route("/")
def homePage():
   return render_template("mobilenet.html")        #返回 HTML 文件至页面


if __name__ == '__main__':
  app.run(host='0.0.0.0',port=8666,debug=True)
```

其界面如图 11.61 所示。

保存退出并回到终端，输入以下代码更新 uwsgi.ini 协议并在网址中对部署的网页进行访问。

```
uwsgi uwsgi.ini
```

打开的网页界面如图 11.62 所示。

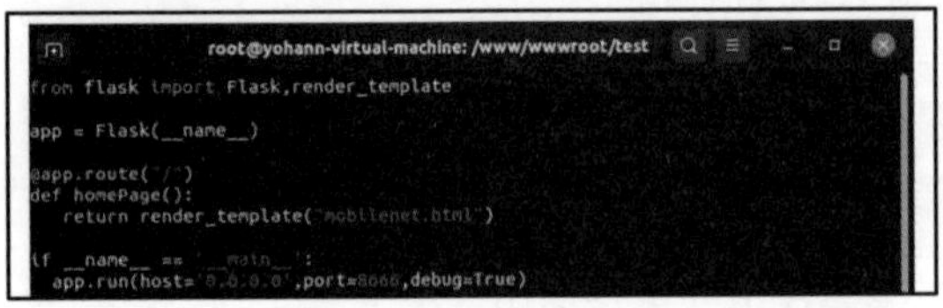

图 11.61　文件选择与上传（2）

图 11.62　文件选择与上传（3）

单击页面中的“浏览”按钮，选择先前上传的待预测图像，并单击“提交查询”按钮，其界面如图 11.63 所示。之后会发现页面跳转至如图 11.64 所示的错误界面，这是由于后端的代码未与前端提交的内容产生交互。因此，下一步则需要修改 Flask 框架里的代码，使其能对提交的图像进行处理。

图 11.63　文件选择与上传（4）

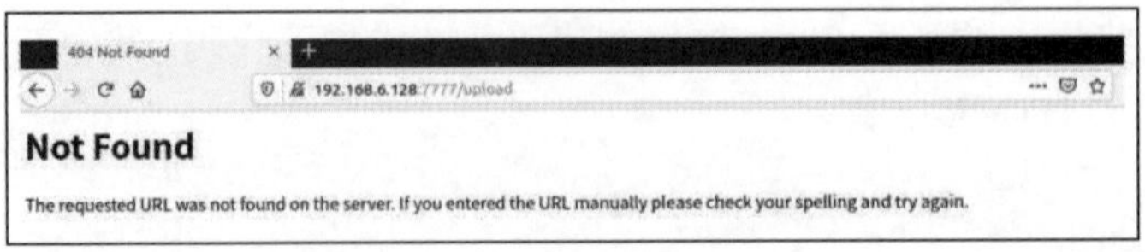

图 11.64　文件选择与上传（5）

首先创建一个文件夹，用于存储上传的图像，代码如下。

```
mkdir upload_imgs
```

打开 test.py 文件，将其中内容替换成以下代码，新加入的部分主要是对前端上传的内容进行处理并保存至本地服务器中。

```
from flask import Flask,render_template,request
from werkzeug.utils import secure_filename
import os
app = Flask(__name__)

@app.route("/")
def homePage():
   return render_template("mobilenet.html")

@app.route('/upload',methods=['GET','POST'])
def uploadFile():
    if request.method == "POST":            #检测是否有文件上传
        img = request.files['file']         #获取上传的文件
        img.save(os.path.join('upload_imgs',secure_filename(img.filename))) #保存文件
        return "上传成功"

if __name__ == '__main__':
  app.run(host='0.0.0.0',port=8666,debug=True)
```

其界面如图 11.65 所示。

图 11.65　文件选择与上传（6）

保存退出并重新刷新开启 uwsgi 协议，在网页中选择预测图像再一次上传，如果返回出现如图 11.66 所示的界面，则证明图像上传至服务器成功。

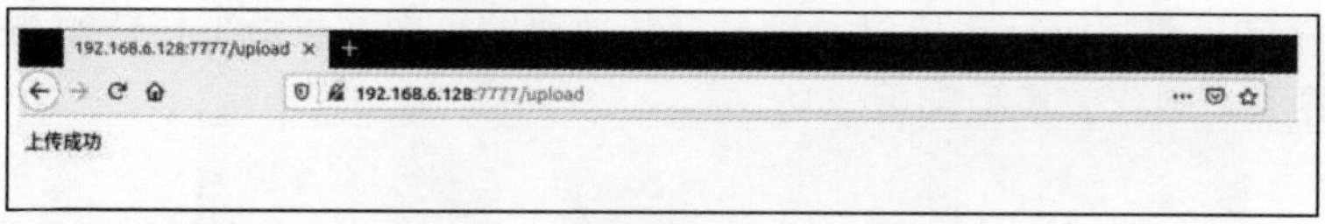

图 11.66　文件选择与上传（7）

进入 upload_imgs 文件夹，查看上传的图像文件，如图 11.67 所示。

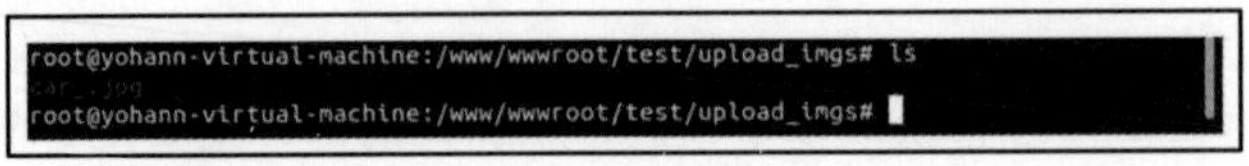

图 11.67　文件选择与上传（8）

下一步则需将调用模型的代码加入其中，将 test.py 文件的内容替换成如下代码。

```
from werkzeug.utils import secure_filename
import os
import TensorFlow as tf
import cv2
import numpy as np

app = Flask(__name__)

@app.route("/")
def homePage():
  return render_template("mobilenet.html")

@app.route('/upload',methods=['GET','POST'])
def uploadFile():
   if request.method == "POST":
      img = request.files['file']
      img.save(os.path.join('upload_imgs',secure_filename(img.filename)))
      testImage = os.path.join('upload_imgs',img.filename)
      testImage = cv2.imread(testImage)                 #读取上传的图像
      testImage = testImage.astype('float32')/255.0 #图像预处理
      testImage = np.expand_dims(testImage,axis=0)  #图像增加维度，以满足模型输入需求
      #调用 MobileNet 模型
      MobileNet = tf.keras.applications.MobileNet(include_top=True, weights='imagenet')
      result = MobileNet.predict(testImage)             #预测上传的图像
      #获得预测结果
      result = tf.keras.applications.imagenet_utils.decode_predictions(result, top=1)
      predictClass = result[0][0][1]                    #预测类别结果
      predictProb = result[0][0][2]                     #预测概率结果
      return "predicted class is "+str(predictClass)
if __name__ == '__main__':
  app.run(host='0.0.0.0',port=8666,debug=True)
```

其界面如图 11.68 和图 11.69 所示。

保存退出回到终端，重启 uwsgi 协议。接着打开部署的页面并重新上传待预测的图像，如果出现如图 11.70 所示的界面，则代表模型部署成功。

图 11.68 模型调用分析（1）

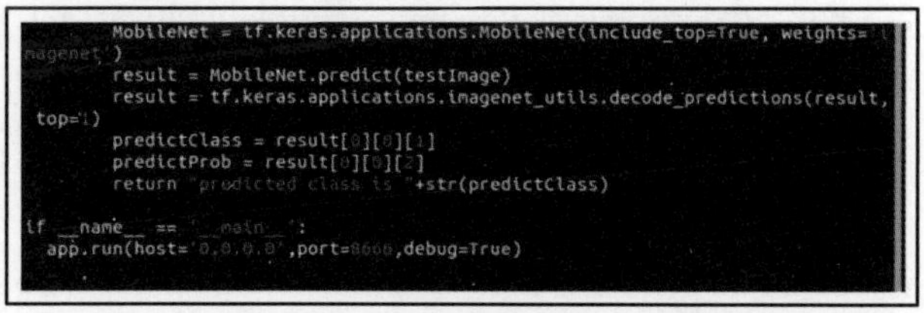

图 11.69 模型调用分析（2）

图 11.70 模型调用分析（3）

完成模型的部署之后，可以选择任意的满足尺寸的图像进行上传预测，这里准备了一张如图 11.71 所示的图像继续进行上传测试，其分析结果如图 11.72 所示。

图 11.71 待预测的斑马图像

图 11.72 模型预测结果

从结果上可以看出，模型正确识别输入的图像为斑马图像，至此 MobileNet 分类模型部署成功。除此之外，其他的类似目标识别、姿势识别等深度学习模型同样可以按照上述方法进行部署并成功实现一个线上的网页分析系统。

11.3.2 分类系统页面设计

虽然分类模型已经成功被部署在 Ubuntu 系统上，但其显示的界面过于简单，毫无美感。因此下一步继续利用 Flask 框架和前端知识对系统的页面进行一些简单的设计和装饰。

首先在 mobilenet.html 文件里将输入提交的表单元素居中，其修改后的代码如下。

```
<div style="width:100%;text-align:center">   #文字居中
<html>
   <body>
      <p><h2>图像分类系统</h2></p>
      <form action = "http://192.168.6.128:7777/upload" method = "POST"
         enctype = "multipart/form-data">
         <input type = "file" name = "file"/>
         <input type = "submit"/>
      </form>
   </body>
</html>
</div>
```

重启 uwsgi 协议并刷新页面，界面如图 11.73 所示。

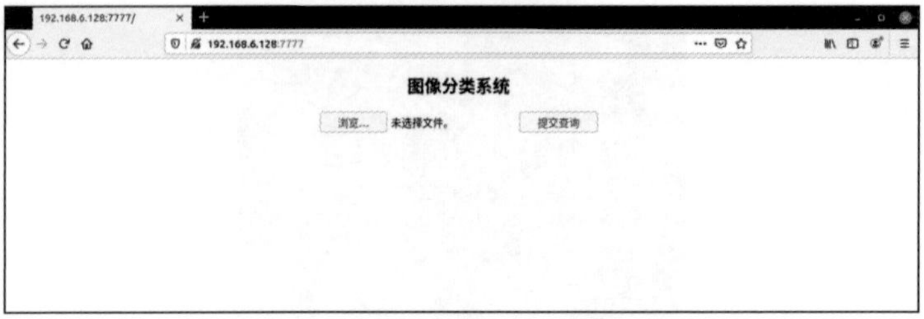

图 11.73　图像分类系统页面设计（1）

下一步需要为该页面添加一个背景。首先退出 test 文件夹，进入以 IP 地址为名的文件夹，输入以下指令创建名为 static 的文件夹并在其中继续创建一个名为 img 的文件夹。

```
mkdir static
cd static
mkdir img
```

其中 img 文件夹下放置一些页面所需要显示的图像。这里需要注意的是，图像等文件放置的位置是域名对应的文件夹，而不是 test 文件夹下，如果放置错误，图像则无法正常显示。

之后利用宝塔 Linux 面板上传一张想要显示的背景图像到 img 文件夹中即可。上传完图像之后打开 mobilenet.html 文件，将内容修改为以下代码。

```
<div style="width:100%;text-align:center;color:white">
<html>
   <body background='static/img/background.jpg'>   #添加背景图像
```

```
      <p><h2>图像分类系统</h2></p>
      <form action = "http://192.168.6.128:7777/upload" method = "POST"
        enctype = "multipart/form-data">
        <input type = "file" name = "file"/>
        <input type = "submit"/>
      </form>
    </body>
</html>
</div>
```

重启 uwsgi 协议并刷新网页，界面如图 11.74 所示。

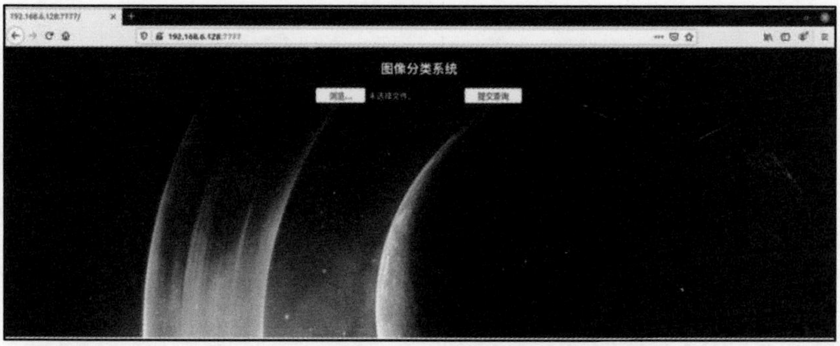

图 11.74　图像分类系统页面设计（2）

下一步需要完成的是当图像选择并上传后，希望可以将分类结果和对应的概率值反馈至原页面上。打开 mobilenet.html 界面，将原内容替换成如下代码，其中{{变量}}代表要传入的待显示变量。

```
<div style="width:100%;text-align:center;color:white">
<html>
    <body background='static/img/background.jpg'>
      <p><h2>图像分类系统</h2></p>
      <form action = "http://192.168.6.128:7777/upload" method = "POST"
        enctype = "multipart/form-data">
        <input type = "file" name = "file" />
        <input type = "submit"/>
      </form>
      <p><h2>分类结果</h2></p>
      <h4>类别：{{predictClass}}</h4>       #显示预测类别
      <h4>概率：{{predictProb}}</h4>        #显示预测概率
    </body>
</html>
</div>
```

打开 test.py 文件，将内容修改为以下代码。

```
from flask import Flask,render_template,request
from werkzeug.utils import secure_filename
import os
```

```
import TensorFlow as tf
import cv2
import numpy as np

app = Flask(__name__)

@app.route("/")
def homePage():
   return render_template("mobilenet.html")

@app.route('/upload',methods=['GET','POST'] )
def uploadFile():
    if request.method == "POST":
        img = request.files['file']
        img.save(os.path.join('upload_imgs',secure_filename(img.filename)))
        testImage = os.path.join('upload_imgs',img.filename)
        testImage = cv2.imread(testImage)
        testImage = testImage.astype('float32')/255.0
        testImage = np.expand_dims(testImage,axis=0)
        MobileNet = tf.keras.applications.MobileNet(include_top=True, weights='imagenet')
        result = MobileNet.predict(testImage)
        result = tf.keras.applications.imagenet_utils.decode_predictions(result, top=1)
        predictClass = result[0][0][1]
        predictProb = result[0][0][2]
        return render_template("mobilenet.html",predictClass=predictClass,
predictProb=predictProb)    #返回设计好的页面以及预测的变量结果

if __name__ == '__main__':
  app.run(host='0.0.0.0',port=8666,debug=True)
```

保存退出回到终端，重启 uwsgi 协议。接着打开部署的页面并重新上传待预测的斑马图像，结果如图 11.75 所示。

图 11.75　图像分类系统页面设计（3）

至此，一个简单的图像分类系统制作完毕。将对应端口打开即可让该服务同时被同网段的其他用户进行访问。

11.4 配置阿里云服务器

基于本地配置的 Linux 服务器的 IP 地址为内网 IP，只允许指定网段里的用户进行访问。为了能让所有互联网的用户都能对部署的网页进行访问，则需要一个公网 IP 地址，这可以通过购买第三方云服务器进行实现。本节首先会介绍如何获得一个轻量型的阿里云服务器，之后会讲解如何对阿里云服务器进行配置。

11.4.1 获取阿里云服务器

人工智能技术进步的同时也带动了许多互联网公司的发展，目前许多公司（如阿里巴巴和百度等）都推出了许多云服务，本小节中使用的阿里云服务器便是其中一种。由于是官方推出的开发者计划，因此新注册用户或有学生认证的用户能够以免费或低价的形式获取一个带有公网 IP 的轻量型服务器，其访问网址如下。

```
https://developer.aliyun.com/plan/grow-up
```

其中可以选择预安装的镜像，这里以应用镜像里的宝塔 Linux 面板 5.2.0 为主，其示意图如图 11.76 所示。

获取一个阿里云服务器后，可以从右上方的控制台处进入，找到“轻量应用服务器”选项并单击，可出现如图 11.77 所示的界面。在该界面里罗列了当前用户所拥有的所有服务器种类和名称。

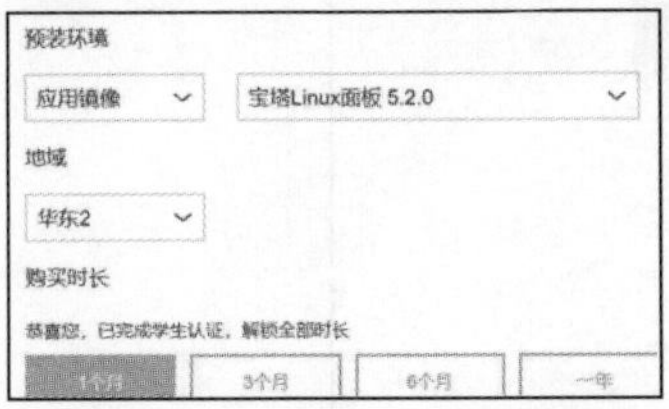

图 11.76 选择阿里云服务器

图 11.77 服务器列表界面

单击服务器的名称进入服务器监控信息界面，可以获取当前服务器的状态信息，其中包括服务器的流量、内存和存储空间监控等信息，如图 11.78 所示。

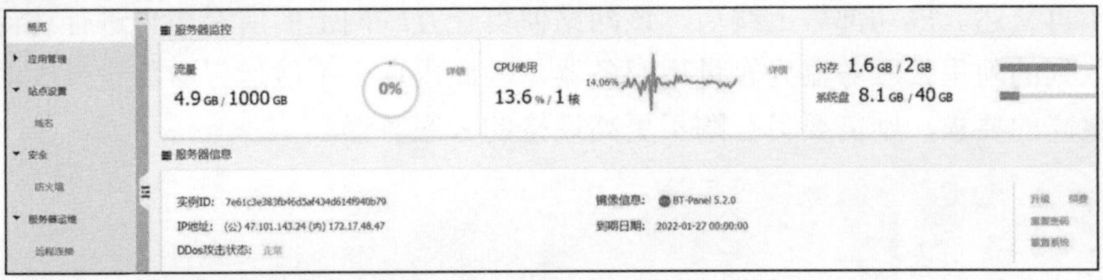

图 11.78 服务器监控信息

11.4.2 登录宝塔 Linux 面板

获取一个云服务器之后，下一步便需要进入其宝塔面板中进行网站服务的配置。单击阿里云界面左侧菜单栏中的“应用详情”，之后将右侧信息下滑拉至宝塔面板信息处，其界面如图 11.79 所示。

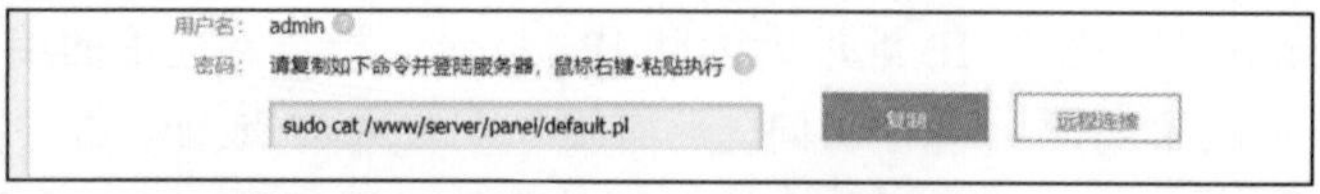

图 11.79　宝塔面板登录信息

单击“远程连接”按钮进入服务器的 Linux 终端里，将图 11.79 中的指令复制粘贴到其中并运行，即可得到宝塔 Linux 面板的登录密码，其界面如图 11.80 所示。

图 11.80　获取宝塔 Linux 面板的登录密码

输入 IP 地址加 8888 端口号后，将用户名和获取到的密码复制粘贴到登录栏中，之后便可以访问到该云服务器的宝塔 Linux 面板，其界面如图 11.81 所示。

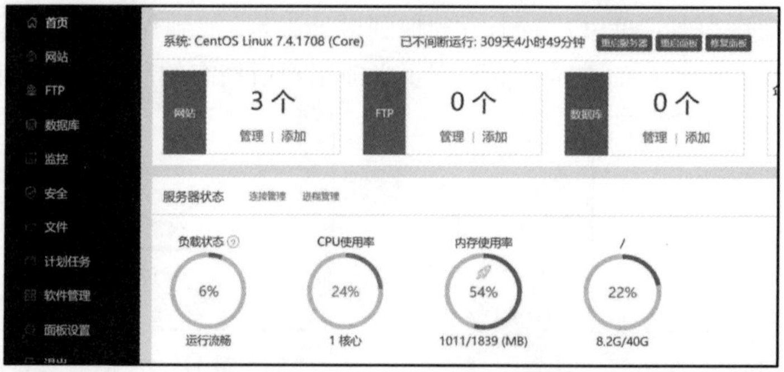

图 11.81　阿里云服务器的宝塔面板

进入宝塔面板后，其他的所有网站配置及模型部署均可参照第 11.3 节的内容进行实现，过程与其一样，这里便不再赘述。成功部署上线后，该网站便可让互联网上的所有用户进行访问，但需要注意的是，由于获取到的阿里云服务器为轻量型服务器，因此内存上不能运行参数量过大的模型，如果对模型参数量有更高的要求，则需要另行购买更高规格的云服务器。

第 12 章　基于 exe 程序的深度学习识别系统

目前，在互联网上主流的应用程序无非是网页、计算机应用程序以及移动端程序（如 App）等。对于训练出的深度学习模型来说，最终的目的还是需要将它们部署于特定的场景之下才能创造出实际的工业价值。在第 11 章中，已经详细地讲解了如何将训练好的深度学习模型部署在服务器上并让用户通过网页进行访问。而在本章中，则会重点介绍深度学习模型中另一个常用的部署方式，即将它与计算机上的应用程序相结合，而对于移动端（如 App）等应用场景，由于空间限制，不支持大部分大参数量的模型，因此在本书中不对此进行讲解。

本章首先会介绍 Python 语言的 GUI 第三方库 PyQt5 以及它的辅助工具 Qt Designer；之后会讲解如何利用 Qt Designer 设计一个界面简易的计算机软件，并将它与 TensorFlow 2.X 中已训练好的分类识别模型相结合；最后会介绍如何将制作好的计算机软件打包成 exe 形式，以便其他用户也可以进行使用。

本章主要涉及的知识点如下。

- PyQt5：了解 PyQt5 第三方库的概念和作用。
- Qt Designer：掌握 Qt Designer 的基础使用，如界面设计、文件导出等操作。
- 深度学习模型部署：掌握如何将训练好的基于 TensorFlow 2.X 的深度学习模型部署在计算机应用程序上。
- Pyinstaller：掌握如何利用 Pyinstaller 将已制作好的计算机程序打包成 exe 格式。

12.1　PyQt5 和 Qt Designer 介绍与安装

传统的计算机应用程序制作须通过 Java、C++或 C#语言等完成，但实际上 Python 语言也有许多相关的第三方库可被用于程序软件的设计中。本节首先会对 PyQt5 和 Qt Designer 进行相关介绍，之后会讲解如何对它们进行安装。

12.1.1　PyQt5 与 Qt Designer 简介

在 Python 中，有不少的第三方库可被用于计算机应用软件的 GUI 设计中，其中常见的有 Tkinter 和 PyQt 系列等。Tkinter 是 Python 里一个较为基础的 GUI 设计库，使用方式简单且易执行，许多基于 Python 语言的 GUI 开发新手会纷纷选择它。然而由于其功能较少且难以设计出 UI 界面感较好的应用程序，因此不适合被应用于大型的计算机商业软件制作中。PyQt 系列同样也支持基于 Python 语言开发的 GUI 设计第三方库，其目前已被更新到了 PyQt5 版本，与 Tkinter 相比，它的代码开发模式会更加复杂，但是由于有 Qt Designer 这样的辅助工具并且其可以设计出更好的程序界面，因此在商业软件制作领域，它会更加流行。为了能够设计出一个界面良好且具有丰富功能的计算机应用程序，本章的项目实战中，选择利用 PyQt5 来开发基于深度学习的计算机图像识别系统。此外，对于 Python 语言，还有一些其他的 GUI 设计第三方库，如 Kivy 和 FLTK 等，但通常它们的使用范围比较小众，因此这里不对此进行提及。

PyQt 隶属于 Qt 系列，Qt 库是目前软件编程中最强大的 GUI 库之一，传统的基于 Qt 库开发的语言是 C++语言而不是 Python 语言，之后为了能够让 Python 开发者也可以调用 Qt 库里的相关元素，因此 PyQt 被相关研究团队开发并提出。与 PyQt 相搭配的一个辅助工具名为 Qt Designer，其是一个可以通过拖动、单击等按钮来完成 GUI 界面设计的实现工具，在 Qt Designer 软件中设计出的界面均可以导出并保存成 UI 形式的文件，而 UI 文件又可以被转化成 Python 代码文件并被直接执行。换而言之，利用 Qt Designer，可以大大减少手动输入制作 UI 界面的代码量，如图 12.1 所示是一个基于 Qt Designer 设计出的基于深度学习模型的姿势识别系统界面。

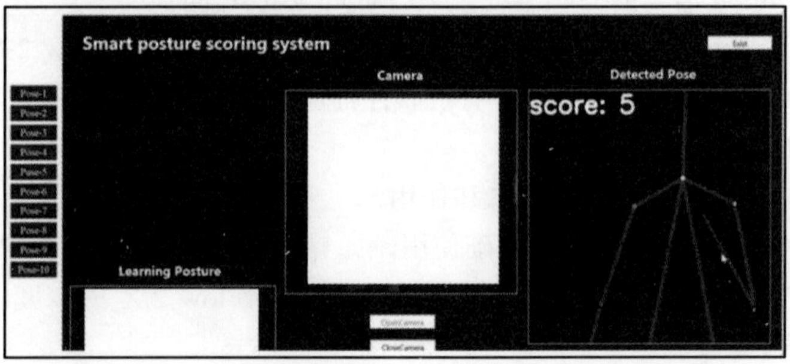

图 12.1　基于 Qt Designer 和 PyQt5 设计的程序界面

12.1.2　PyQt5 与 Qt Designer 的安装

在使用 PyQt5 和 Qt Designer 之前，第一步便是对它们进行安装。由于 PyQt5 是一个基于 Python 的第三方库，因此可以直接在 Anaconda prompt 里输入以下指令对其进行安装。

```
pip install PyQt5
```

安装的界面如图 12.2 所示。

图 12.2　安装 PyQt5

打开 Jupyter Notebook 并输入以下指令，若没有报错，则说明 PyQt5 安装成功。

```
import PyQt5.QtWidgets
import PyQt5.QtCore
import PyQt5.QtGui
```

安装完 PyQt5 之后，正常情况下 Qt Designer 也已经被同步安装进去。由于 Qt Designer 是一个可交互的计算机应用软件，因此并不像 PyQt5 一样可以通过代码进行导入。Qt Designer 的软件运行方式可以从指定的 Anaconda 目录路径下找到，其示意图如图 12.3 所示。

图 12.3　Qt Designer 安装路径

单击 designer.exe 文件运行，若出现如图 12.4 所示的界面，则说明打开成功。

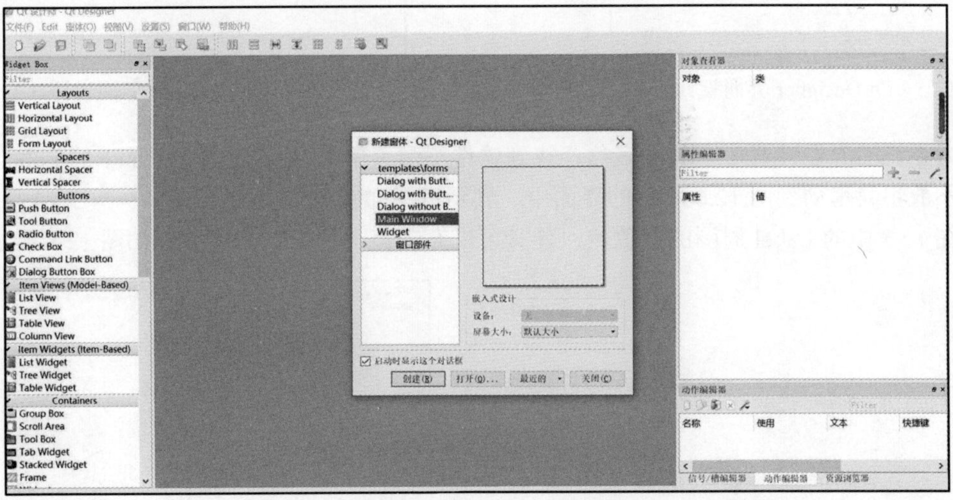

图 12.4　Qt Designer 界面

12.2　Qt Designer 界面制作

利用 Qt Designer 可以方便直接地制作出所需要的页面，包括功能以及设计等。本节首先会介绍如何利用 Qt Designer 完成本章中所需系统的界面制作，之后会讲解如何将制作好的界面转换成 Python 代码并可供系统运行。

12.2.1 深度学习系统界面制作

在本次实战中，所要完成的深度学习识别系统与在第 11 章中被部署在网页上的系统类似，主要的功能便是完成图像的上传以及对上传的图像进行分类并返回结果。首先打开先前已定位到路径的 Designer 软件，其中心默认会弹出一个“新建窗体-Qt Designer”对话框，其示意图如图 12.5 所示。

默认选中 Main Window 并单击下方的“创建”按钮，系统会弹出如图 12.6 所示的界面，之后便是在该界面中进行本章实战系统的设计。

图 12.5　Qt Designer 界面设计（1）

图 12.6　Qt Designer 界面设计（2）

首先为系统的界面设置一个页面底色，找到软件左侧菜单中 Display Widgets 下的 Label 选项，单击并按住不放将其拖动到图 12.6 所示的界面中，其示意图如图 12.7 所示。

拖动图 12.7 中的 Label 周围的蓝色点，使其可以充满整个页面，其示意图如图 12.8 所示。

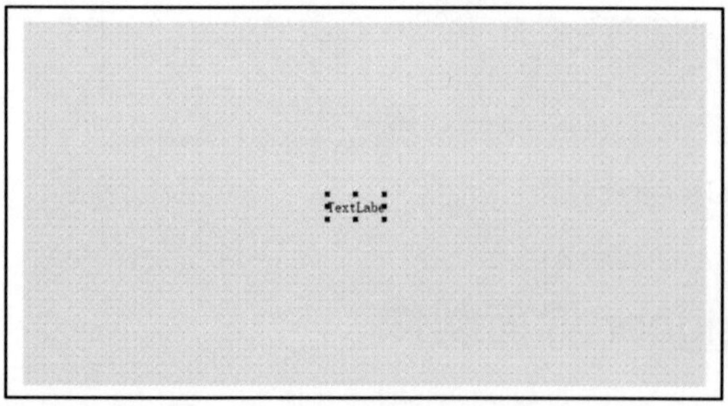

图 12.7　Qt Designer 界面设计（3）

图 12.8　Qt Designer 界面设计（4）

之后右击该界面，在弹出的列表中选择“改变样式表”，打开“编辑样式表-Qt Designer”对话框，如图 12.9 所示。

单击界面中“添加颜色”右侧的下拉按钮，在其中选择 background-color 选项，在“选择颜色-Qt Designer”对话框中选择一种想设置的颜色，其示意图如图 12.10 所示。

图 12.9　Qt Designer 界面设计（5）

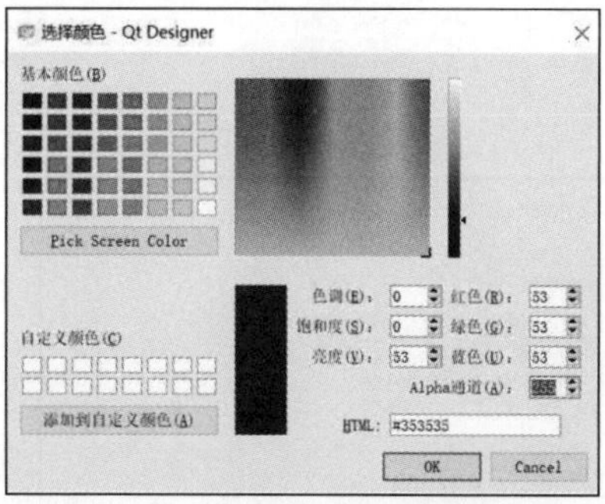

图 12.10　Qt Designer 界面设计（6）

单击图 12.10 下方的 OK 按钮，系统会返回到如图 12.11 所示的界面，之后再单击 OK 按钮，即可设置好背景底色，其示意图如图 12.12 所示。

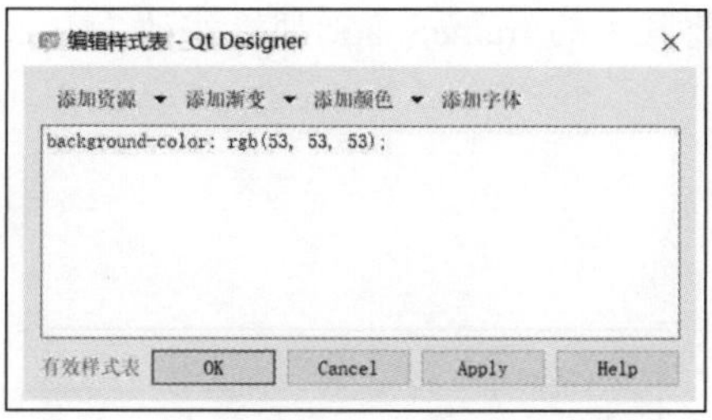

图 12.11　Qt Designer 界面设计（7）

图 12.12　Qt Designer 界面设计（8）

之后在左侧菜单栏的 Input Widgets 下找到 Line Edit 选项并将其拖动到界面的中上方，在其中输入系统的标题，其示意图如图 12.13 所示。

图 12.13　Qt Designer 界面设计（9）

下一步修改标题的字体样式，使其更显眼。在标题处右击选择“改变样式表”，并在弹出的界面中选择“添加字体”，弹出“选择字体-Qt Designer”对话框，如图 12.14 所示。

选择合适的字体和字号后单击 OK 按钮返回到原界面，之后按空格键对字体进行居中设置，可看到此时的界面已被更新，如图 12.15 所示。

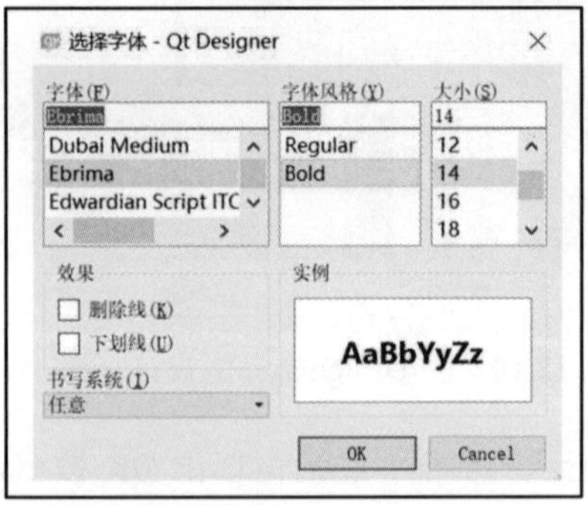

图 12.14　Qt Designer 界面设计（10）

图 12.15　Qt Designer 界面设计（11）

在左侧的菜单栏中再拖动一个 Label 至右侧的界面中，用于显示之后上传的图像，其示意图如图 12.16 所示。

在软件最右侧的属性编辑器中找到 QFrame 一栏，并将其中的 frameShape 属性修改为 Box，其示意图如图 12.17 所示。

图 12.16　Qt Designer 界面设计（12）

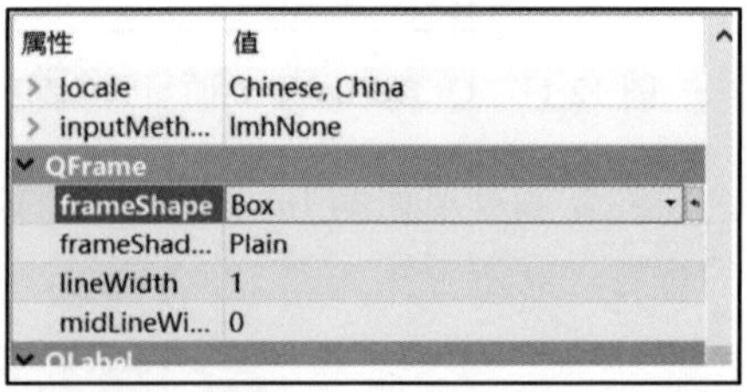

图 12.17　Qt Designer 界面设计（13）

之后右击新拖入的 Label，并按先前的方法将颜色设置为 white，则当前 Label 的边框颜色会被修改为白色，其示意图如图 12.18 所示。

从左侧菜单栏中的 Buttons 下找到 Push Button 元素，并拖动两个至界面中，作为“输入图片”和“算法分析”按钮，其示意图如图 12.19 所示。至此，一个简易的系统界面设置完成。

单击软件上方菜单栏中“窗体”里的“预览于”选项，选择其中的“Windows 风格”，即可预览设计好的系统在 Windows 平台下的展示效果，其示意图如图 12.20 和图 12.21 所示。

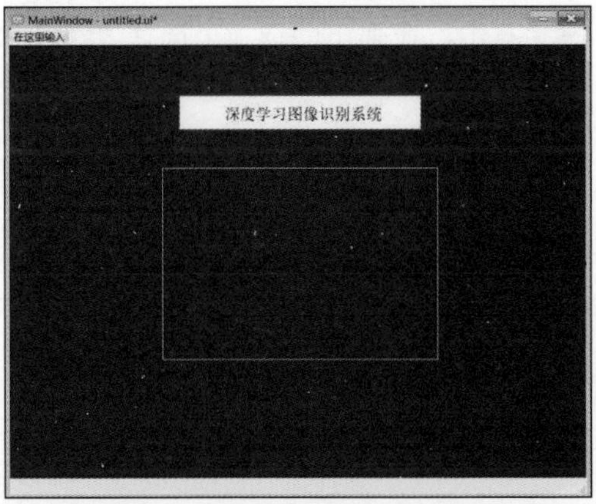

图 12.18　Qt Designer 界面设计（14）

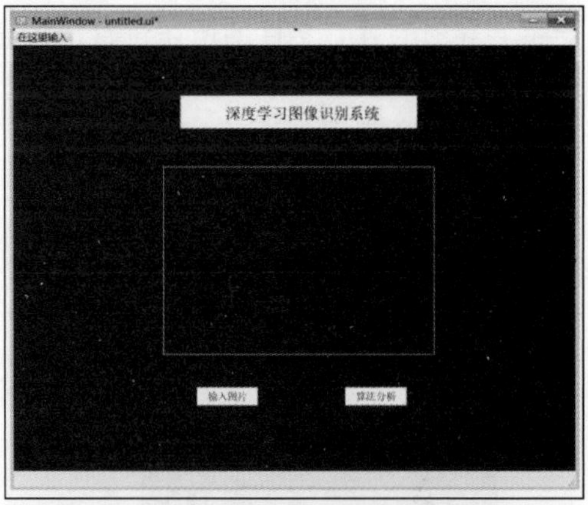

图 12.19　Qt Designer 界面设计（15）

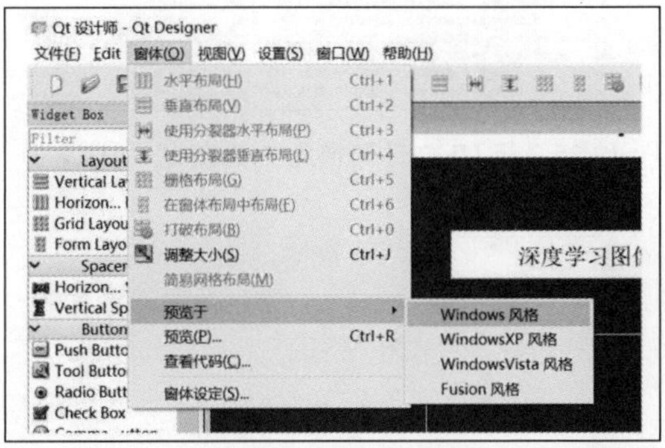

图 12.20　Qt Designer 界面设计（16）

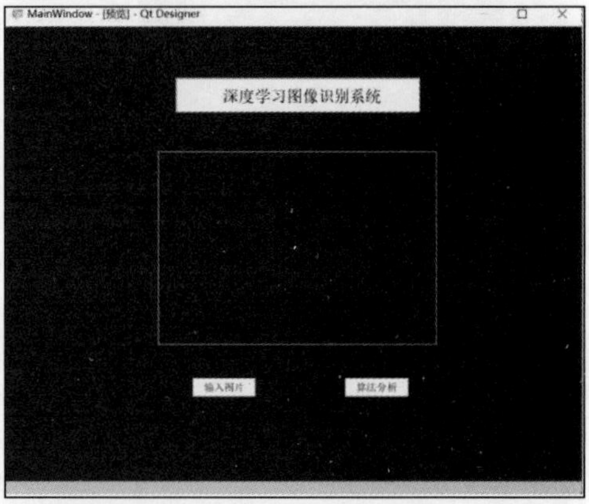

图 12.21　Qt Designer 界面设计（17）

12.2.2　系统界面代码导出

设计好系统的页面之后，下一步便是将该页面信息导出并转换成 Python 代码。单击软件上方菜单栏中“文件”里的“另存为”选项，将后缀为.ui 格式的界面设计文件保存至本地，其示意图如图 12.22 和图 12.23 所示。

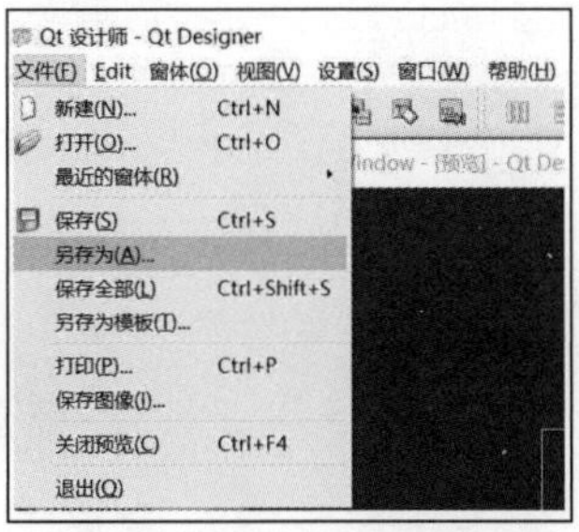

定位到导出的 UI 文件的所在位置，按住 Shift 键并右击，在弹出的选项里选择“在此处打开 Powershell 窗口”，其示意图如图 12.24 所示。

在弹出的终端窗口里输入以下指令并运行，即可得到转换后的 Python 文件。

```
python -m PyQt5.uic.pyuic system.ui -o system.py
```

在 Jupyter Notebook 中打开此代码文件，其示意图如图 12.25 所示。

图 12.24　将 UI 文件转换为 Python 代码（1）

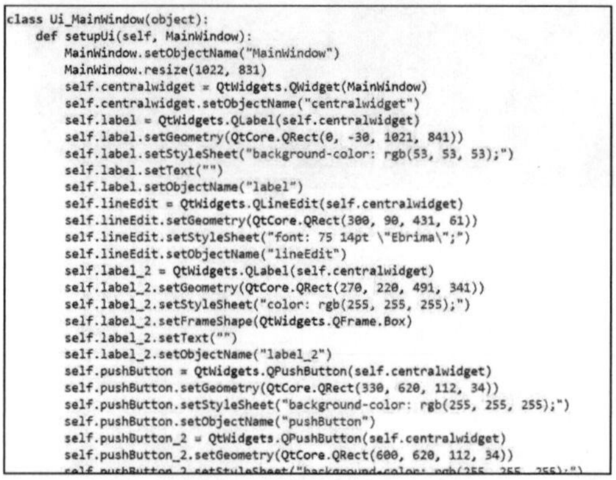

```
class Ui_MainWindow(object):
    def setupUi(self, MainWindow):
        MainWindow.setObjectName("MainWindow")
        MainWindow.resize(1022, 831)
        self.centralwidget = QtWidgets.QWidget(MainWindow)
        self.centralwidget.setObjectName("centralwidget")
        self.label = QtWidgets.QLabel(self.centralwidget)
        self.label.setGeometry(QtCore.QRect(0, -30, 1021, 841))
        self.label.setStyleSheet("background-color: rgb(53, 53, 53);")
        self.label.setText("")
        self.label.setObjectName("label")
        self.lineEdit = QtWidgets.QLineEdit(self.centralwidget)
        self.lineEdit.setGeometry(QtCore.QRect(300, 90, 431, 61))
        self.lineEdit.setStyleSheet("font: 75 14pt \"Ebrima\";")
        self.lineEdit.setObjectName("lineEdit")
        self.label_2 = QtWidgets.QLabel(self.centralwidget)
        self.label_2.setGeometry(QtCore.QRect(270, 220, 491, 341))
        self.label_2.setStyleSheet("color: rgb(255, 255, 255);")
        self.label_2.setFrameShape(QtWidgets.QFrame.Box)
        self.label_2.setText("")
        self.label_2.setObjectName("label_2")
        self.pushButton = QtWidgets.QPushButton(self.centralwidget)
        self.pushButton.setGeometry(QtCore.QRect(330, 620, 112, 34))
        self.pushButton.setStyleSheet("background-color: rgb(255, 255, 255);")
        self.pushButton.setObjectName("pushButton")
        self.pushButton_2 = QtWidgets.QPushButton(self.centralwidget)
        self.pushButton_2.setGeometry(QtCore.QRect(600, 620, 112, 34))
```

图 12.25　将 UI 文件转换为 Python 代码（2）

其转换后得到的完整代码如下。

```
# -*- coding: utf-8 -*-
# Form implementation generated from reading ui file 'system.ui'
# Created by: PyQt5 UI code generator 5.15.4
# WARNING: Any manual changes made to this file will be lost when pyuic5 is
# run again.  Do not edit this file unless you know what you are doing.
from PyQt5 import QtCore, QtGui, QtWidgets
class Ui_MainWindow(object):
    def setupUi(self, MainWindow):
        MainWindow.setObjectName("MainWindow")
        MainWindow.resize(1022, 831)
        self.centralwidget = QtWidgets.QWidget(MainWindow)
        self.centralwidget.setObjectName("centralwidget")
        self.label = QtWidgets.QLabel(self.centralwidget)
        self.label.setGeometry(QtCore.QRect(0, -30, 1021, 841))
        self.label.setStyleSheet("background-color: rgb(53, 53, 53);")
        self.label.setText("")
        self.label.setObjectName("label")
        self.lineEdit = QtWidgets.QLineEdit(self.centralwidget)
        self.lineEdit.setGeometry(QtCore.QRect(300, 90, 431, 61))
        self.lineEdit.setStyleSheet("font: 75 14pt \"Ebrima\";")
        self.lineEdit.setObjectName("lineEdit")
        self.label_2 = QtWidgets.QLabel(self.centralwidget)
        self.label_2.setGeometry(QtCore.QRect(270, 220, 491, 341))
```

```
        self.label_2.setStyleSheet("color: rgb(255, 255, 255);")
        self.label_2.setFrameShape(QtWidgets.QFrame.Box)
        self.label_2.setText("")
        self.label_2.setObjectName("label_2")
        self.pushButton = QtWidgets.QPushButton(self.centralwidget)
        self.pushButton.setGeometry(QtCore.QRect(330, 620, 112, 34))
        self.pushButton.setStyleSheet("background-color: rgb(255, 255, 255);")
        self.pushButton.setObjectName("pushButton")
        self.pushButton_2 = QtWidgets.QPushButton(self.centralwidget)
        self.pushButton_2.setGeometry(QtCore.QRect(600, 620, 112, 34))
        self.pushButton_2.setStyleSheet("background-color: rgb(255, 255, 255);")
        self.pushButton_2.setObjectName("pushButton_2")
        MainWindow.setCentralWidget(self.centralwidget)
        self.menubar = QtWidgets.QMenuBar(MainWindow)
        self.menubar.setGeometry(QtCore.QRect(0, 0, 1022, 30))
        self.menubar.setObjectName("menubar")
        MainWindow.setMenuBar(self.menubar)
        self.statusbar = QtWidgets.QStatusBar(MainWindow)
        self.statusbar.setObjectName("statusbar")
        MainWindow.setStatusBar(self.statusbar)

        self.retranslateUi(MainWindow)
        QtCore.QMetaObject.connectSlotsByName(MainWindow)

    def retranslateUi(self, MainWindow):
        _translate = QtCore.QCoreApplication.translate
        MainWindow.setWindowTitle(_translate("MainWindow", "MainWindow"))
        self.lineEdit.setText(_translate("MainWindow", "深度学习图像识别系统"))
        self.pushButton.setText(_translate("MainWindow", "输入图片"))
        self.pushButton_2.setText(_translate("MainWindow", "算法分析"))
```

需要注意的是，通常由 Qt Designer 导出的页面代码绝大多数包含的是页面设计部分的代码，对于业务逻辑或是系统交互方面的代码最好通过 Python 语言编写，这些内容会在第 12.3 节中介绍。

12.3　基于 PyQt5 的深度学习模型部署

完成了系统页面的简单设计之后，下一步便是将其与 TensorFlow 2.X 的模型代码相结合。本节首先会介绍如何运行第 12.2 节里转换得到的 Python 代码，之后会讲解如何将 TensorFlow 2.X 的模型代码加入设计的系统中。

12.3.1　运行界面文件

虽然系统大部分的 GUI 界面设计代码已经通过 Qt Designer 实现，

里的业务逻辑及交互代码部分进行撰写，因此会碰到一些关于 PyQt5 第三方库的语法知识。本小节为了简化读者的学习，只介绍相关且会用到的 PyQt5 函数，不对其他内容进行过多的讲解，如果读者对 PyQt5 的其他相关知识感兴趣，可自行搜索了解。

首先在 Jupyter Notebook 里新建一个文件，并对之前转换成功的 Python 界面文件和一些相关第三方库进行导入。其中，QApplication 用于创建应用，QMainWindow 用于设置 GUI 系统的菜单栏、工具栏和状态栏等。

```
import sys
import system
from PyQt5.QtWidgets import QApplication,QMainWindow
```

之后输入以下代码并运行。

```
app = QApplication(sys.argv)            #创建应用
mainwindow = QMainWindow()              #创建主窗口
ui = system.Ui_MainWindow()             #调用导出 Python 文件里的相关类
ui.setupUi(mainwindow)                  #将导出 Python 文件里的设计界面加载至当前窗口中
mainwindow.show()                       #显示窗口
sys.exit(app.exec_())                   #退出
```

输出的结果如图 12.26 所示。

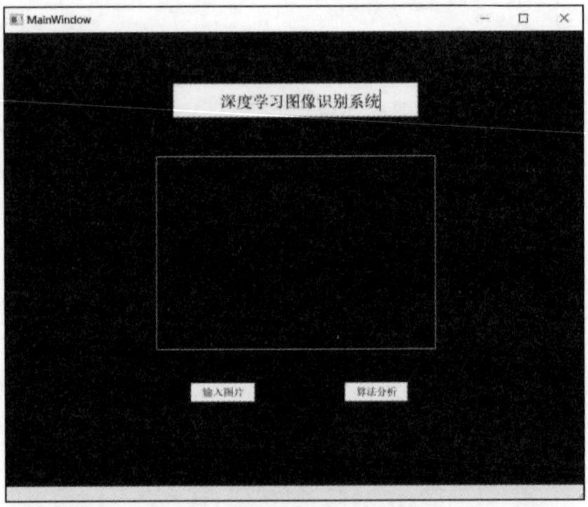

图 12.26　Python 界面文件运行

12.3.2　深度学习模型部署

成功验证了编写好的 Python 界面文件能被运行之后，下一步便是将其与 TensorFlow 2.X 的模型代码相结合。

首先需要实现的是“输入图片”按钮处的逻辑代码，这里希望单击该按钮可以上传指定的图像并显示在图 12.26 所示界面中心的白框中。新建一个 Jupyter Notebook 并导入之后会使用到的所有相关第三方库，代码如下。

```
import sys
from PyQt5.QtWidgets import QApplication,QMainWindow,QFileDialog,QLabel
from PyQt5.QtCore import QTimer,QCoreApplication
from PyQt5.QtGui import QPixmap
import cv2
import qimage2ndarray
import TensorFlow as tf
import numpy as np
from system import *
```

其中，新导入的 QFileDialog 用于之后的图像上传；QLabel 对应于 Qt Designer 中的 Label 元素；QTimer 为函数定时器；QPixmap 和 qimage2ndarray 则与图像的显示有关。如果当前计算机中没有安装 qimage2ndarray 库，可在 Anaconda prompt 中输入以下指令进行安装。

```
pip install qimage2ndarray
```

撰写类函数并继承 PyQt5 和先前导出的 Python 文件里的相关类，代码如下。

```
class classify_system(QMainWindow, Ui_MainWindow):
    def __init__(self,parent=None):
        super(classify_system,self).__init__(parent)
        self.setupUi(self)
```

运行以下代码进行测试。

```
if __name__ == '__main__':
    app = QApplication(sys.argv)
    ui = classify_system()
    ui.show()
    sys.exit(app.exec_())
```

输出的结果如图 12.27 所示。

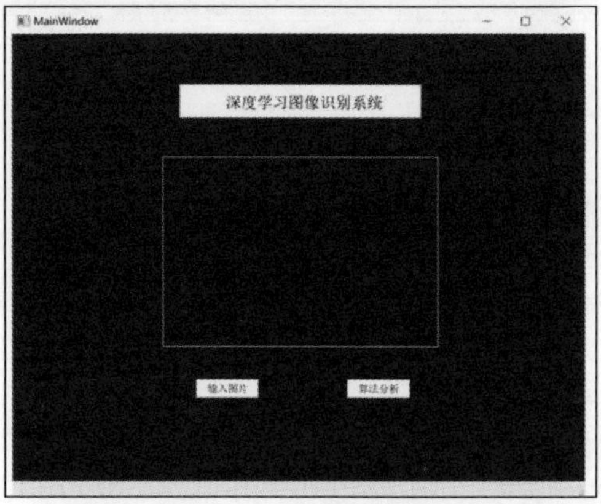

图 12.27 深度学习模型部署（1）

对 classify_system 类中的代码进行修改，添加上传图像并显示图像的功能。其中“输入图片”按钮对应的属性名称为 pushButton，这一点可从 Qt Designer 中查阅得到，修改后的代码如下。

```
class classify_system(QMainWindow, Ui_MainWindow):
    def __init__(self,parent=None):
        super(classify_system,self).__init__(parent)
        self.setupUi(self)
        #将“输入图片”按钮 pushButton 与 openimage 函数关联起来
        self.pushButton.clicked.connect(self.openimage)

    def openimage(self):    #图像选择及读取函数
        #弹出文件选择对话框
        name, type = QFileDialog.getOpenFileName(self, "打开图片", "", "*.jpg;;
*.png;;All Files(*)")
        print(name)
        print(type)
```

运行之前的__main__函数，在弹出的界面中单击“输入图片”按钮，此时可以发现已有选择文件的窗口，之后随机上传一张图片，其示意图如图 12.28 所示。

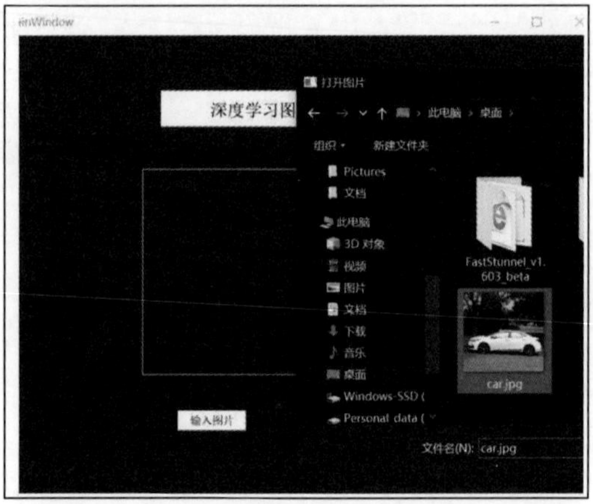

图 12.28　深度学习模型部署（2）

同时查看代码处的输出，可以查看到输出的图像路径及类型。

```
C:/Users/Yohann/Desktop/car.jpg
*.jpg
```

继续修改 classify_system 类中的代码，实现上传的图像可以被显示在界面的中心窗口里，代码如下。

```
class classify_system(QMainWindow, Ui_MainWindow):
    def __init__(self,parent=None):
        super(classify_system,self).__init__(parent)
        self.setupUi(self)
        #将“输入图片”按钮，pushButton 与 openimage 函数关联起来
        self.pushButton.clicked.connect(self.openimage)
        self.label_2.setAlignment(Qt.AlignCenter)       #图像居中显示

    def openimage(self):    #图像选择及读取函数
```

```
        #弹出文件选择对话框
        name, type = QFileDialog.getOpenFileName(self, "打开图片", "", "*.jpg;;
*.png;;All Files(*)")
        img = cv2.imread(name)
        #400×400 为了方便显示在界面上
        img =cv2.resize(img,(400,400),interpolation=cv2.INTER_CUBIC)
        qimg = qimage2ndarray.array2qimage(img)
        self.label_2.setPixmap(QPixmap(qimg))          #label_2 对应界面的中心窗口
        self.label_2.show()
```

运行之前的__main__函数，在弹出的界面里随机上传一张图像并查看，可以发现此时在系统界面的中心窗口里已出现了上传的图像，其示意图如图 12.29 所示。

图 12.29　深度学习模型部署（3）

下一步需要将已编写好的代码与 TensorFlow 2.X 模型相结合。在本次实战案例中，采用 TensorFlow 2.X 提供的 MobileNet 预训练模型，其支持输入大小为 224×224 的图像，具体代码如下。

```
class classify_system(QMainWindow, Ui_MainWindow):
    def __init__(self,parent=None):
        super(classify_system,self).__init__(parent)
        self.setupUi(self)
        #将“输入图片”按钮 pushButton 与 openimage 函数关联起来
        self.pushButton.clicked.connect(self.openimage)
        self.label_2.setAlignment(Qt.AlignCenter)      #图像居中显示

    def openimage(self):                               #图像选择及读取函数
        #弹出文件选择对话框
        name, type = QFileDialog.getOpenFileName(self, "打开图片", "", "*.jpg;;
*.png;;All Files(*)")
        img = cv2.imread(name)
        #400×400 为了方便显示在界面上
```

```
        qimg = qimage2ndarray.array2qimage(img)
        self.label_2.setPixmap(QPixmap(qimg))          #label_2 对应界面的中心窗口
        self.label_2.show()
        img = img.astype('float32')/255.0
        #224×224 满足模型输入要求
        img = cv2.resize(img,(224,224),interpolation=cv2.INTER_CUBIC)
        img = np.expand_dims(img,axis=0)               #增添尺寸，满足模型输入需求
        MobileNet = tf.keras.applications.MobileNet(include_top=True, weights='imagenet')
        result = MobileNet.predict(img)                #模型预测
        #获得预测结果
        result = tf.keras.applications.imagenet_utils.decode_predictions(result, top=1)
        predictClass = result[0][0][1]                 #预测类别结果
        predictProb = result[0][0][2]                  #预测概率结果
        print(predictClass)
        print(predictProb)
```

运行之前的__main__函数并上传图像，之后返回代码处查看输出的结果。

```
sports_car
0.7048928
```

由于希望在单击“算法分析”按钮之后才对上传的图像进行分析，并且希望最后预测的结果可以被显示在图像上并反馈至系统中，因此再对上述的代码进行一定的修改，代码如下。

```
class classify_system(QMainWindow, Ui_MainWindow):
    def __init__(self,parent=None):
        super(classify_system,self).__init__(parent)
        self.setupUi(self)
        #将“输入图片”按钮 pushButton 与 openimage 函数关联起来
        self.pushButton.clicked.connect(self.openimage)
        #将“算法分析”按钮 pushButton_2 与 model_predict 函数关联起来
        self.pushButton_2.clicked.connect(self.model_predict)
        self.label_2.setAlignment(Qt.AlignCenter) #图像居中显示

    def openimage(self):                          #图像选择及读取函数
        #弹出文件选择对话框
        name, type = QFileDialog.getOpenFileName(self, "打开图片", "", "*.jpg;;
*.png;;All Files(*)")
        img = cv2.imread(name)
        #400×400 为了方便显示在界面上
        self.img =cv2.resize(img,(400,400),interpolation=cv2.INTER_CUBIC)
        qimg = qimage2ndarray.array2qimage(self.img)
        self.label_2.setPixmap(QPixmap(qimg))     #label_2 对应于界面的中心窗口
        self.label_2.show()

    def model_predict(self):
        img = self.img.astype('float32')/255.0
        #224×224 满足模型输入要求
```

```
        img = cv2.resize(img,(224,224),interpolation=cv2.INTER_CUBIC)
        img = np.expand_dims(img,axis=0)                   #增添尺寸，满足模型输入需求
        MobileNet = tf.keras.applications.MobileNet(include_top=True, weights='imagenet')
        result = MobileNet.predict(img)                    #模型预测
        #获得预测结果
        result = tf.keras.applications.imagenet_utils.decode_predictions(result, top=1)
        predictClass = result[0][0][1]                     #预测类别结果
        predictProb = result[0][0][2]                      #预测概率结果
        #将预测结果显示至图像上
        return_img = cv2.putText(self.img, str(predictClass)+":"+str(predictProb),
(50,100), cv2.FONT_HERSHEY_DUPLEX, 1.2, (255, 255, 255), 2,)
        qimg2 = qimage2ndarray.array2qimage(return_img)
        self.label_2.setPixmap(QPixmap(qimg2))      #label_2 对应界面的中心窗口
        self.label_2.show()
```

运行__main__函数，在弹出的界面中上传图像后单击“算法分析”按钮，即可在界面中查看到指定图像的预测结果，其示意图如图 12.30 所示。

图 12.30　深度学习模型部署（4）

12.4　基于 Pyinstaller 的 exe 文件打包

调试好系统本地的代码并运行之后，下一步需要将其打包成可执行文件的形式，以便用户或其他人能够快速使用。本章首先会对 Pyinstaller 第三方库进行简单介绍，之后会讲解关于 Pyinstaller 的一些常用操作，最后会讲解如何利用 Pyinstaller 对第 12.3 节中完成的系统模型进行打包。

12.4.1　Pyinstaller 简介及安装

设计好应用软件的 GUI 界面并进行测试，确保其能正常运行之后，下一步便是将其打包成 exe 文件的形式，以便能进行发布或共享给其他的用户使用。为了完成打包操作，需要用到一个名为 Pyinstaller

的第三方库，其支持打包以 Python 语言为基础开发的应用程序，在 Python 的项目开发过程中应用得十分广泛，打包完的程序可以在没有安装 Python 解释器的计算机或机器上直接执行。对于 Pyinstaller 来说，使用它对应用程序进行打包的好处如下。

（1）可以工作在 Python 3.5～Python 3.9 间的任意版本。

（2）支持在 Windows、MacOS 和 Linux 等多个平台上进行 Python 程序的打包。

（3）可以直接对 PyQt5、PySide2、Django、Numpy 及其他许多第三方库进行打包，且不用附加额外的文件信息。

（4）在 Windows 上已绑定了 MS Visual C++的动态链接库。

需要注意的是，虽然 Pyinstaller 支持在不同平台上对 Python 文件进行打包，但它并不支持打包后的文件可以在多平台上使用。也就是说，如果在 Windows 系统中打包了 exe 文件，那么这个 exe 文件只能在 Windows 平台上使用，不可以运行在 MacOS 或 Linux 平台上。

使用 Pyinstaller 之前，首先需要对它进行安装，其安装过程与其他第三方库相同。打开 Anaconda prompt，在其中输入以下指令并运行。

```
pip install pyinstaller
```

成功安装后的界面如图 12.31 所示。

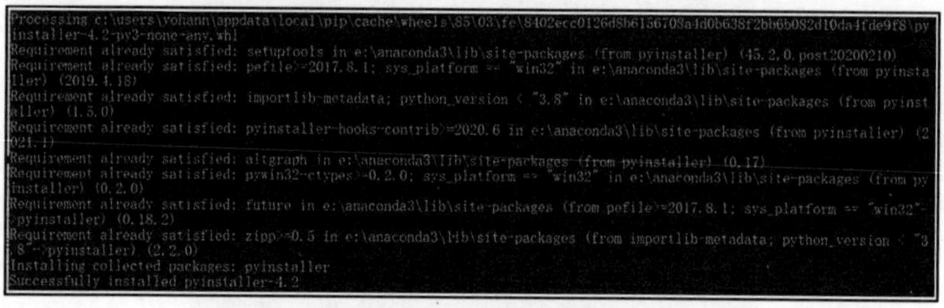

图 12.31　pyinstaller 安装过程（1）

在安装完成之后可以在终端里输入以下指令对其进行验证，如果没有报错，则证明安装成功。

```
pyinstaller -V
```

输出的结果如图 12.32 所示。

图 12.32　pyinstaller 安装过程（2）

12.4.2　Pyinstaller 基础语法

Pyinstaller 有两种打包方式，一种是文件夹式打包，另一种是单文件式打包。文件夹式打包是指在利用 Pyinstaller 进行打包时，产生的文件里不仅有 exe 文件，而且还有其他附属的文件夹或依赖文件。单文件式打包则是指在打包时，产生的只有一个 exe 文件，其他的依赖或附属文件都已经被打包到 exe 文件中，这种方式对于新手用户来说十分方便，也更加简练。但事实上在开发一些较为复杂或大型项目时，容易出现一些意料之外的系统错误或漏洞，而单文件式打包由于将文件都打包为一体，不利于检查错误，因此在这种情况下，文件夹式的打包方式会更加实用一些。

下面对这两种不同的应用程序打包方式进行讲解。由于 Pyinstaller 并不支持对 Notebook 式的文件进行打包，因此需要另建以.py 为后缀格式的 Python 文件进行测试，可以使用一些经典的代码编辑器（如 VScode 或 Pycharm 等）进行代码撰写。这里以 VScode 编辑器为例，在其中新建一个名为 test.py 的 Python 文件，并输入以下代码，其中引入 time 模块主要是为了能够延时以便于观察输出结果。

```
Import time
print("Hello world!")
time.sleep(5)
```

保存该文件，并尝试用文件夹式的打包方式对该 Python 文件进行打包。在 Pyinstaller 里，可以通过 pyinstaller xx.py 命令来实现该功能。现在在 VScode 编辑器下方的终端里输入以下指令并运行。

```
pyinstaller test.py
```

终端里输出的结果如图 12.33 所示。

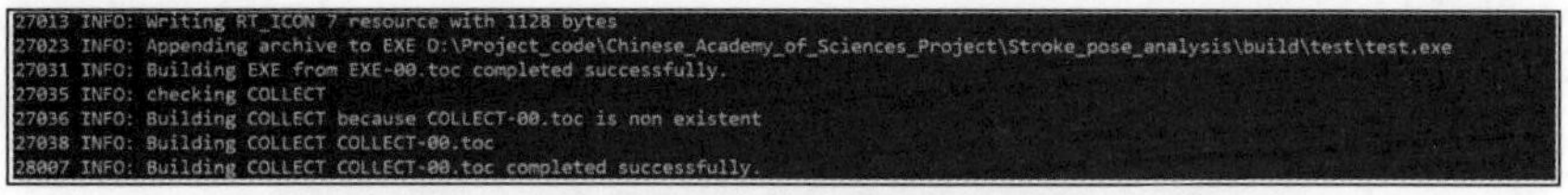

图 12.33　pyinstaller 打包

查看当前目录，发现多出了一个名为 test.spec 的文件以及两个名为 build 和 dist 的文件夹，而我们所需要的 exe 执行文件便在 dist 文件夹中。定位到 dist 文件夹的 test 目录下，可以发现有一个名为 test.exe 的文件，其示意图如图 12.34 所示。

图 12.34　exe 文件存储路径

单击 test.exe 文件并运行，可以发现此时会弹出一个终端窗口，其中显示着 Hello world!，其示意图如图 12.35 所示。

图 12.35　exe 文件运行结果

之后再来测试一下单文件式的应用程序打包方式。其可以通过删除之前由文件夹式的打包方式产生的 dist 和 build 文件夹，然后在 VScode 编辑器的终端里输入以下指令并运行。

```
pyinstaller -F test.py
```

之后会发现生成了一个新的 dist 文件夹，将其打开，可以发现其中只有一个名为 test.exe 的可执行文件，而无其他依赖文件，其示意图如图 12.36 所示。

图 12.36　exe 路径

同样地，单击并运行该文件，可以发现能得到与图 12.35 相同的界面和结果。

上述只是讲解 exe 打包的两种模式，即文件夹式和单文件式。实际上，如果要进一步丰富打包的内容或功能，还可以利用 spec 文件来实现，通过在终端里输入以下指令可以生成单独的 spec 文件。

```
pyi-makespec test.py
```

其文件内容如图 12.37 所示。

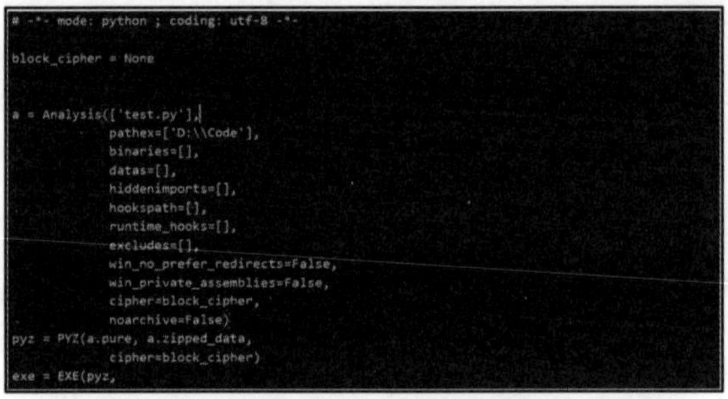

图 12.37　spec 文件内容

其具体文件代码如下。

```
# -*- mode: python ; coding: utf-8 -*-
block_cipher = None
a = Analysis(['test.py'],
             pathex=['D:\\Code'],
             binaries=[],
             datas=[],
             hiddenimports=[],
             hookspath=[],
             runtime_hooks=[],
             excludes=[],
             win_no_prefer_redirects=False,
             win_private_assemblies=False,
             cipher=block_cipher,
             noarchive=False)
pyz = PYZ(a.pure, a.zipped_data,
```

```
            cipher=block_cipher)
exe = EXE(pyz,
          a.scripts,
          [],
          exclude_binaries=True,
          name='test',
          debug=False,
          bootloader_ignore_signals=False,
          strip=False,
          upx=True,
          console=True)
coll = COLLECT(exe,
               a.binaries,
               a.zipfiles,
               a.datas,
               strip=False,
               upx=True,
               upx_exclude=[],
               name='test')
```

在 spec 文件里 Analysis 的参数中，第一项代表文件的名称；第二项的 pathex 代表文件的路径；第三项的 binaries 代表要添加的其他资源文件路径和最终目标路径；第四项 datas 里存放一些会用到的数据路径（如图像等）；第五项的 hidden imports 代表写入未打包进来的模块。实际上只需掌握这几个参数的使用，便可以顺利完成许多 Python 项目的打包工作。

下面演示如何运行 spec 文件对刚才的 Python 文件进行打包，先把之前生成的 build 和 dist 文件夹删除。之后在终端输入以下指令便可以得到与先前打包后相同的结果。

```
pyinstaller test.spec
```

12.4.3　Pyinstaller 系统打包

掌握了基础的打包语法之后，现在可以对第 12.3 节所制作的系统进行打包。首先将之前在 Jupyter Notebook 里编写的代码复制并替换到 test.py 文件里，并将之前由 Qt Designer 生成的界面文件也放至同目录下，其示意图如图 12.38 所示。

图 12.38　test.py 文件内容

由于涉及模型的部署，功能较为复杂，因此采用 spec 文件完成打包功能，方便一些参数和路径的写入。之后开始撰写 spec 文件的相关内容，此次打包的第三方库中包含了 TensorFlow 2.X，其占用了大量的空间，可能会导致在打包时出现程序递归调用次数超出限制等异常。为了解决这个问题，可以在 spec 文件的开头处加入以下代码增加程序的递归调用次数。

```
import sys
sys.setrecursionlimit(100000)
block_cipher = None
```

修改 spec 文件里的其他代码参数，其完整代码如下。其中为了保证 PyQt5 第三方库可以被正确打包，还需要将它的相关资源文件路径写入 binaries 参数中。

```
# -*- mode: python ; coding: utf-8 -*-
import sys
sys.setrecursionlimit(100000)   #增加递归调用次数
block_cipher = None
pf_foldr='E:\\anaconda3\\Library\\plugins\\platforms\\'  #PyQt5 相关资源文件配置

a = Analysis(['test.py','system.py'],            #写入主文件及其他相关 Python 文件的名称
            pathex=['D:\\Code'],
            #添加与 PyQt5 相关的资源文件
            binaries=[(pf_foldr+'qwindows.dll', 'platforms\\qwindows.dll'),
            (pf_foldr+'qdirect2d.dll', 'platforms\\qdirect.dll'),
            (pf_foldr+'qoffscreen.dll', 'platforms\\qoffscreen.dll'),
            (pf_foldr+'qminimal.dll', 'platforms\\qminimal.dll')],
            datas=[],
            hiddenimports=['system.py'],          #写入自定义 Python 模块的名称
            hookspath=[],
            runtime_hooks=[],
            excludes=['torch','pandas','matplotlib','PySide2'],#排除一些不需要导入的库
            win_no_prefer_redirects=False,
            win_private_assemblies=False,
            cipher=block_cipher,
            noarchive=False)
pyz = PYZ(a.pure, a.zipped_data,
            cipher=block_cipher)
exe = EXE(pyz,
         a.scripts,
         [],
         exclude_binaries=True,
         name='test',
         debug=False,
         bootloader_ignore_signals=False,
         strip=False,
         upx=True,
```

```
        console=False)   #去掉弹出的黑框
coll = COLLECT(exe,
             a.binaries,
             a.zipfiles,
             a.datas,
             strip=False,
             upx=True,
             upx_exclude=[],
             name='test')
```

编写好 spec 文件之后，对它进行保存。之后在代码编辑器的终端窗口里输入以下指令来对 test.py 文件进行打包。

```
pyinstaller test.spec
```

其打包时的终端输出结果如图 12.39 所示。

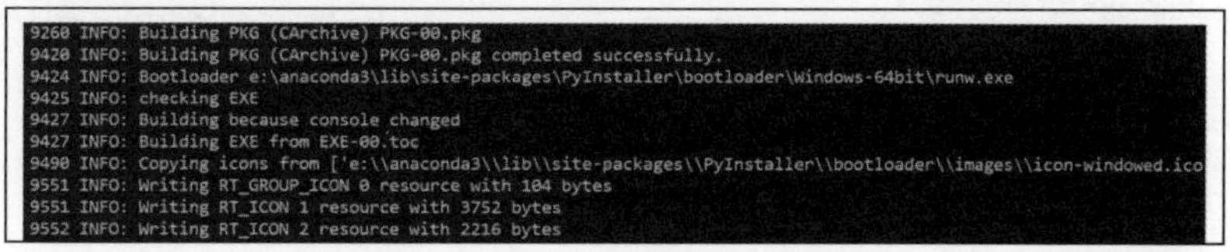

图 12.39　test.py 文件打包过程

完成打包之后，进入 dist 目录，并单击运行 test.exe 可执行文件，可以发现系统界面能够正常弹出和显示，其完整的运行过程如图 12.40～图 12.43 所示。

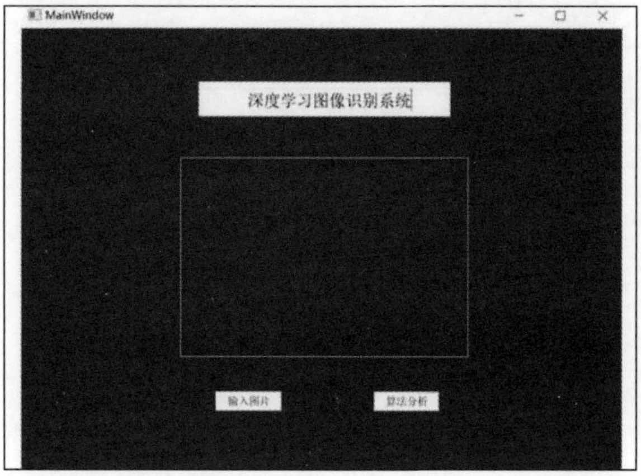

图 12.40　test.exe 运行过程（1）

图 12.41　test.exe 运行过程（2）

至此，基于计算机应用程序的深度学习模型部署完成，该文件同时也可以发送给其他计算机用户进行使用。

图 12.42　test.exe 运行过程（3）

图 12.43　test.exe 运行过程（4）

第 13 章　自动机器学习

传统的机器学习算法在应用时需要人工进行干预，如模型如何选择、模型如何搭建以及采用什么样的方式进行模型的训练等。但由于个人主观先验知识的限制，所设计出来的模型往往在指定数据集上都没有办法表现出最优的效果。在这种情况下，自动机器学习技术应运而生，目前它也是人工智能领域里发展最为火爆的方向之一。通过自动机器学习技术，计算机可以对模型的特征提取、模型选择、优化以及评价等进行自动化地学习，在无须人工干预的前提下，训练出一个最优的机器学习模型。

本章首先会对自动机器学习的背景、概念和基本组成进行简要介绍，之后会讲解如何通过名为 AutoKeras 的第三方库以及百度 EasyDL 平台实现基于图像的自动机器学习技术。

本章主要涉及的知识点如下。

- 自动机器学习：理解自动机器学习的基本概念和组成。
- AutoKeras：掌握如何使用 AutoKeras 第三方库实现自动机器学习技术。
- 自动机器学习平台：掌握如何使用第三方自动机器学习平台，如百度的 EasyDL 和谷歌云等实现自动机器学习技术。

13.1　自动机器学习介绍

自动机器学习技术可以让机器学习模型从构建、训练到应用都完全自动化，无须人工的干预，是近几年最为火热的领域之一。本节首先会讲解自动机器学习技术的基本思想和原理，之后会对其未来可能的发展方向以及挑战进行简单介绍。

13.1.1　自动机器学习思想

自动机器学习技术通常也被简称为 AutoML，它的目的是能够让不熟悉机器学习领域的人也能轻松地使用机器学习技术。对于机器学习算法来说，最主要的障碍便是设计出来的模型会受到设计者决策的影响，如数据如何处理、模型如何搭建、模型如何训练以及参数如何调整等。在这种情况下，设计出来的模型性能往往不是最优的，为了能让模型达到更好的性能，许多机器学习的研究学者或工程师会自行地不断调整模型的结构和参数，这些人也因此常常被人戏称为“调参侠”。

在自动机器学习技术的背景下，使用者无须考虑如何去设计一个合适的网络或调整参数，只需将所要训练的数据送入指定的自动机器学习平台中，该平台便可以自动做出各项决策并产出性能最好的机器学习模型。整个过程实质上等同于一个黑盒子，我们无须关注里面的内容，只要知道如何传入数据并得到结果即可，一个形象化的示意图如图 13.1 所示。

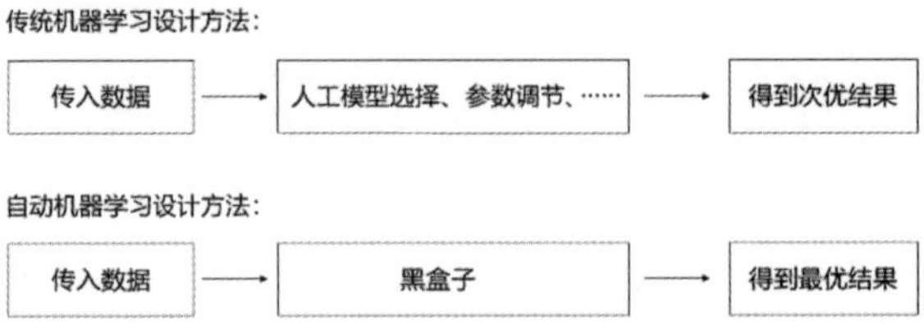

图 13.1　AutoML 与传统方法的区别

2018 年，一篇关于自动机器学习的名为 *Taking Human out of Learning Applications：A Survey on Automated Machine Learing* 的综述文章被发表，在文中该作者认为一个通用的自动机器学习技术应该满足以下 3 点需求。

（1）与人工设计的模型相比，自动机器学习技术产出的模型应当具有更好的性能。

（2）整个过程无须人工的干预。

（3）较低的计算成本。

目前绝大多数自动机器学习技术都可以完成第 1 点和第 2 点的需求，而第 3 点目前却依然还处在瓶颈之中。其中主要的原因是利用自动机器学习技术容易占用大量的 GPU 资源，在早期的一些关于自动机器学习的文章里，为了能够找到一个优秀的模型架构往往需要在几百个 GPU 上训练好几天，而这样的开销成本是大部分机器学习的使用者无法承受的。近两年，有一些高效的自动机器学习算法（如 ENAS 等）在某种程度上可以大大地缓解这个问题，这一点在下面的内容里会简要介绍。

那么如何使计算机可以完成自动化的机器学习呢？也许有些读者已经猜到了，那便是利用机器学习技术去完成自动机器学习，这也许听起来有点绕口，但事实就是如此。在先前的章节里，已经讲解了很多神经网络模型的搭建方法并将其运用在不同的数据集上进行训练，相信读者也清楚了模型训练的本质便是要最小化损失值并找到一组最优的参数。那么既然可以利用这些机器学习或深度学习技术得到一组可以让模型性能达到最优或次优的参数，同理，也可以利用相关的技术让计算机自动学习并找到一组最优的模型搭配方案，从而达到最好的性能。事实上，许多最开始的关于自动机器学习技术的实验也是这么做的。

从宏观的层面上来看，一个完整的自动机器学习过程应包含三个步骤，即数据准备、特征工程以及自动模型生成，其示意图如图 13.2 所示。

图 13.2　自动机器学习技术的三个步骤

其中，数据准备部分通常又可以被分成两个方面，即数据清洗和数据合成。数据清洗是指利用删除错误数据、填补缺失值和采样数据归一化等方式来加强原数据本身的质量，一个强大的自动机器学习算法应当可以自动地完成这些操作。数据合成是指利用一些数据增强的方式（如裁剪、旋转和缩放等）来生成一些新的数据，当然也可以引入在先前章节里所提到的 GAN 或自编码器等算法生成，一个好的自动机器学习算法也应当包含以上过程，其大致的示意图如图 13.3 所示。

自动机器学习的特征工程部分主要包含三个步骤，分别是特征选取、特征构建以及特征映射。特征选取是指自动机器学习算法能够自动地提取输入数据里最有用的信息并摒弃其他无用的信息；特征构建是指该算法可以自动地将基本特征逐步构建成越来越复杂的特征，有点类似于神经网络算法；特征映射是指自动机器学习算法能够自动地利用某种映射函数来改变原始数据里的特征空间，通常可以通过自编码器、PCA 降维以及无监督学习聚类算法等实现，其大致的示意图如图 13.4 所示。

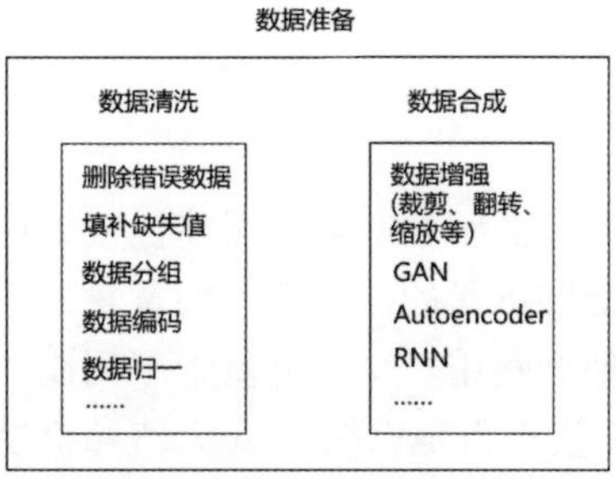

图 13.3 数据准备步骤

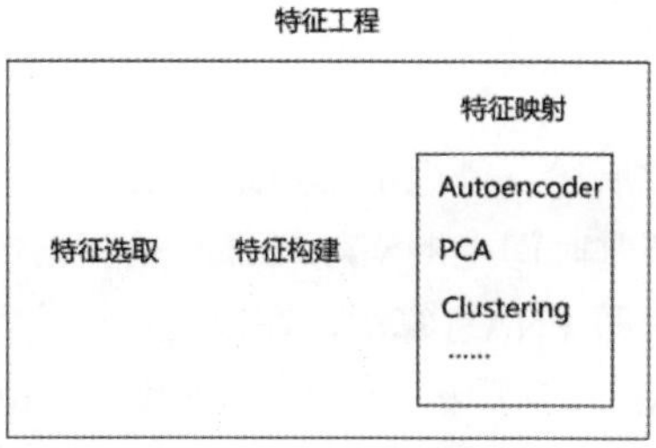

图 13.4 特征工程步骤

最后关于自动模型生成的部分，它是整个自动机器学习技术的最终目标，因此会着重进行介绍。对于自动模型生成的突破性算法可以追溯至近几年，其名为神经网络架构搜索算法，又称 NAS 算法。作为一个标志性的自动机器学习技术，它于 2016 年被 Google Brain 团队的相关研究学者在一篇论文中所提出。该文章利用强化学习技术和 RNN 循环神经网络完成最优神经网络架构的寻找。这篇文章首先定义了不同规格的基础模块，用于排列组合并生成不同结构的神经网络模型，其包含的基础模块示意图如图 13.5 所示。

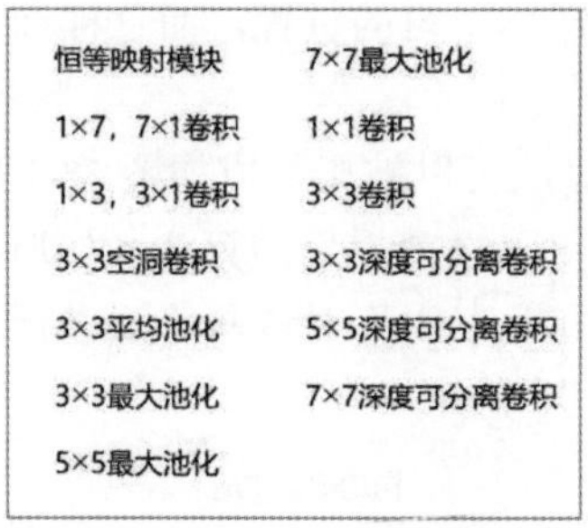

图 13.5 NAS 算法基础模块

其中，RNN 循环神经网络被当作控制器用来挑选基础模块，并产生不同架构的候选网络模型。而强化学习技术则用来最大化所产生的模型在验证集上的准确率。首先 NAS 算法会使用 RNN 控制器以概率 p 大小采样得到一个网络结构，接着在 CIFAR-10 数据集上训练这个生成的网络结构并得到其在验证集数据集上的精度 R，之后计算概率 p 值的梯度并用 R 值对其进行缩放，最后将得到的结果用来更新 RNN 控制器。在这个循环过程中，强化学习操作会被应用计算多次，只有当生成的网络模型层数超过事先设定好的阈值时，整个网络训练才会停止。NAS 算法的大致流程图如图 13.6 所示。

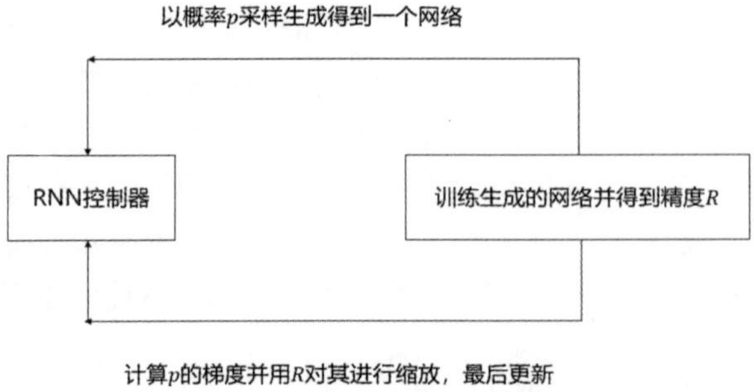

图 13.6　NAS 算法的大致流程

如之前所述，排列组合般地生成不同的模型过于烦琐，生成的结果有多种可能性，无论是在空间上的消耗还是时间上的消耗，都不是正常的机器学习使用者能够承受的。在这样的背景下，渐进式神经架构搜索即 PNAS 算法，在 2017 年被谷歌团队所提出，他们利用一个名为基于序列模型优化的策略替代 NAS 算法中的强化学习技术。在使用该策略时，计算机不再是以概率 p 为值随机挑选一个模块，而是以模型的复杂性递增顺序搜寻合适的结构。事实上，经过该论文作者的实验证明，这种方式的效率会比原始的 NAS 算法高出 5～8 倍，进一步地减少了计算开销。

在 PNAS 算法公开后没多久，一种更加高效的自动机器学习算法被谷歌所提出，其名为高效神经结构搜索，简称 ENAS。ENAS 算法的提出真正意义上减少了原 NAS 和 PNAS 算法的计算开销，相比之下，效率提升了将近 1000 倍，只需要在单个或若干个 GPU 上训练几个小时便可以搜寻到合适的网络架构，而究其原因主要是 ENAS 算法引进了迁移学习的思想。由第 5 章的内容可得知，利用迁移学习技术可以快速地在相似数据集上完成模型的训练过程。借助这种思想，ENAS 算法强制地让所有生成的模型共享权重，因为此时训练的数据集保持不变，因此迁移学习技术很自然地可以被引入其中，每一次训练新模型的过程实际上就是迁移学习的过程，而这样训练的开销便会大大地降低，速度自然也会进一步提高。

综上所述，关于自动模型生成的算法可以被概括成如图 13.7 所示的示意图。其中不仅包含了 NAS 和 ENAS 这些经典算法，而且有一些更早之前提出的算法（如遗传算法和进化算法等）也可以实现网络结构的搜索并生成合适的模型，但在此书中不对这些算法进行过多的讲解，读者们如果有兴趣可自行搜索了解。

图 13.7　自动模型生成算法

13.1.2　自动机器学习面临的挑战

由于自动机器学习是近几年才刚刚兴起的领域，因此仍然面临着许多挑战。在这里仅描述以下 4 点。

（1）效率问题。如先前所述，早期的一些自动机器学习算法（如 NAS 和 PNAS 等）效率低下，训练时会占用大量的内存空间，因此该系列算法的效率提升是未来一个大的研究方向。

（2）可解释性。大家都知道神经网络算法经常会被许多人描述成黑盒子，有时候并不了解为什么它的性能可以如此强大，它本质上的工作原理是否还可以进一步地被挖掘和解释。而对于 AutoML 技术来说，也存在相同的问题，如何让整个自动化过程透明公开，以及明白为什么该技术可以产出性能如此优越的模型，也是之后研究所需要重点关注的一个方面。

（3）安全性问题。如同普通的深度学习和机器学习模型一样，AutoML 同样也需要对其安全性进行关注。例如，存在的问题有如何对外界的攻击进行应对、如何对外来噪声进行抵抗以及如何建立起该技术的隐私保护等。

（4）应用场景的问题。目前对于 AutoML 技术来说，其应用场景还十分有限，最常见的可能还是被应用于一些图像分类以及回归任务中。事实上，一些其他的应用场景也可以加入 AutoML 技术，如图嵌入、半监督学习以及主动学习任务，因此如何将该技术引入其他领域中也是未来一个重点的研究方向。针对 AutoML 技术未来可能面临的挑战进行了一个简要的总结，如图 13.8 所示。

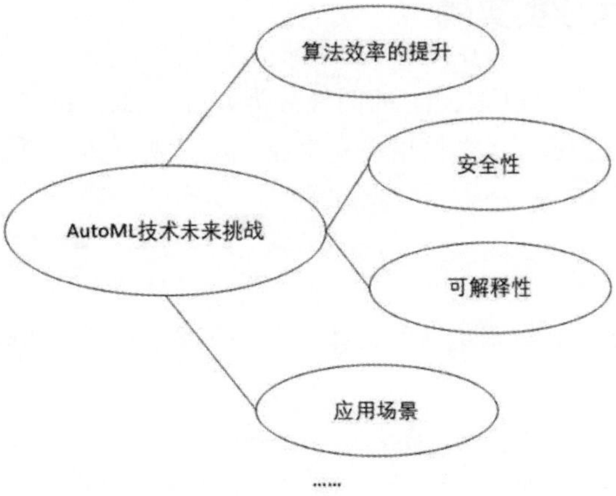

图 13.8　AutoML 未来可能面临的挑战

13.2　AutoKeras 自动机器学习技术实战

了解了自动机器学习技术的基本概念及组成之后，下一步便是进入该技术的实战环节。本节首先会介绍 AutoKeras 的安装及导入，之后会讲解如何基于 AutoKeras 对自动机器学习技术进行实现。

13.2.1 AutoKeras 安装

AutoKeras 是一个基于 Keras 深度学习框架的自动机器学习系统，由于先前提到过目前的 Keras 已经被并入 TensorFlow 2.X 深度学习框架的体系之中，因此这里可以直接通过 TensorFlow 2.X 配合 AutoKeras 实现自动机器学习技术。

首先打开 Anaconda prompt，输入以下指令对 AutoKeras 库进行安装。

```
pip install autokeras
```

需要注意的是，当前版本下的 AutoKeras 只与 Python 3.5 以及 TensorFlow 2.3 以上的版本兼容，因此如果安装时版本不匹配，则可能出现报错。安装成功后的示意图如图 13.9 所示。

图 13.9　AutoKeras 安装成功示意图

13.2.2 AutoKeras 图像分类实战

在本小节中，首先演示基于 AutoKeras 的图像分类。打开 Jupyter Notebook，输入以下指令导入 AutoKeras 以及其他相关第三方库，系统如果没有报错，则证明导入成功。

```
import autokeras as ak
import numpy as np
import TensorFlow as tf
```

为了方便演示，使用 MNIST 数据集进行训练，其中训练集只取 10000 张，测试集只取 2000 张，代码如下。

```
(x_train, y_train), (x_test, y_test) = tf.keras.datasets.mnist.load_data()
x_train = x_train[0:10000]
y_train = y_train[0:10000]
x_test = x_test[0:2000]
y_test = y_test[0:2000]
print(x_train.shape)
print(x_test.shape)
```

调用 ImageClassifier()函数，该函数主要功能为实现图像的分类任务，这里可以设置 max_trials=1，表示只尝试搜索一种架构网络进行训练，正常情况下默认值是 100，如果要增加 max_trials 的值，建议在 GPU 的环境下进行训练，代码如下。

```
clf = ak.ImageClassifier(overwrite=True, max_trials=1)    #图像分类器
```

开始训练模型，训练次数设置为 10 次，代码如下。

```
clf.fit(x_train, y_train, epochs=10)
```

输出的结果如图 13.10 所示。

```
Search: Running Trial #1

Hyperparameter     |Value              |Best Value So Far
image_block_1/b...|vanilla            |?
image_block_1/n...|True               |?
image_block_1/a...|False              |?
image_block_1/c...|3                  |?
image_block_1/c...|1                  |?
image_block_1/c...|2                  |?
image_block_1/c...|True               |?
image_block_1/c...|False              |?
image_block_1/c...|0.25               |?
image_block_1/c...|32                 |?
image_block_1/c...|64                 |?
classification_...|flatten            |?
classification_...|0.5                |?
optimizer          |adam               |?
learning_rate      |0.001              |?
```

图 13.10　AutoKeras 图像分类模型训练过程

```
...
Epoch 5/10
313/313 [==============================] - 21s 66ms/step - loss: 0.0606 - accuracy: 0.9810
Epoch 6/10
313/313 [==============================] - 20s 65ms/step - loss: 0.0604 - accuracy: 0.9811
Epoch 7/10
313/313 [==============================] - 22s 70ms/step - loss: 0.0457 - accuracy: 0.9841
Epoch 8/10
313/313 [==============================] - 20s 64ms/step - loss: 0.0391 - accuracy: 0.9849
Epoch 9/10
313/313 [==============================] - 21s 67ms/step - loss: 0.0343 - accuracy: 0.9900
Epoch 10/10
313/313 [==============================] - 20s 65ms/step - loss: 0.0310 - accuracy: 0.9897
```

利用训练好的模型对测试集进行预测，代码如下。

```
predicted_y = clf.predict(x_test)
print(predicted_y)
```

输出的结果为：

```
[['7']
 ['2']
 ['1']
 ...
 ['3']
 ['9']
```

```
 ['5']]
```

如果要验证模型在测试集上的准确率，则需要提供标签的数据，这里可以利用 TensorFlow 2.X 数据集的 from_tensor_slices 函数先将数据和标签拼接起来，之后再计算准确率，代码如下。

```
test_set = tf.data.Dataset.from_tensor_slices(((x_test,), (y_test,))) #合并数据和标签
print(clf.evaluate(test_set))
```

输出的结果为：

```
63/63 [==============================] - 2s 17ms/step - loss: 0.1071 - accuracy:
0.9670
[0.10708977282047272, 0.9670000076293945]
```

13.2.3 AutoKeras 文本分类实战

为了进一步演示并加深读者对 AutoKeras 使用的理解，所以另外提供了两个关于文本分类和结构化数据分类的实战案例。首先来看看文本分类案例，在该案例中要实现的是利用 AutoKeras 对 IMDB 电影情感数据集进行分类，即判断一个电影评论是积极的还是消极的。首先复制以下链接至浏览器中，之后计算机会自行下载 IMDB 数据集。

```
http://ai.stanford.edu/~amaas/data/sentiment/aclImdb_v1.tar.gz
```

查看下载得到的 IMDB 数据集压缩包，其结构示意图如图 13.11 所示。

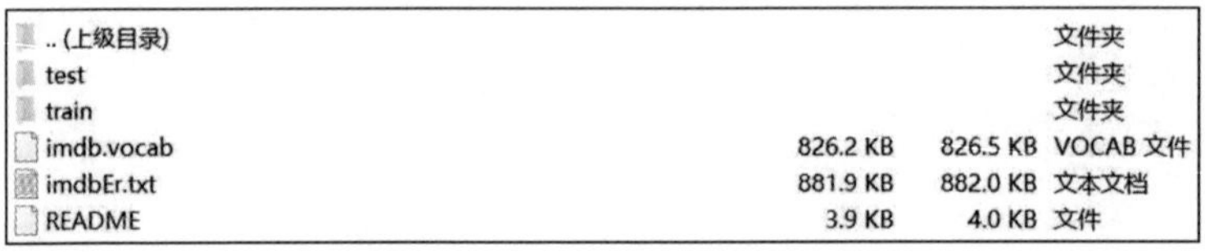

图 13.11 IMDB 数据集文件结构

将下载得到的 IMDB 数据集压缩包放到当前代码所在的目录下，并进行解压缩。其中 train 和 test 两个文件夹便是所需的训练集以及测试集。打开 Jupyter Notebook 并导入相关的第三方库，代码如下。

```
import numpy as np
import TensorFlow as tf
from sklearn.datasets import load_files
import autokeras as ak
```

定义标签类别，即积极评论或消极评论，并利用 load_files()函数导入训练集和测试集，代码如下。

```
classes = ["pos", "neg"]
train_data = load_files("./aclImdb/train", shuffle=True, categories=classes)
test_data = load_files("./aclImdb/test", shuffle=True, categories=classes)
```

将它们转换成可供模型输入并训练的 numpy 数据，代码如下。

```
x_train = np.array(train_data.data)
y_train = np.array(train_data.target)
```

```
x_test = np.array(test_data.data)
y_test = np.array(test_data.target)
```

查看训练集及测试集的尺寸，代码如下。

```
print(x_train.shape)
print(x_test.shape)
```

输出的结果为：

```
(25000,)
(25000,)
```

查看训练集里的一条影评内容，代码如下。

```
print(x_train[0])
```

输出的结果为：

```
b"Zero Day leads you to think, even re-think why two boys/young men would do what they
did. It captures what must be beyond a bizarre mode of being for two humans who have
decided to withdraw from common civility in order to define their own/mutual world
via coupled destruction.<br /><br />It is not a perfect movie but given what money/
time the filmmaker and actors had - it is a remarkable product. In terms of explaining
the motives and actions of the two young it is better than 'Elephant' - in terms of
being a film that gets under our 'rationalistic' skin it is a far, far better film
than almost anything you are likely to see. <br /><br />Flawed but honest with a
terrible honesty."
```

调用文本分类器函数，并设置模型搜索次数为 1，代码如下。

```
clf = ak.TextClassifier(overwrite=True, max_trials=1)
```

对模型进行训练，训练次数设置为 5，代码如下。

```
clf.fit(x_train, y_train, epochs=5)
```

输出的结果如图 13.12 所示。

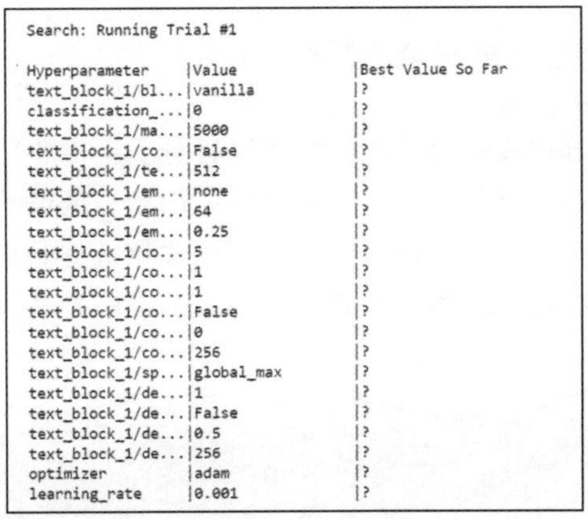

图 13.12　AutoKeras 文本分类模型训练过程

```
Epoch 1/5
782/782 [==============================] - 117s 147ms/step - loss: 0.5755 - accuracy: 0.6432
Epoch 2/5
782/782 [==============================] - 111s 142ms/step - loss: 0.2731 - accuracy: 0.8890
Epoch 3/5
782/782 [==============================] - 112s 143ms/step - loss: 0.1917 - accuracy: 0.9247
Epoch 4/5
782/782 [==============================] - 114s 145ms/step - loss: 0.1277 - accuracy: 0.9534
Epoch 5/5
782/782 [==============================] - 111s 143ms/step - loss: 0.0967 - accuracy: 0.9642
```

对测试集进行预测，代码如下。

```
predicted_y = clf.predict(x_test)
print(predicted_y)
```

输出的结果为：

```
[[1.]
 [0.]
 [1.]
 ...
 [0.]
 [0.]
 [0.]]
```

验证测试集的准确率，代码如下。

```
test_set = tf.data.Dataset.from_tensor_slices(((x_test,), (y_test,)))
print(clf.evaluate(test_set))
```

输出的结果为：

```
782/782 [==============================] - 37s 46ms/step - loss: 0.3980 - accuracy:
0.8870
[0.39801761507987976, 0.8870400190353394]
```

13.2.4 AutoKeras 结构化数据分类实战

最后再来看看如何利用 AutoKeras 对结构化数据进行分类，本小节所需要处理的数据集为泰坦尼克号生存预测数据集。所谓的结构化数据，实际上是指能用统一的结构来表示的数据，通常指的是数字和符号。典型的结构化数据有日期和电话号码等；非结构化数据是指没有统一结构的数据表示，如文本、图像和声音等，基于 AutoKeras 的文本分类和图像分类即是非结构化数据。同样地，首先导入相关的第三方库，代码如下。

```
import numpy as np
import pandas as pd
import TensorFlow as tf
import autokeras as ak
```

定义泰坦尼克号生存预测数据集的下载链接，并通过 TensorFlow 2.X 的 get_file()函数直接下载得到，代码如下。

```
train_url = "https://storage.googleapis.com/tf-datasets/titanic/train.csv"
test_url = "https://storage.googleapis.com/tf-datasets/titanic/eval.csv"
train_file_path = tf.keras.utils.get_file("train.csv", train_url)
test_file_path = tf.keras.utils.get_file("eval.csv", test_url)
```

输出的结果为：

```
Downloading data from https://storage.googleapis.com/tf-datasets/titanic/train.csv
32768/30874 [================================] - 0s 2us/step
Downloading data from https://storage.googleapis.com/tf-datasets/titanic/eval.csv
16384/13049 [======================================] - 0s 5us/step
```

打开并查看 csv 数据集，其示意图如图 13.13 所示。可以看到，该数据集大多由固定格式的数字、符号或文本组成，因此为结构化数据集。

survived	sex	age	n_siblings_	parch	fare	class	deck	embark_to	alone
0	male	22	1	0	7.25	Third	unknown	Southampt	n
1	female	38	1	0	71.2833	First	C	Cherbourg	n
1	female	26	0	0	7.925	Third	unknown	Southampt	y
1	female	35	1	0	53.1	First	C	Southampt	n
0	male	28	0	0	8.4583	Third	unknown	Queenstov	y
0	male	2	3	1	21.075	Third	unknown	Southampt	n
1	female	27	0	2	11.1333	Third	unknown	Southampt	n
1	female	14	1	0	30.0708	Second	unknown	Cherbourg	n
1	female	4	1	1	16.7	Third	G	Southampt	n
0	male	20	0	0	8.05	Third	unknown	Southampt	y
0	male	39	1	5	31.275	Third	unknown	Southampt	n
0	female	14	0	0	7.8542	Third	unknown	Southampt	y
0	male	2	4	1	29.125	Third	unknown	Queenstov	n

图 13.13　泰坦尼克号生存预测数据集

调用结构数据分类器函数，由于这里使用的数据集尺寸很小，因此可以提高不同结构模型的搜索次数，代码如下。

```
clf = ak.StructuredDataClassifier(overwrite=True, max_trials=4)
```

对模型进行训练，其中第 2 个参数为数据的标签，训练次数设置为 10，代码如下。

```
clf.fit(train_file_path,"survived",epochs=10)
```

输出的结果如图 13.14 所示。

```
Trial 3 Complete [00h 00m 05s]
val_accuracy: 0.7130434513092041

Best val_accuracy So Far: 0.8608695864677429
Total elapsed time: 00h 00m 19s

Search: Running Trial #4

Hyperparameter    |Value             |Best Value So Far
structured_data...|True              |True
structured_data...|False             |False
structured_data...|2                 |2
structured_data...|32                |32
structured_data...|0                 |0
structured_data...|32                |32
classification_...|0                 |0
optimizer         |adam              |adam
learning_rate     |0.001             |0.001
```

图 13.14　AutoKeras 结构化数据模型训练过程

```
...
Epoch 5/10
20/20 [==============================] - 0s 5ms/step - loss: 0.4598 - accuracy: 0.8053
Epoch 6/10
20/20 [==============================] - 0s 4ms/step - loss: 0.4437 - accuracy: 0.7970
Epoch 7/10
20/20 [==============================] - 0s 4ms/step - loss: 0.4328 - accuracy: 0.8029
Epoch 8/10
20/20 [==============================] - 0s 4ms/step - loss: 0.4251 - accuracy: 0.8237
Epoch 9/10
20/20 [==============================] - 0s 4ms/step - loss: 0.4197 - accuracy: 0.8266
Epoch 10/10
20/20 [==============================] - 0s 4ms/step - loss: 0.4156 - accuracy: 0.8297
INFO:TensorFlow:Assets written to: .\structured_data_classifier\best_model\assets
```

对测试集进行预测，代码如下。

```
predicted_y = clf.predict(test_file_path)
print(predicted_y)
```

输出的结果为：

```
...
[1.]
 [0.]
 [0.]
 [1.]
 [1.]
 [0.]
 [1.]
```

验证测试集的准确率，代码如下。

```
print(clf.evaluate(test_file_path, "survived"))
```

输出的结果为:

```
9/9 [==============================] - 0s 3ms/step - loss: 0.4366 - accuracy: 0.8068
[0.4365743398666382, 0.8068181872367859]
```

13.3 百度 EasyDL 平台实战

虽然通过 AutoKeras 可以实现自动机器学习技术，然而它需要使用者具有一定的编程能力和模型搭建经验。为了能够真正地零门槛完成基于自动机器学习的各类 AI 技术，可以通过各大公司的第三方 AI 平台来实现。本节首先会介绍百度的 EasyDL 平台以及如何对其进行访问，之后会讲解如何利用该平台零门槛地完成自定义数据集的自动机器学习技术实战。

13.3.1　百度 EasyDL 平台简介

百度 EasyDL 是由国内知名互联网公司——百度面向企业开发者所创建的一个零门槛 AI 开发平台，其支持可交互式的数据标注、模型训练以及模型部署，目前能预测的任务涉及图像、文本、语音和视频等。由于在百度 EasyDL 的模型训练过程中，已结合了相关的自动机器学习技术，因此在使用该平台时，系统会自动寻找最优的网络架构并得出结果。

事实上，也有一些其他基于自动机器学习技术的平台，如 Google AutoML 等，但其租用价格过于昂贵，每小时约 20 美元，因此不利于新手用户的使用。而对于百度的 EasyDL 平台来说，其在一定范围内支持免费的模型训练，对新手用户会更加友好。

首先复制以下链接至浏览器中进行访问。

```
https://ai.baidu.com/easydl/
```

打开的界面如图 13.15 所示。

图 13.15　EasyDL 平台访问（1）

单击图 13.15 所示界面右上方的“立即使用”按钮，会弹出如图 13.16 所示的界面。

图 13.16　EasyDL 平台访问（2）

随机选择其中一个模型类型，如“图像分类”，会弹出如图 13.17 所示的界面。

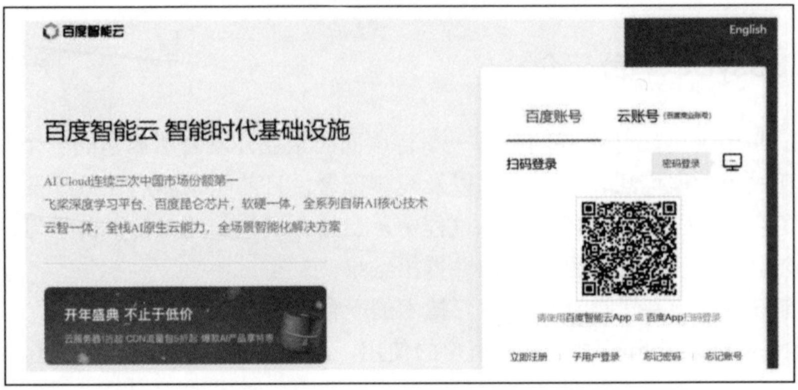

图 13.17　EasyDL 平台访问（3）

已注册过百度账号的用户可以直接进行登录并访问；如果没有注册过，则需要另行注册后再进行访问。登录成功之后会进入如图 13.18 所示的界面。

图 13.18　EasyDL 平台访问（4）

13.3.2　百度 EasyDL 图像分类实战

接着第 13.3.1 小节的内容，首先来对图像分类任务进行实战。单击图 13.18 所示界面中“图像分类”，会进入如图 13.19 所示的界面。

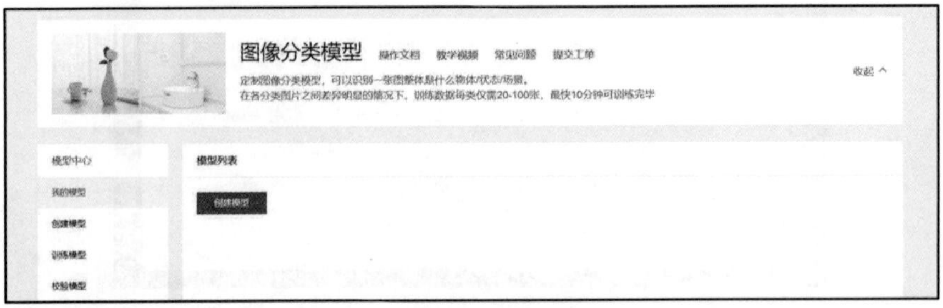

图 13.19　EasyDL 平台-图像分类（1）

单击图 13.19 所示界面中的“创建模型”按钮，进入如图 13.20 所示的界面。

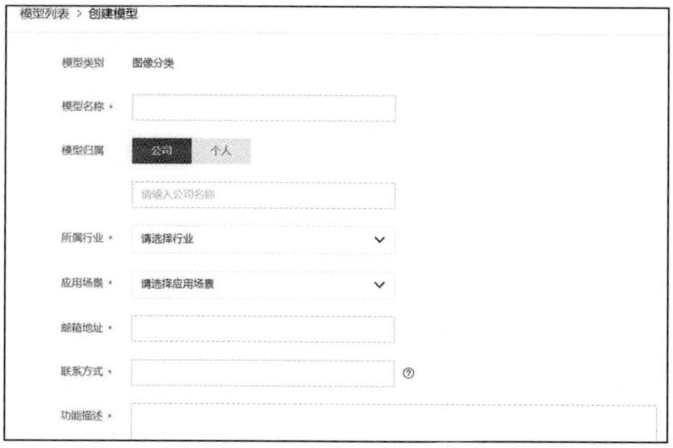

图 13.20　EasyDL 平台-图像分类（2）

由于在该实战过程中是以个人的名义完成模型的训练，因此在“模型归属”一栏里选择“个人”选项，如图 13.21 所示。

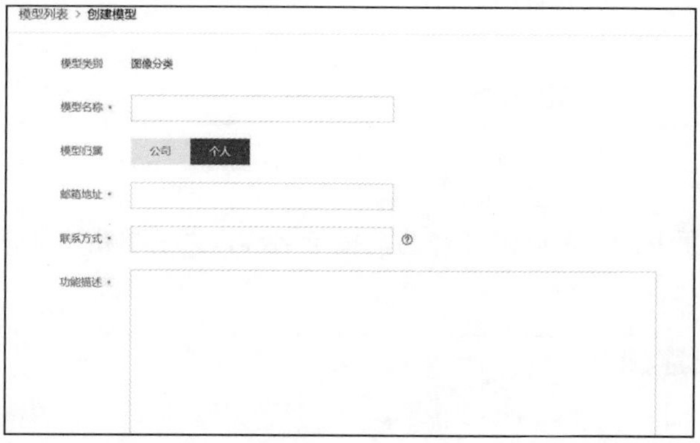

图 13.21　EasyDL 平台-图像分类（3）

填写完相关的个人和模型部署信息之后，单击界面下方的“下一步”按钮，其示意图如图 13.22 所示。

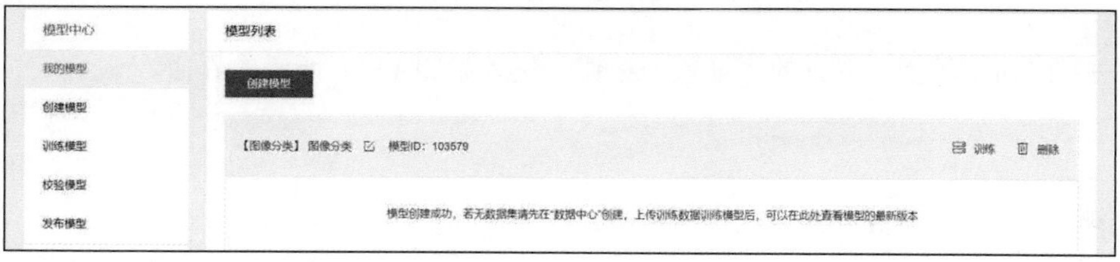

图 13.22　EasyDL 平台-图像分类（4）

单击图 13.22 所示界面中右侧的“训练”按钮，进入如图 13.23 所示的界面。

由于事先没有传入所需的数据集，因此在这里系统会进行相关的提示。单击图 13.23 所示界面中的“马上创建”按钮，进入如图 13.24 所示的界面。

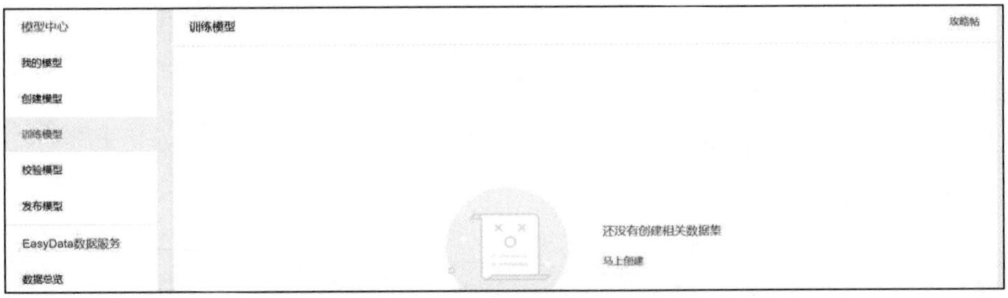

图 13.23　EasyDL 平台-图像分类（5）

图 13.24　EasyDL 平台-图像分类（6）

在图 13.24 所示的界面中，输入自定义好的数据集名称，之后单击“完成”按钮，进入如图 13.25 所示的界面。

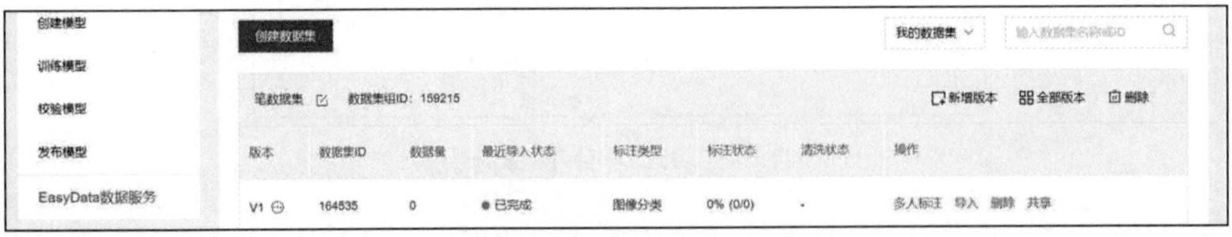

图 13.25　EasyDL 平台-图像分类（7）

单击图 13.25 所示界面右下方的“导入”按钮，进入如图 13.26 所示的界面。

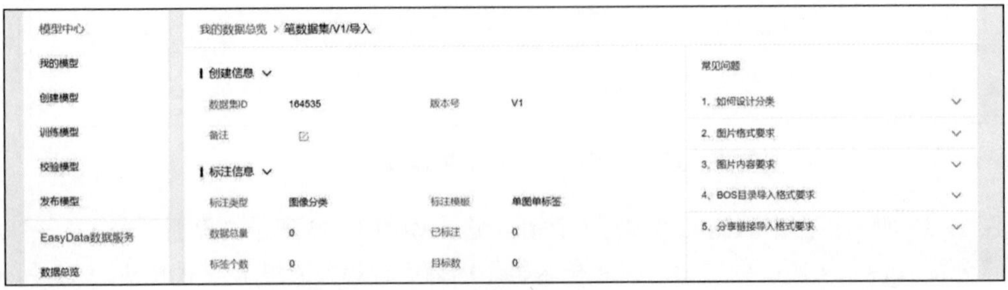

图 13.26　EasyDL 平台-图像分类（8）

下滑如图 13.26 所示的界面，可看到下方有“导入数据”一栏，为了进一步体验 EasyDL 平台的数据手动标注功能，这里的“数据标注状态”选择“无标注信息”。在“导入方式”处分别选择“本地导入”以及“上传图片”，其示意图如图 13.27 所示。

为了方便，自定义的数据集选择在第 10 章里所使用的笔分类数据集。单击图 13.27 所示界面中的“上传图片”按钮，进入如图 13.28 所示的界面。

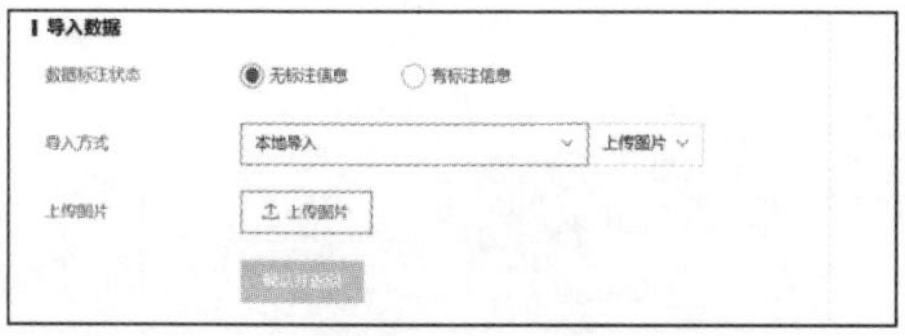

图 13.27　EasyDL 平台-图像分类（9）

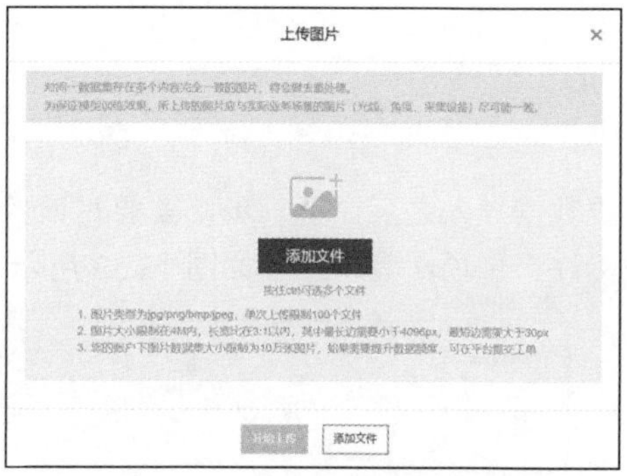

图 13.28　EasyDL 平台-图像分类（10）

单击图 13.28 所示界面中的“添加文件”按钮，对之前所收集的笔分类数据集进行上传。为了方便之后进行标注，黑笔、红笔和铅笔图像分别只选取 100 张。由于单次上传限制 100 个文件，因此一共需要上传 3 次。首先选择黑笔图像进行上传，其示意图如图 13.29 所示。

之后会弹出如图 13.30 所示的界面。

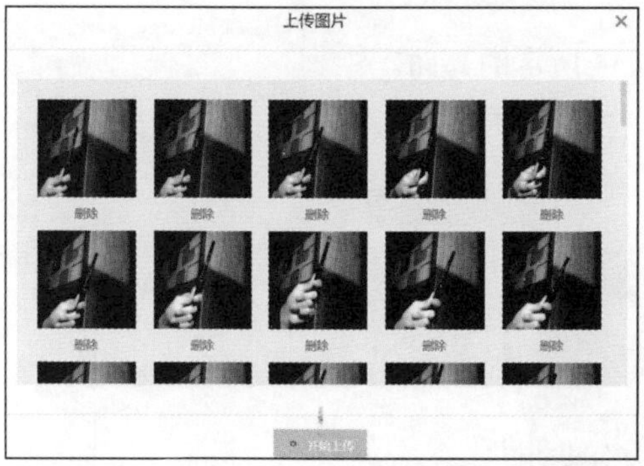

图 13.29　EasyDL 平台-图像分类（11）

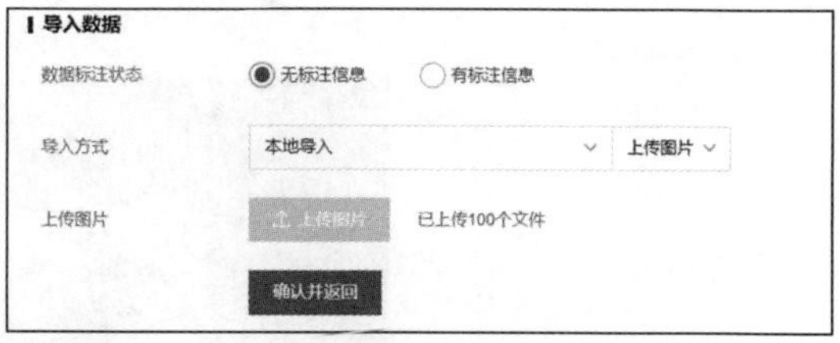

图 13.30　EasyDL 平台-图像分类（12）

单击其中的“确认并返回”按钮，进入如图 13.31 所示的界面。

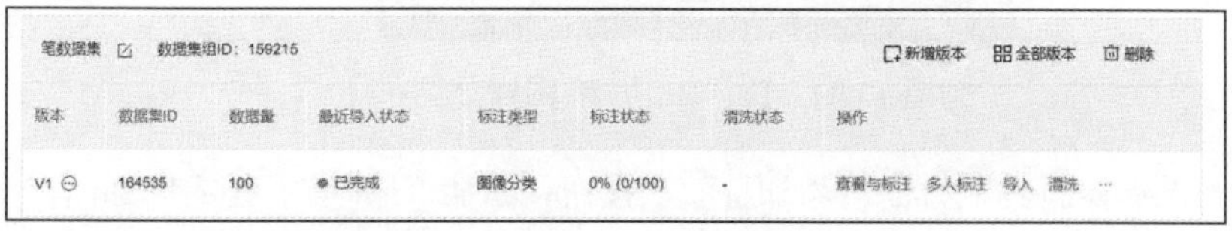

图 13.31　EasyDL 平台-图像分类（13）

单击图 13.31 所示界面右侧的“导入”按钮，继续将红笔和铅笔图像导入其中。当全部数据导入完成之后，其示意图如图 13.32 所示。

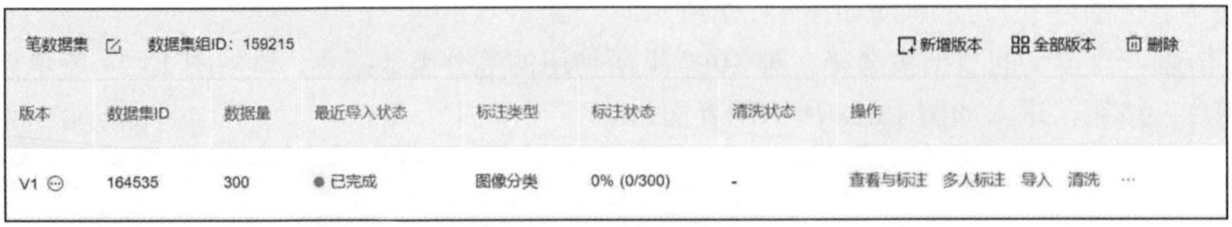

图 13.32　EasyDL 平台-图像分类（14）

完成数据导入之后，下一步便需要对该数据集进行手动标注。返回到主界面，并单击左侧栏中的“在线标注”选项，其示意图如图 13.33 所示。

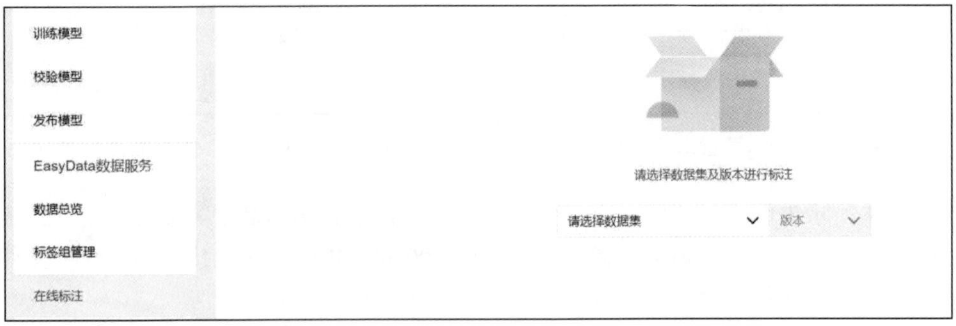

图 13.33　EasyDL 平台-图像分类（15）

选择指定的数据集以及版本，之后会跳转至如图 13.34 所示的界面。

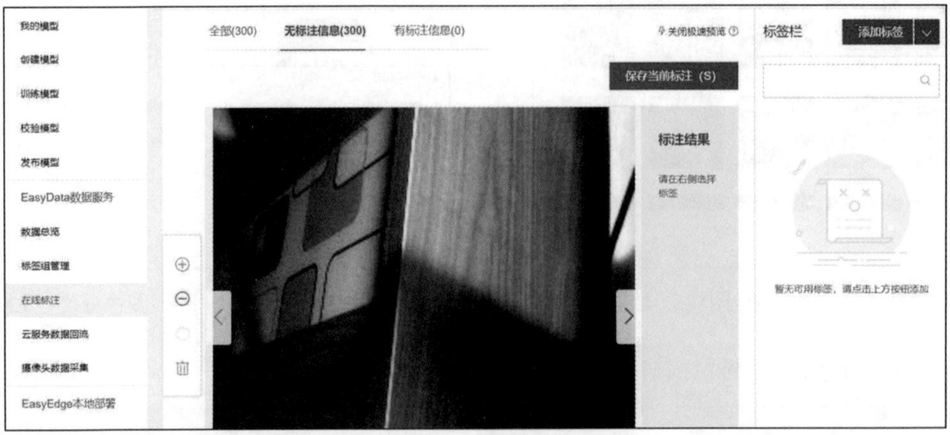

图 13.34　EasyDL 平台-图像分类（16）

单击图 13.34 所示界面右上方的“添加标签”按钮，添加“黑笔”“红笔”“铅笔”标签，其示意图如图 13.35 所示。

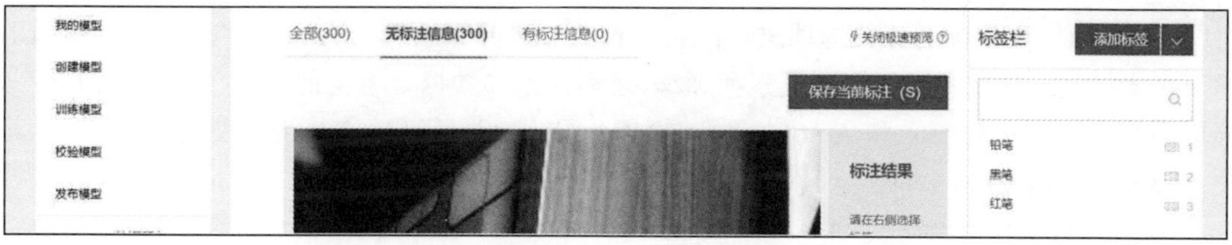

图 13.35 EasyDL 平台-图像分类（17）

之后对当前显示的图像选择相对应的标签，其可以通过快捷键 S 快速地保存标注结果，上方的标注信息里也会发生相应的改变，其示意图如图 13.36 所示。

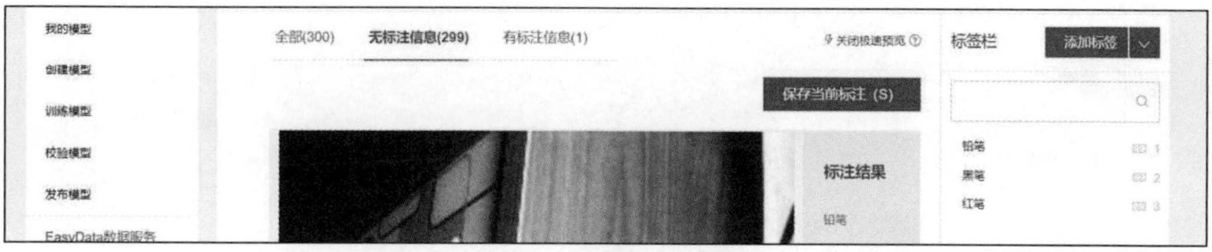

图 13.36 EasyDL 平台-图像分类（18）

逐一地将 300 张图像都进行标注，成功标注后的界面如图 13.37 所示。

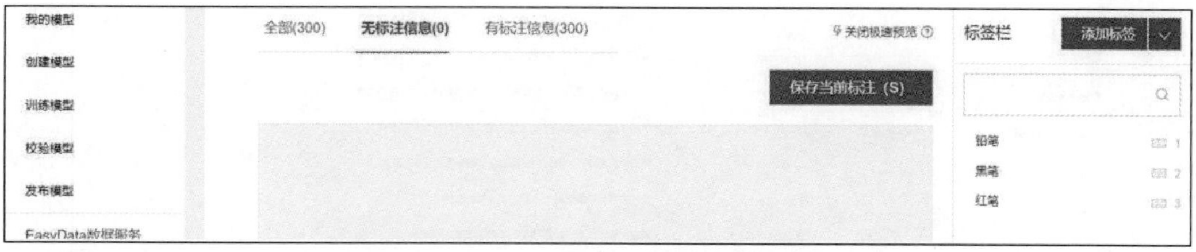

图 13.37 EasyDL 平台-图像分类（19）

单击图 13.37 所示界面左侧的“训练模型”按钮，之后会跳转至如图 13.38 所示的界面。

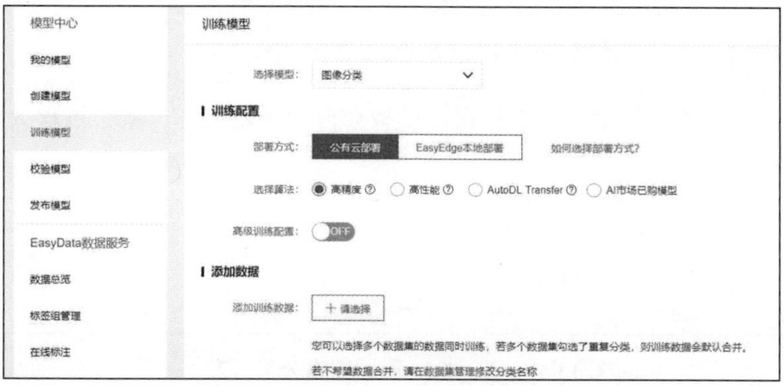

图 13.38 EasyDL 平台-图像分类（20）

对图 13.38 所示界面中的相关选项进行配置。设置“选择算法”为 AutoDL Transfer，即调用自动机器学习技术以及迁移技术进行模型搜索和训练，之后在添加数据处将先前的 3 个类别数据导入其中，在数据增强策略处加入 Rotate 和 AutoContrast 算子，最后将训练环境选择为免费的 GPU P4，其示意图如图 13.39 和图 13.40 所示。

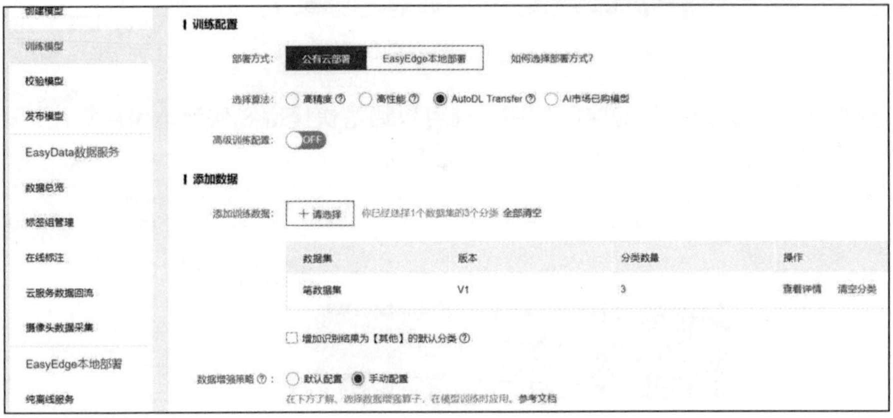

图 13.39　EasyDL 平台-图像分类（21）

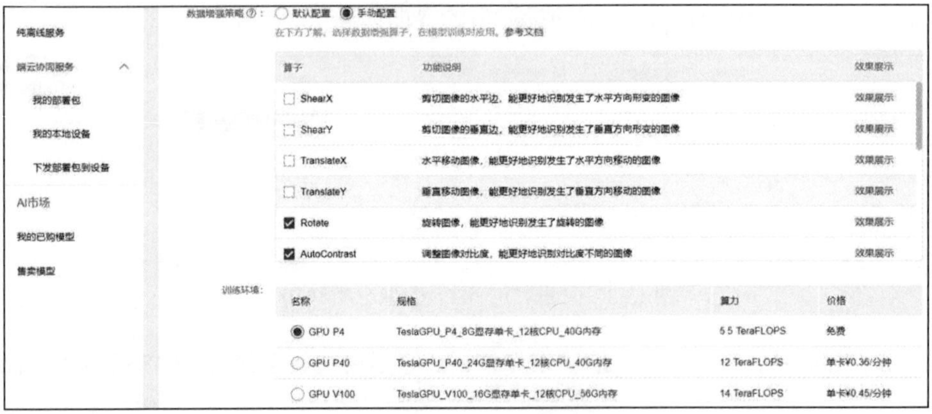

图 13.40　EasyDL 平台-图像分类（22）

最后单击界面最下方的“开始训练”按钮，模型会自动开始训练，整个过程大约会持续几分钟，其示意图如图 13.41 所示。

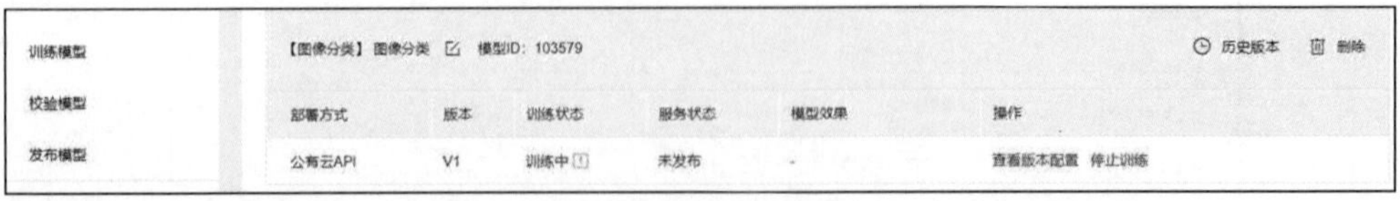

图 13.41　EasyDL 平台-图像分类（23）

等待模型训练完成之后，其界面的信息会修改成如图 13.42 所示。

图 13.42 EasyDL 平台-图像分类（24）

单击图 13.42 所示界面中的“完整评估结果”选项，可以看到其具体的准确率与相关结果，如图 13.43 和图 13.44 所示。

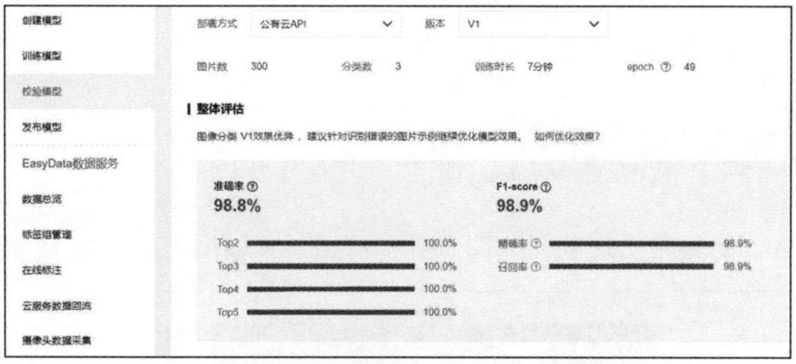

图 13.43 EasyDL 平台-图像分类（25）

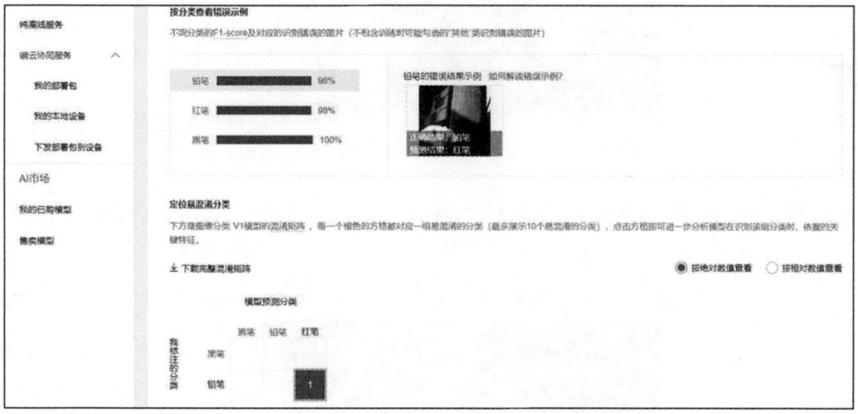

图 13.44 EasyDL 平台-图像分类（26）

成功训练好模型之后，最后一步便是对模型进行测试。单击左侧菜单栏中的“校验模型”选项，会跳转至如图 13.45 所示的界面。

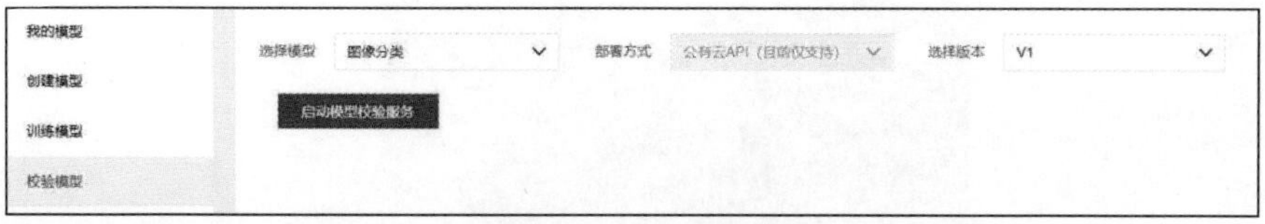

图 13.45 EasyDL 平台-图像分类（27）

单击图 13.45 所示界面中的“启动模型校验服务”按钮，之后会花费大约几分钟的时间进行启动并跳转至如图 13.46 所示的界面。

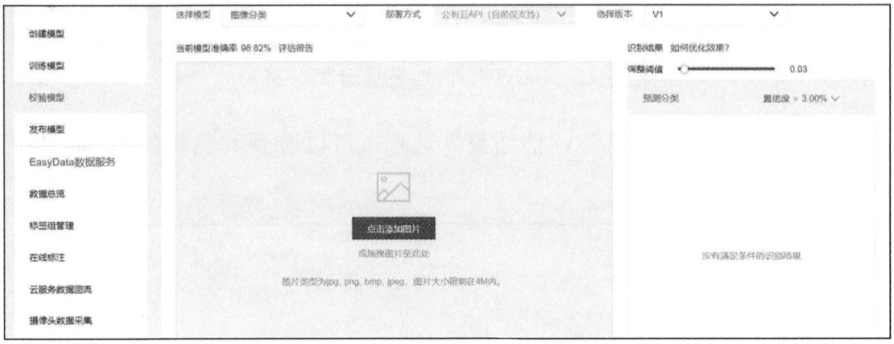

图 13.46　EasyDL 平台-图像分类（28）

随机选择一张未在训练集里出现的铅笔图像进行测试，其输出结果如图 13.47 所示。

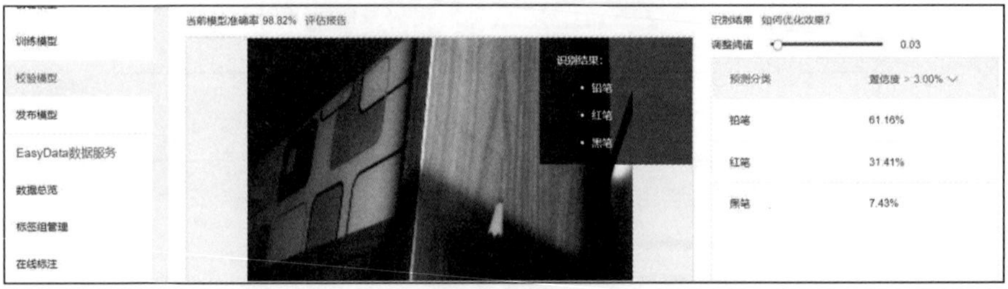

图 13.47　EasyDL 平台-图像分类（29）

之后再分别选择一张未在训练集里出现的红笔和黑笔图像进行测试，其输出结果如图 13.48 和图 13.49 所示。

图 13.48　EasyDL 平台-图像分类（30）

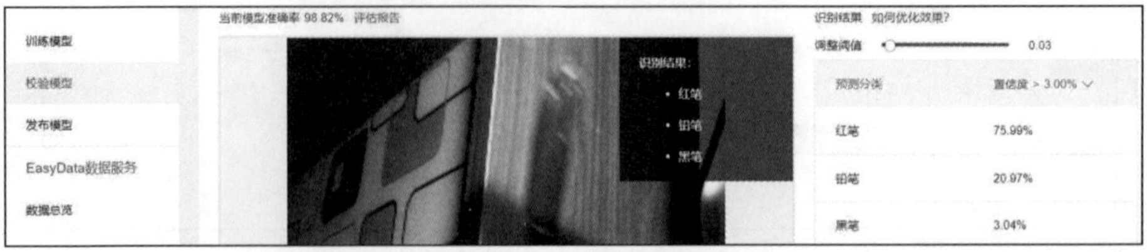

图 13.49　EasyDL 平台-图像分类（31）

13.3.3 百度 EasyDL 语义分割实战

语义分割技术同样也是计算机视觉领域里重要的分支之一，但受本书篇幅限制，未能在之前的章节里对其进行讲解。借由百度 EasyDL 平台，在本小节中会对该技术进行简要介绍并实现。

语义分割技术在无人车自动驾驶和医学疾病诊断等任务上扮演着尤为重要的角色。不同于普通的图像分类任务，语义分割技术追求的是图像像素级的分类，即在一张图像里，希望可以检测出图像中所有所需的目标并将它们的物体轮廓给分割出来。这听起来似乎与目标识别任务有点相似，但不同的是，目标识别任务只是标注目标的所在位置，并没有精确到具体的轮廓像素信息。

如图 13.50 和图 13.51 所示为两个更加形象化的例子。图 13.50 展示的是一幅自然拍摄的道路图像，在该图像里，语义分割技术所要完成的任务是将人群、建筑、树木以及车辆这些目标进行分割并显示出来，其中不同的类别用不同的颜色进行表示。而在图 13.51 中展示的则是一幅患有病症的医学图像，语义分割技术要完成的任务则是将图像里病变的部位分割出来，从而辅助医学专家进行诊断。

图 13.50 道路语义分割案例

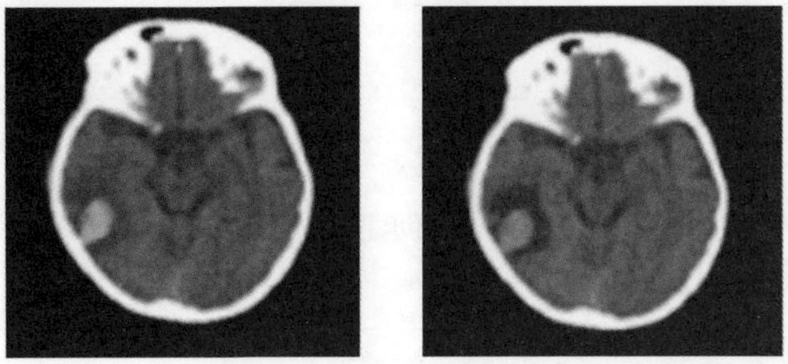

图 13.51 医学图像分割案例

就语义分割算法来说，比较经典的语义分割模型有 FCN、U-Net 和 MASK R-CNN 等。在模型训练之前，都需要事先将待训练的数据进行标注以制作成标签，也就是说对于图像里不同的目标，需要用不同的像素值进行标注。以图 13.50 为例，像素值为 1 可以代表车辆、像素值为 2 可以代表人、像素值为 3 可以代表树木等，以此类推。还有一些如实例分割和全景分割等技术，但在本书里暂不涉及，有兴趣的读者之后可以自行搜索了解。

现在利用百度 EasyDL 平台实现基于自动机器学习的语义分割任务，之后所讲解到的实现步骤可能有一部分会与第 13.3.2 小节的图像分类的步骤重复，但为了能够让读者熟练地掌握 EasyDL 平台的使用，因此还是会对每个步骤进行具体的解释。部分读者如果已使用过或熟悉该平台的流程，可以选择性地跳过部分内容。

首先回到网页的主界面，并单击右上方的“立即使用”按钮，找到“图像分割”选项，其示意图如图 13.52 所示。

图 13.52　EasyDL 平台-语义分割（1）

单击图 13.52 中的“图像分割”按钮，会跳转至如图 13.53 所示的界面。

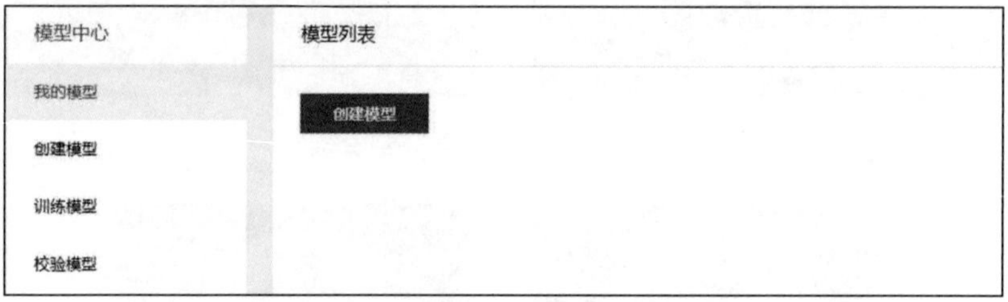

图 13.53　EasyDL 平台-语义分割（2）

与图像分类任务一样，单击图 13.53 中的“创建模型”按钮，填写完相关的个人信息后单击“下一步”按钮，会跳转至如图 13.54 所示的界面。

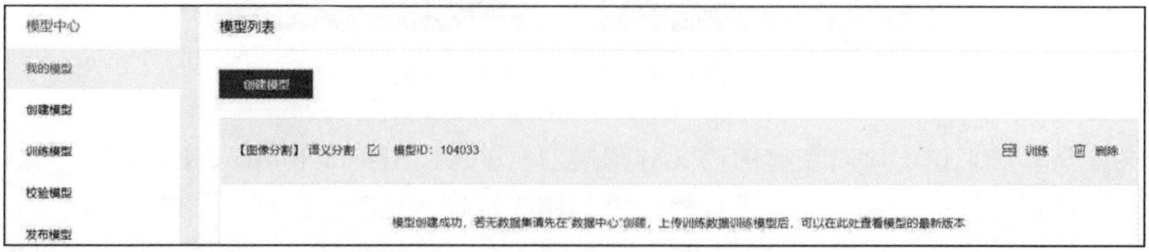

图 13.54　EasyDL 平台-语义分割（3）

由于在本次语义分割技术实战案例中准备模拟无人车自动驾驶，因此需要对道路数据集进行语义分割。单击图 13.54 中的“创建模型”按钮，在新弹出的窗口中输入数据集名称，其示意图如图 13.55 所示。

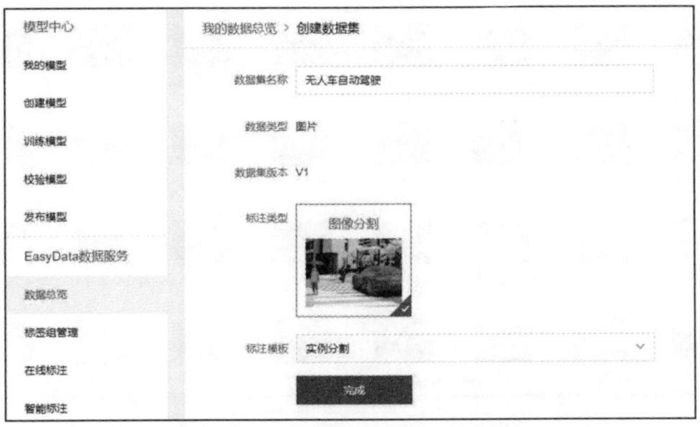

图 13.55　EasyDL 平台-语义分割（4）

单击图 13.55 中的“完成”按钮，会跳转至如图 13.56 所示的界面。

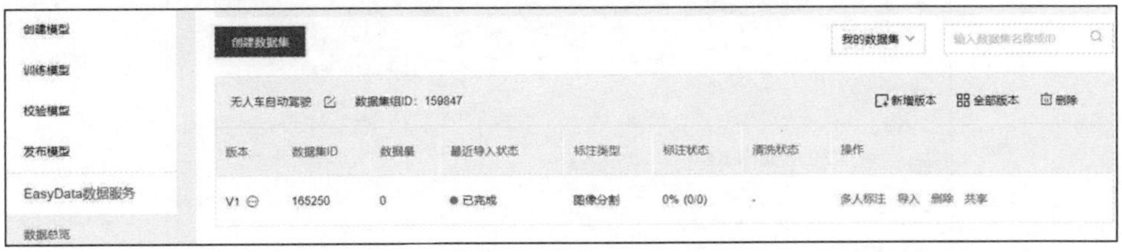

图 13.56　EasyDL 平台-语义分割（5）

在本次实战案例中，将使用 CamSeq01 数据集模拟道路场景的语义分割任务。CamSeq01 数据集是一个可供所有研究学者免费获取的公开数据集，其中包含 101 张 960×720 像素大小的道路图像，由于图像是从视频序列上截取下来的，不同帧之间的时间间隔可能很小，因此在数据集中会观察到很多相似的图像。

首先访问以下网址，以获取数据集的下载链接。

```
http://mi.eng.cam.ac.uk/research/projects/VideoRec/CamSeq01/
```

将页面下滑至 Download 处，其示意图如图 13.57 所示。

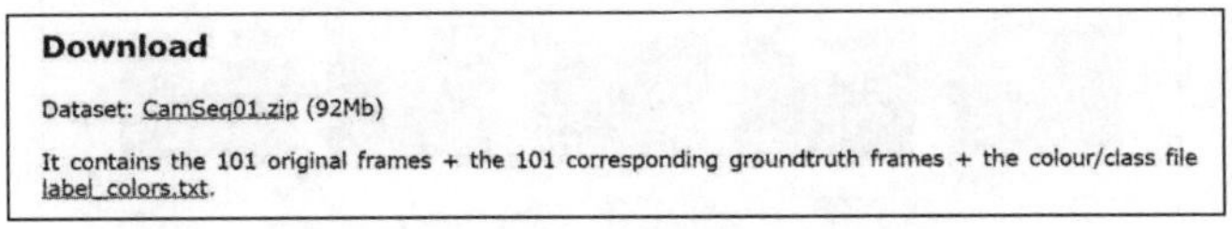

图 13.57　EasyDL 平台-语义分割（6）

单击图 13.57 所示界面中的 CamSeq01.zip 选项下载数据集，数据集的文件夹内容如图 13.58 所示。

在 CamSeq01 数据集中不仅包含了原始图像，而且包含了已标注好的标签。但为了在本次实战案例中尽可能地体验 EasyDL 平台的功能，因此不利用此数据集提供的标签，而是之后自行在 EasyDL 平台上进行标注。由于语义分割数据集的标注时间过于烦琐，因此这里只随机选取其中 40 张图像进行导入并标注。

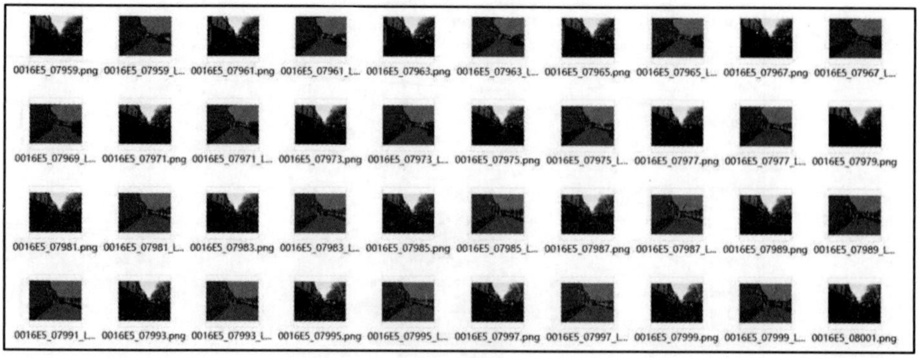

图 13.58　CamSeq01 数据集

回到图 13.56 所示的界面，单击右侧的“导入”按钮，如图 13.59 所示，准备对数据集进行导入。

图 13.59　EasyDL 平台-语义分割（7）

在图 13.59 所示界面中选择“无标注信息”以及“本地导入”，并将选定好的 40 张道路图像进行上传，其示意图如图 13.60 所示。

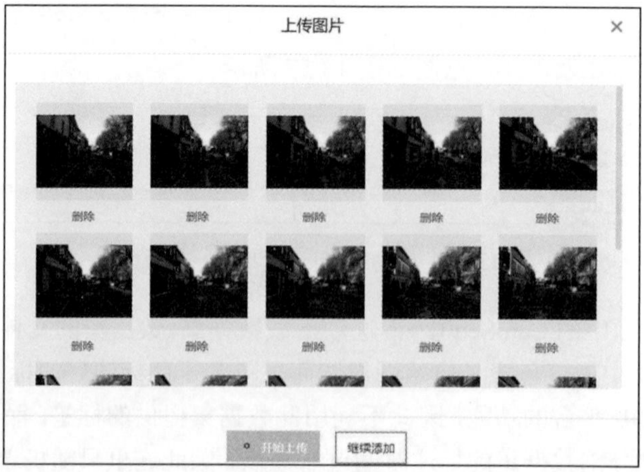

图 13.60　EasyDL 平台-语义分割（8）

上传完图片之后，单击界面中的“确认并返回”按钮返回主界面。之后单击左侧菜单栏中的“在线标注”选项并选择先前所上传的数据集，会跳转至如图 13.61 所示的界面。

图 13.61　EasyDL 平台-语义分割（9）

单击图 13.61 所示界面中右侧的“添加标签”按钮，这里根据当前数据集里出现的内容，粗略地设定 8 个待分割的类别，即人、建筑、道路、天空、汽车、自行车、交通灯和树，其示意图如图 13.62 所示。

通过控制键盘上的 1～7 数字快捷键以及保存键 S 对图像进行逐一标注，如图 13.63 所示是一幅已粗略标注好的道路图像。

图 13.62　EasyDL 平台-语义分割（10）

图 13.63　EasyDL 平台-语义分割（11）

为了节省标注的时间，百度 EasyDL 平台还提供了智能标注的功能，对其余图像进行粗略的标注，之后用户可以在此基础上再进一步地进行细化修改，可以节省大量标注样本的时间。智能标注要求所标注的不同类别数量全部都需要达到十个以上才能开启此功能。代入到本实战案例中来说，由于在每张图像里只标注了一次天空、树和建筑类别，因此一共需要标注 10 张图像。通过单击界面右上角的“开启智能标注”按钮可以开启此功能，其示意图如图 13.64 所示。

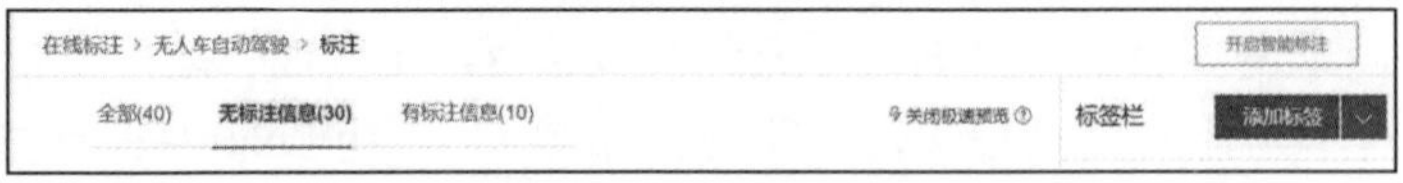

图 13.64　EasyDL 平台-语义分割（12）

单击“开启智能标注”按钮后，会跳转至如图 13.65 所示的界面。

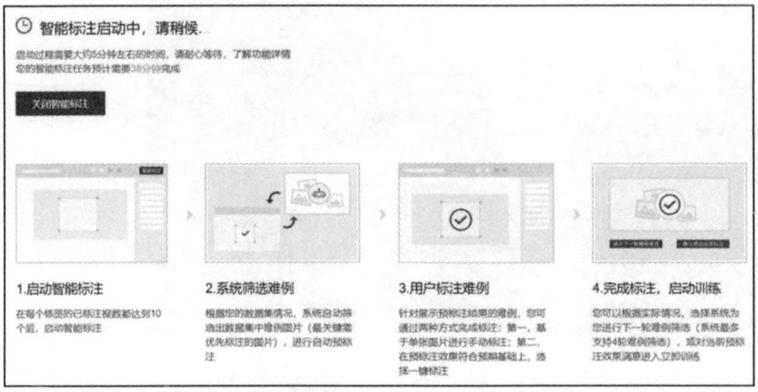

图 13.65　EasyDL 平台-语义分割（13）

稍等片刻之后，系统会进入智能标注。首先是对一些难例的标注结果进行人工确认，其示意图如图 13.66 和图 13.67 所示。

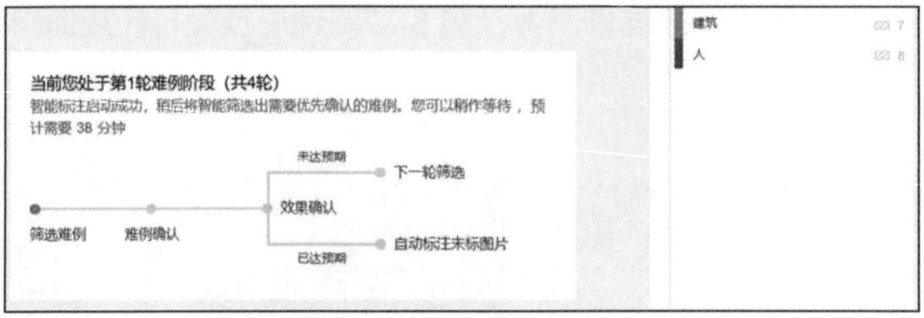

图 13.66　EasyDL 平台-语义分割（14）

图 13.67　EasyDL 平台-语义分割（15）

确认完第一轮的所有难例之后，系统会弹出如图 13.68 所示的提示。如果系统标注的效果达到预期，则可以直接按当前标注的结果对其余未标注图像进行标注；如果未达到预期，则可以继续筛选难例进行人工修改确认。

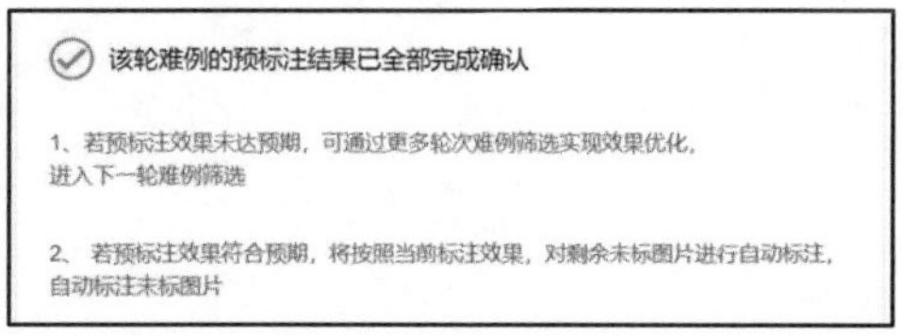

图 13.68　EasyDL 平台-语义分割（16）

从图 13.67 中可以看出，此时系统自动标注图像的能力已经可以达到不错的效果，因此这里选择图 13.68 中的第 2 条选项，之后系统会快速地对剩余图像进行标注。标注好之后，单击左侧菜单栏中的“数据总览”选项，可以看到所有已标注好的图像信息，其示意图如图 13.69 所示。如果发现有标注缺失或不完整的图像，可以进入标注系统，再进行进一步的标注。

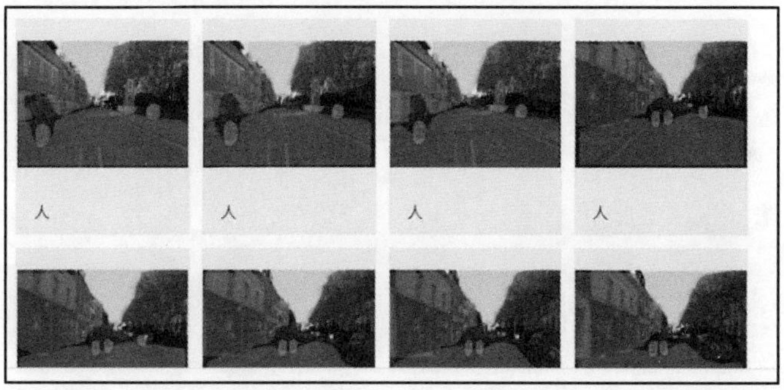

图 13.69　EasyDL 平台-语义分割（17）

成功导入语义分割所需的图像和标注好标签之后，下一步便是开始模型的训练。单击菜单左侧中的“训练模型”选项进行相关的参数配置，其示意图如图 13.70 所示。

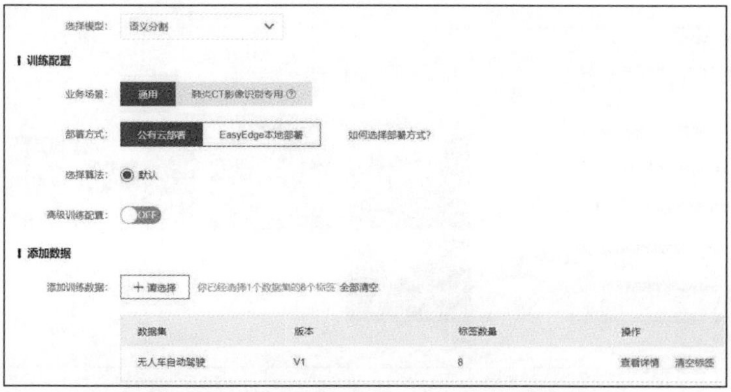

图 13.70　EasyDL 平台-语义分割（18）

下滑至页面下方，单击“开始训练”按钮，然后模型会处于训练的过程中，训练完成后的示意图如图 13.71 所示。

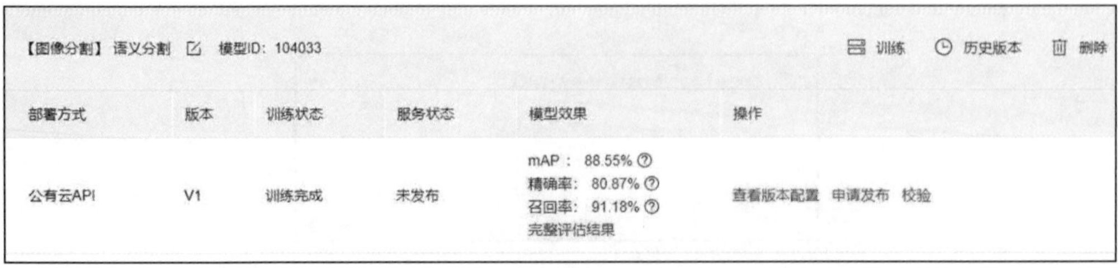

图 13.71 EasyDL 平台-语义分割（19）

单击图 13.71 所示界面中的“完整评估结果”选项查看进一步的训练结果分析，其示意图如图 13.72 和图 13.73 所示。

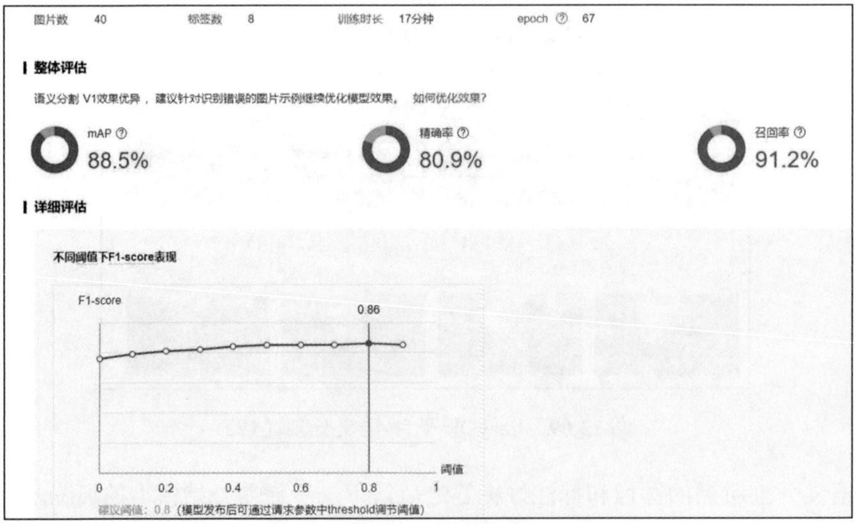

图 13.72 EasyDL 平台-语义分割（20）

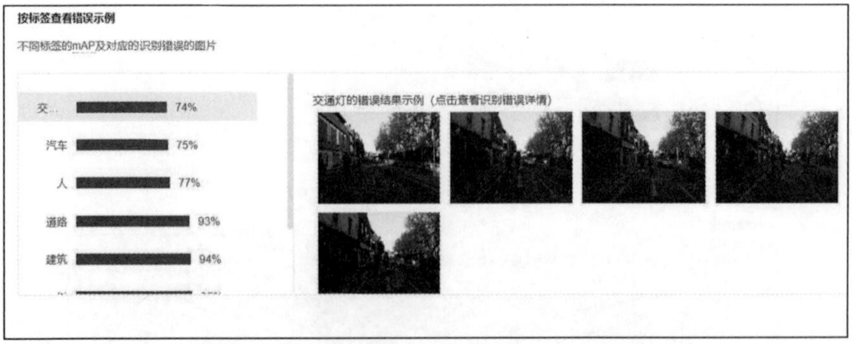

图 13.73 EasyDL 平台-语义分割（21）

最后单击左侧菜单中的“校验模型”选项对模型进行测试，其示意图如图 13.74 所示。

单击图 13.74 所示界面中的“点击添加图片”按钮，随机挑取一张未在训练集中出现的数据集图像进行测试，其分析的结果如图 13.75 所示。

图 13.74　EasyDL 平台-语义分割（22）

图 13.75　EasyDL 平台-语义分割（23）

由于系统尚未完善等原因，这里测试出来的图像结果类别没有用特定的颜色区分开，但实际上模型已正确地对该图像执行了语义分割算法。将鼠标移动到不同类别的位置上，可以观察到预测出的正确结果。至此，基于百度 EasyDL 平台的语义分割技术实战结束。